Betriebs-Berater Studium

Bilanzierung *case by case*

Lösungen nach HGB und IFRS

von

Dr. Jens Wüstemann

o. Professor an der Universität Mannheim

Unter Mitarbeit von

Dr. Jannis Bischof
Dr. Sigrid Dexheimer-Elgg
Dr. Andreas Duhr
Dr. Stephan Kaiser
Prof. Dr. Karsten Lorenz
Dipl.-Kfm. Nils Manegold
Dr. Matthias Maucher
Dipl.-Kffr. Simone Neumann
Dipl.-Kffr. Kati Rehm
Dr. Marc Weindel
Dr. Sonja Wüstemann

4., aktualisierte Auflage 2010
mit 9 Prüfungsschemata und 2 Tabellen

Verlag Recht und Wirtschaft GmbH
Frankfurt am Main

1. Aufl. 2004 · ISBN   3-8252-2537-2

2. Aufl. 2007 · ISBN 978-3-8252-2537-7

3. Aufl. 2009 · ISBN 978-3-8005-5016-6

Bibliografische Information der Deutschen Nationalbibliothek

Die Deutsche Nationalbibliothek verzeichnet diese Publikation in der Deutschen National-
bibliografie; detaillierte bibliografische Daten sind im Internet über *http://dnb.d-nb.de* ab-
rufbar.

ISBN: 978-3-8005-5022-7

Druckvorstufe: Lichtsatz Michael Glaese GmbH, 69502 Hemsbach

Druck und Verarbeitung: Wilhelm & Adam, Werbe- und Verlagsdruck GmbH,
63150 Heusenstamm

Gedruckt auf säurefreiem, alterungsbeständigem Papier, hergestellt aus chlorfrei gebleichtem
Zellstoff gemäß DIN-Norm 6730

Printed in Germany

Vorwort

1. Das vorliegende Buch vermittelt anwendungsbezogen Grundlagen und Vertiefungen der Bilanzierung nach den handelsrechtlichen Grundsätzen ordnungsmäßiger Bilanzierung (GoB) und den International Financial Reporting Standards (IFRS). Leitidee des vorliegenden Buchs ist es dabei, fallbezogen („*case by case*") zur selbstständigen Gewinnung von Lösungen aus gegebenen Sachverhalten anzuleiten. Der Aufbau der einzelnen Abschnitte ist einheitlich gewählt: Jeder Sachverhalt wird sowohl nach GoB als auch nach IFRS gelöst. Es werden zunächst die jeweils relevanten Prinzipien bzw. Kriterien für Bilanzansatz und -bewertung dargestellt und dann direkt auf den Fall angewandt. Wo Unschärfen der Normen vorliegen, wird versucht, dies aufzuzeigen, ebenso dort, wo Wertungsabhängigkeiten bestehen. Bei Letzterem handelt es sich nicht um eine akademische Form des l'art pour l'art, sondern vielmehr um die Vermittlung von Wissen, das von Fortgeschrittenen im Bilanzrecht erwartet wird und auch erwartet werden kann. Das Buch richtet sich an Studierende, die Rechnungslegung in ihrem wirtschaftswissenschaftlichen Hauptstudium vertiefen; es kann aber aufgrund der fallbezogenen Vermittlung von GoB und IFRS auch Praktikern von Nutzen sein, die sich vergleichend mit den neuen Rechnungslegungsnormen vertraut machen wollen.

2. Ein fundiertes Urteil über Bilanzierungssachverhalte nach den GoB setzt neben der Kenntnis der einschlägigen Literatur ebenso eine fundierte Kenntnis der (höchstrichterlichen) Rechtsprechung, im Besonderen der des Bundesfinanzhofs, voraus – und zwar auch für Probleme der Ermittlung des handelsbilanziellen Kaufmannsvermögens. Das vorliegende Buch greift daher bei der Entwicklung von Problemlösungen neben der Literatur auch breit auf diese Rechtsprechung zurück. Denn man säße einem Irrtum auf, wollte man, nach älterem betriebswirtschaftlichen Verständnis, GoB nur reduzieren auf solche ganz allgemeinen Grundsätze, die im Grunde wenig konkretisierbar und mithin anwendbar sind. Im geltenden Bilanzrecht setzt vielmehr die Rechtsprechung handelsrechtliche GoB, die als Rechtsnormen zu verstehen sind, für Handelsbilanz (§ 243 Abs. 1 HGB) und – soweit einschlägig – Steuerbilanz (§ 5 Abs. 1 EStG). Rechtsprechung, Wissenschaft und Praxis haben derart, in unterschiedlicher Wertigkeit, ein System von Bilanzierungsnormen geschaffen, das sowohl Lehrbarkeit als auch Erlernbarkeit ermöglicht; hierbei wurde, dem interdisziplinären Charakter der Materie entsprechend, immer eine wirtschaftliche Betrachtungsweise betont. Man sollte sich dieses Fortschritts bewusst sein: In der sechsten Auflage seiner „Bilanzrechtsprechung" hält *Adolf Moxter*, der dieses Feld prägend bestellte, in der Einführung fest: „Grundsätze ordnungsmäßiger Bilanzierung kennen die Älteren noch als eine weder lehr- noch lernbare Materie, ein amorphes Gebilde von im wesentlichen unüberprüfbaren Aussagen."

3. Mit der Zustimmung des Bundesrats zum Gesetz zur Modernisierung des Bilanzrechts (BilMoG) am 3. 4. 2009 wurde die umfänglichste Reform des Bilanzrechts seit dem Bilanzrichtliniengesetz (BiRiLiG) des Jahres 1985 beschlossen. Man muss die Zielsetzung des Gesetzgebers und seine sich in Einzelnormen niederschlagenden Wertungen nicht zwingend teilen, um die Auswirkungen der Reform zu erkennen. Auch hier ermöglicht aber erst solide Normkenntnis tragfähige Urteile: Die durch das BilMoG evozierten Änderungen fanden bereits in der vorherigen dritten Auflage umfassend Berücksichtigung, was erhebliche Überarbeitungen in den Lösungen der Sachverhalte nach HGB notwendig machte. Darüber hinaus berücksichtigen die Falllösungen der vierten Auflage zwischenzeitliche Änderungen der anzuwendenden Standards; die Literaturangaben wurden ebenfalls aktualisiert.

4. Die Betreuung des Manuskripts lag wie bei der Vorauflage in den bewährten Händen von Herrn Dipl.-Kfm. *Nils Manegold*: Ihm bin ich für seine perfektionistische Arbeit und die damit einhergehende Entlastung sehr zu Dank verpflichtet. Dank schulde ich Herrn *Malte Keller* für vielfache Unterstützung bei der Manuskriptaufbereitung. Auch diese vierte Auflage kann breit auf die Erfahrungen ehemaliger Mitarbeiter des Mannheimer Treuhandseminars zurückgreifen, die damit ihre fortdauernde Verbundenheit im Geiste ausdrücken, was ich sehr zu schätzen weiß: Hierfür gilt mein persönlicher Dank Frau Dr. *Sigrid Dexheimer-Elgg*, Herrn Dr. *Andreas Duhr*, Herrn Dr. *Stephan Kaiser*, Herrn Dr. *Matthias Maucher*, Herrn Dr. *Marc Weindel* und Frau Dr. *Sonja Wüstemann*. Alle diese Autoren geben in den Beiträgen jeweils ihre eigenen Auffassungen wieder. Dies gilt gleichermaßen für Herrn Prof. Dr. *Karsten Lorenz*, für dessen Freundschaftspfand ich sehr dankbar bin. Frau Dipl.-Ök. *Gabriele Bourgon* vom Verlag Recht und Wirtschaft danke ich nicht nur dafür, dass diese Neuauflage so effizient und reibungslos verlief; ihr gilt mein Dank auch für ihren großen Einsatz bei Etablierung und Pflege der *case by case*-Reihe über diesen Titel hinaus.

Mannheim, im Juni 2010

Prof. Dr. Jens Wüstemann

Bearbeiterverzeichnis

Fall 1: *Dr. Andreas Duhr*, Deutsche Post AG, Bonn, Dipl.-Kffr. *Simone Neumann*, Akademische Mitarbeiterin, Universität Mannheim, und Prof. *Dr. Jens Wüstemann*, Universität Mannheim

Fall 2: Dipl.-Kfm. *Nils Manegold*, Akademischer Mitarbeiter, Universität Mannheim, und Prof. *Dr. Jens Wüstemann*, Universität Mannheim

Fall 3: Dipl.-Kfm. *Nils Manegold*, Akademischer Mitarbeiter, Universität Mannheim, *Dr. Sonja Wüstemann*, M.B.A. (ESSEC), Wissenschaftliche Assistentin, Goethe-Universität Frankfurt a.M., und Prof. *Dr. Jens Wüstemann*, Universität Mannheim

Fall 4: Prof. *Dr. Karsten Lorenz*, Fachhochschule Düsseldorf, und Prof. *Dr. Jens Wüstemann*, Universität Mannheim

Fall 5: Dipl.-Kffr. *Kati Rehm*, Ernst & Young GmbH Wirtschaftsprüfungsgesellschaft, Stuttgart, und Prof. *Dr. Jens Wüstemann*, Universität Mannheim

Fall 6: *Dr. Marc Weindel*, Heidelberger Druckmaschinen AG, Heidelberg, und Prof. *Dr. Jens Wüstemann*, Universität Mannheim

Fall 7: *Dr. Jannis Bischof*, Akademischer Rat, Universität Mannheim, und Prof. *Dr. Jens Wüstemann*, Universität Mannheim

Fall 8: *Dr. Sigrid Dexheimer-Elgg*, M.B.A., M.Sc., Novartis Pharma AG, Basel, *Dr. Matthias Maucher*, M.B.A. (ESSEC), Landesbank Baden-Württemberg, Stuttgart, und Prof. *Dr. Jens Wüstemann*, Universität Mannheim

Fall 9: Dipl.-Kfm. *Nils Manegold*, Akademischer Mitarbeiter, Universität Mannheim, *Dr. Marc Weindel*, Heidelberger Druckmaschinen AG, Heidelberg, und Prof. *Dr. Jens Wüstemann*, Universität Mannheim

Fall 10: *Dr. Stephan Kaiser*, KPMG AG Wirtschaftsprüfungsgesellschaft, Frankfurt a.M., und Prof. *Dr. Jens Wüstemann*, Universität Mannheim

Fall 11: *Dr. Sigrid Dexheimer-Elgg*, M.B.A., M.Sc., Novartis Pharma AG, Basel, und Prof. *Dr. Jens Wüstemann*, Universität Mannheim

Fall 12: *Dr. Marc Weindel*, Heidelberger Druckmaschinen AG, Heidelberg, und Prof. *Dr. Jens Wüstemann*, Universität Mannheim

Fall 13: *Dr. Marc Weindel*, Heidelberger Druckmaschinen AG, Heidelberg, und Prof. *Dr. Jens Wüstemann*, Universität Mannheim

Inhaltsverzeichnis

1. Kapitel: Aktivierungsnormen

2. Kapitel: Passivierungsnormen

3. Kapitel: Bewertungsnormen

Verzeichnis der Prüfungsschemata

Abkürzungsverzeichnis

a. A.	anderer Ansicht
a. F.	alte Fassung
a. M.	am Main
Abs.	Absatz
Abschn.	Abschnitt
Abt.	Abteilung
AfA	Absetzung(en) für Abnutzung
AG	Aktiengesellschaft/Application Guidance
Art.	Artikel
ASC	Accounting Standards Codification
AtG	Gesetz über die friedliche Verwendung der Kernenergie und den Schutz gegen ihre Gefahren (Atomgesetz), zuletzt geändert am 17. 3. 2009
Aufl.	Auflage
Aug.	August
Bad.-Württ.	Baden-Württemberg
BB	Betriebs-Berater (Zeitschrift)
BC	Basis for Conclusions
Bd.	Band
Begr.	Begründer
Beil.	Beilage
betr.	betreffend
BewG	Bewertungsgesetz, zuletzt geändert am 24. 12. 2008
BFH	Bundesfinanzhof
BFHE	Sammlung der Entscheidungen des Bundesfinanzhofs
BFH/NV	Sammlung nicht veröffentlichter Entscheidungen des Bundesfinanzhofs
BFuP	Betriebswirtschaftliche Forschung und Praxis (Zeitschrift)
BGB	Bürgerliches Gesetzbuch, zuletzt geändert am 28. 9. 2009
BGBl.	Bundesgesetzblatt
BGH	Bundesgerichtshof
BilMoG	Gesetz zur Modernisierung des Bilanzrechts (Bilanzrechtsmodernisierungsgesetz – BilMoG) v. 25. 5. 2009 (BGBl. I 2009, S. 1102)
BiRiliG	Gesetz zur Durchführung der Vierten, Siebten und Achten Richtlinie des Rates der Europäischen Gemeinschaften zur Koordination des Gesellschaftsrechts (Bilanzrichtlinien-Gesetz) v. 19. 12. 1985 (BGBl. I 1985, S. 2355)
BMF	Bundesministerium der Finanzen
bspw.	beispielsweise

BStBl.	Bundessteuerblatt
BT-Drs.	Bundestagsdrucksache
Buchst.	Buchstabe
bzw.	beziehungsweise
c. p.	ceteris paribus
CD	Compact Disk
ch.	chapter
d. h.	das heißt
DB	Der Betrieb (Zeitschrift)
ders.	derselbe
Dez.	Dezember
dies.	dieselbe(n)
Dipl.-Kffr.	Diplom-Kauffrau
Dipl.-Kfm.	Diplom-Kaufmann
Diss.	Dissertation
DK	Der Konzern (Zeitschrift)
Dr.	Doktor
DRSC	Deutsches Rechnungslegungs Standards Committee e.V.
DStR	Deutsches Steuerrecht (Zeitschrift)
DStZ	Deutsche Steuer-Zeitung
ED	Exposure Draft
EFG	Entscheidungen der Finanzgerichte (Zeitschrift)
EMBA	Executive Master of Business Administration
ERS	Entwurf der Stellungnahme zur Rechnungslegung
ESSEC	École Supérieure des Sciences Économiques et Commerciales
EStG	Einkommensteuergesetz, zuletzt geändert am 22. 12. 2009
EStR 2008	Einkommensteuer-Richtlinien 2008 v. 16. 12. 2005, zuletzt geändert am 18. 12. 2008
ET	Energiewirtschaftliche Tagesfragen (Zeitschrift)
etc.	et cetera
EU	Europäische Union
EuGH	Europäischer Gerichtshof
f.	(und) folgende
FASB	Financial Accounting Standards Board
FB	Finanz Betrieb (Zeitschrift)
Febr.	Februar
ff.	fortfolgende
FG	Finanzgericht
FLF	Finanzierung, Leasing, Factoring (Zeitschrift)

FR	Finanzrundschau (Zeitschrift)
FS	Festschrift
GAAP	Generally Accepted Accounting Principles
GE	Geldeinheit
ggf.	gegebenenfalls
GmbH	Gesellschaft mit beschränkter Haftung
GmbHR	GmbH Rundschau (Zeitschrift)
GoB	Grundsätze ordnungsmäßiger Bilanzierung
Gr. S.	Großer Senat
h. M.	herrschende(r) Meinung
HFA	Hauptfachausschuss (des IDW)
HGB	Handelsgesetzbuch, zuletzt geändert am 31. 7. 2009
Hrsg.	Herausgeber
Hs.	Halbsatz
i. Br.	im Breisgau
i. O.	im Original
i. S.	im Sinne
i. S. d.	im Sinne des
i. S. v.	im Sinne von
IAS	International Accounting Standards
IASC	International Accounting Standards Committee
IASB	International Accounting Standards Board
IDW	Institut der Wirtschaftsprüfer in Deutschland e. V.
IFRIC	International Financial Reporting Interpretations Committee
IFRS	International Financial Reporting Standards
IRZ	Zeitschrift für Internationale Rechnungslegung
Jan.	Januar
JbDStJG	Jahrbuch der Deutschen Steuerjuristischen Gesellschaft e. V.
Jg.	Jahrgang
KoR	Zeitschrift für internationale und kapitalmarktorientierte Rechnungslegung
KrW-/AbfG	Gesetz zur Förderung der Kreislaufwirtschaft und Sicherung der umweltverträglichen Beseitigung von Abfällen (Kreislaufwirtschafts- und Abfallgesetz) zuletzt geändert am 11. 8. 2009
LG	Landgericht
M.B.A.	Master of Business Administration

M.Sc.	Master of Science
m. w. N.	mit weiteren Nachweisen
Mio.	Million
Nov.	November
Nr.	Nummer
OFG	Oberfinanzgericht
Okt.	Oktober
p. a.	per annum (pro Jahr)
Prof.	Professor
PwC	PricewaterhouseCoopers
qm	Quadratmeter
rd.	rund
RdA	Recht der Arbeit (Zeitschrift)
RegE	Regierungsentwurf
rev.	revised
RFH	Reichsfinanzhof
RFHE	Sammlung der Entscheidungen des Reichsfinanzhofs
RIW	Recht der Internationalen Wirtschaft (Zeitschrift)
RK	Rahmenkonzept
Rn.	Randnummer
RStBl.	Reichssteuerblatt
s.	siehe
S.	Satz, Seite(n)
s. u.	siehe unten
Sept.	September
SFAS	Statements of Financial Accounting Standards
SI	Special Issue
SIC	Standards Interpretations Committee
sog.	so genannte(r)
Sp.	Spalte
StbJb	Steuerberater-Jahrbuch
StEntlG 1999/ 2000/2002	Steuerentlastungsgesetz 1999/2000/2002 v. 24. 3. 1999 (BGBl. I 1999, S. 402)
StuB	Steuern und Bilanzen (Zeitschrift)
StuW	Steuern und Wirtschaft (Zeitschrift)
Teilbd.	Teilband

u. a.	und andere, unter anderem, unter anderen
u. U.	unter Umständen
US-GAAP	United States Generally Accepted Accounting Principles
v.	vom, von
VGH	Verwaltungsgerichtshof
vgl.	vergleiche
Vol.	Volume
WiB	Wirtschaftsrechtliche Beratung (Zeitschrift)
WM	Zeitschrift für Wirtschafts- und Bankrecht
WP	Wirtschaftsprüfer
WPg	Die Wirtschaftsprüfung (Zeitschrift)
z. B.	zum Beispiel
z. T.	zum Teil
ZfB	Zeitschrift für Betriebswirtschaft
zfbf	Zeitschrift für betriebswirtschaftliche Forschung
ZfgK	Zeitschrift für das gesamte Kreditwesen
ZGR	Zeitschrift für Unternehmens- und Gesellschaftsrecht
ZHR	Zeitschrift für das gesamte Handels- und Wirtschaftsrecht
ZVglRWiss.	Zeitschrift für vergleichende Rechtswissenschaft
zzt.	zurzeit

1. Kapitel
Aktivierungsnormen

Fall 1: **Aktivierung immaterieller Vermögensgegenstände des Anlagevermögens – Beispiel Kundenkartei**

Sachverhalt:

Ein Versandhandelsunternehmen ohne Präsenzverkaufsstellen erwirbt einen Mitbewerber. Wirtschaftlicher Hintergrund des Geschäfts ist auch der Erwerb der Kundenkartei zwecks eigener Nutzung. Die Kundendatenbank wird mit hohem jährlichem Aufwand (Datenerhebung, Datenbankpflege etc.) verwaltet. Zu Marketingzwecken werden innerhalb dieser Datenbank vergangene Bestellungen inklusive zurückgegebener Bestellungen erfasst und ausgewertet, um die Kaufgewohnheiten des jeweiligen Kunden zu erfassen und so u. U. Rückschlüsse auf zukünftige direkte Werbemaßnahmen ziehen zu können. Aus dem Controlling des erworbenen Unternehmens sind zusätzlich Statistiken über Umsatz sowie Gewinnmarge der vergangenen Jahre je Kunde erhältlich.[1]

Aufgabenstellung:

– Ist die Kundenkartei im Jahres- bzw. IFRS-Einzelabschluss des erwerbenden Unternehmens zu aktivieren?
– Fallvariation: Könnte die Kundenkartei aktiviert werden, wenn das Unternehmen sie selbst geschaffen hätte?

---

1 Der Sachverhalt lehnt sich an folgende Entscheidungen des BFH an: BFH, Urteil v. 14. 2. 1973 – I R 89/71, BStBl. II 1973, S. 580; BFH, Urteil v. 14. 3. 1979 – I R 37/75, BStBl. II 1979, S. 470; BFH, Urteil v. 25. 11. 1981 – I R 54/77, BStBl. II 1982, S. 189.

I. Lösung nach den Grundsätzen ordnungsmäßiger Bilanzierung

1. Vermögenswertprinzip

a) Vermögenswertprinzip als Ausprägung des Prinzips wirtschaftlicher Betrachtungsweise

Um festzustellen, ob ein Vermögensgegenstand vorliegt, muss zunächst geprüft werden, ob überhaupt ein positiver Vermögenswert für das Unternehmen gegeben ist. Das Prinzip wirtschaftlicher Betrachtungsweise besagt dabei, dass dazu kein Gegenstand „im bürgerlich-rechtlichen Sinne"[2] vorliegen muss; vielmehr genügt ein „selbständig bewertbares Gut jeder Art", worunter nicht nur „Gegenstände, Rechte", sondern auch „alle sonstige[n] wirtschaftlichen Werte, die geeignet sind, Vermögen oder Bestandteile von Vermögen zu sein"[3], zu verstehen sind (sog. rein wirtschaftliche Güter).[4] Es genügt mithin ein „wirtschaftliche[r] Vorteil"[5] oder ein „wirtschaftlich ausnutzbarer Vermögensvorteil"[6]; auch „tatsächliche Zustände, konkrete Möglichkeiten und Vorteile für den Betrieb"[7] werden als ausreichend angesehen.

Dabei ist eine wirtschaftliche Betrachtungsweise i. S. einer „tatsächlichen Feststellung" vorzunehmen; dies bedeutet, primär nicht den formal niedergelegten Willen zu betrachten, sondern das, „was die Vertragsparteien geäußert und subjektiv gewollt haben"[8]. Dies bedeutet hingegen nicht, dass „Bilanzierung […] nach wirtschaftlichen, insbesondere auch betriebswirtschaftlichen, Gesichtspunkten stattfinden [muss]"[9].

---

2 *Hommel*, Bilanzierung immaterieller Anlagewerte (1998), S. 53; vgl. ferner *Jacobs*, Vermögensgegenstand/Wirtschaftsgut, in: Ballwieser/Coenenberg/v. Wysocki (Hrsg.), Handwörterbuch der Rechnungslegung und Prüfung (2002), Sp. 2499 (Sp. 2502); *Kronner*, GoB für immaterielle Anlagewerte und Tauschgeschäfte (1995), S. 13.

3 BFH, Urteil v. 28. 1. 1954 – IV 255/53 U, BStBl. III 1954, S. 109 (S. 110, alle Zitate).

4 Vgl. *Moxter*, Grundsätze ordnungsgemäßer Rechnungslegung (2003), S. 63.

5 BFH, Urteil v. 23. 6. 1978 – III R 22/76, BStBl. II 1978, S. 521 (S. 522).

6 BFH, Urteil v. 23. 5. 1984 – I R 266/81, BStBl. II 1984, S. 723 (S. 725).

7 BFH, Urteil v. 29. 4. 1965 – IV 403/62 U, BStBl. III 1965, S. 414 (S. 415).

8 BFH, Urteil v. 26. 7. 1989 – I R 49/85, BFH/NV 1990, S. 442 (S. 443, beide Zitate).

9 BFH, Urteil v. 28. 1. 1954 – IV 255/53 U, BStBl. III 1954, S. 109 (S. 111).

b) Konkretisierung des Vermögenswertprinzips

aa) Erwerberfiktionsprinzip

Das Prinzip wirtschaftlicher Betrachtungsweise allein ist „zu unscharf"[10], um das Vermögenswertprinzip zu bestimmen. Relevant ist vielmehr, was „das Erlangte"[11] bzw. den „Gegenvorteil"[12] der Ausgabe darstellt.

Die Rechtsprechung greift daher zu der Figur des fiktiven Erwerbers, wonach das Vermögenswertprinzip dann typisierend erfüllt ist, „wenn ein fremder Dritter bei Fortführung des Unternehmens diesen Gegenstand im Rahmen der Kaufpreisbemessung berücksichtigen würde"[13]. Dies darf jedoch im Rahmen des Vermögenswertprinzips nicht objektivierend verstanden werden; es soll – wie ausgeführt – lediglich die Vermögenswerteigenschaft über eine hypothetische Wertbestätigung Dritter konkretisieren.[14]

bb) Prinzip des unternehmensspezifischen Nutzens

Das Prinzip des unternehmensspezifischen Nutzens besagt, dass der infrage stehende Vermögensgegenstand „für den bilanzierenden Kaufmann einen wirtschaftlichen Nutzen entfaltet"[15]. Im Rahmen des Vermögenswertprinzips ist es mithin zunächst unerheblich, ob auch Dritte aus diesem Vermögensgegenstand Nutzen ziehen könnten: Dies stellt vielmehr eine Frage der Objektivierung dar (s. u. Abschn. I. 2. b) aa)).

cc) Prinzip des längerfristigen Nutzens

Das Prinzip des längerfristigen Nutzens[16] fordert einen „nachhaltigen Nutzen"[17]. Konkretisieren lässt sich dies durch „einen über mehrere Wirtschaftsjahre sich er-

---

10 *Hommel*, Bilanzierung immaterieller Anlagewerte (1998), S. 64.

11 RFH, Urteil v. 21. 9. 1927 – VI A 383, StuW II 1927, Sp. 803 (Sp. 804).

12 RFH, Urteil v. 27. 3. 1928 – I A 470, StuW II 1928, Sp. 705 (Sp. 707).

13 BFH, Urteil v. 9. 7. 1986 – I R 218/82, BStBl. II 1987, S. 14 (S. 14); ferner BFH, Urteil v. 18. 6. 1975 – I R 24/73, BStBl. II 1975, S. 809 (S. 811); BFH, Beschluss v. 2. 3. 1970 – Gr. S. 1/69, BStBl. II 1970, S. 382 (S. 383); BFH, Urteil v. 29. 4. 1965 – IV 403/62 U, BStBl. III 1965, S. 414 (S. 415).

14 Kritisch: *Hommel*, Bilanzierung immaterieller Anlagewerte (1998), S. 65; ebenfalls kritisch *Eibelshäuser*, Immaterielle Anlagewerte in der höchstrichterlichen Finanzrechtsprechung (1983), S. 241.

15 *Hommel*, Bilanzierung immaterieller Anlagewerte (1998), S. 59. Vgl. dazu BFH, Urteil v. 29. 4. 1965 – IV 403/62 U, BStBl. III 1965, S. 414 (S. 415); RFH, Urteil v. 27. 3. 1928 – I A 470, StuW II 1928, Sp. 705 (Sp. 705); BFH, Beschluss v. 16. 2. 1990 – III B 90/88, BStBl. II 1990, S. 794 (S. 795).

16 Vgl. BFH, Urteil v. 28. 5. 1979 – I R 1/76, BStBl. II 1979, S. 734 (S. 737).

17 *Hommel*, Bilanzierung immaterieller Anlagewerte (1998), S. 61.

streckenden"[18] Nutzen bzw. einen „über die Dauer des einzelnen Steuerabschnitts wesentlich hinausreichenden Wert"[19].

c) Anwendung auf den Fall: Prüfung der Kundenkartei hinsichtlich des Vermögenswertprinzips

Gemäß Sachverhalt kann der Erwerb der Kundenkartei als das subjektiv Gewollte verstanden werden, schließlich heißt es dort, dies sei ein wirtschaftlicher Hintergrund des Geschäfts. Einen längerfristigen Nutzen für das Unternehmen hat der BFH für einen als Kundenkartei verstandenen Kundenstamm bei Bankgeschäften bejaht; die Begründung führte aus, dass eben nicht sichergestellt sei, dass ein erworbenes Unternehmen seine Altkunden wieder zurückerhält, wenn es seinen Geschäftsbetrieb in Konkurrenz zum erwerbenden Unternehmen wieder aufnimmt.[20] Ob die im Urteil unterstellte längerfristige Kundenbeziehung auch bei Versandhandelsunternehmen ohne Präsenzverkaufsstellen unterstellt werden kann, erscheint jedoch fraglich. In einem anderen Urteil des BFH zur Übernahme eines Kundenstamms wird festgestellt, dass der „betriebliche Vorteil, der in dem Eintritt in solche Beziehungen liegt", einen Vermögenswert i. S. d. Vermögenswertprinzips verkörpert, „weil sein Nutzen über das laufende Wirtschaftsjahr hinausreichte"[21]. Von der Erfüllung des Vermögenswertprinzips kann wohl auch deshalb ausgegangen werden, weil die erworbene Kundenkartei gegenüber einem bloßen Kundenstamm aufgrund ihrer aufwändigen Aufbereitung durchaus einen sehr spezifischen Nutzen verspricht.

2. Prinzip der Greifbarkeit als Objektivierungsprinzip

a) Typisierungsprinzip

aa) Typisierungen zur Bestimmung der Greifbarkeit als Objektivierungsausfluss

Das Vorliegen eines Vermögenswerts allein ist nicht ausreichend, um den Vermögensgegenstandsbegriff zu bejahen. Vielmehr müssen auch die objektivierenden Prinzipien der Greifbarkeit und der selbstständigen Bewertbarkeit erfüllt sein.

---

18 BFH, Urteil v. 29. 4. 1965 – IV 403/62 U, BStBl. III 1965, S. 414 (S. 415); vgl. auch BFH, Beschluss v. 2. 3. 1970 – Gr. S. 1/69, BStBl. II 1970, S. 382 (S. 383); BFH, Urteil v. 4. 3. 1976 – IV R 78/72, BStBl. II 1977, S. 380 (S. 381); BFH, Urteil v. 6. 12. 1990 – IV R 3/89, BStBl. II 1991, S. 346 (S. 347).
19 RFH, Urteil v. 27. 3. 1928 – I A 470, StuW II 1928, Sp. 705 (Sp. 705); vgl. auch BFH, Beschluss v. 16. 2. 1990 – III B 90/88, BStBl. II 1990, S. 794 (S. 795).
20 Vgl. BFH, Urteil v. 26. 7. 1989 – I R 49/85, BFH/NV 1990, S. 442 (S. 443).
21 BFH, Urteil v. 16. 9. 1970 – I R 196/67, BStBl. II 1971, S. 175 (S. 176, beide Zitate).

Sinn und Zweck der Greifbarkeit ist eine Trennung des Vermögenswerts vom Geschäfts- oder Firmenwert dem Grunde nach:[22] „Es muss sich immer um ein Gut handeln, das […] als Einzelheit ins Gewicht fällt oder um etwas, das […] sich nicht so ins allgemeine verflüchtigt, dass es nur als Steigerung des good will des ganzen Unternehmens in die Erscheinung tritt."[23] Ein Vermögensgegenstand ist „sozusagen greifbar"[24], wenn er ein ihn bestimmendes Element aufweist[25].

Zur Feststellung von Greifbarkeit existiert zunächst die typisierende (aber widerlegbare) Vermutung, wonach Sachen und Rechte (des bürgerlichen Rechts) als grundsätzlich greifbar anzusehen sind. Rein wirtschaftliche Güter können nur dann als greifbar angesehen werden, wenn ihre die Greifbarkeit ablehnende Typisierungsvermutung entkräftet wird;[26] dies „kann indes problematisch sein"[27].

bb) Anwendung auf den Fall: Beurteilung des Charakters der Kundenkartei

Im vorliegenden Fall der Kundenkartei liegt ein rein wirtschaftliches Gut vor, das zunächst typisierend als nicht greifbar angesehen wird. Dies lässt sich jedoch durch Vorliegen von Übertragbarkeit als Konkretisierung der Greifbarkeit heilen.

b) Prinzip der Übertragbarkeit

aa) Konkretisierung des Prinzips der Übertragbarkeit

(1) Übertragbarkeit mit dem gesamten Unternehmen

Die Übertragbarkeit mit dem gesamten Unternehmen als Mindestanforderung des Übertragbarkeitsprinzips wird (ebenfalls typisierend) dann angenommen, wenn „ein fremder Erwerber [den Vermögenswert] im Falle der Fortführung des Unternehmens als Vermögenswert bei der Kaufpreisbemessung berücksichtigen würde"[28], z. B. „als werterhöhende Einzelheit"[29].

---

22 Vgl. *Moxter*, Grundsätze ordnungsgemäßer Rechnungslegung (2003), S. 73; *Kronner*, GoB für immaterielle Anlagewerte und Tauschgeschäfte (1995), S. 14; *Moxter*, Selbständige Bewertbarkeit als Aktivierungsvoraussetzung, BB 1987, S. 1846 (S. 1849 f.).

23 RFH, Urteil v. 21. 10. 1931 – VI A 2002/29, RStBl. 1932, S. 305 (S. 307); vgl. auch BFH, Urteil v. 28. 3. 1990 – II R 30/89, BStBl. II 1990, S. 569 (S. 570).

24 RFH, Urteil v. 21. 10. 1931 – VI A 2002/29, RStBl. 1932, S. 305 (S. 307).

25 Vgl. BFH, Urteil v. 18. 6. 1975 – I R 24/73, BStBl. II 1975, S. 809 (S. 811).

26 Vgl. *Moxter*, Grundsätze ordnungsgemäßer Rechnungslegung (2003), S. 73 f.

27 *Ders.*, Bilanzrechtsprechung (2007), S. 7; vgl. ferner *Eibelshäuser*, Immaterielle Anlagewerte in der höchstrichterlichen Finanzrechtsprechung (1983), S. 225–235.

28 BFH, Urteil v. 18. 6. 1975 – I R 24/73, BStBl. II 1975, S. 809 (S. 811).

29 BFH, Urteil v. 28. 5. 1979 – I R 1/76, BStBl. II 1979, S. 734 (S. 737).

Dies ist jedoch lediglich eine „schwach ausgeprägte Objektivierung"[30], da es sich nur um eine „(gedachte) Veräußerung"[31] handelt und dadurch einzig und allein Vermögenswerten, die „am jeweiligen Kaufmann"[32] haften, sowie Vermögenswerten, die „im Allgemeingebrauch stehen"[33], die Vermögensgegenstandseigenschaft verwehrt wird. Im Allgemeingebrauch stehen Vermögenswerte nach Ansicht des BFH dann, wenn sie nicht nur unternehmensspezifisch, sondern allgemein zugänglich und daher auch von Dritten nutzbar sind. So wurde vom BFH im Gegensatz zu einem älteren Urteil, das sich mit einem ähnlichen Sachverhalt beschäftigte und die Vermögensgegenstandseigenschaft schließlich nur mit Verweis auf einen entsprechenden (erhofften) Nutzen bejahte,[34] entschieden, dass ein Zuschuss zum Bau öffentlicher Straßen (Wegebeitrag) nicht „mit dem Betrieb übertragen werden" kann und somit auch nicht „abgrenzbar gegenüber dem Geschäftswert vorhanden" ist: „Hieran fehlt es, wenn mit dem Zuschuß eine öffentliche Straße gebaut wird, an der dem Zuschußgeber ebenso wie allen übrigen Verkehrsteilnehmern nur der Gemeingebrauch zusteht." Zwar wurde die Vermögenswerteigenschaft bejaht („auch seinem Betrieb zugute kommt"), diese ist aber die Greifbarkeit verhindernd eingeschränkt, da sie „dem Gemeingebrauch aller Verkehrsteilnehmer unterliegt"[35].

(2) Einzelveräußerbarkeit und Einzelverwertbarkeit

Weder Einzelveräußerbarkeit[36] noch Einzelverwertbarkeit[37] sind demnach gemäß der Rechtsprechung des BFH notwendige Bedingungen zur Feststellung von Greifbarkeit im Rahmen des Übertragbarkeitsprinzips.

bb) Anwendung auf den Fall: Prüfung der Kundenkartei hinsichtlich des Übertragbarkeitsprinzips

Die Rechtsprechung des BFH steht einer Trennung des Vermögenswerts Kundenkartei vom Geschäftswert zunächst skeptisch gegenüber. So heißt es: „Häufig wird

---

30 *Hommel*, Bilanzierung immaterieller Anlagewerte (1998), S. 139.
31 BFH, Urteil v. 28. 5. 1979 – I R 1/76, BStBl. II 1979, S. 734 (S. 737); zur Vertiefung dieses Arguments vgl. *Hommel*, Bilanzierung immaterieller Anlagewerte (1998), S. 65.
32 *Moxter*, Bilanzrechtsprechung (2007), S. 7.
33 *Hommel*, Bilanzierung immaterieller Anlagewerte (1998), S. 139.
34 Vgl. BFH, Urteil v. 29. 4. 1965 – IV 403/62 U, BStBl. III 1965, S. 414.
35 BFH, Urteil v. 28. 3. 1990 – II R 30/89, BStBl. II 1990, S. 569 (S. 570, alle Zitate).
36 Vgl. *Hommel*, Bilanzierung immaterieller Anlagewerte (1998), S. 87–97; *Kozikowski/Huber*, in: Ellrott u. a. (Hrsg.), Beck'scher Bilanz-Kommentar (2010), § 247 HGB, Rn. 390; *Jacobs*, Vermögensgegenstand/Wirtschaftsgut, in: Ballwieser/Coenenberg/v. Wysocki (Hrsg.), Handwörterbuch der Rechnungslegung und Prüfung (2002), Sp. 2499 (Sp. 2505); *Reuleaux*, Immaterielle Wirtschaftsgüter – Begriff, Arten und Darstellung im Jahresabschluß (1987), S. 26; BFH, Urteil v. 23. 6. 1978 – III R 22/76, BStBl. II 1978, S. 521 (S. 522).
37 Vgl. *Duhr*, Grundsätze ordnungsmäßiger Geschäftswertbilanzierung (2006), S. 99–103 m. w. N.

der (in einer Kundenkartei festgehaltene) Kundenkreis untrennbar zum Geschäftswert gehören"[38]; „der Kundenstamm im Ganzen ist aber [...] in der Regel kein selbständiges Wirtschaftsgut, sondern meist Teil des Firmenwerts"[39].

Auf die Frage der Einzelveräußerbarkeit kommt es – wie gezeigt – nicht an; eine absatzorientierte Übertragbarkeit mit dem gesamten Unternehmen wird aber nicht grundsätzlich ausgeschlossen, schließlich hat eine solche Übertragung im beschriebenen Sachverhalt gerade stattgefunden. Wenn der BFH jedoch fordert, die „gesonderte Bilanzierung der Kundschaft ist nur da zulässig und geboten, wo diese gesondert Gegenstand eines Anschaffungsgeschäfts war"[40] und sich dies – für rein wirtschaftliche Güter allgemein – „als eine der wesentlichen Grundlagen der Geschäftsübernahme"[41] erweisen müsse, rückt er von dieser (schwachen) hypothetischen absatzorientierten Übertragbarkeitskonkretisierung[42] ab. Er fordert vielmehr eine beschaffungsorientierte Konkretisierung der Greifbarkeit, wie sie in der älteren Rechtsprechung auch zur Entkräftung der typisierend abgelehnten Werthaltigkeit rein wirtschaftlicher Güter gefordert wurde,[43] was grundsätzlich dem objektivierenden Sinn und Zweck des entgeltlichen Erwerbs für immaterielle Vermögensgegenstände des Anlagevermögens entspricht. Ob im vorliegenden Fall von einem gesonderten Anschaffungsgeschäft gesprochen werden kann, hängt von einer Interpretation der tatsächlichen Umstände ab; dabei gilt es insbesondere zu beachten, ob die Formulierung des wirtschaftlichen Hintergrunds der Übernahme als gesonderte Anschaffung bzw. als wesentliche Grundlage der Geschäftsübernahme interpretierbar ist und die Kundenkartei damit den einzigen (oder wesentlichen) Inhalt des Geschäftswerts des übernommenen Unternehmens darstellt.[44]

Überlegenswert erscheint bezüglich der Übertragbarkeit mit dem gesamten Unternehmen jedoch die Frage nach der greifbaren Werthaltigkeit von im Allgemeingebrauch stehenden Vermögenswerten: Schließlich könnte hier argumentiert werden, die Daten der Kunden an sich stünden insofern im Allgemeingebrauch, als sie als reine Daten auch von Dritten nutzenstiftend i. S. einer allgemeinen Verwertbarkeit eingesetzt werden und somit nicht als unternehmensspezifisch nutzenstiftend für den bilanzierenden Kaufmann angesehen werden könnten. Bejaht man diese Sichtweise, wäre Greifbarkeit i. S. v. Übertragbarkeit mit dem gesamten Unternehmen

---

38 BFH, Urteil v. 25. 11. 1981 – I R 54/77, BStBl. II 1982, S. 189 (S. 190).

39 BFH, Urteil v. 14. 3. 1979 – I R 37/75, BStBl. II 1979, S. 470 (S. 472); ähnlich BFH, Urteil v. 16. 9. 1970 – I R 196/67, BStBl. II 1971, S. 175 (S. 176); vgl. ferner *Adler/Düring/Schmaltz*, Rechnungslegung und Prüfung der Unternehmen (1998), § 246 HGB, Rn. 41; *Tiedchen*, Der Vermögensgegenstand im Handelsbilanzrecht (1991), S. 7.

40 BFH, Urteil v. 14. 3. 1979 – I R 37/75, BStBl. II 1979, S. 470 (S. 472).

41 BFH, Urteil v. 14. 2. 1973 – I R 89/71, BStBl. II 1973, S. 580 (S. 580).

42 Vgl. *Ballwieser*, in: Schmidt (Hrsg.), Münchener Kommentar zum Handelsgesetzbuch (2008), § 246 HGB, Rn. 21.

43 Vgl. *Moxter*, Bilanzrechtsprechung (2007), S. 7.

44 Vgl. *Kozikowski/Huber*, in: Ellrott u. a. (Hrsg.), Beck'scher Bilanz-Kommentar (2010), § 247 HGB, Rn. 410.

abzulehnen. Gesteht man der im Fall beschriebenen Kundenkartei jedoch über die reine Sammlung von allgemein zugänglichen Daten hinaus ein Mehr an unternehmensspezifischer Substanz zu, z.B. durch die – im Sachverhalt beschriebene – erfolgte Aufbereitung zu analytischen Zwecken, so würde unmittelbar kein Allgemeingebrauch mehr vorliegen; mithin würde auch die Greifbarkeit nicht sofort verneint werden müssen.

c) Prinzip der Unentziehbarkeit

aa) Faktische Unentziehbarkeit bei rein wirtschaftlichen Gütern

Faktische Unentziehbarkeit eines Vermögenswerts bedeutet, dass dieser „dem Bilanzierenden trotz eines fehlenden rechtlichen Bestandsschutzes aus tatsächlichen Gründen überhaupt nicht entziehbar ist"[45]. Rechtliche Unentziehbarkeit hingegen fordert einen (mittelbaren oder unmittelbaren) rechtlich durchsetzbaren Bestandsschutz.[46] Faktische Unentziehbarkeit ist Ausfluss einer wirtschaftlichen Betrachtungsweise und stellt eine (objektivierungsbedürftige) „extensive Auslegung des Greifbarkeitsprinzips"[47] dar.

Als faktisch unentziehbar gilt ein Vermögenswert selbst dann, wenn ein Dritter den Vermögenswert durch Eigenanstrengung dupliziert (i.S. eines „„Gegenvorteils'"[48]) und somit den Vermögenswert des Kaufmanns beeinträchtigt oder gar vernichtet. Denn der Kaufmann ist auch nach Duplizierung durch den Dritten weiterhin in der Lage, seinen Vermögenswert nutzenstiftend einzusetzen; dem Grunde nach ist der Vermögenswert mithin nicht beeinträchtigt.

bb) Anwendung auf den Fall: Prüfung der Kundenkartei hinsichtlich des Prinzips der faktischen Unentziehbarkeit

Im vorliegenden Fall der Kundenkartei kann (faktische) Unentziehbarkeit dann eine Rolle spielen, wenn allein die Datensammlung im Rahmen der Kundenkartei als ökonomisch nutzenstiftend angesehen wird: Diese ist problemlos durch Dritte duplizierbar, und zwar ohne „Einverständnis des Bilanzierenden"[49], z.B. durch simple Befragung der nicht beeinflussbaren Kunden. Problemlose Duplizierbarkeit kann mithin als eine Form von allgemeiner Verfügbarkeit (i.S. v. Allgemeingebrauch) angesehen werden. Wie gesehen, reicht dies jedoch nicht aus, um die Greifbarkeit i.S. einer faktischen Unentziehbarkeit eines Kundenstamms zu ver-

---

45 *Hommel*, Bilanzierung immaterieller Anlagewerte (1998), S. 167 f.
46 Vgl. zur Abgrenzung eines Kundenstamms zu einem möglichen, weiter konkretisierten (mittelbar rechtlich unentziehbaren) Auftragsbestand von diesen Kunden *ders.*, Bilanzierung immaterieller Anlagewerte (1998), S. 158 f.
47 *Ders.*, Bilanzierung immaterieller Anlagewerte (1998), S. 171.
48 *Ders.*, Bilanzierung immaterieller Anlagewerte (1998), S. 168.
49 *Ders.*, Bilanzierung immaterieller Anlagewerte (1998), S. 167.

neinen.[50] Interpretiert man den Sachverhalt zudem derart, dass durch die erfolgte (auch nicht mehr im Allgemeingebrauch stehende) Aufbereitung der Daten innerhalb der als Datenbank verstandenen Kundenkartei eine Art von Know-how über den Absatzmarkt entwickelt wurde, „deren Fehlen im Unternehmen entsprechend hohe Anlern- und Erprobungskosten verursachen würde"[51], ist in Anlehnung an die Rechtsprechung des BFH zur Aktivierung von Know-how erst recht von (faktischer) Unentziehbarkeit auszugehen.[52]

3. Prinzip selbstständiger Bewertbarkeit als weiteres Objektivierungsprinzip

a) Prinzip selbstständiger Bewertbarkeit in den handelsrechtlichen GoB

aa) Bedeutung des Prinzips selbstständiger Bewertbarkeit

Selbstständige Bewertbarkeit als Konsequenz des bilanzrechtlichen Einzelbewertungsprinzips[53] bedeutet eine abgrenzbare Bewertbarkeit eines Vermögensgegenstands: „Vermögensbestandteile, die sich nicht selbständig bewerten lassen, gehen im Geschäftswert auf."[54] Sie stellt also eine Trennbarkeit vom Geschäftswert der Höhe nach dar.[55]

bb) Abgrenzung zum Prinzip der Greifbarkeit

(1) Sachen und Rechte

Greifbarkeit und selbstständige Bewertbarkeit dienen beide dem Ziel der Objektivierung der Vermögensermittlung, treffen jedoch eine unterschiedliche Aussage;[56] insbesondere bedingen sie sich grundsätzlich nicht gegenseitig: Weder setzt Greifbarkeit die selbstständige Bewertbarkeit voraus, noch bedingt selbstständige Be-

---

50 Vgl. *Hommel*, Bilanzierung immaterieller Anlagewerte (1998), S. 169 f.

51 *Ders.*, Bilanzierung immaterieller Anlagewerte (1998), S. 167.

52 Vgl. z.B. *Niemann*, Immaterielle Wirtschaftsgüter im Handels- und Steuerrecht (2006), S. 171 f.: So kann eine aufwändig aufbereitete Kundenkartei nach *Niemann* als Archiv angesehen werden, das vor allem – analog zu *Hommel*, Bilanzierung immaterieller Anlagewerte (1998), S. 167 – „Mühsal [erspart], diese [Informationen] erst sammeln zu müssen und damit Zeit und Geld."

53 Vgl. *Moxter*, Selbständige Bewertbarkeit als Aktivierungsvoraussetzung, BB 1987, S. 1846 (S. 1848 f.).

54 *Ders.*, Bilanzrechtsprechung (2007), S. 9.

55 Vgl. *ders.*, Grundsätze ordnungsgemäßer Rechnungslegung (2003), S. 81; ferner: *Kronner*, GoB für immaterielle Anlagewerte und Tauschgeschäfte (1995), S. 15.

56 Vgl. *Moxter*, Grundsätze ordnungsgemäßer Rechnungslegung (2003), S. 81.

wertbarkeit die Greifbarkeit, wie z. B. im Fall der zwar selbstständig bewertbaren, nicht aber greifbaren Vorteile aus Werbefeldzügen.[57]

(2) Rein wirtschaftliche Güter

Lediglich im Fall von rein wirtschaftlichen Gütern („bloßen Vorteilen"[58]) ist das Vorliegen selbstständiger Bewertbarkeit Voraussetzung für die Feststellung der Greifbarkeit: Kann bei bloßen Vorteilen die geforderte Abgrenzbarkeit von Zugangswerten nicht sichergestellt werden, so ist selbstständige Bewertbarkeit nicht gegeben, mithin auch Greifbarkeit nicht.

cc) Konkretisierung der selbstständigen Bewertbarkeit: engeres und weiteres Verständnis selbstständiger Bewertbarkeit

In einem engeren Verständnis erfordert selbstständige Bewertbarkeit die Abgrenzungsmöglichkeit von Zugangs-, Folge- und Abgangswerten nach objektiven Kriterien.[59] Dieses Verständnis wird aber zu Gunsten einer wirtschaftlichen Betrachtungsweise nicht als ausschlaggebend angesehen.

In einem weiteren, der wirtschaftlichen Betrachtungsweise folgenden Verständnis begnügt sich selbstständige Bewertbarkeit mit der reinen Möglichkeit[60] der griffweisen Schätzbarkeit von Wertzurechnungen „nach der Verkehrsauffassung"[61]; diese fordere nur „grundsätzlich" Aufwendungen, „die sich klar und eindeutig von anderen Aufwendungen abgrenzen lassen". So genügte eine Schätzung von Folgewerten, die „im Bereich des Möglichen [liegt]"[62]. Objektivierende Grundsätze für die Durchführung dieser Schätzungen sind nach der Rechtsprechung des BFH nicht alle denkbaren Schätzungsgrundsätze, sondern „anerkannte Schätzungsgrundsätze, die Denkgesetze und allgemeine Erfahrungssätze"; Grenzen der Schätzbarkeit bestehen, „wenn es an jeglichem Anhaltspunkt für die Bemessung fehlt"[63].

---

57 Vgl. *Moxter*, Bilanzrechtsprechung (2007), S. 9; ferner *Ballwieser*, in: Schmidt (Hrsg.), Münchener Kommentar zum Handelsgesetzbuch (2008), § 246 HGB, Rn. 20; *Roland*, Der Begriff des Vermögensgegenstandes im Sinne der handels- und aktienrechtlichen Rechnungslegungsvorschriften (1980), S. 162.

58 *Moxter*, Bilanzrechtsprechung (2007), S. 9.

59 Vgl. BFH, Urteil v. 28. 5. 1979 – I R 1/76, BStBl. II 1979, S. 734 (S. 737).

60 Vgl. BFH, Urteil v. 13. 3. 1991 – X R 81/89, BFH/NV 1991, S. 529 (S. 529).

61 BFH, Urteil v. 16. 2. 1990 – III B 90/88, BStBl. II 1990, S. 794 (S. 795, auch alle nachfolgenden Zitate).

62 BFH, Urteil v. 29. 4. 1965 – IV 403/62 U, BStBl. III 1965, S. 414 (S. 415).

63 BFH, Urteil v. 4. 4. 1968 – IV 210/61, BStBl. II 1968, S. 411 (S. 412, beide Zitate).

b) Anwendung auf den Fall: Prüfung der Kundenkartei hinsichtlich des Prinzips selbstständiger Bewertbarkeit

Wie bereits erwähnt, konkretisiert der BFH[64] die Isolierbarkeit eines Kundenstamms vom Geschäftswert dem Grunde nach in beschaffungsorientierter Weise („gesondertes Anschaffungsgeschäft", „wesentliche Grundlage der Geschäftsübernahme"). Da im Fall der Kundenkartei als rein wirtschaftliches Gut die Greifbarkeit die selbstständige Bewertbarkeit voraussetzt, muss dies auch für die Isolierbarkeit eines Kundenstamms vom Geschäftswert der Höhe nach gelten: Demnach scheint es – einer stärkeren Objektivierung orientiert am engeren Verständnis selbstständiger Bewertbarkeit folgend – erforderlich, dass eben nicht nur ein gesondertes Anschaffungsgeschäft dem Grunde nach, sondern auch ein eindeutig abgrenzbares (gesondertes) Anschaffungsentgelt der Höhe nach vorliegt. In einem Urteil des BFH aus dem Jahr 1981[65] zur Aktivierung eines Kundenstamms fehlte ein solches „nachweislich[es]" Entgelt: Es ergäben sich „nach den objektiven Gegebenheiten, nicht nach der bloß äußerlichen Bezeichnung durch die Vertragspartner" „keinerlei Anhaltspunkte dafür, dass der Kläger mit dem Veräußerer für die Übernahme des zur Zeit der Veräußerung bestehenden Kundenstamms ein besonderes Entgelt vereinbart und ein solches gezahlt hat"; dies insbesondere deshalb, weil sich der für die „Kundenkartei" angesetzte Wert „dadurch ergeben [hat], dass um den angesetzten Betrag der Kaufpreis höher war als der Wert der übernommenen Wirtschaftsgüter. In dieser Weise konkretisiert sich üblicherweise der derivative Geschäftswert eines Unternehmens."

In einem Urteil des BFH aus dem Jahr 1970[66] zur Überlassung von Geschäftsbeziehungen und zur Einführung in diese wurde die Vereinbarung eines besonderen Entgelts im Übrigen „nach den objektiven Gegebenheiten, nicht nach der bloß äußerlichen Bezeichnung durch die Vertragspartner" bejaht; konkret heißt es dann zur Folgebewertung, diese sei gewährleistet „innerhalb einer ungefähr bestimmbaren Zeit". Wichtig in Bezug auf den vorliegenden Fall erscheint hier, dass der Senat den gesamten „Kaufpreis" als immaterielles Wirtschaftsgut des „Kunden- oder Abnehmerkreises" (die Geschäftsbeziehungen) gewertet hat: Es könne „dahingestellt bleiben, ob er einen Betrieb im Ganzen oder nur Betriebsteile erworben hat und ob etwa schon aus diesem Grunde für den Ansatz eines Geschäftswerts kein Raum wäre."

---

64 Vgl. dazu die mit diesem Argument einen Vermögensgegenstand ablehnenden Urteile: BFH, Urteil v. 14. 3. 1979 – I R 37/75, BStBl. II 1979, S. 470 (S. 472); BFH, Urteil v. 14. 2. 1973 – I R 89/71, BStBl. II 1973, S. 580 (S. 580).

65 Vgl. BFH, Urteil v. 25. 11. 1981 – I R 54/77, BStBl. II 1982, S. 189 (S. 190, auch alle folgenden Zitate). Vgl. zum Urteil auch *Moxter*, Bilanzrechtsprechung (2007), S. 14, sowie *Gruber*, Der Bilanzansatz in der neueren BFH-Rechtsprechung (1991), S. 122.

66 Vgl. BFH, Urteil v. 16. 9. 1970 – I R 196/67, BStBl. II 1971, S. 175 (S. 176, auch alle folgenden Zitate). Vgl. zum Urteil auch *Gruber*, Der Bilanzansatz in der neueren BFH-Rechtsprechung (1991), S. 122.

In einem weiteren Urteil des BFH aus dem Jahr 1989[67] wurde der gesamte Kaufpreis, den eine Bank für die Übernahme einer Zweigstelle einer anderen Bank aufgewendet hat, als Anschaffungskosten des Vermögensgegenstands „Kundenstamm" gewertet, obwohl auch die „Aktiv- und Passivgeschäfte […] nahezu vollständig auf die Klägerin übergeleitet [wurden]". Auch hier wurde – der wirtschaftlichen Betrachtungsweise folgend – ausdrücklich darauf verwiesen, dass „zu ermitteln [sei], was die Vertragsparteien geäußert und subjektiv gewollt haben". Diese Ermittlung habe zur Feststellung geführt, dass in wirtschaftlicher Betrachtung „das Entgelt […] dafür gezahlt [wurde], dass die B-Bank der Klägerin die Kunden überließ". Die Klassifizierung des Kaufpreises als Geschäftswert der übernommenen Zweigstelle wurde im Übrigen ausdrücklich abgelehnt, da diese mit der Absicht der Stilllegung erworben und dadurch der enthaltene Geschäftswert zerstört wurde, während lediglich der eigene Geschäftswert erhöht wird.

Überträgt man die beiden letzten Entscheidungen auf den vorliegenden Fall, bedeutet dies, dass analog auch hier der (in der Fallstudie nicht genannte) Kaufpreis für den Mitbewerber als Anschaffungskosten der Kundenkartei gewertet werden kann; schließlich ist deren Erwerb – wie im Sachverhalt beschrieben – wirtschaftlicher Hintergrund des Kaufs, interpretiert als subjektiver Wille der Vertragsparteien nach den objektiven (tatsächlichen) Gegebenheiten.

4. Ergebnis nach den Grundsätzen ordnungsmäßiger Bilanzierung

Nach den Grundsätzen ordnungsmäßiger Bilanzierung liegt im vorliegenden Fall ein Vermögensgegenstand vor. Das Vermögenswertprinzip, aber auch die objektivierenden Prinzipien der Greifbarkeit und der selbstständigen Bewertbarkeit sind erfüllt.

5. Abweichungsanalyse: Fallvariation selbst geschaffene Vermögensgegenstände

a) Ansatzverbot für bestimmte selbst geschaffene immaterielle Vermögensgegenstände des Anlagevermögens

aa) Gesetzesentwicklung und Gesetzesbegründung

Mit dem Bilanzrechtsmodernisierungsgesetz wurde im Jahr 2009 für selbst geschaffene immaterielle Vermögensgegenstände des Anlagevermögens ein Aktivierungswahlrecht eingeführt (§ 248 Abs. 2 S. 1 HGB). Nach der Begründung des Regierungsentwurfs soll damit „das Informationsniveau des handelsrechtlichen Jah-

---

67 Vgl. BFH, Urteil v. 26. 7. 1989 – I R 49/85, BFH/NV 1990, S. 442 (auch alle folgenden Zitate).

resabschlusses erheblich angehoben"[68] werden. Ein Aktivierungsverbot besteht indes für „selbst geschaffene Marken, Drucktitel, Verlagsrechte, Kundenlisten oder vergleichbare immaterielle Vermögensgegenstände des Anlagevermögens" (§ 248 Abs. 2 S. 2 HGB). Das Ansatzverbot für die genannten immateriellen Werte wird mit der fehlenden zweifelsfreien Zurechnung von Herstellungskosten und der folglich nicht möglichen Abgrenzbarkeit zu Aufwendungen, die im selbst geschaffenen Geschäfts- oder Firmenwert aufgehen, begründet.

Sinn und Zweck des vor der Neuformulierung des § 248 Abs. 2 HGB für alle immateriellen Vermögensgegenstände des Anlagevermögens geforderten Prinzips des entgeltlichen Erwerbs war die Wertbestätigung der als unsicher geltenden immateriellen Werte am (Beschaffungs-)Markt, zusätzlich zur Objektivierung im Rahmen der Vermögensgegenstandskriterien:[69] „[E]rst wenn sie aufgrund eines gegenseitigen Geschäfts Gegenstand des Geschäftsverkehrs geworden sind, entfällt die Unsicherheit in der Wertbestimmung"[70]; erst dann hat ihnen „der Markt in Gestalt von Anschaffungskosten eine Bestätigung für den Wert abgegeben"[71]. „Das Entgelt muss sich auf den Vorgang des abgeleiteten Erwerbs des immateriellen Wirtschaftsguts als solchen beziehen und nach den Vorstellungen beider Vertragsteile die Gegenleistung für die erlangten Vorteile darstellen"; dabei ist insbesondere „der […] verfolgte Zweck" maßgeblich, so dass „Erwerb und Entgelt im Verhältnis von Leistung und Gegenleistung stehen [müssen]"[72].

Während der Referentenentwurf des Bilanzrechtsmodernisierungsgesetzes noch die vollständige Streichung des Ansatzverbots des § 248 Abs. 2 HGB a. F. beabsichtigte, wurde nach Kritik an diesen Gesetzesvorschlägen[73] im Regierungsentwurf das Erfordernis des entgeltlichen Erwerbs für Marken, Drucktitel, Verlagsrechte, Kundenlisten oder vergleichbare immaterielle Werte des Anlagevermögens beibehalten. Sowohl Regierungsentwurf als auch Referentenentwurf sahen eine Aktivierungspflicht für Entwicklungskosten selbst geschaffener immaterieller Vermögensgegenstände vor. Wegen der Kritik an dem durch das Aktivierungsgebot entstehenden „breiten Ermessensspielraum" und an der „auf Kosten der Einblickssicherheit" erreichten Einblickserweiterung[74] wurde die verpflichtende Akti-

---

68 Regierungsentwurf eines Gesetzes zur Modernisierung des Bilanzrechts (Bilanzrechtsmodernisierungsgesetz – BilMoG), BT-Drs. 16/10067, S. 35.

69 Vgl. *Moxter*, Grundsätze ordnungsgemäßer Rechnungslegung (2003), S. 74 f.; *Hommel*, Bilanzierung immaterieller Anlagewerte (1998), S. 176 f.

70 BFH, Urteil v. 8. 11. 1979 – IV R 145/77, BStBl. II 1980, S. 146 (S. 146 f.).

71 BFH, Urteil v. 26. 2. 1975 – I R 72/73, BStBl. II 1976, S. 13 (S. 14).

72 BFH, Urteil v. 3. 8. 1993 – VIII R 37/92, BStBl. II 1994, S. 444 (S. 447, alle Zitate).

73 Vgl. bspw. *Laubach/Kraus*, Zum Referentenentwurf des Bilanzrechtsmodernisierungsgesetzes (BilMoG): Die Bilanzierung selbst geschaffener immaterieller Vermögensgegenstände und der Aufwendungen für die Ingangsetzung und Erweiterung des Geschäftsbetriebs, DB 2008, Beil. 1, S. 16 (S. 17).

74 Vgl. *Moxter*, Aktivierungspflicht für selbsterstellte immaterielle Anlagewerte?, DB 2008, S. 1514 (S. 1516, beide Zitate).

vierung selbst geschaffener immaterieller Vermögensgegenstände des Anlagevermögens in ein Aktivierungswahlrecht abgeändert. Die bewährte Rechtsfigur des
„entgeltlichen Erwerbs" wurde in diesem Zuge als Aktivierungsrestriktion weitgehend aufgegeben. Zur Gewährleistung des Gläubigerschutzes wird diese Neuregelung verbunden mit der Einführung einer diesbezüglichen Ausschüttungssperre
für Kapitalgesellschaften (§ 268 Abs. 8 HGB).

bb) Bedeutung der Anwendungsvoraussetzung „Immaterialität"

Bei der Frage nach der Immaterialität eines Vermögensgegenstands des Anlage-
vermögens müssen gesetzeszweckorientierte Auslegungen einer rein sprachlichen
Auslegung vorgezogen werden; grundsätzlich „geht es dabei um die Frage, ob der
Charakter des Wirtschaftsgutes von der materiellen oder von der immateriellen
Komponente dominiert wird"[75]. Vermögensgegenstände sollten als Ausfluss des
bilanzrechtlichen Vorsichtsprinzips im Zweifel als immateriell eingestuft werden,
weil damit zumindest die Möglichkeit des Nichtansatzes ihrer Art nach fraglicher
Vermögensgegenstände eröffnet wird, wo schon die Notwendigkeit einer synallag-
matischen Wertbestätigung am Markt durch das Bilanzrechtsmodernisierungsgesetz entfällt.

cc) Bedeutung der Anwendungsvoraussetzung „Zugehörigkeit zum Anlagevermögen"

Gemäß § 247 Abs. 2 HGB gehören zum Anlagevermögen „[Vermögens-]Gegen-
stände [...], die bestimmt sind, dauernd dem Geschäftsbetrieb zu dienen". Das
Merkmal „dauernd" kann dabei sowohl in zeitlicher als auch in zweckbestimmter
Hinsicht ausgelegt werden; Letzteres bedeutet, dass „der subjektive Wille des bilanzierenden Kaufmanns für die tatsächliche Zweckbestimmung den Ausschlag"[76]
gibt. Diese muss freilich „anhand von objektiven Merkmalen nachvollziehbar
sein"[77]. Unterschieden werden in diesem Zusammenhang Gebrauchs- und Verbrauchsgüter. Während Gebrauchsgüter vorliegen, „wenn die Absicht mehrmali-
ger betrieblicher Verwendung besteht" und diese daher dem Anlagevermögen zuzuordnen sind, liegen Verbrauchsgüter vor, wenn diese „dem Betrieb nur für einen
einmaligen Nutzungsvorgang (sofortiger Verkauf, Verbrauch) dienen sollen"[78]; sie
sind daher dem Umlaufvermögen zuzuordnen. Die zeitliche Auslegung findet mit-

---

75 Vgl. zu weiteren Kriterien und Rechtsprechungsnachweisen *Kronner*, GoB für immaterielle
    Anlagewerte und Tauschgeschäfte (1995), S. 15–24 (Zitat S. 17); ferner *Kählert/Lange*, Zur
    Abgrenzung immaterieller von materiellen Vermögensgegenständen, BB 1993, S. 613.
76 *Sieben/Ossadnik*, Dauernd, in: Leffson/Rückle/Großfeld (Hrsg.), Handwörterbuch unbe-
    stimmter Rechtsbegriffe im Bilanzrecht des HGB (1986), S. 105 (S. 108).
77 *Kronner*, GoB für immaterielle Anlagewerte und Tauschgeschäfte (1995), S. 24 f.
78 *Kozikowski/Huber*, in: Ellrott u. a. (Hrsg.), Beck'scher Bilanz-Kommentar (2010), § 247 HGB,
    Rn. 352 (beide Zitate).

hin keine strenge Anwendung; eine „längere Verweildauer […] kann allerdings ein Hinweis"[79] auf Zugehörigkeit zum Anlagevermögen sein.

b) Anwendung auf die Fallvariation: Prüfung der selbst geschaffenen Kundenkartei hinsichtlich des Ansatzverbots

Wäre die im Fall vorliegende Kundenkartei dem bilanzierenden Unternehmen nicht durch Erwerb eines anderen Unternehmens, sondern durch Selbsterstellung zugegangen, müsste das Ansatzverbot des § 248 Abs. 2 S. 2 HGB geprüft werden.

Zunächst kann hinsichtlich der Anwendungsvoraussetzung der Immaterialität im vorliegenden Fall unzweifelhaft von einem immateriellen Wert ausgegangen werden, da die Kundenkartei als solche und das wirtschaftliche Interesse an dieser die materielle Komponente bei weitem übersteigt.

Die Prüfung der Anwendungsvoraussetzung der Zugehörigkeit zum Anlagevermögen ist auf Basis der Auslegung des Begriffs „dauernd" über die Zweckbestimmung im vorliegenden Fall ebenfalls klar zu bejahen. Eine Kundenkartei wird nicht entwickelt, um diese in einem „einmaligen Nutzungsvorgang" im Sinne der Verbrauchsgüter zu verwenden, sondern um sie zur besseren Kundenkommunikation des Unternehmens langfristig einzusetzen.

In einem letzten Schritt ist zu prüfen, ob die selbst geschaffene Kundenkartei vergleichbar zu den vom Ansatzverbot des § 248 Abs. 2 S. 2 HGB genannten selbst geschaffenen Marken, Drucktiteln, Verlagsrechten oder Kundenlisten ist. Da eine Kundenkartei vergleichbar zu einer Kundenliste ist, könnte in dieser Fallvariation die selbst geschaffene Kundenkartei nicht aktiviert werden.

II. Lösung nach IFRS

1. Anzuwendende Vorschriften

a) Bilanzierung immaterieller Vermögenswerte gemäß den IFRS

IAS 38 regelt den Ansatz immaterieller Vermögenswerte. Danach muss zur Ansatzfähigkeit zunächst die Definition des immateriellen Vermögenswerts erfüllt sein, zusätzlich auch die Bedingungen zum tatsächlichen Ansatz eines immateriellen Vermögenswerts in der Bilanz. Die Erfüllung der Definition ist mithin eine notwendige, aber nicht hinreichende Bedingung zum Ansatz.

---

79 *Dies.*, in: Ellrott u. a. (Hrsg.), Beck'scher Bilanz-Kommentar (2010), § 247 HGB, Rn. 353.

Das Rahmenkonzept ist „kein IAS" (RK.2). „Keine Passage aus diesem Rahmenkonzept geht einem International Accounting Standard vor" (RK.2).[80] Das Rahmenkonzept nimmt mithin nur eine „subsidiäre Stellung"[81] ein, hat aber faktisch Relevanz.[82]

Faktische Relevanz bedeutet, bezogen auf den Fall der Prüfung des Vermögenswertbegriffs, dass primär die Regelungen des IAS 38 zu beachten sind. Da viele Regelungen des IAS 38 mit dem Rahmenkonzept übereinstimmen, können auch die dortigen Regelungen zur Konkretisierung herangezogen werden, da sie faktisch ein gewisses Grundverständnis des IASB zum Vermögenswertbegriff vermitteln.

b) Anwendung auf den Fall: Prüfen der Kundenkartei hinsichtlich des Anwendungsbereichs von IAS 38

Die Anwendung des IAS 38 setzt das Vorliegen eines immateriellen Vermögenswerts voraus, was nachfolgend geprüft wird. Bei positiver Beurteilung ist IAS 38 anzuwenden, da keine Ausnahme i. S. d. IAS 38.3 vorliegt.[83]

2. Ansatz eines immateriellen Vermögenswerts gemäß IAS 38

a) Definition eines Vermögenswerts

aa) Kriterium „Ereignis in der Vergangenheit"

(1) Bedeutung des Kriteriums „Ereignis in der Vergangenheit"

Nahezu übereinstimmend heißt es in IAS 38.8 und RK.49(a), dass ein Vermögenswert ein „Ergebnis von Ereignissen der Vergangenheit" darstellt bzw. „auf Grund von Ereignissen der Vergangenheit" in der Verfügungsmacht des Unternehmens

---

80 Vgl. *Wagner*, Assets, in: Ballwieser/Coenenberg/v. Wysocki (Hrsg.), Handwörterbuch der Rechnungslegung und Prüfung (2002), Sp. 101 (Sp. 105); *Fischer*, IAS-Abschlüsse von Einzelunternehmungen: rechtliche Grundlagen und finanzwirtschaftliche Analyse (2001), S. 11 f.

81 *Wagenhofer*, Internationale Rechnungslegungsstandards – IAS/IFRS (2009), S. 125; *von Keitz*, Immaterielle Güter in der internationalen Rechnungslegung (1997), S. 180.

82 Vgl. *Jacobs*, Vermögensgegenstand/Wirtschaftsgut, in: Ballwieser/Coenenberg/v. Wysocki (Hrsg.), Handwörterbuch der Rechnungslegung und Prüfung (2002), Sp. 2499 (Sp. 2509 f.); *Streim/Bieker/Leippe*, Anmerkungen zur theoretischen Fundierung der Rechnungslegung nach International Accounting Standards, in: Schmidt (Hrsg.), FS Stützel (2001), S. 177 (S. 188).

83 Grundsätzlich fällt der Sachverhalt auch in den Anwendungsbereich des IFRS 3, wonach im Fall eines Unternehmenserwerbs im Rahmen der Kaufpreisallokation die einzelnen erworbenen Vermögenswerte und Schulden bilanziell erfasst werden müssen (IFRS 3.10). Dies gilt auch für den vorliegenden Sachverhalt einer im Rahmen eines Unternehmenserwerbs erworbenen Kundenkartei. Im Detail verweist IFRS 3.B63(a) auf IAS 38, da nur Letzterer die Definitionskriterien immaterieller Vermögenswerte sowie ihre Ansatzkriterien bei Zugang durch einen Unternehmenszusammenschluss konkretisiert.

steht. Sinn und Zweck dieser Formulierung ist die Abgrenzung bereits eingetretener Ergebnisse oder Ereignisse oder Geschäftsvorfälle von grundsätzlich zukünftigen Geschäftsvorfällen oder Ereignissen.[84]

(2) Anwendung auf den Fall: Identifizierung des Ereignisses der Vergangenheit im Fall der Kundenkartei

Im vorliegenden Fall der Kundenkartei ist dieses Definitionsmerkmal eines Vermögenswerts als unkritisch zu betrachten: Der Erwerb der Kundenkartei ist, da die Transaktion abgeschlossen ist, ein Ereignis oder Geschäftsvorfall der Vergangenheit.

bb) Kriterium „Verfügungsmacht"

(1) Bedeutung und Konkretisierung des Kriteriums „Verfügungsmacht"

(a) Bedeutung des Kriteriums „Verfügungsmacht"

Sinn und Zweck der Einschränkung der potenziellen immateriellen Vermögenswerte auf solche, die in der Verfügungsmacht des Unternehmens stehen, ist die objektivierte Werthaltigkeit der Vermögenswerte für das Unternehmen.

Bezüglich der Konkretisierung des Kriteriums „Verfügungsmacht" gemäß IAS 38 ergeben sich jedoch Unterschiede zur Konkretisierung der Verfügungsmacht gemäß Rahmenkonzept: Nur IAS 38.8 verknüpft beide Bedingungen durch die Formulierung „auf Grund von" in kausaler Art und Weise.

(b) IAS 38: Kontrolle des wirtschaftlichen Nutzens durch Macht und Beschränkung Dritter

Zentrales Kriterium zum Vorliegen der Verfügungsmacht ist die Kontrolle des künftigen wirtschaftlichen Nutzens aus dem Vermögenswert. Hinreichendes Kriterium zum Vorliegen von Verfügungsmacht ist gemäß IAS 38.15 jedoch eine „hinreichende Verfügungsgewalt" über den künftigen wirtschaftlichen Nutzens aus dem Vermögenswert. Dieser ist z.B. bei künftigem wirtschaftlichem Nutzen aus Qualifikationsmaßnahmen von Mitarbeitern oder aus „bestimmte[n] Management- oder fachliche[n] Begabung[en]" (IAS 38.15) nicht gegeben, weshalb diese daher für gewöhnlich keinen Vermögenswert bilden.

Kontrolle konkretisiert sich gemäß IAS 38.13 durch zwei Bedingungen, die kumulativ erfüllt sein müssen. Zunächst muss das Unternehmen die Macht haben, „sich den künftigen wirtschaftlichen Nutzen [...] zu verschaffen"; zusätzlich muss es auch den „Zugriff Dritter auf diesen Nutzen beschränken" können. Auch die erste Bedingung der Machtausübung muss nicht zwingend vorliegen: Entscheidend ist,

---

84 Vgl. *von Keitz*, Immaterielle Güter in der internationalen Rechnungslegung (1997), S. 183; *Wollmert/Achleitner*, Konzeptionelle Grundlagen der IAS-Rechnungslegung (Teil I), WPg 1997, S. 209 (S. 215).

dass sich das Unternehmen die Machtausübung (zukünftig) „verschaffen" (IAS 38.13) kann bzw. wohl können muss. Kontrolle basiert gemäß IAS 38.13 „normalerweise auf juristisch durchsetzbaren Ansprüchen". Dies ist jedoch lediglich eine hinreichende, nicht aber notwendige Voraussetzung: Kontrolle des künftigen wirtschaftlichen Nutzens kann auch „auf andere Weise" ausgeübt werden, was jedoch ungleich schwieriger nachzuweisen ist.[85]

(2) Anwendung auf den Fall: Prüfung des Kriteriums der Verfügungsmacht im Fall der Kundenkartei

IAS 38.16 lehnt die Erfüllung des Kriteriums der Verfügungsmacht für einen Kundenstamm mit Verweis auf die fehlenden „rechtlichen Ansprüche zum Schutz oder sonstige Mittel und Wege zur Kontrolle" des Nutzens aus dem Kundenstamm ab, dies aber nur „für gewöhnlich".[86] Es bestehen zwar Erwartungen zur Kundenloyalität, Macht- oder Treueansprüche entstehen jedoch nicht. Gleiches gilt für die kumulativ zu erfüllende Bedingung der Beschränkung des Zugriffs Dritter auf den künftigen wirtschaftlichen Nutzen: Sieht man den künftigen Nutzen nicht allein durch die getätigten Ausgaben, sondern durch den dadurch erlangten Kundenstamm als gegeben an, so können Dritte nicht vom Zugriff darauf beschränkt werden, da die Kundendaten originär am Kunden haften und insofern auch von anderen Unternehmen erhoben und nutzenstiftend verwendet werden können.[87]

Jedoch lässt sich argumentieren, dass die Kundenkartei aus der Fallstudie gegenüber dem explizit geregelten Kundenstamm ein Mehr darstellt, das sich durch die als aufwändig beschriebene Datenerhebung und Datenpflege sowie die daraus gewonnenen Absatzmarktkenntnisse begründet. Ob dadurch eine Kontrolle i. S. v. juristisch durchsetzbaren Ansprüchen gerechtfertigt werden kann, ist nicht zentraler Bestandteil der Überlegungen: Ausschlaggebend i. S. v. IAS 38.15 ist allein, ob „hinreichende Beherrschung" vorliegt bzw. ob Verfügungsmacht „auf andere Weise" nachgewiesen werden kann. Durch die in IAS 38.14 explizit als juristisch durchsetzbar anerkannte, den Arbeitnehmern auferlegte „gesetzliche Vertraulich-

---

85 Vgl. *Baetge/von Keitz*, in: Baetge u. a. (Hrsg.), Rechnungslegung nach IFRS, IAS 38, Rn. 21 f. (Stand: Juli 2006); *Jacobs*, Vermögensgegenstand/Wirtschaftsgut, in: Ballwieser/Coenenberg/ v. Wysocki (Hrsg.), Handwörterbuch der Rechnungslegung und Prüfung (2002), Sp. 2499 (Sp. 2511).

86 Vgl. *Streim/Bieker/Leippe*, Anmerkungen zur theoretischen Fundierung der Rechnungslegung nach International Accounting Standards, in: Schmidt (Hrsg.), FS Stützel (2001), S. 177 (S. 189); *Wagenhofer*, Internationale Rechnungslegungsstandards – IAS/IFRS (2009), S. 218; *Ballwieser*, in: Schmidt (Hrsg.), Münchener Kommentar zum Handelsgesetzbuch (2008), § 248 HGB, Rn. 43; *Pellens/Fülbier*, Ansätze zur Erfassung immaterieller Werte in der kapitalmarktorientierten Rechnungslegung, in: Baetge (Hrsg.), Zur Rechnungslegung nach International Accounting Standards (2000), S. 35 (S. 47).

87 Vgl. *Baetge/von Keitz*, in: Baetge u. a. (Hrsg.), Rechnungslegung nach IFRS, IAS 38, Rn. 22 (Stand: Juli 2006).

keitspflicht" solcher Absatzmarktkenntnisse wäre jedoch sogar „Kontrolle" gegeben.

Das Kriterium der Verfügungsmacht kann im vorliegenden Fall also nicht grundsätzlich verneint werden.

(3) IASB RK: grundsätzlichere Typisierung

Bei Vermögenswerten wird eine „im Regelfall" (RK.57) vorliegende gesetzliche Verfügungsmacht weder als hinreichend noch als notwendig angesehen; entscheidend ist gemäß RK.57 allein die tatsächliche „Verfügungsmacht über den Nutzen"; „nicht entscheidend" ist das (gesetzliche) Eigentumsrecht.[88]

Das Rahmenkonzept grenzt die geforderte Verfügungsmacht über einen Vermögenswert weniger spezifizierend ab als IAS 38, dieser legt größeres Gewicht auf eine rechtliche Objektivierung, mithin die Durchsetzbarkeit der (dafür zwingend notwendig) vorhandenen Rechte. Im Fall der Verfügungsmacht über einen Kundenstamm wird schließlich auch auf dieses Kriterium zurückgegriffen; sonstige Wege zur Kontrolle des Nutzens erscheinen recht unspezifiziert.

cc) Kriterium „Erwartung künftigen wirtschaftlichen Nutzens"

(1) IAS 38: weite Konkretisierung „Erwartung künftigen wirtschaftlichen Nutzens"

Das Definitionskriterium des erwarteten künftigen wirtschaftlichen Nutzens ist gemäß IAS 38.17 nicht nur durch den potenziellen Zufluss von Zahlungsmitteln bei Verkauf von Produkten oder Erbringung von Dienstleistungen, sondern auch bei eigenen Kosteneinsparungen (z. B. durch Senkung der Herstellungskosten bei Eigennutzung von geistigem Eigentum) erfüllt. Schließlich reichen gemäß IAS 38.17 auch „andere Vorteile, die sich […] aus der Eigenverwendung des Vermögenswertes ergeben", aus.[89]

(2) Anwendung auf den Fall: Prüfung der Kundenkartei hinsichtlich des Kriteriums des künftigen wirtschaftlichen Nutzenzuflusses

Aufgrund der weiten Konkretisierung des künftigen wirtschaftlichen Nutzens sogar durch „andere Vorteile, die sich […] ergeben", erscheint es nicht möglich, im vorliegenden Fall der Kundenkartei dieses Definitionsmerkmal als nicht erfüllt zu betrachten. Künftiger wirtschaftlicher Nutzen in diesem weiten Sinne ist z. B. durch die (erhoffte) Kenntnis der Kunden- und Absatzmarktstruktur gegeben, was zukünftige Dispositionsmöglichkeiten des Unternehmens erleichtert und sogar konkretisieren kann (z. B. direkte Kundenansprachen aufgrund erhobener Kon-

---

88 Vgl. *von Keitz*, Immaterielle Güter in der internationalen Rechnungslegung (1997), S. 183 f.

89 Vgl. *Hommel*, Internationale Bilanzrechtskonzeptionen und immaterielle Vermögensgegenstände, zfbf 1997, S. 345 (S. 351 f.).

sumgewohnheiten einzelner Kunden). Ob dadurch die Herstellungskosten gesenkt oder zusätzliche Erlöse generiert werden können, ist gemäß IAS 38 unerheblich.

(3) IASB RK: zahlungsflussbezogene Konkretisierung

Das Rahmenkonzept konkretisiert das Definitionsmerkmal des künftigen wirtschaftlichen Nutzens enger (RK.53): Durch den künftigen wirtschaftlichen Nutzen muss das „Potenzial, direkt oder indirekt zum Zufluss von Zahlungsmitteln und Zahlungsmitteläquivalenten zum Unternehmen beizutragen" repräsentiert werden, was auch durch die Verringerung des Mittelabflusses gewährleistet werden kann. Durch die Annahme, der Zahlungsmittelzufluss seitens der Kunden könne schon durch die Nutzung eines Vermögenswerts im betrieblichen Geschehen, welches auf die Bedürfnisbefriedigung der Kunden und damit deren Zahlungsbereitschaft abgestellt ist, erwartet werden, wird jedoch auch dieses zunächst enger formulierte Kriterium weiter ausgelegt.[90]

Das Vorliegen von Ausgaben ist nach RK.59 (trotz „enge[r] Verknüpfung") weder notwendige noch hinreichende Bedingung für die Erwartung künftigen wirtschaftlichen Nutzens; so kann auch ein geschenkter Vermögenswert zukünftigen wirtschaftlichen Nutzen generieren. Ausgaben sind daher eher als „substanzieller Hinweis", nicht jedoch als „schlüssiger Beweis" für das Vorliegen von künftigem wirtschaftlichem Nutzen zu verstehen.

Im Vergleich zu IAS 38 wird lediglich tendenziell, nicht substanziell anders formuliert; Unterschiede ergeben sich an dieser Stelle mithin nicht.

b) Zusätzliche Definitionsmerkmale eines immateriellen Vermögenswerts

aa) Definitionsmerkmale der Immaterialität

(1) Kriterium „fehlende physische Substanz"

(a) Bedeutung des Kriteriums „fehlende physische Substanz"

IAS 38 definiert nicht, was (fehlende) physische Substanz charakterisiert. Bei Vermögenswerten, wie z. B. Computersoftware auf einer CD, die sowohl als physisch als auch als nicht physisch angesehen werden können, verlangt IAS 38.4 eine ermessensbehaftete Beurteilung, „welches Element wesentlicher ist" in Bezug auf die Nutzung des fraglichen Vermögenswerts.[91] So wird beispielhaft ausgeführt, dass Computersoftware dann als wesentlich für die Nutzung einer computergesteuerten Produktionsanlage gilt und demnach als Sachanlage gemäß IAS 16 behandelt wird, wenn die Hardware ebendieser Produktionsanlage ohne diese Software nicht

---

90 Vgl. *von Keitz*, Immaterielle Güter in der internationalen Rechnungslegung (1997), S. 182.
91 Vgl. *Baetge/von Keitz*, in: Baetge u. a. (Hrsg.), Rechnungslegung nach IFRS, IAS 38, Rn. 16 (Stand: Juli 2006).

funktionstüchtig ist, die Software also integraler Bestandteil der zugehörigen Hardware ist.

Eine physische Substanz bzw. ein physisches Element muss nicht zwingend bereits vorliegen. IAS 38.5 führt aus, dass immaterielle Vermögenswerte auch „zu einem Vermögenswert mit physischer Substanz (…) führen können" und dies schon jetzt ein physisches Element des zu prüfenden immateriellen Vermögenswerts darstellt.

(b) Anwendung auf den Fall: Prüfung der Kundenkartei hinsichtlich ihres materiellen Charakters

Im vorliegenden Fall der Kundenkartei liegt ein Vermögenswert vor, der sowohl ein physisches als auch ein nicht physisches Element aufweist. Als physisch kann eine Kundenkartei dann bezeichnet werden, wenn der Träger der Kundendaten in den Vordergrund gestellt und als wesentlich bezeichnet wird. Ähnlich wie in IAS 38.5 ausgeführt, dient die Kundenkartei jedoch der „Wissenserweiterung" im Bereich der Kaufgewohnheiten der Kunden, womit das nicht physische Element des Datenträgers der Kundenkartei, nämlich „das durch ihn verkörperte Wissen", als wesentlicher zu betrachten ist. Die Kundenkartei ist mithin zweifelsfrei als immateriell zu betrachten.

(2) Kriterium „Nicht-Monetarität"

(a) Bedeutung des Kriteriums „Nicht-Monetarität"

Monetäre Vermögenswerte sind in IAS 38.8 definiert als „im Bestand befindliche Geldmittel und Vermögenswerte, für die das Unternehmen einen festen oder bestimmbaren Geldbetrag erhält".

(b) Anwendung auf den Fall: Prüfung der Kundenkartei auf „Nicht-Monetarität"

Die Bedingung der „Nicht-Monetarität" ist im Fall der Kundenkartei eindeutig erfüllt, da es sich weder um Geldmittel noch um Vermögenswerte, die einen Anspruch auf einen Geldbetrag verkörpern, handelt.

bb) Identifizierbarkeitsmerkmale

(1) Bedeutung des Kriteriums „Identifizierbarkeit"

Sinn und Zweck der Beschränkung der immateriellen Vermögenswerte auf identifizierbare ist gemäß IAS 38.11 die Unterscheidbarkeit vom Geschäfts- oder Firmenwert, konkretisiert durch das Kriterium der „Separierbarkeit" (IAS 38.12(a)) oder das Kriterium der „Entstehung aufgrund vertraglicher oder sonstiger juristischer Rechte" (IAS 38.12(b)).

Separierbarkeit ist mithin ein „wichtiges Indiz"[92], nicht aber notwendige Voraussetzung in Bezug auf die eindeutige Unterscheidbarkeit.[93] Sie wird gemäß IAS 38.12(a) angenommen bei (hypothetischer) Verwertbarkeit des künftigen wirtschaftlichen Nutzens aus ebendiesem Vermögenswert (durch Vermietung, Verkauf, Tausch oder Vertrieb).

Ein Vermögenswert gilt zudem als identifizierbar und damit als eindeutig vom Geschäftswert unterscheidbar, wenn er aufgrund vertraglicher oder sonstiger juristischer Rechte („Contractual-Legal-Kriterium") entsteht. Dabei ist auf dieses Kriterium (wie auch auf die Separierbarkeit) nicht die Anforderung einer einzelnen Veräußerbarkeit anzuwenden; dies wird in IAS 38.12(b) vielmehr explizit ausgeschlossen.

(2) Anwendung auf den Fall: Prüfung der Kundenkartei auf ihre „Identifizierbarkeit"

Im vorliegenden Fall des erworbenen Kundenstamms kann das Definitionsmerkmal der Identifizierbarkeit als erfüllt angesehen werden, da Separierbarkeit vorliegt; auf das „Contractual-Legal-Kriterium" braucht dabei nicht zurückgegriffen zu werden. Wenn – wie im vorliegenden Fall – wirtschaftlicher Hintergrund der Übernahme des Konkurrenzunternehmens der Erwerb von dessen Kundenkartei war, so kann grundsätzlich auch von einer weiteren (absatzmarktorientierten) Verwertbarkeit ausgegangen werden.

Somit liegt ein immaterieller Vermögenswert vor und IAS 38 ist anzuwenden.

c) Zusätzliche (kumulativ zu erfüllende) Kriterien für den Ansatz eines immateriellen Vermögenswerts

aa) Zusätzliche Objektivierung als Sinn und Zweck der zusätzlichen Kriterien für den Ansatz eines immateriellen Vermögenswerts

Die zusätzlichen (kumulativ zu erfüllenden) Ansatzkriterien erfüllen gemäß RK.89 f. eine Objektivierungsfunktion. Bleibt der Ansatz aus, so „impliziert [dies] einzig und allein, dass der Grad der Gewissheit, dass der künftige wirtschaftliche Nutzen, der dem Unternehmen über die aktuelle Berichtsperiode hinaus zufließen wird, nicht ausreicht, um den Ansatz eines Aktivpostens zu rechtfertigen".

---

92 *Küting/Ulrich*, Abbildung und Steuerung immaterieller Vermögensgegenstände (Teil I), DStR 2001, S. 953 (S. 959).

93 Vgl. *Baetge/von Keitz*, in: Baetge u.a. (Hrsg.), Rechnungslegung nach IFRS, IAS 38, Rn. 18 (Stand: Juli 2006); *Streim/Bieker/Leippe*, Anmerkungen zur theoretischen Fundierung der Rechnungslegung nach International Accounting Standards, in: Schmidt (Hrsg.), FS Stützel (2001), S. 177 (S. 188); *Ballwieser*, in: Schmidt (Hrsg.), Münchener Kommentar zum Handelsgesetzbuch (2008), § 248 HGB, Rn. 42.

bb) Kriterium „Wahrscheinlichkeit des Nutzenzuflusses"

(1) Bedeutung des Kriteriums „Wahrscheinlichkeit des Nutzenzuflusses"

Die gemäß IAS 38.21(a) geforderte Wahrscheinlichkeit des Nutzenzuflusses aus dem Vermögenswert[94] muss gemäß IAS 38.22 auf Basis von „vernünftigen und begründeten Annahmen" ermittelt werden, basierend auf einer „bestmöglichen Einschätzung seitens des Managements".[95] Die Betonung von „externen substanziellen Hinweisen", denen ein „größeres Gewicht" (IAS 38.23) als z.B. internen Einschätzungen einzuräumen sei, zeigt hier den Objektivierungswillen des Normsetzers.[96] Weitere Konkretisierungen dieses Kriteriums (z.B. was unter „externen substanziellen Hinweisen" zu verstehen ist) werden in IAS 38 nicht angegeben.

(2) Anwendung auf den Fall: Prüfung der Kundenkartei hinsichtlich des Kriteriums des wahrscheinlichen Nutzenzuflusses

Ob im vorliegenden Fall der Kundenkartei von einer Wahrscheinlichkeit des Nutzenzuflusses gesprochen werden kann, ist nur scheinbar schwierig zu beurteilen. Die alleinige Heranziehung interner Einschätzungen und Hinweise des erwerbenden Unternehmens ist explizit nicht in den Vordergrund zu stellen; sie allein würde vom Management zur Rechtfertigung des Erwerbs der Kundenkartei wohl immer bejaht werden.

Sowohl bei separat angeschafften immateriellen Vermögenswerten als auch bei immateriellen Vermögenswerten, die im Rahmen eines Unternehmenszusammenschlusses erworben wurden, kann gemäß IAS 38.25 bzw. IAS 38.33 jedoch immer von der Wahrscheinlichkeit des Nutzenzuflusses ausgegangen werden, da diese in den Anschaffungskosten bzw. in der Berechnung des beizulegenden Zeitwerts des Vermögenswerts enthalten sei.

---

94 Vgl. *Wagenhofer*, Internationale Rechnungslegungsstandards – IAS/IFRS (2009), S. 218, mit Hinweis auf einen weiteren punktuellen Unterschied zwischen IAS 38 und dem Rahmenkonzept.

95 Vgl. zu Konkretisierungen der „Wahrscheinlichkeit" *Ballwieser*, in: Schmidt (Hrsg.), Münchener Kommentar zum Handelsgesetzbuch (2008), § 246 HGB, Rn. 116; *von Keitz*, Immaterielle Güter in der internationalen Rechnungslegung (1997), S. 184 f.; *Wollmert/Achleitner*, Konzeptionelle Grundlagen der IAS-Rechnungslegung (Teil I), WPg 1997, S. 209 (S. 218).

96 Vgl. *Baetge/von Keitz*, in: Baetge u.a. (Hrsg.), Rechnungslegung nach IFRS, IAS 38, Rn. 42 (Stand: Juli 2006); *Streim/Bieker/Leippe*, Anmerkungen zur theoretischen Fundierung der Rechnungslegung nach International Accounting Standards, in: Schmidt (Hrsg.), FS Stützel (2001), S. 177 (S. 189 f.).

cc) Kriterium „Zuverlässige Bemessbarkeit der Anschaffungs- oder Herstellungskosten"

(1) Bedeutung des Kriteriums „Zuverlässige Bemessbarkeit der Anschaffungs- oder Herstellungskosten"

Bei einzelnen Anschaffungsgeschäften ist die zuverlässige Bemessbarkeit der Anschaffungs- oder Herstellungskosten gemäß IAS 38.26 „für gewöhnlich" durch den Wert der hingegebenen Vermögenswerte (z. B. Zahlungsmittel) problemlos möglich. Im Fall des Erwerbs im Rahmen eines Unternehmenszusammenschlusses bestimmen sich die Anschaffungskosten eines immateriellen Vermögenswerts gemäß IAS 38.33 durch dessen beizulegenden Zeitwert im Erwerbszeitpunkt;[97] dieser sei gemäß IAS 38.35 immer berechenbar, da bei Vorliegen der Identifizierbarkeitskriterien immer ausreichende Informationen zur zuverlässigen Bewertbarkeit zur Verfügung stünden. Damit sind bei Zugang immaterieller Vermögenswerte durch einen Unternehmenszusammenschluss beide allgemeinen Ansatzkriterien des IAS 38.21 stets typisierend erfüllt (IAS 38.33).

Eine Grenze der Zuverlässigkeit der Bemessbarkeit der Anschaffungs- oder Herstellungskosten findet sich in IAS 38 nicht. Nur unter Rückgriff auf das auf den Begriff der verlässlichen Ermittelbarkeit rekurrierende Rahmenkonzept (RK.86) kann geschlossen werden, dass bezüglich dieses Ansatzkriteriums das allgemeine Kriterium der „hinreichenden Genauigkeit" von Schätzungen herangezogen werden muss.[98]

Gemäß IAS 38.40 reichen hypothetische Anschaffungskosten einer gedachten Transaktion zu regulären Marktbedingungen aus, die zudem gemäß IAS 38.41 durch „Verfahren der indirekten Schätzung" ermittelt werden dürfen; dazu zählen, „soweit angemessen", Bewertungen mithilfe von aktuellen marktorientierten Multiplikatoren sowie Bewertungsmodelle zum Barwert. Zwischen dieser denkbar schwachen Konkretisierung zuverlässiger Bemessbarkeit und dem Idealfall der Existenz eines aktuellen Angebotspreises auf einem aktiven Markt existiert eine Reihe von Möglichkeiten zuverlässiger Bemessbarkeit.

(2) Anwendung auf den Fall: Beurteilung der Messbarkeit der Anschaffungskosten der Kundenkartei

Im vorliegenden Fall der Kundenkartei hängt die Konkretisierung der zuverlässigen Bemessbarkeit von der Auslegung des Erwerbs ab, mithin ob ein gesondertes Anschaffungsgeschäft oder ein Unternehmenserwerb vorliegt. Versteht man den

---

97 Vgl. *Hommel*, Internationale Bilanzrechtskonzeptionen und immaterielle Vermögensgegenstände, zfbf 1997, S. 345 (S. 360).

98 Vgl. *Jacobs*, Vermögensgegenstand/Wirtschaftsgut, in: Ballwieser/Coenenberg/v. Wysocki (Hrsg.), Handwörterbuch der Rechnungslegung und Prüfung (2002), Sp. 2499 (Sp. 2510); *Streim/Bieker/Leippe*, Anmerkungen zur theoretischen Fundierung der Rechnungslegung nach International Accounting Standards, in: Schmidt (Hrsg.), FS Stützel (2001), S. 177 (S. 187).

Fall als gesondertes Anschaffungsgeschäft, so erscheint eine Bejahung der zuverlässigen Bemessbarkeit unproblematisch, da sich die Anschaffungskosten in Höhe des hingegebenen Betrags problemlos ermitteln lassen. Versteht man den Fall jedoch als Unternehmenserwerb, so müssen weitere Annahmen bezüglich des beizulegenden Zeitwerts der Kundenkartei getroffen werden. Aufgrund der weit gehenden Schätzungsmöglichkeiten in diesem Fall erscheint es jedoch grundsätzlich möglich, eine solche (nur in diesem Sinne) zuverlässige Bemessbarkeit des beizulegenden Zeitwerts durchzuführen.

3. Ergebnis nach IFRS

Als Ergebnis bleibt festzuhalten, dass mit der Kundenkartei ein aktivierungspflichtiger Vermögenswert vorliegt. Sowohl die Definition eines Vermögenswerts als auch die zusätzlichen Ansatzkriterien des IAS 38 sind erfüllt.

4. Abweichungsanalyse: Fallvariation selbstgeschaffene Vermögenswerte

a) Ansatzverbot für bestimmte selbst geschaffene immaterielle Vermögenswerte

IAS 38.63 bestimmt, dass „selbst geschaffene Markennamen, Drucktitel, Verlagsrechte, Kundenlisten sowie ihrem Wesen nach ähnliche Sachverhalte" nicht als immaterielle Vermögenswerte angesetzt werden dürfen, da Ausgaben für diese Sachverhalte nicht von den Ausgaben für die Entwicklung des Unternehmens als Ganzes unterschieden werden können (IAS 38.64). Die Entwicklungskosten selbst geschaffener immaterieller Vermögenswerte, die nicht unter dieses Ansatzverbot fallen, sind bei Erfüllung weiterer Kriterien, deren Zweck in der Konkretisierung der allgemeinen Ansatzkriterien für die Zugangsart Selbsterstellung besteht, zu aktivieren (IAS 38.57).[99] Die bei der Selbsterstellung eines immateriellen Guts anfallenden Forschungskosten unterliegen gemäß IAS 38.54 stets einem Aktivierungsverbot.

b) Anwendung auf die Fallvariation: Prüfung des Ansatzverbots bei selbst geschaffener Kundenkartei

Wäre die Kundenkartei vom Bilanzierenden selbst geschaffen worden, müsste das Ansatzverbot des IAS 38.63 geprüft werden. In den „Illustrative Examples" des IFRS 3 findet sich die Erläuterung, dass Kundenlisten nicht nur aus einer reinen

---

99 Vgl. *Baetge/von Keitz*, in: Baetge u. a. (Hrsg.), Rechnungslegung nach IFRS, IAS 38, Rn. 60–69 (Stand: Juli 2006).

Auflistung von Kundennamen und Kontaktdaten, sondern ebenfalls aus einer Datenbank, die zusätzlich die Bestellhistorie und demographische Informationen über Kunden sammelt, bestehen können. Der vorliegende Fall der Kundenkartei ist einer solchen Datenbank ähnlich, da über die Sammlung allgemeiner Kundendaten hinaus auch vergangene Bestellungen in der Kundenkartei erfasst und analytisch ausgewertet werden. Mithin würde das Ansatzverbot des IAS 38.63 Anwendung finden, wenn die Kundenkartei durch Selbsterstellung dem Bilanzierenden zugegangen wäre. Die Entwicklungskosten der Kundenkartei könnten in der Fallvariation daher nicht als immaterieller Vermögenswert aktiviert werden.

III. Gesamtergebnis

1. Für eine Lösung des vorliegenden Falls nach den Grundsätzen ordnungsmäßiger Bilanzierung sind die zentralen Aktivierungsprinzipien des Vermögenswertprinzips sowie objektivierend des Greifbarkeitsprinzips und des Prinzips selbstständiger Bewertbarkeit zu prüfen.
2. Das Vermögenswertprinzip kann als erfüllt angesehen werden: Durch die auf Basis der aufwändigen Aufbereitung gewonnenen Erkenntnisse über die Abnehmerschaft ist von einem unternehmensspezifischen Nutzen auszugehen, den wohl auch ein fiktiver Erwerber honorieren würde.
3. Das Greifbarkeitsprinzip ist dann unzweifelhaft erfüllt, wenn man allein auf eine absatzorientierte Übertragbarkeit der Kundenkartei mit dem gesamten Unternehmen auf einen fiktiven Erwerber abstellt. Dieses Kriterium ist jedoch recht schwach. Die vom BFH bei rein wirtschaftlichen Gütern geforderte (strengere) Objektivierung der Existenz eines gesonderten Anschaffungsgeschäfts stellt objektivierungsbedingt auf eine beschaffungsorientierte Sichtweise ab. Im vorliegenden Fall der erworbenen Kundenkartei lässt sich dann ein gesondertes Anschaffungsgeschäft erkennen, wenn man den wirtschaftlichen Hintergrund des Geschäfts in den Mittelpunkt rückt.
4. Im Fall der bloßen Vorteile (bzw. der rein wirtschaftlichen Güter) ist das Prinzip der selbstständigen Bewertbarkeit dem Greifbarkeitsprinzip vorgelagert. In der Rechtsprechung des BFH zu Fragen der Bilanzierung einer Kundenkartei finden sich Beispiele, die – wie im vorliegenden Fall – das gesamte Anschaffungsgeschäft des Unternehmenserwerbs in wirtschaftlicher Betrachtungsweise als Erwerb der Kundenkartei interpretieren, womit eine Abgrenzbarkeit des Zugangswerts in Höhe des gesamten Kaufpreises gewährleistet ist.
5. Nach IFRS sind für den Fall der Kundenkartei die Regelungen des IAS 38 (Immaterielle Vermögenswerte) zu beachten. Die Definition des Begriffs „Vermögenswert" sowie die Festlegung von Ansatzkriterien für Vermögenswerte des Rahmenkonzepts sind formal nicht relevant; faktisch können sie jedoch zur Konkretisierung herangezogen werden.
6. Die Definition des Vermögenswerts gemäß IAS 38 kann im vorliegenden Fall als erfüllt angesehen werden, da ein erwarteter künftiger wirtschaftlicher Nut-

zen aus einer Ressource vorliegt, der auf Grund von Ereignissen der Vergangenheit in der Verfügungsmacht des Unternehmens steht. Insbesondere das objektivierende Kriterium der Verfügungsmacht kann dann bejaht werden, wenn einer Kundenkartei im Gegensatz zum explizit im IAS 38 geregelten Kundenstamm ein Mehr an konkretisiertem Nutzenpotenzial zugestanden wird, dessen Einfluss- bzw. Kontrollmöglichkeiten durchaus gegeben sind.

7. Die zusätzlichen Definitionsmerkmale des immateriellen Vermögenswerts gemäß IAS 38 können ebenso als erfüllt angesehen werden. Bezüglich der Identifizierbarkeit lässt sich argumentieren, dass Separierbarkeit i. S. einer intendierten eindeutigen Unterscheidbarkeit vom Geschäfts- oder Firmenwert vorliegt.

8. Schließlich können die objektivierenden Ansatzkriterien der Wahrscheinlichkeit des Nutzenzuflusses sowie der zuverlässigen Bemessbarkeit der Anschaffungs- oder Herstellungskosten als erfüllt angesehen werden. Dies liegt nicht zuletzt auch an den vielfältigen Möglichkeiten zuverlässiger Bemessbarkeit.

9. Als Gesamtergebnis bleibt festzuhalten, dass es sich bei der Kundenkartei um einen Vermögensgegenstand i. S. d. Grundsätze ordnungsmäßiger Bilanzierung handelt. Auch nach IFRS liegt ein aktivierungspflichtiger Vermögenswert vor.

1. Kapitel: Aktivierungsnormen

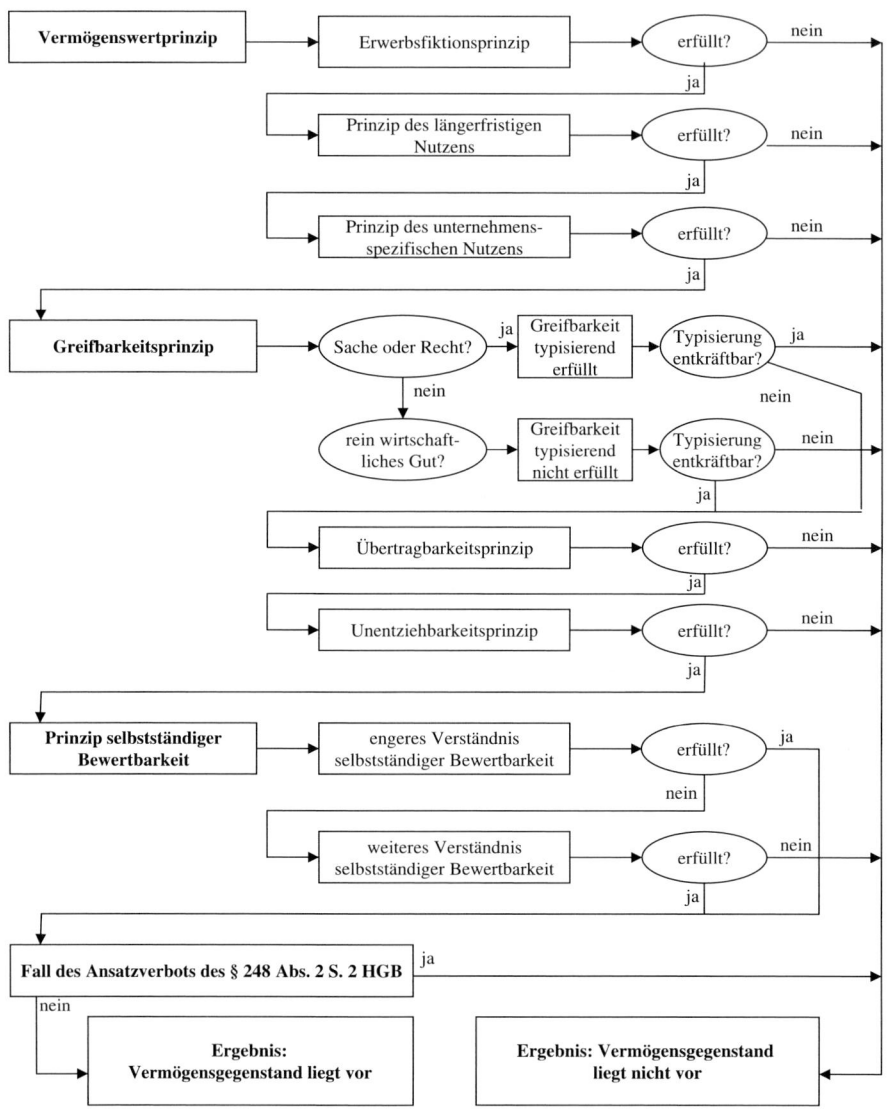

Prüfungsschema 1: Bestimmung eines Vermögensgegenstands nach den Grundsätzen ordnungsmäßiger Bilanzierung

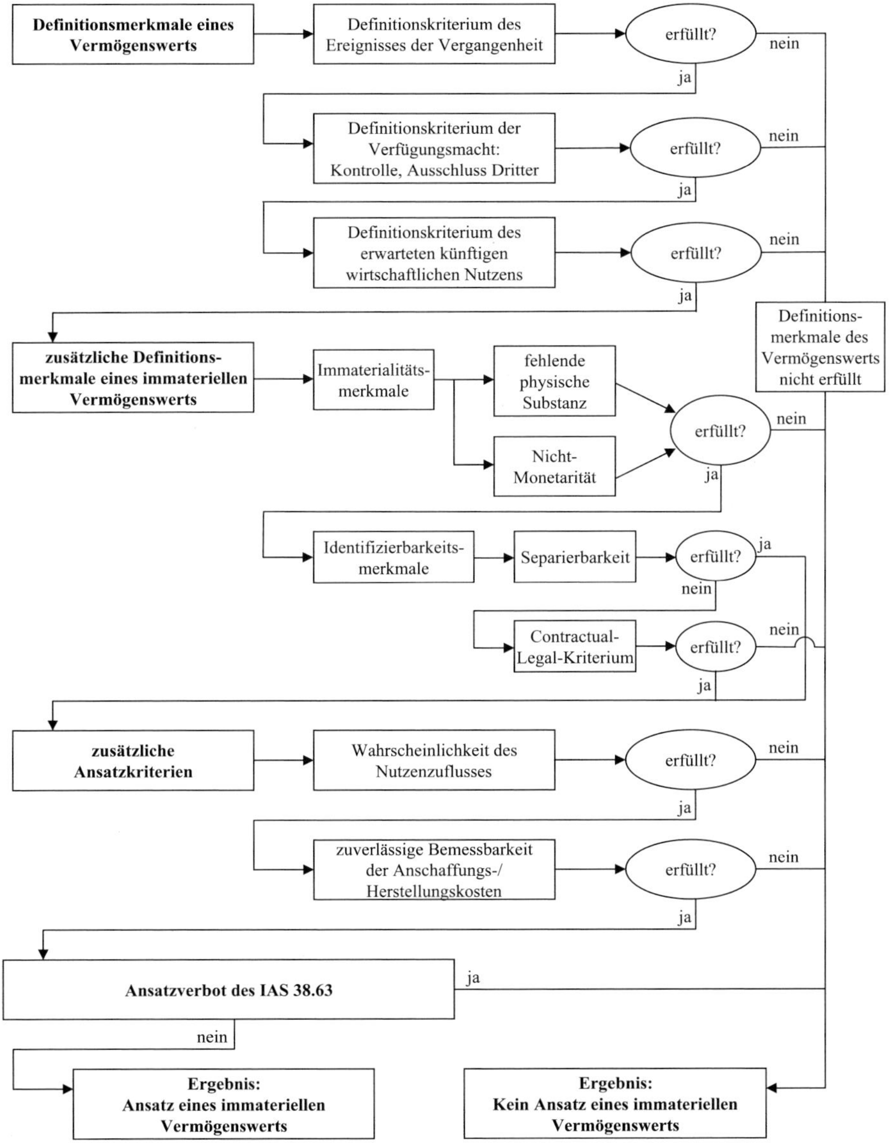

```
┌─────────────────────────┐      ┌─────────────────────────┐
│ Definitionsmerkmale eines│─────▶│ Definitionskriterium des │────▶( erfüllt? )──── nein
│      Vermögenswerts      │      │ Ereignisses der Vergangenheit│
└─────────────────────────┘      └─────────────────────────┘
                                                              ja
                                 ┌─────────────────────────┐
                                 │ Definitionskriterium der │
                          ┌─────▶│     Verfügungsmacht:     │────▶( erfüllt? )──── nein
                          │      │ Kontrolle, Ausschluss Dritter│
                          │      └─────────────────────────┘
                          │                                   ja
                          │      ┌─────────────────────────┐
                          │      │ Definitionskriterium des │
                          ├─────▶│   erwarteten künftigen   │────▶( erfüllt? )──── nein
                          │      │ wirtschaftlichen Nutzens │
                          │      └─────────────────────────┘
                          │                                   ja
```

Definitionskriterium des Ereignisses der Vergangenheit — erfüllt? — nein / ja

Definitionskriterium der Verfügungsmacht: Kontrolle, Ausschluss Dritter — erfüllt? — nein / ja

Definitionskriterium des erwarteten künftigen wirtschaftlichen Nutzens — erfüllt? — nein / ja

zusätzliche Definitionsmerkmale eines immateriellen Vermögenswerts → Immaterialitätsmerkmale → fehlende physische Substanz / Nicht-Monetarität → erfüllt? — nein / ja

Identifizierbarkeitsmerkmale → Separierbarkeit → erfüllt? — ja / nein

Contractual-Legal-Kriterium → erfüllt? — nein / ja

Definitionsmerkmale des Vermögenswerts nicht erfüllt

zusätzliche Ansatzkriterien → Wahrscheinlichkeit des Nutzenzuflusses → erfüllt? — nein / ja

zuverlässige Bemessbarkeit der Anschaffungs-/Herstellungskosten → erfüllt? — nein / ja

Ansatzverbot des IAS 38.63 — ja / nein

Ergebnis: Ansatz eines immateriellen Vermögenswerts

Ergebnis: Kein Ansatz eines immateriellen Vermögenswerts

Prüfungsschema 2: Bestimmung eines immateriellen Vermögenswerts nach IFRS

Weiterführende Literatur

HGB:

Ballwieser, Wolfgang,	in: Karsten Schmidt (Hrsg.), Münchener Kommentar zum Handelsgesetzbuch, Bd. 4, 2. Aufl., München 2008, Kommentierung zu § 246 HGB
Hommel, Michael,	Internationale Bilanzrechtskonzeptionen und immaterielle Vermögensgegenstände, zfbf, 49. Jg. (1997), S. 345–369
ders.,	Bilanzierung immaterieller Anlagewerte, Stuttgart 1998
Moxter, Adolf,	Selbständige Bewertbarkeit als Aktivierungsvoraussetzung, BB, 42. Jg. (1987), S. 1846–1851
ders.,	Bilanzrechtsprechung, 6. Aufl., Tübingen 2007, S. 6–34
ders.,	Grundsätze ordnungsgemäßer Rechnungslegung, Düsseldorf 2003, S. 19–21, S. 63–96

IFRS:

Baetge, Jörg/ Keitz, Isabel von,	in: Jörg Baetge u. a. (Hrsg.), Rechnungslegung nach IFRS, 2. Aufl., Stuttgart 2003 (Loseblatt), Kommentierung zu IAS 38 (Stand: Juli 2006)
Böcking, Hans-Joachim/ Wiedhold, Philipp,	in: Joachim Hennrichs/Detlef Kleindiek/Christoph Watrin (Hrsg.), Münchener Kommentar zum Bilanzrecht, Bd. 1, München 2009, IAS 38, Immaterielle Vermögenswerte (Intangible Assets)
Dawo, Sascha,	Immaterielle Güter in der Rechnungslegung nach HGB, IAS/IFRS und US-GAAP, Herne/Berlin 2003
Ernst & Young (Hrsg.),	International GAAP 2010, Chichester (West Sussex) 2010, Chapter 15: Intangible Assets

Fall 2: **Bilanzierung von Geschäfts- oder Firmenwerten – Beispiel Unternehmenskauf**

Sachverhalt:

Die A-AG erwirbt am 1. 1. des Jahres 01 sämtliche Vermögenswerte und Schulden der B-GmbH, deren Gesellschafter als Ausgleich Zahlungsmittel in Höhe von 0,8 Mio. GE erhalten. Die B-GmbH ist entsprechend ihren zwei unterschiedlich großen Geschäftsbereichen organisiert.

Der Wert der neubewerteten Aktiva der B-GmbH, einschließlich selbst erstellter immaterieller Vermögensgegenstände des Anlagevermögens, beträgt 2 Mio. GE, der Zeitwert der Schulden 1,5 Mio. GE. Des Weiteren hat die B-GmbH Eventualverbindlichkeiten in Höhe von 0,1 Mio. GE.

Aufgabenstellung:

– Wie sind Geschäfts- oder Firmenwerte gemäß den GoB bzw. den IFRS zu bilanzieren?
– Wie ist die Transaktion im Jahresabschluss nach GoB und im Einzelabschluss nach IFRS zu bilanzieren?
– Welche Möglichkeiten der Folgebewertung stehen dem Rechnungslegenden im Geschäftsjahr nach dem Unternehmenskauf offen?

I. Lösung nach den Grundsätzen ordnungsmäßiger Bilanzierung

1. Bilanzierung von Geschäfts- oder Firmenwerten gemäß den handelsrechtlichen GoB

Unter einem Geschäfts- oder Firmenwert wird der Unterschiedsbetrag zwischen dem Ertragswert eines Unternehmens und seinem Substanzwert verstanden;[100] er repräsentiert mithin alle nicht einzeln bilanzierungsfähigen rein wirtschaftlichen Vor- und Nachteile, aufgrund des Einzelbewertungsprinzips nicht erfassbare Verbundeffekte sowie sonstige strategische oder finanzielle Vorteile.[101] Bilanziell ist zwischen einem derivativen und einem originären Geschäfts- oder Firmenwert zu unterscheiden. Trotz der Aufhebung des Aktivierungsverbots für selbst erstellte immaterielle Vermögensgegenstände des Anlagevermögens in § 248

---

100 Vgl. BFH, Urteil v. 27. 3. 2001 – I R 452/00, BStBl. II 2001, S. 771 (S. 772).
101 Vgl. *Wöhe*, Zur Bilanzierung und Bewertung des Firmenwerts, StuW 1980, S. 89 (S. 99).

HGB[102] stellt der Gesetzgeber ausdrücklich klar, dass ein selbst geschaffener Geschäfts- oder Firmenwert weiterhin nicht anzusetzen ist.[103] Wird hingegen ein Unternehmen[104] als Ganzes (entgeltlich) übernommen, bezeichnet man die (positive) Differenz aus der für die Übernahme eines Unternehmens bewirkten Gegenleistung und den im Zugangszeitpunkt beizulegenden Zeitwerten einzelner Vermögensgegenstände und Schulden als entgeltlich erworbenen Geschäfts- oder Firmenwert (§ 246 Abs. 1 S. 4 HGB). Der Streit im deutschen Schrifttum bezüglich der Frage, ob ein solcher Geschäfts- oder Firmenwert ein Vermögensgegenstand ist,[105] sollte durch das BilMoG beendet sein: Der Gesetzgeber stellt klar, dass ein derivativer Geschäfts- oder Firmenwert „als zeitlich begrenzt nutzbarer Vermögensgegenstand" gilt (§ 246 Abs. 1 S. 4 HGB).

2. Aktivierungsvoraussetzungen für einen Geschäfts- oder Firmenwert im Jahresabschluss

a) Übernahme eines Unternehmens im Zuge eines Asset Deal als erste Aktivierungsvoraussetzung

aa) Bedeutung der Ansatzvoraussetzung der Unternehmensübernahme

Im Zuge der Streichung von Ansatz- und Bewertungswahlrechten[106] hat der Gesetzgeber das bisher in § 255 Abs. 4 HGB a. F. verankerte Ansatzwahlrecht in ein -gebot umgewandelt. Die Ansatzpflicht für einen im Rahmen einer Unternehmensübernahme erworbenen Geschäfts- oder Firmenwert ist nun im Vollständigkeitsgebot des § 246 Abs. 1 S. 4 HGB kodifiziert. Der Begriff des Unternehmens bezieht sich „nicht auf ein rechtlich selbstständiges Gebilde, sondern auf eine Sachgesamtheit, die alle betriebsnotwendigen Grundlagen besitzt, um selbstständig am Wirtschaftsverkehr teilnehmen zu können"[107]. Demzufolge können nicht nur Personen-

---

102 Vgl. für Einzelheiten Fall 1, Aktivierung immaterieller Vermögensgegenstände des Anlagevermögens – Beispiel Kundenkartei.

103 Vgl. Regierungsentwurf eines Gesetzes zur Modernisierung des Bilanzrechts (Bilanzrechtsmodernisierungsgesetz – BilMoG), BT-Drs. 16/10067, S. 47.

104 Vgl. zur Begriffsbestimmung Abschn. I. 2. a) aa).

105 Vgl. *Busse von Colbe*, in: Schmidt (Hrsg.), Münchener Kommentar zum Handelsgesetzbuch (2008), § 309 HGB, Rn. 5. Vgl. weiterhin exemplarisch bezüglich der einzelnen Positionen: Vermögensgegenstand: *Moxter*, Bilanzrechtliche Probleme beim Geschäfts- oder Firmenwert, in: Bierich/Hommelhoff/Kropff (Hrsg.), FS Semler (1993), S. 853 (S. 860 f.); BFH, Urteil v. 24. 3. 1987 – I R 202/83, BStBl. II 1987, S. 705 (S. 706); Bilanzierungshilfe: *Richter*, in: v. Wysocki u. a. (Hrsg.), Handbuch des Jahresabschlusses, Die Bilanzierungshilfen, Abt. II/9, Rn. 3 (Stand: Juni 1990); Wert eigener Art: *Adler/Düring/Schmaltz*, Rechnungslegung und Prüfung der Unternehmen (1995), § 255 HGB, Rn. 272.

106 Vgl. *Lorson*, in: Küting/Pfitzer/Weber (Hrsg.), Das neue deutsche Bilanzrecht (2009), S. 3–37.

107 *Kozikowski/Huber*, in: Ellrott u. a. (Hrsg.), Beck'scher Bilanz-Kommentar (2010), § 247 HGB, Rn. 420.

und Kapitalgesellschaften als Unternehmen gelten,[108] sondern auch ein Teilbetrieb kann ein Unternehmen i. S. d. § 246 Abs. 1 S. 4 HGB sein.[109] Der Teilbetrieb muss jedoch (zum Zeitpunkt der Übernahme) als selbstständige Einheit am Wirtschaftsverkehr teilnehmen können,[110] die Abwicklung der Außenbeziehungen über das Gesamtunternehmen steht dem oft entgegen.[111]

Bei einem sog. Share Deal vollzieht sich die Übernahme durch den Erwerb von Anteilen, welche im Jahresabschluss direkt auf der Aktivseite des übernehmenden Unternehmens als Beteiligung auszuweisen sind.[112] Übernimmt hingegen das erwerbende Unternehmen die Vermögensgegenstände und Schulden einzeln, muss es diese direkt in der eigenen Bilanz (neubewertet) ansetzen, es handelt sich mithin um einen Asset Deal. Der Unterschiedsbetrag zum Kaufpreis ist der derivative Geschäfts- oder Firmenwert.[113]

bb) Anwendung auf den Fall: Überprüfung der Transaktion zwischen der A-AG und B-GmbH auf Vorliegen eines Asset Deal

Die B-GmbH ist eine Kapitalgesellschaft. Als solche ist sie eine rechtlich selbstständige Einheit mit der Fähigkeit, am Wirtschaftsverkehr teilzunehmen. Die A-AG hat daher ein Unternehmen i. S. d. § 246 Abs. 1 S. 3 HGB erworben. Sie hat dabei direkt sämtliche Vermögensgegenstände und Schulden der B-GmbH übernommen, folglich handelt es sich bei diesem Unternehmenszusammenschluss um einen Asset Deal und die erste Ansatzvoraussetzung ist erfüllt.

b) Positiver Unterschiedsbetrag als zweite Aktivierungsvoraussetzung für einen Geschäfts- oder Firmenwert nach handelsrechtlichen GoB

aa) Wert der bewirkten Gegenleistung

(1) Bestimmung des Werts der bewirkten Gegenleistung

Da der derivative Geschäfts- oder Firmenwert als Unterschiedsbetrag zwischen dem Kaufpreis eines Unternehmens und dessen neubewerteten Vermögensgegen-

---

108 Vgl. *Thiele/Kahling*, in: Baetge/Kirsch/Thiele (Hrsg.), Bilanzrecht, § 255 HGB, Rn. 252 (Stand: Dez. 2006).

109 Vgl. BFH, Urteil v. 24. 4. 1980 – I V R 61/77, BStBl. II 1980, S. 690 (S. 691).

110 Vgl. LG Lübeck, Beschluss v. 14. 12. 1992 – BT 4/92, GmbHR 1993, S. 229 (S. 230).

111 Vgl. *Richter/Winter*, Neue ertragssteuerliche Voraussetzung einer (Teil-)Betriebsveräußerung bzw. -aufgabe?, DStR 1986, S. 145 (S. 146).

112 Erst im Konzernabschluss, in dem die Vermögensgegenstände und Schulden des Tochterunternehmens anstelle der Beteiligung auszuweisen sind (§ 300 Abs. 1 S. 2 HGB), erscheint in diesem Fall ein Geschäfts- oder Firmenwert (§ 301 Abs. 3 S. 1 HGB). Vgl. weiterführend zur Bilanzierung eines Geschäfts- oder Firmenwerts im Konzernabschluss: *Hommel/Rammert/ Wüstemann*, Konzernbilanzierung *case by case* (2009), S. 115–126 sowie 153–155.

113 Die folgenden Ausführungen beziehen sich deswegen immer auf eine Unternehmensübernahme im Zuge eines Asset Deal. Vgl. weiterführend *Stiller*, Unternehmenskauf im Wege des Asset-Deal, BB 2002, S. 2619.

ständen und Schulden auftritt, ist für dessen Ermittlung die Bestimmung des Werts der hingegebenen Sache notwendig. Die Ermittlung richtet sich grundsätzlich nach § 255 Abs. 1 HGB.[114] Demnach bestimmt sich die Gegenleistung anhand des Kaufpreises unter Beachtung von eventuellen Anschaffungskosten bzw. Anschaffungspreisminderungen. Handelt es sich um einen Tausch, besteht die Gegenleistung also in der Hingabe von eigenen Vermögensgegenständen, wird der Wert mittels der für den Tausch geltenden Grundsätze bestimmt.[115] Wird die Leistung erst zu einem späteren Zeitpunkt erbracht (bspw. in Form einer Rente oder gegen eine Umsatz- bzw. Gewinnbeteiligung), bestimmt sich ihr Wert anhand des versicherungsmathematischen Barwerts; maßgeblich für dessen Berechnung sind die Verhältnisse im Zeitpunkt der Übernahme.[116]

(2) Anwendung auf den Fall: Bewertung der Leistung an die ursprünglichen Gesellschafter der B-GmbH

Im vorliegenden Fall erfolgt die Gegenleistung an die ursprünglichen Gesellschafter der B-GmbH in Form von Zahlungsmitteln der A-AG, (annahmegemäß) werden sie zum Zeitpunkt der Unternehmensübernahme gezahlt. Folglich beträgt der Wert der bewirkten Gegenleistung 0,8 Mio. GE.

bb) Berücksichtigung der Vermögensgegenstände und Schulden des übernommenen Unternehmens

(1) Bestimmung der zu aktivierenden Vermögensgegenstände und der zu passivierenden Schulden

In der Bilanz des übernehmenden Unternehmens sind alle greifbaren und selbstständig bewertbaren Vermögensgegenstände des erworbenen Unternehmens anzusetzen.[117] Der anzuwendenden Neubewertungsmethode liegt grundsätzlich die Fiktion zugrunde, dass das erwerbende Unternehmen die Vermögenswerte und Schulden des übernommenen Unternehmens (einzeln) erwirbt,[118] folglich erfolgen deren Ansatz und Bewertung losgelöst vom Jahresabschluss der B-GmbH.

So kann die Aktivierung eines vermögenswerten Vorteils als Vermögensgegenstand im Jahresabschluss der A-AG geboten sein, obwohl er bezüglich des Jahres-

---

114 Vgl. *Thiele/Kahling,* in: Baetge/Kirsch/Thiele (Hrsg.), Bilanzrecht, § 255 HGB, Rn. 256 (Stand: Dez. 2006).
115 Vgl. zu Einzelheiten *Kronner,* GoB für immaterielle Anlagewerte und Tauschgeschäfte (1995), S. 65–199.
116 Vgl. *Richter,* in: v. Wysocki u. a. (Hrsg.), Handbuch des Jahresabschlusses, Die Bilanzierungshilfen, Abt. II/9, Rn. 21 (Stand: Juni 1990).
117 Vgl. zu den Vermögensgegenstandskriterien Fall 1, Aktivierung immaterieller Vermögensgegenstände des Anlagevermögens – Beispiel Kundenkartei.
118 Vgl. *Ordelheide,* Kapitalkonsolidierung nach der Erwerbsmethode, WPg 1984, S. 237 (S. 240); Arbeitskreis „Externe Unternehmensrechnung" der Schmalenbachgesellschaft, Aufstellung von Konzernabschlüssen, zfbf-Sonderheft 21 (1987), S. 67.

abschlusses der B-GmbH dem Verbot des § 248 Abs. 2 S. 2 HGB unterliegt. Der eigentliche Schutzzweck der Norm kommt bei einem Unternehmenserwerb nicht zum Tragen, da eine Aktivierungsrestriktion nicht die Ausschüttung höchst unsicherer Gewinne verhindert, sondern nur zu einer Erhöhung des derivativen Geschäfts- oder Firmenwerts führen würde. Dies aber liefe dem Einzelbewertungsgrundsatz entgegen, nach dem sich die planmäßigen Abschreibungen zu richten haben: Für selbst erstellte immaterielle Vermögensgegenstände werden sich regelmäßig andere Wertverläufe ergeben als für den derivativen Geschäfts- oder Firmenwert, des Weiteren sind vollständig abgeschriebene (jedoch weiterhin genutzte) Vermögensgegenstände in der Bilanz des erwerbenden Unternehmens zu aktivieren.[119] Schulden des übernommenen Unternehmens sind nur zu bilanzieren, soweit sie eine Verpflichtung gegenüber Dritten darstellen. Rechnungsabgrenzungsposten müssen als Vermögensgegenstände und Schulden besonderer Art berücksichtigt werden, wenn sie einen originären Anspruch bzw. eine originäre Verpflichtung für das übernehmende Unternehmen darstellen. Ein durch einen Abgrenzungsposten berücksichtigtes Disagio ist hingegen nicht anzusetzen.[120]

(2) Anwendung auf den Fall: Identifizierung der in der Bilanz der A-AG anzusetzenden (übernommenen) Vermögensgegenstände und Schulden der B-GmbH

In der Bilanz der A-AG sind alle wirtschaftlichen Vorteile der B-GmbH anzusetzen, die die Vermögensgegenstandskriterien (aus Sicht der A-AG) erfüllen. Ebenso werden alle wirtschaftlichen Nachteile der B-GmbH auf ihren Verbindlichkeitscharakter überprüft, welche von den Eventualverbindlichkeiten nicht erfüllt werden. Folglich sind diese nicht im Jahresabschluss der A-AG anzusetzen.

cc) Bewertung der Vermögensgegenstände und Schulden des übernommenen Unternehmens

(1) Bewertung der erworbenen Bilanzpositionen zum Zeitwert

Gemäß § 246 Abs. 1 S. 4 HGB erfolgt die Bewertung der übernommenen Schulden und Vermögensgegenstände in Höhe der beizulegenden Zeitwerte zum Übernahmezeitpunkt unter Berücksichtigung des § 252 Abs. 1 Nr. 4 1. Hs. HGB. Mithin ist die ursprüngliche Bilanzierung für die Bewertung ebenfalls nicht von Belang.[121] Die Bestimmung der Zeitwerte erfolgt anhand objektiver Wertverhältnisse und kann damit von vereinbarten Preisen zwischen den Unternehmen abweichen.

---

119 Vgl. *Moxter*, Bilanzrechtsprechung (2007), S. 28.

120 Vgl. *Adler/Düring/Schmaltz*, Rechnungslegung und Prüfung der Unternehmen (1995), § 255 HGB, Rn. 266.

121 Vgl. *Adler/Düring/Schmaltz*, Rechnungslegung und Prüfung der Unternehmen (1995), § 255 HGB, Rn. 269.

Übersteigen die ermittelten Zeitwerte in der Summe die bewirkte Gegenleistung, sind diese (Kassenbestand, Bundesbankguthaben, Guthaben bei Kreditinstituten und Schecks selbstverständlich ausgenommen) zu reduzieren. Ein anschließend verbleibender, negativer Unterschiedsbetrag ist ggf. zu passivieren, denn andernfalls wäre ein Gewinn aus dem Unternehmenskauf auszuweisen, der noch nicht realisiert ist, sondern lediglich erwartet wird.[122]

(2) Anwendung auf den Fall: Identifizierung des in der Bilanz der A-AG anzusetzenden Unterschiedsbetrags

Laut Sachverhalt sind sowohl die Aktiva als auch die Passiva neu bewertet worden: Der Zeitwert der Vermögensgegenstände beträgt 2 Mio. GE, der der Schulden 1,5 Mio. GE.

Die bewirkte Gegenleistung der A-AG belief sich auf 0,8 Mio. GE. Da das (nach den handelsrechtlichen GoB) neubewertete Reinvermögen der B-GmbH nur 0,5 Mio. GE beträgt, ergibt sich eine Differenz in Höhe von 0,3 Mio. GE. Somit sind alle Ansatzkriterien erfüllt und die A-AG hat den gesamten[123] Unterschiedsbetrag als derivativen Geschäfts- oder Firmenwert zu aktivieren.

3. Folgebewertung eines aktivierten Geschäfts- oder Firmenwerts gemäß den handelsrechtlichen GoB

a) Planmäßige Abschreibung eines immateriellen, zeitlich begrenzt nutzbaren Vermögensgegenstands

Die planmäßige Abschreibung eines Geschäfts- oder Firmenwerts auf Grundlage seiner voraussichtlichen Nutzungsdauer war bisher in § 255 Abs. 4 S. 3 HGB a. F. kodifiziert. Des Weiteren ermöglichte § 255 Abs. 4 S. 2 HGB a. F. eine pauschale Abschreibung. Demnach konnte der Geschäfts- oder Firmenwert „in jedem folgenden Geschäftsjahr zu mindestens einem Viertel durch Abschreibungen" getilgt werden. Da im Zugangsjahr grundsätzlich keine Abschreibung vorgesehen war, war der Geschäfts- oder Firmenwert bei Anwendung dieser Methode nach spätestens fünf Jahren vollständig abgeschrieben.[124] Generell eröffnete diese unbestimmte Regelung eine erhebliche Vielfalt an (vorgeschlagenen) Bilanzierungslösungen: Sie reichte von der Verneinung der Zugänglichkeit zu außerplanmäßigen Abschreibungen aufgrund der Charakterisierung als Bilanzierungshilfe bis hin zu der Bejahung jeglicher Abschreibungssätze über 25 %, außerdem unterlag sie nach

---

122 Vgl. *Moxter*, Bilanzrechtliche Probleme beim Geschäfts- oder Firmenwert, in: Bierich/Hommelhoff/Kropff (Hrsg.), FS Semler (1993), S. 851 (S. 856).

123 Die bis zum BilMoG bestehende, jedoch umstrittene Möglichkeit der lediglich anteiligen Aktivierung ist nicht mehr zulässig.

124 Vgl. BT-Drs. 10/4268 v. 18. 11. 1985, S. 101.

herrschender Meinung bei gewählter Pauschalabschreibung nicht dem Gebot der Bewertungsstetigkeit.[125] Beide Regelungen bezüglich der Folgebewertung eines aktivierten Geschäfts- oder Firmenwerts wurden indes im Zuge des Bilanzrechtsmodernisierungsgesetzes ersatzlos gestrichen.

Die zweckadäquate Folgebewertung eines Geschäfts- oder Firmenwerts ist in der Theorie umstritten.[126] Die Möglichkeit einer erfolgsneutralen Verrechnung mit dem Eigenkapital, die bisher im Konzernabschluss nach GoB gestattet war, lehnt der Gesetzgeber ab.[127] Des Weiteren weist er trotz des Ziels einer Annäherung an die IFRS die dortige Charakterisierung als einen Vermögenswert mit unbestimmter Nutzungsdauer, mit der Folge der ausschließlichen Zugänglichkeit zur außerplanmäßigen Abschreibung (sog. Impairment Only Approach), zurück:[128] Der „entgeltlich erworbene Geschäfts- oder Firmenwert [...] gilt als zeitlich begrenzt nutzbarer Vermögensgegenstand" (§ 246 Abs. 1 S. 4 HGB). Durch die Streichung der bisherigen Normen bezüglich der Folgebewertung soll „[g]esetzestechnisch [erreicht werden], dass der entgeltlich erworbene Geschäfts- oder Firmenwert aktivierungspflichtig ist und den allgemeinen handelsrechtlichen Bewertungsvorschriften unterliegt."[129] „Der entgeltlich erworbene zeitlich begrenzt nutzbare Geschäfts- oder Firmenwert ist nach Maßgabe des § 253 HGB planmäßig, oder, bei Vorliegen der Tatbestandsvoraussetzungen, außerplanmäßig abzuschreiben."[130] Gemäß § 253 Abs. 3 HGB ist die Nutzungsdauer zu schätzen und ein entsprechender Abschreibungsplan zu erstellen. Die objektivierte Schätzung der Nutzungsdauer und des Nutzungsdauerverlaufs eines Geschäfts- oder Firmenwerts ist indes nur in den allerwenigsten Fällen problemlos möglich.[131] Als Lösungsmöglichkeit kommt neben dem (abgelehnten) vollständigen Verzicht auf die planmäßige Abschreibung eine dem Einkommensteuergesetz vergleichbare Typisierung der Abschreibungsdeterminanten in Frage:[132] So wird in § 7 Abs. 1 S. 3 EStG eine unwiderlegbare Nut-

---

125 Vgl. *Adler/Düring/Schmaltz*, Rechnungslegung und Prüfung der Unternehmen (1995), § 255 HGB, Rn. 286.

126 Vgl. (weiterführend) *Duhr*, Grundsätze ordnungsmäßiger Geschäftswertbilanzierung (2006), S. 165–243.

127 Vgl. *Küting*, Geplante Neuregelung der Kapitalkonsolidierung durch das Bilanzrechtsmodernisierungsgesetz, DStR 2008, S. 1396 (S. 1398).

128 Vgl. *Küting*, Der Geschäfts- oder Firmenwert in der deutschen Konsolidierungspraxis, DStR 2008, S. 1795 (S. 1801 f.); *Oser*, Absage an den Impairment-Only-Approach im HGB nach BilMoG, DB 2008, S. 361 (S. 362), sowie die Stellungnahme des Bundesrats (vgl. BT-Drs. 16/10067, S. 117, Nr. 5) und die darauffolgende Antwort (vgl. BT-Drs. 16/10067, S. 122, Zu Nr. 5).

129 BilMoG-RegE, BT-Drs. 16/10067, S. 48.

130 BilMoG-RegE, BT-Drs. 16/10067, S. 48.

131 Vgl. *Duhr*, Grundsätze ordnungsmäßiger Geschäftswertbilanzierung (2006), S. 169 f.; *Ballwieser*, in: Schmidt (Hrsg.), Münchener Kommentar zum Handelsgesetzbuch (2008), § 255 HGB, Rn. 111. *Breidert* (Grundsätze ordnungsmäßiger Abschreibungen auf abnutzbare Anlagegegenstände [1994], S. 173) lehnt aufgrund dieser Probleme eine Vereinbarkeit von planmäßiger Abschreibung auf der Grundlage einer geschätzten Nutzungsdauer mit den GoB ab.

132 Vgl. *Duhr*, Grundsätze ordnungsmäßiger Geschäftswertbilanzierung (2006), S. 171–173.

zungsdauer von 15 Jahren[133] unterstellt.[134] Indes hat der Gesetzgeber darauf verzichtet,[135] folglich verbleibt dem Rechnungslegenden bezüglich der Folgebewertung ein Ermessensspielraum.

Gegen die bisher mögliche pauschale Abschreibung spricht der Wortlaut des neu gefassten § 246 Abs. 1 S. 4 HGB, da eine pauschale Abschreibung für Vermögensgegenstände des Anlagevermögens nicht zulässig ist. So wird im Regierungsentwurf lediglich angeführt, dass die Neuregelungen mit der vierten Richtlinie (sog. Jahresabschlussrichtlinie) im Einklang stehen.[136] Letztere verlangt eine vollständige Abschreibung des Geschäfts- oder Firmenwerts nach fünf Jahren, gewährt den Mitgliedstaaten jedoch, die planmäßige Abschreibung zuzulassen, soweit sie im Anhang erwähnt und begründet wird.[137] Dieser Auflage kommt der Gesetzgeber in § 285 Nr. 13 HGB nach. Die praktische Bedeutung der pauschalen Abschreibung war indes aufgrund der seltenen Ausübung des Bewertungswahlrechts seitens der Bilanzierenden ohnehin gering.[138]

Eine Besonderheit im Vergleich zu anderen Vermögensgegenständen ergibt sich bezüglich der Wertaufholung: Ein niedriger Wertansatz ist unabhängig vom Weiterbestehen der Gründe zwingend beizubehalten (§ 253 Abs. 5 S. 2 HGB).

b) Anwendung auf den Fall: Bestimmung der Abschreibung des Geschäfts- oder Firmenwerts seitens der A-AG

Empirische Untersuchungen ergaben, dass die branchenübliche Nutzungsdauer eines Geschäfts- oder Firmenwerts zwischen 15 und 20 Jahren liegt.[139] Mit dem

---

133 Im Konzernabschluss gemäß HGB liegt die überwiegend gewählte Nutzungsdauer im Falle einer planmäßigen Abschreibung zwischen zehn und zwanzig Jahren. Vgl. *Weber/Zündorf*, in: Küting/Weber (Hrsg.), Handbuch der Konzernrechnungslegung (1998), § 309 HGB, Rn. 27.

134 Nach Verabschiedung des BiRiLiG war ein Abweichen von der Typisierung des Einkommensteuergesetzes bei der Folgebewertung gemäß § 255 Abs. 4 S. 3 HGB umstritten. Vgl. *Breidert*, Grundsätze ordnungsmäßiger Abschreibungen auf abnutzbare Anlagegegenstände (1994), S. 173. A. A. *Wagner/Schomaker*, Die Abschreibung des Firmenwerts in Handels- und Steuerbilanz nach der Reform des Bilanzrechts, DB 1987, S. 1365 (S. 1366).

135 So fordert *Küting* (Der Geschäfts- oder Firmenwert in der deutschen Konsolidierungspraxis, DStR 2008, S. 1795 [S. 1802]): „Wenngleich – dies wird uneingeschränkt eingestanden – jede Regel-Nutzungsdauer oder Höchst-Nutzungsdauer willkürlich ist, sollten Abschreibungszeiträume zwischen zehn und zwanzig Jahren in Erwägung gezogen und gesetzlich normiert werden."

136 Bezüglich des Verhältnisses von EG-Richtlinien und Privatrecht: Vgl. *Grundmann*, EG-Richtlinie und nationales Privatrecht, JZ 1996, S. 274.

137 Siehe Art. 37 Abs. 2 S. 2 i.V. m. Art. 34 Abs. 1 Buchst. a der Vierte Richtlinie 78/660/EWG des Rates vom 25. Juli 1978.

138 Vgl. *Küting*, Geplante Neuregelung der Kapitalkonsolidierung durch das Bilanzrechtsmodernisierungsgesetz, DStR 2008, S. 1396 (S. 1399).

139 Vgl. *Küting*, Der Geschäfts- oder Firmenwert in der deutschen Konsolidierungspraxis, DStR 2008, S. 1795 (S. 1801).

Ziel der Minimierung der Rechnungslegungskosten strebt die A-AG eine größtmögliche Harmonisierung der aufzustellenden Abschlüsse an; folglich entscheidet sie sich, den Geschäftswert handelsrechtlich und steuerrechtlich über jeweils 15 Jahre linear abzuschreiben.

4. Ergebnis nach den Grundsätzen ordnungsmäßiger Bilanzierung

Die oben dargestellte Transaktion erfüllt die Voraussetzungen eines Unternehmenszusammenschlusses. Da die A-AG die B-GmbH im Rahmen eines Asset Deal erwirbt und sich ein positiver Unterschiedsbetrag ergibt, kann sie den vollen Unterschiedsbetrag in Höhe von 0,3 Mio. GE aktivieren. Die A-AG schätzt die Nutzungsdauer auf 15 Jahre und schreibt den Geschäfts- oder Firmenwert über diese Zeit linear ab.

II. Lösung nach IFRS

1. Bilanzierung von Geschäfts- oder Firmenwerten und Unternehmenszusammenschlüssen gemäß den IFRS

Aufgrund der Klassifizierung als Vermögenswert (IFRS 3 Anhang A) und dem nicht vorhandenen physischen Charakter liegt es nahe, einen Geschäfts- oder Firmenwert als immateriellen Vermögenswert nach IAS 38 zu bilanzieren. Jedoch werden Geschäfts- oder Firmenwerte, die im Rahmen eines Unternehmenszusammenschlusses erworben werden, explizit als Ausnahme benannt (IAS 38.3 (f)). Ihre Bilanzierung richtet sich stattdessen nach den spezielleren Regelungen des IFRS 3. Ein selbst geschaffener Geschäfts- oder Firmenwert fällt hingegen in den Anwendungsbereich des IAS 38: Für ihn gilt ein ausdrückliches Ansatzverbot (IAS 38.48).

2. Aktivierungsvoraussetzungen für einen Geschäfts- oder Firmenwert im Einzelabschluss

a) Unternehmenszusammenschluss als Anwendungsvoraussetzung des IFRS 3

aa) Konkretisierung des Unternehmenszusammenschlusses: Identifizierung des Erwerbers und des Transaktionszeitpunkts

(1) Bestimmung des Erwerbers

Unter einem Erwerber wird das Unternehmen, welches im Rahmen eines Unternehmenszusammenschlusses die Beherrschung über das übernommene Unternehmen erlangt, verstanden (IFRS 3 Anhang A); folglich ist das Vorhandensein eines Erwerbers zwingende Voraussetzung für das Vorliegen eines Unternehmenszusammenschlusses. Die Bestimmung folgt ebenfalls einer wirtschaftlichen Betrachtungsweise, die Beurteilung kann von der rechtlichen Gestaltung abweichen.[140]

Die Bestimmung des Erwerbers erfolgt anhand der Leitlinien des IAS 27 (IFRS 3.7).[141] Die übergeordnete Definition wird durch das Control-Konzept konkretisiert. Demnach wird widerlegbar ein beherrschender Einfluss unterstellt, „wenn das Mutterunternehmen entweder direkt oder indirekt über Tochterunternehmen über mehr als die Hälfte der Stimmrechte eines Unternehmens verfügt" (IAS 27.13). Der beherrschende Einfluss wird unabhängig vom Stimmrechtsanteil widerlegbar angenommen, wenn ein Unternehmen „kraft einer mit anderen Anteilseignern abgeschlossenen Vereinbarung über mehr als die Hälfte der Stimmrechte" verfügen kann, gemäß einer Satzung oder einer Vereinbarung die Finanz- und Geschäftspolitik des Unternehmens bestimmen kann, die Mehrheit der Mitglieder der Geschäftsführungs- und/oder Aufsichtsorgane ernennen oder abberufen kann (wobei die Verfügungsgewalt über das andere Unternehmen bei diesen Organen liegt) oder die Mehrheit der Stimmen bei Sitzungen der Geschäftsführungs- und/oder Aufsichtsorgane oder eines gleichwertigen Leitungsgremiums bestimmen kann (wobei die Verfügungsgewalt über das andere Unternehmen bei diesen Organen liegt). Das IASB hat jedoch klargestellt, dass eine Beherrschung auch bei Nichtvorliegen der genannten Tatbestände bestehen kann, also das Erfüllen der

---

140 So können Transaktionen, die als Joint Ventures deklariert sind, einen Unternehmenszusammenschluss gemäß IFRS 3 darstellen. Im Fall eines umgekehrten Unternehmenserwerbs ist das formell erworbene Unternehmen in wirtschaftlicher Betrachtungsweise der Erwerber, dies kann bspw. bei der Übernahme eines Unternehmens durch eine (kleinere) Holdinggesellschaft der Fall sein. Vgl. (auch für weitere Beispiele) *Lüdenbach,* in: Lüdenbach/Hoffmann (Hrsg.), Haufe IFRS-Kommentar (2009), § 31 Unternehmenszusammenschlüsse, Rn. 4–6.

141 Zur aktuellen Entwicklung vgl. *Beyhs/Buschhüter/Wagner*, Die neuen Vorschläge des IASB zur Abbildung von Tochter- und Zweckgesellschaften in ED 10, KoR 2009, S. 61.

allgemeinen Definition der Beherrschung (IFRS 3 Anhang A bzw. IAS 27.4) ausreicht.[142]

Die Erfassung eines Geschäfts- oder Firmenwerts im Einzelabschluss setzt einen Unternehmenszusammenschluss in Form eines Asset Deal voraus, da andernfalls die Beteiligung analog den GoB direkt zu aktivieren ist.[143]

(2) Bestimmung des Transaktionszeitpunkts: Erlangung der Beherrschung

Die einzig zulässige Bilanzierungsmethode ist nach IFRS 3.4 die Erwerbsmethode. Folglich bestimmt der genaue Zeitpunkt die Höhe eines möglichen Geschäfts- oder Firmenwerts bzw. nach IFRS insbesondere die Aufteilung zwischen planmäßig und ausschließlich außerplanmäßig abzuschreibenden Vermögenswerten. Der Zeitpunkt des Unternehmenserwerbs fällt dabei mit dem Zeitpunkt der Erlangung der Beherrschung zusammen (IFRS 3.8). Es gilt die Vermutung, dass dieser mit dem rechtsgültigen Transfer der Rechte bzw. Vermögenswerte, die die Beherrschung begründen, zusammenfällt. Einer wirtschaftlichen Betrachtungsweise folgend kann der Erwerbszeitpunkt indes der rechtlichen Übertragung vor- sowie nachgelagert sein (IFRS 3.9).[144] Durch das Trennungsprinzip im deutschen Rechtskreis übernimmt der dingliche Vollzug (Verfügungsgeschäft), die Übertragung der Vermögenswerte und Schulden bzw. die Abtretung der Anteile, eine Indikatorfunktion; indes kann der Erwerbszeitpunkt durch noch ausstehende Genehmigungen dahinter liegen.[145] Wenn durch ein Memo of Understanding oder eine öffentliche Bekanntmachung ein faktischer Zwang entsteht, kann der Erwerbszeitpunkt sogar noch vor der Unterzeichnung des Vertrags liegen; folglich ist in der Regel eine Einzelfallwürdigung vonnöten.[146]

bb) Anwendung auf den Fall: Überprüfung der Transaktion auf die Anwendbarkeit des IFRS 3

Da die B-GmbH bisher eigenständig am Wirtschaftsverkehr teilnahm, ist die Definition eines Geschäftsbetriebs erfüllt. Aufgrund der Übernahme sämtlicher Vermögenswerte und Schulden seitens der A-AG erlangt sie einen beherrschenden

---

142 Vgl. *Küting*, Nachhaltige Präsenzmehrheiten als hinreichendes Kriterium zur Begründung eines Konzerntatbestands?, DB 2009, S. 73 (S. 77 f.); *Watrin/Lammert*, Konzeption des Beherrschungsverhältnisses nach IFRS, KoR 2008, S. 74 (passim).

143 Vgl. weiterführend zur Bilanzierung eines Geschäfts- oder Firmenwerts im Konzernabschluss: *Hommel/Rammert/J. Wüstemann*, Konzernbilanzierung *case by case* (2009), S. 115 f., 126–141 sowie 159–166.

144 Vgl. *Baetge/Hayn/Ströher*, in: Baetge u.a. (Hrsg.), Rechnungslegung nach IFRS, IFRS 3, Rn. 124 (Stand: Okt. 2009).

145 Vgl. *Lüdenbach*, in: Lüdenbach/Hoffmann (Hrsg.), Haufe IFRS-Kommentar (2009), § 31 Unternehmenszusammenschlüsse, Rn. 29 f. Die Erteilung der Genehmigung darf indes keine reine Formalität sein.

146 Vgl. *Lüdenbach*, in: Lüdenbach/Hoffmann (Hrsg.), Haufe IFRS-Kommentar (2009), § 31 Unternehmenszusammenschlüsse, Rn. 30.

Einfluss über das Nettovermögen der B-GmbH, sie ist somit der Erwerber. Da kein Hinweis auf eine Ausnahme im Sinne des IFRS 3.2 vorliegt, sind die Anwendungsvoraussetzungen des IFRS 3 erfüllt. Infolge des Zusammenschlusses in Form eines Asset Deal ist, vorbehaltlich eines positiven Unterschiedsbetrags, im Einzelabschluss der A-AG ein Geschäfts- oder Firmenwert zu aktivieren. Der 1. 1. des Jahres 01 ist der Erwerbszeitpunkt.

b) Positiver Unterschiedsbetrag als zweite Ansatzvoraussetzung: Anschaffungskosten eines derivativ erworbenen Geschäfts- oder Firmenwerts – Residuum aus Kaufpreis und neubewertetem Nettovermögen

aa) Ermittlung des Kaufpreises

(1) Ermittlung der Anschaffungskosten des Unternehmenserwerbs

Die Konzeption des Geschäfts- oder Firmenwerts als Residuum erfordert im ersten Schritt die Bestimmung der Anschaffungskosten des erworbenen Unternehmens, mithin zunächst des Werts der hingegebenen Leistung. Wurden nur Zahlungsmittel bzw. -äquivalente geleistet, gestaltet sich dies einfacher als bei der Ausgabe von Eigenkapitalinstrumenten oder der Übertragung von nicht monetären Vermögenswerten und Schulden. Der Wert der hingegebenen Gegenleistung wird mit dem Fair Value zum Erwerbszeitpunkt bewertet (IFRS 3.37), später fällige oder erbrachte Leistungen sind dementsprechend zu diskontieren.[147]

Im Zuge der Änderung des IFRS 3 sind Anschaffungsnebenkosten nun sofort aufwandswirksam im Jahr des Unternehmenszusammenschlusses zu erfassen (IFRS 3.53); anschaffungsbedingte Emissionskosten sind gemäß IAS 32 und 39 zu berücksichtigen.

Die Bestimmung des beizulegenden Zeitwerts ist in IFRS 3.33 für den Fall der Hingabe von Eigenkapitalinstrumenten näher konkretisiert. Für diese stellt ein öffentlicher Börsenkurs den besten Anhaltspunkt dar, jedoch können sich Probleme insbesondere durch eine Beeinflussung des Kurses aufgrund der Ankündigung des Unternehmenszusammenschlusses ergeben.[148] Ansonsten ist ihr Wert IAS 39[149] entsprechend zu schätzen. Liegt ein sukzessiver Unternehmenserwerb vor, ist für zuvor gehaltene Titel der beizulegende Zeitwert zum Erwerbszeitpunkt zu bestimmen, und Differenzen zum Buchwert sind erfolgswirksam zu erfassen (IFRS 3.42).

---

147 Vgl. *Lüdenbach*, in: Lüdenbach/Hoffmann (Hrsg.), Haufe IFRS-Kommentar (2009), § 31 Unternehmenszusammenschlüsse, Rn. 33.

148 Vgl. *Lüdenbach,* in: Lüdenbach/Hoffmann (Hrsg.), Haufe IFRS-Kommentar (2009), § 31 Unternehmenszusammenschlüsse, Rn. 38.

149 Vgl. zu Einzelheiten Fall 7, Finanzinstrumente – Beispiel Hedge Accounting.

(2) Anwendung auf den Fall: Bewertung der Leistung an die ursprünglichen Gesellschafter der B-GmbH

Der Wert der hingegebenen Leistungen der A-AG im Rahmen des Unternehmens-zusammenschlusses zwischen A-AG und B-GmbH entspricht den an die Gesell-schafter der B-GmbH gelieferten Zahlungsmitteln; der Betrag ist nicht zu diskon-tieren, weshalb die Zahlungsmittel einen Wert von 0,8 Mio. GE haben.

bb) Allokation des Kaufpreises auf die einzelnen Vermögenswerte, Schulden und Eventualverbindlichkeiten des erworbenen Unternehmens

(1) Bedeutung des Unternehmenszusammenschlusses für den Ansatz und die Bewertung von Vermögenswerten und Schulden

Der Erwerbsmethode liegt grundsätzlich die Fiktion zugrunde, dass das erwerben-de Unternehmen die Vermögenswerte und Schulden des erworbenen Unterneh-mens einzeln erwirbt.[150] Demgemäß werden in einem nächsten Schritt die anzuset-zenden Vermögenswerte und Schulden des erworbenen Unternehmens vollständig neu ermittelt, d.h. weder Ansatz noch Bewertung der Bilanzposten im Einzelab-schluss des übernommenen Unternehmens sind relevant.[151] „Um im Rahmen der Anwendung der Erwerbsmethode die Ansatzkriterien zu erfüllen, müssen die er-worbenen identifizierbaren Vermögenswerte und die übernommenen Schulden den im Rahmenkonzept für die Aufstellung und Darstellung von Abschlüssen dar-gestellten Definitionen von Vermögenswerten und Schulden zum Erwerbszeit-punkt entsprechen." (IFRS 3.11)[152] Ansatzerleichterungen gegenüber den Ein-zelstandards ergeben sich insbesondere für immaterielle Vermögenswerte und Eventualschulden. So enthält IFRS 3 nicht die Ansatzverbote des IAS 38.63.[153] Eventualverbindlichkeiten sind trotz des Nichterfüllens des Wahrscheinlichkeits-kriteriums anzusetzen, die Wahrscheinlichkeit wird im Rahmen der Bewertung berücksichtigt (IFRS 3.23). Der Ansatz und die Bewertung eines latenten Steuer-anspruchs bzw. einer latenten Steuerschuld erfolgt gemäß IAS 12 (IFRS 3.24). Ebenso sind Verbindlichkeiten oder Vermögenswerte, die aus Leistungen an Ar-beitnehmer resultieren, gemäß IAS 19 zu bilanzieren (IFRS 3.26).

Alle anzusetzenden Vermögenswerte und Verbindlichkeiten werden – bis auf die bereits genannten Ausnahmen – mit dem beizulegenden Zeitwert bewertet (IFRS 3.18). Dieser ist als Betrag definiert, „zu dem zwischen sachverständigen,

---

150 Vgl. *Ordelheide*, Kapitalkonsolidierung nach der Erwerbsmethode, WPg 1984, S. 237 (S. 240); Arbeitskreis „Externe Unternehmensrechnung" der Schmalenbachgesellschaft, Auf-stellung von Konzernabschlüssen, zfbf-Sonderheft 21 (1987), S. 67.

151 Ausnahmen ergeben sich durch IFRS 3.17 lediglich für die Klassifizierung des Leasingver-trags gemäß IAS 17 und des Versicherungsvertrags gemäß IFRS 4.

152 Des Weiteren müssen sie Teil des Austauschgeschäfts im Rahmen des Unternehmenszusam-menschlusses sein (IFRS 3.51–52).

153 Leitlinien bezüglich des Ansatzes von immateriellen Vermögenswerten sind in IFRS 3.B31–B40 zu finden.

vertragswilligen und voneinander unabhängigen Geschäftspartnern unter marktüblichen Bedingungen ein Vermögenswert getauscht oder eine Schuld beglichen werden könnte" (IFRS 3 Anhang A). Außerdem sind von der Fair-Value-Bewertung anteilsbasierte Vergütungssysteme und zur Veräußerung gehaltene Vermögenswerte ausgenommen. Deren Bewertung richtet sich nach den entsprechenden Bestimmungen der relevanten Einzelstandards (IFRS 3.29-31).

(2) Anwendung auf den Fall: Identifizierung und Bewertung der in der Bilanz der A-AG anzusetzenden (übernommenen) Vermögenswerte und Schulden

Im Rahmen des Unternehmenszusammenschlusses zwischen der A-AG und der B-GmbH, in dem die A-AG als Erwerber identifiziert wurde, müssen alle Vermögens- und Verbindlichkeitspositionen der B-GmbH neu geprüft werden, bevor sie im Einzelabschluss der A-AG angesetzt werden können. Die Summe der Fair Values der anzusetzenden Aktiva beträgt 2 Mio. GE. Daneben muss die A-AG Verbindlichkeiten in Höhe von 1,6 Mio. GE passivieren, da nach IFRS 3 auch Eventualverbindlichkeiten zu berücksichtigen sind.

cc) Geschäfts- oder Firmenwert als beteiligungsproportionaler positiver Unterschiedsbetrag

(1) Bestimmung des Geschäfts- oder Firmenwerts nach IFRS 3

Das im Rahmen der Neuverabschiedung des IFRS 3 (rev. 2008) implementierte Wahlrecht (IFRS 3.19) bezüglich der Berücksichtigung von Minderheitenanteilen ist für den Einzelabschluss nicht relevant, da lediglich Asset Deals erfasst werden.[154] Folglich entspricht der Geschäfts- oder Firmenwert grundsätzlich der Differenz zwischen den Anschaffungskosten des erworbenen Unternehmens und den dabei anteilig übernommenen, neubewerteten Vermögenswerten sowie Schulden; es handelt sich mithin um eine Residualgröße. Tritt ein negativer Unterschiedsbetrag auf, ist eine erneute Beurteilung der einzeln ermittelten Fair Values zwingend (IFRS 3.36). Wird dabei das negative Vorzeichen bestätigt, ist der Unterschiedsbetrag sofort erfolgswirksam zu vereinnahmen (IFRS 3.34).

(2) Anwendung auf den Fall: Identifizierung des anzusetzenden Unterschiedsbetrags in der Bilanz der A-AG

Das Nettovermögen der B-GmbH ergibt sich durch Abzug der Schulden (1,6 Mio. GE) von den Vermögenswerten (2 Mio. GE) i.H.v. 0,4 Mio. GE. Da der Kaufpreis

---

154 Minderheitenanteile können entweder zum beizulegenden Zeitwert (sog. Full-Goodwill-Methode) oder zum entsprechenden Anteil des identifizierten Nettovermögens des erworbenen Unternehmens bewertet werden (IFRS 3.19). Vgl. *Pellens/Basche/Sellhorn*, Full Goodwill Method, KoR 2003, S. 1; *Küting/Wirth*, Full Goodwill Approach des Exposure Draft zu IFRS 3, BB 2005, BB-Special 10, S. 2.

0,8 Mio. GE beträgt, muss die A-AG den sich ergebenden Unterschiedsbetrag von 0,4 Mio. GE als Geschäfts- oder Firmenwert aktivieren.

3. Folgebewertung eines aktivierten Geschäfts- oder Firmenwerts gemäß den IFRS

a) Umsetzung der Einheitstheorie seitens des IASB: Impairment Only Approach

Ein im Rahmen eines Unternehmenszusammenschlusses erworbener Geschäfts- oder Firmenwert ist nicht planmäßig abzuschreiben, sondern (mindestens) einmal jährlich gemäß IAS 36 auf eine Wertminderung zu prüfen (sog. Werthaltigkeits- oder Impairmenttest)[155] und gegebenenfalls außerplanmäßig abzuschreiben. Im Unterschied zu den handelsrechtlichen GoB folgen die IFRS damit der Einheitstheorie, nach der eine Trennung von derivativem und originärem Geschäfts- oder Firmenwert als unmöglich erachtet wird.

Gemäß den IFRS ist der Geschäfts- oder Firmenwert ein Vermögenswert (IFRS 3 Anhang A), der jedoch keine Zahlungsströme unabhängig von anderen Vermögenswerten generieren kann. Aus diesem Grund ist er in einem Impairmenttest sog. zahlungsmittelgenerierenden Einheiten zuzuordnen.[156] Eine zahlungsmittelgenerierende Einheit ist „die kleinste identifizierbare Gruppe von Vermögenswerten, die Mittelzuflüsse erzeugen, die weitestgehend unabhängig von den Mittelzuflüssen anderer Vermögenswerte oder anderer Gruppen von Vermögenswerten sind" (IAS 36.6).

Ein Wertminderungsaufwand ergibt sich für den Fall, dass der Buchwert der zahlungsmittelgenerierenden Einheit (also einschließlich des zugewiesenen Geschäfts- oder Firmenwerts) den erzielbaren Betrag, der sich als Maximum aus Nutzungswert und beizulegendem Zeitwert abzüglich der Verkaufskosten ergibt, übersteigt (IAS 36.6 und 58).[157] Ein identifizierter Wertminderungsaufwand ist zuerst mit dem Geschäfts- oder Firmenwert zu verrechnen. Erst nachdem dieser vollständig abgeschrieben ist, wird der Aufwand anteilig als Abschreibung auf die Buchwerte der Vermögenswerte der zahlungsmittelgenerierenden Einheit verteilt (IAS 36.114). Ein wertgeminderter Geschäfts- oder Firmenwert bleibt von einer späteren Wertaufholung ausgeschlossen (IAS 36.122 und 36.124).

---

155 Vgl. *Küting/Wirth*, Richtungswechsel bei Überarbeitung des Werthaltigkeitstests nach IAS 36 – Konzeption des Werthaltigkeitstests nach den jüngsten Reformbeschlüssen des IASB, DStR 2003, S. 1848.

156 Vgl. dazu kritisch *J. Wüstemann/Duhr*, Geschäftswertbilanzierung nach dem Exposure Draft ED 3 des IASB – Entobjektivierung auf den Spuren des FASB?, BB 2003, S. 247 (S. 250 f.).

157 Vgl. für Einzelheiten Fall 13, Außerplanmäßige Abschreibungen im Anlagevermögen – Beispiel Grundstücke.

b) Anwendung auf den Fall: Aufteilung des Geschäfts- oder Firmenwerts auf zahlungsmittelgenerierende Einheiten und Prüfung des Vorliegens einer Wertminderung

Das Ziel einer einheitlichen Bilanzierung des Geschäfts- oder Firmenwerts ist aufgrund der Unterschiede zwischen den Vorschriften des Handelsrechts und der IFRS schon im Erwerbszeitpunkt nicht möglich; die Folgebewertung unterscheidet sich grundlegend.

In einem ersten Schritt ordnet die A-AG den derivativ erworbenen Geschäfts- oder Firmenwert den zahlungsmittelgenerierenden Einheiten zu. Vierzig Prozent des Geschäfts- oder Firmenwerts ordnet sie dem größeren der zwei Geschäftsbereiche der (ehemaligen) B-GmbH zu. Der etwas kleinere der zwei Geschäftsbereiche wird mit einem Teil des bestehenden Geschäfts zu einer neuen Organisationseinheit zusammengelegt und der restliche Geschäfts- oder Firmenwert zugerechnet.

Im Laufe des Geschäftsjahrs lagen keine Anhaltspunkte vor, dass eine der zwei Einheiten wertgemindert sein könnte; eine Überprüfung am Jahresende ergab, dass der erzielbare Betrag den Buchwert jeweils übersteigt; folglich übernimmt die A-AG die Werte unverändert in die folgende Eröffnungsbilanz.

4. Ergebnis nach IFRS

Die Transaktion zwischen der A-AG und der B-GmbH stellt einen Unternehmenszusammenschluss im Sinne von IFRS 3 dar und fällt damit in dessen Anwendungsbereich. Der Kauf der B-GmbH geschieht im Zuge eines Asset Deal. Der sich nach der vollständigen Neubewertung ergebende positive Unterschiedsbetrag von 0,4 Mio. GE ist deswegen im Einzelabschluss der A-AG für das Geschäftsjahr 01 als Geschäfts- oder Firmenwert zu erfassen.

III. Gesamtergebnis

1. Der Geschäfts- oder Firmenwert ist nach geltenden Grundsätzen ordnungsmäßiger Bilanzierung ein Vermögensgegenstand. Für einen selbst erstellten Geschäfts- oder Firmenwert besteht ein Aktivierungsverbot, ein derivativ erworbener ist hingegen im Jahresabschluss anzusetzen. Voraussetzung für eine Aktivierung des Geschäfts- oder Firmenwerts ist ein Unternehmenszusammenschluss in Form eines Asset Deal, da ansonsten die erworbenen Unternehmensanteile direkt zu ihren Anschaffungskosten aktiviert werden.
2. Der Ansatz der übernommenen Aktiva und Passiva gemäß den GoB richtet sich nach den allgemeinen Prinzipien des Vermögensgegenstands- und Verbindlichkeitsbegriffs, wobei der Unternehmenszusammenschluss zu berücksichtigen ist. Eine Bewertung erfolgt zum beizulegenden Zeitwert. Im Vergleich mit der

bewirkten Gegenleistung von 0,8 Mio. GE ergibt sich daraus für die A-AG ein positiver Unterschiedsbetrag von 0,3 Mio. GE, den sie im Erwerbszeitpunkt als Geschäfts- oder Firmenwert zu aktivieren hat.

3. Die Bilanzierung eines Unternehmenserwerbs nach IFRS fällt in den Anwendungsbereich des IFRS 3. Übereinstimmend mit den GoB besteht für einen derivativen Geschäfts- oder Firmenwert ein Aktivierungsgebot, im Einzelabschluss ist er nur zu erfassen, wenn er einem Asset Deal entwächst; ein originär geschaffener ist vom Ansatz ausgeschlossen. Existieren negative Unterschiedsbeträge, sind diese abweichend zu den GoB nach eingehender Prüfung unmittelbar erfolgswirksam zu erfassen. Das Wahlrecht, Minderheiten zum beizulegenden Zeitwert berücksichtigen zu können, ist für den Einzelabschluss ohne Belang.

4. Nach IFRS 3 müssen alle wirtschaftlichen Vor- und Nachteile auf ihre Vermögenswert- bzw. Schuldeneigenschaft überprüft werden. Einzeln identifizierbare immaterielle Vermögenswerte sowie Eventualschulden müssen dabei vollständig erfasst werden. Die Bewertung der einzelnen Posten erfolgt zum Fair Value. Da die B-GmbH Eventualschulden von 0,1 Mio. GE aufweist, die gemäß den IFRS von der A-AG nunmehr zu passivieren sind, ist der positive Unterschiedsbetrag mit 0,4 Mio. GE höher als nach GoB. Die A-AG muss ihn im Zugangszeitpunkt aktivieren.

5. Ein wesentlicher Unterschied zwischen GoB und IFRS besteht auch in der Folgebewertung des derivativen Geschäfts- oder Firmenwerts. Die GoB folgen der Trennungstheorie und sehen eine planmäßige Abschreibung vor; der derivative Geschäfts- oder Firmenwert ist zudem, wie alle Vermögensgegenstände, einer außerplanmäßigen (Teilwert-)Abschreibung zugänglich. Die IFRS folgen demgegenüber der Einheitstheorie und sehen für den einmal aktivierten Geschäfts- oder Firmenwert ausschließlich einen regelmäßig durchzuführenden Werthaltigkeitstest vor; eine planmäßige Abschreibung ist unzulässig.

6. Die A-AG beschließt, den Geschäfts- oder Firmenwert in Handels- und Steuerbilanz einheitlich über 15 Jahre abzuschreiben. Es liegen keine Gründe für eine (außerplanmäßige) Abschreibung bzw. Wertminderung vor. Dementsprechend wird gemäß den IFRS der Geschäfts- oder Firmenwert unverändert in die folgende Eröffnungsbilanz übernommen.

Weiterführende Literatur

HGB:

Breidert, Ulrike,   Grundsätze ordnungsmäßiger Abschreibungen auf abnutzbare Anlagegegenstände, Düsseldorf 1994, S. 165–216

Duhr, Andreas,   Grundsätze ordnungsmäßiger Geschäftswertbilanzierung, Düsseldorf 2006

Moxter, Adolf, Probleme des Geschäfts- oder Firmenwerts in der höchstrichterlichen Rechtsprechung, in: Manfred Matschke (Hrsg.), Unternehmensberatung und Wirtschaftsprüfung, Festschrift für Günther Sieben, Stuttgart 1998, S. 473–481

ders., Bilanzrechtliche Probleme beim Geschäfts- oder Firmenwert, in: Marcus Bierich/Peter Hommelhoff/Bruno Kropff (Hrsg.), Unternehmen und Unternehmensführung im Recht, Festschrift für Johannes Semler, Berlin/New York 1993, S. 853–861

Wöhe, Günther, Zur Bilanzierung und Bewertung des Firmenwerts, in: StuW, 57. Jg. (1980), S. 89–108

IFRS:

Baetge, Jörg/ in: Jörg Baetge u.a. (Hrsg.), Rechnungslegung nach IFRS,
Hayn, Sven/ 2. Aufl., Stuttgart 2003 (Loseblatt), Kommentierung zu IFRS
Ströher, Thomas, 3 (Stand: Okt. 2009)

Hayn, Sven, Entwicklungstendenzen im Rahmen der Anwendung von IFRS in der Konzernrechnungslegung, BFuP, 57. Jg. (2005), S. 424–439

Wirth, Johannes, Firmenwertbilanzierung nach IFRS – Unternehmenszusammenschlüsse, Werthaltigkeitstest, Endkonsolidierung, Stuttgart 2005

Wüstemann, Jens/ Geschäftswertbilanzierung nach dem Exposure Draft ED 3
Duhr, Andreas, des IASB – Entobjektivierung auf den Spuren des FASB?, BB, 58. Jg. (2003), S. 247–253

Fall 3: Gewinnrealisierung/ Ertragsvereinnahmung – Beispiel Kaufvertrag mit Rückgaberecht

Sachverhalt:

Kunde K erwirbt im Warenhaus W ein Produkt P. Gemäß den Allgemeinen Geschäftsbedingungen kann K das Produkt ohne Angabe von Gründen innerhalb von vier Wochen zurückgeben; bei Ausübung des Rückgaberechts ist W zur Rückerstattung des Kaufpreises an K verpflichtet. W ermittelt auf der Basis von Erfahrungswerten aus vergangenen Geschäftsjahren eine pauschale Rückgabequote von 5%.

Aufgabenstellung:

– Welchen Sinn und Zweck verfolgt die Gewinnrealisierung gemäß den handelsrechtlichen GoB bzw. die Ertragsvereinnahmung nach IFRS?
– Zu welchem Zeitpunkt ist nach handelsrechtlichen GoB der Gewinn realisiert bzw. der Ertrag gemäß den IFRS zu vereinnahmen?

I. Lösung nach den Grundsätzen ordnungsmäßiger Bilanzierung

1. Sinn und Zweck der Gewinnrealisierung

a) Ermittlung eines ausschüttungsfähigen Gewinns

Zentral für die Beurteilung des richtigen Zeitpunkts einer erfolgswirksamen Erfassung von Vermögenssteigerungen ist die Frage nach dem verfolgten Bilanzzweck.[158] Das System der GoB, geprägt durch Vorsichts-, Imparitäts- und Realisationsprinzip, dient der Ermittlung des ausschüttungsfähigen Betrags,[159] mithin dem Gläubigerschutz – eine Informationsfunktion tritt dahinter zurück. Nur vor dem Hintergrund dieses Zwecks kann die Auswirkung von Rückgaberechten auf den Gewinnrealisationszeitpunkt beurteilt werden.

---

158 Vgl. *Stützel*, Bemerkungen zur Bilanztheorie, ZfB 1967, S. 314.
159 Vgl. *Moxter*, Entziehbarer Gewinn?, in: Ballwieser u. a. (Hrsg.), FS Clemm (1996), S. 231.

b) Prinzip des quasisicheren Anspruchs als Folge des Realisations- und Vorsichtsprinzips

Ziel einer ausschüttungsstatischen Bilanzierung ist zunächst die Ermittlung eines Vermögens, nicht jedoch eines Effektivvermögens.[160] Das Vermögensermittlungsprinzip tritt daher als lex generalis mit uneingeschränkter Geltung für Eröffnungsbilanzen auf. Es regelt Ansatz und Bewertung, wird für Folgebilanzen jedoch vom Realisationsprinzip ergänzt, präzisiert und zum Teil durchbrochen; Letzteres ist Ausfluss des Gewinnermittlungsprinzips und wird durch das Imparitätsprinzip ergänzt.[161] Das Realisationsprinzip fordert vom Gewinn eine „Vermögensmehrung in disponibler Form"[162] und konzipiert damit den Bilanzerfolg als Umsatzgewinn.[163] Es wird durch das Prinzip des quasisicheren Anspruchs konkretisiert: Damit eine Ausschüttung unsicherer Gewinne verhindert und somit das Kapital der Unternehmung geschützt wird, muss der Einzahlungsanspruch „so gut wie sicher" sein.[164] Delkredere- und Gewährleistungsrisiken stehen der Gewinnrealisierung regelmäßig nicht entgegen; sie sind vielmehr durch eine vorsichtige Forderungsbewertung bzw. durch Rückstellungsbildung zu berücksichtigen.[165]

2. Prinzip des Risikoabbaus

a) Konkretisierung in Abhängigkeit von der zugrunde liegenden Zivilrechtsstruktur

aa) Einordnung des Geschäftsvorfalls in die Zivilrechtsstruktur

Eine Orientierung der Gewinnrealisierung an der zugrunde liegenden Rechtsstruktur wirkt zum einen objektivierend, zum anderen ergeben sich Chancen und Risiken erst aus den rechtlichen Regelungen für den entsprechenden Geschäftsvorfall. Folglich sind die Gewinnrealisierungszeitpunkte auch kasuistisch für unterschiedliche Rechtsgeschäfte aufzufächern.[166] Dem Bilanzierungszweck folgend muss ein Zeitpunkt gefunden werden, ab dem der Gewinn hinreichend sicher und somit ausschüttungsfähig ist. In der Literatur werden mehrere mögliche Zeitpunkte disku-

---

160 Vgl. *Hommel,* Grundsätze ordnungsmäßiger Bilanzierung für Dauerschuldverhältnisse (1992), S. 13.

161 Vgl. *Euler,* Das System der Grundsätze ordnungsmäßiger Bilanzierung (1996), S. 112.

162 *Beisse,* Gewinnrealisierung – Ein systematischer Überblick über Rechtsgrundlagen, Grundtatbestände und grundsätzliche Streitfragen, in: Ruppe (Hrsg.), Gewinnrealisierung im Steuerrecht (1981), S. 13 (S. 20).

163 Vgl. *Moxter,* Zum Sinn und Zweck des handelsrechtlichen Jahresabschlusses nach neuem Recht, in: Havermann (Hrsg.), FS Goerdeler (1987), S. 361 (S. 365).

164 Vgl. *Woerner,* Grundsatzfragen zur Bilanzierung schwebender Geschäfte, FR 1984, S. 489 (S. 494, auch Zitat).

165 Vgl. BFH, Urteil v. 29. 11. 1973 – IV R 181/71, BStBl. II 1974, S. 202 (S. 204).

166 Vgl. *Hommel,* Grundsätze ordnungsmäßiger Bilanzierung für Dauerschuldverhältnisse (1992), S. 29.

tiert:[167] Der Zahlungseingang ist schon aufgrund des direkten Gesetzeswortlauts in § 252 Abs. 1 Nr. 5 HGB abzulehnen,[168] der Zeitpunkt des Vertragsabschlusses aufgrund des noch nicht hinreichend fortgeschrittenen Risikoabbaus.[169]

Bei Kaufverträgen wird meist der Zeitpunkt der Lieferung und Leistung als maßgeblich für die Gewinnrealisierung angesehen,[170] jedoch können auch nach der Erbringung der Hauptleistung noch Risiken vorliegen, die einer Gewinnrealisierung im Wege stehen. Bei Werkverträgen geht die Preisgefahr mit der Abnahme des Werks durch den Auftraggeber über (§ 640 Abs. 1 BGB). Folglich ist erst zu diesem Zeitpunkt ein Gewinn zu realisieren.[171] Eine Teilgewinnrealisierung ist – entgegen einiger Auffassungen in der Literatur[172] – ausschließlich im Falle echter Teilabnahmen zulässig bzw. geboten.[173] Gewinne aus Dienstverträgen sind mit fortschreitender Leistungserbringung zu realisieren, da der Anspruch auf Gegenleistung nicht durch die fehlende oder nicht vertragsgemäße Erbringung der noch ausstehenden Leistungen gefährdet ist.[174]

bb) Anwendung auf den Fall: zivilrechtliche Einordnung des Geschäftsvorfalls zwischen dem Warenhaus W und dem Kunden K

Im vorliegenden Fall handelt es sich um einen Kaufvertrag i. S. v. § 433 BGB. Zusätzlich wurde ein auf vier Wochen befristeter Rücktrittsvorbehalt für den Sachleistungsgläubiger vereinbart. Dieser stellt eine Gefahr für den Gewinn des Warenhauses auch nach dem Zeitpunkt der Übergabe der Ware dar, da durch einen Rücktritt das bestehende Schuldverhältnis in ein Rückgewährschuldverhältnis umgewandelt wird. Dabei erlöschen bestehende Leistungspflichten, erbrachte Vertragsleistungen sind, ebenso wie eventuell gezogener Nutzen, zurückzugewähren (§ 346 Abs. 1 BGB).[175]

---

167 Vgl. insbes. *Lüders*, Der Zeitpunkt der Gewinnrealisierung in Handels- und Steuerbilanzrecht (1987), S. 122.

168 Weitere Argumente finden sich bei *Euler*, Grundsätze ordnungsmäßiger Gewinnrealisierung (1989), S. 68.

169 Vgl. *Heibel*, Handelsrechtliche Bilanzierungsgrundsätze und Besteuerung (1981), S. 35–38; *Moxter*, Bilanzrechtsprechung (2007), S. 46.

170 Vgl. *Moxter*, Bilanzrechtsprechung (2007), S. 46.

171 Vgl. BFH, Urteil v. 7. 9. 2005 – VIII R 1/03, BStBl. II 2006, S. 298 (S. 301). Vgl. auch *Euler*, Grundsätze ordnungsmäßiger Gewinnrealisierung (1989), S. 94; *Gelhausen*, Das Realisationsprinzip im Handels- und Steuerbilanzrecht (1985), S. 357.

172 Vgl. *Adler/Düring/Schmaltz*, Rechnungslegung und Prüfung der Unternehmen (1995), § 252 HGB, Rn. 86 f.; *Selchert*, Das Realisationsprinzip – Teilgewinnrealisierung bei langfristiger Auftragsfertigung, DB 1990, S. 797 (S. 801–804).

173 Vgl. *Döllerer*, Zur Bilanzierung des schwebenden Vertrags, BB 1974, S. 1541 (S. 1544); *J. Wüstemann/S. Wüstemann*, Betriebswirtschaftliche Bilanzrechtsforschung und Grundsätze ordnungsmäßiger Gewinnrealisierung für Werkverträge, ZfB 2009, S. 31 (S. 40–45); BFH, Urteil v. 5. 5. 1976 – I R 121/74, BStBl. II 1976, S. 541.

174 Vgl. *Mayr*, Gewinnrealisierung im Steuerrecht und Handelsrecht (2001), S. 64–68.

175 Vgl. *Gaier*, Das Rücktritts(folgen)recht nach dem Schuldrechtsmodernisierungsgesetz, WM 2002, S. 1 (S. 9).

b) Realisierung von Gewinnen gemäß den handelsrechtlichen GoB für Kaufverträge

aa) Prinzip des Preisgefahrenübergangs als beherrschendes Gewinnrealisierungskriterium

(1) Prinzip des Preisgefahrenübergangs: Übertragung des Risikos der von keiner Seite zu vertretenden Unmöglichkeit

Der einem Unternehmen aus einem Kaufvertrag erwachsende Gewinn ist durch eine Vielzahl von Risiken bedroht. Eine Gewichtung dieser ist von Nöten, um zum einen den Ausweis unsicherer Gewinne zu verhindern und dem dominierenden Zweck der GoB gerecht zu werden; zum anderen darf der berechtigte Anspruch der Gesellschafter nicht unverhältnismäßig zurückgedrängt werden. Mit dem Preisgefahrenübergang ist ein Kriterium gefunden, welches das Prinzip des quasi-sicheren Anspruchs regelmäßig hinreichend und zweckadäquat objektiviert.[176] Daher ist ausnahmslos zu überprüfen, wie im Falle von Leistungsstörungen zu verfahren ist.[177]

Für den Übergang der Preisgefahr ist einzig die Frage relevant, wer das Risiko der nicht zu vertretenden Unmöglichkeit trägt. Deshalb ist zu klären, ob einerseits im Falle einer Leistungsstörung der Sachleistungsschuldner von seiner Leistungspflicht befreit wird und welche Konsequenzen sich andererseits für die Gegenleistung ergeben.[178] Nach § 446 BGB geht bei Kaufverträgen „[m]it der Übergabe der verkauften Sache (…) die Gefahr des zufälligen Untergangs und der zufälligen Verschlechterung auf den Käufer über."

(2) Anwendung auf den Fall: Bestimmung des Zeitpunkts des Preisgefahrenübergangs für den Verkauf des Produkts P

Die Preisgefahr geht bei gewöhnlichen Kaufverträgen gemäß § 446 BGB mit der Übergabe über. Im vorliegenden Fall wurde jedoch zusätzlich ein Rücktrittsrecht vereinbart, dessen Einfluss auf den Zeitpunkt des Preisgefahrenübergangs in Abhängigkeit der zugrunde liegenden Zivilrechtsstruktur zu untersuchen ist.

Zwar kann der Käufer im Falle eines zufälligen Untergangs oder einer zufälligen Verschlechterung der Ware auch nach bereits erfolgter Übergabe noch von seinem Rücktrittsrecht Gebrauch machen und die Rückzahlung des Kaufpreises fordern, allerdings hat der Käufer gemäß § 346 Abs. 2 S. 1 Nr. 3 BGB dann dem Verkäufer im Gegenzug einen Wertersatz für die untergegangene oder verschlechterte Ware zu leisten. Eine Ausnahme hiervon gilt indes, wenn der Verkäufer die Verschlechterung oder den Untergang zu verschulden hat oder der Schaden bei ihm gleichfalls eingetreten wäre, da der Käufer dann von der Wertersatzpflicht befreit wird (§ 346

---

176 Vgl. *Jacobs*, Das Bilanzierungsproblem in der Ertragssteuerbilanz (1971), S. 121 f.
177 Vgl. *Euler*, Grundsätze ordnungsmäßiger Gewinnrealisierung (1989), S. 82 f.
178 Vgl. *Euler,* Grundsätze ordnungsmäßiger Gewinnrealisierung (1989), S. 82.

Abs. 3 S. 1 Nr. 2 BGB). Unter diesen Umständen ist die Preisgefahr faktisch auch nach Warenübergabe noch vom Verkäufer zu tragen. Als Beispiele für diesen Ausnahmefall werden im juristischen Schrifttum ein durch Unwetter zerstörtes Wochenendhaus[179] oder eine durch Graffiti beschädigte Garage genannt; das Eintreten der Verschlechterung aufgrund höherer Macht allein reiche hingegen nicht.[180] Da dieses Risiko im vorliegenden Fall als sehr gering zu beurteilen ist, kann von einem tatsächlichen Übergang der Preisgefahr auf den Käufer zum Zeitpunkt der Warenübergabe ausgegangen werden.[181]

bb) Prinzip des Übergangs des wirtschaftlichen Eigentums als subsidiäres Gewinnrealisierungskriterium

(1) Konkretisierung des Prinzips durch die Rechtsprechung

Als subsidiäres Kriterium gilt der Übergang des wirtschaftlichen Eigentums, da in der Regel ab diesem Zeitpunkt der Vertrag als wirtschaftlich erfüllt angesehen werden kann und der Sachleistungsschuldner einen gesicherten Gegenleistungsanspruch hat.[182] Der BFH urteilte, dass „sobald Besitz, Gefahr, Nutzung und Lasten auf den Käufer übergegangen sind", dieser wirtschaftlicher Eigentümer der Sache ist.[183] Der Käufer muss die Einwirkung des bürgerlich-rechtlichen Eigentümers auf die Sache dauerhaft ausschließen können,[184] mithin muss der Herausgabeanspruch wirtschaftlich unbedeutend geworden sein.[185] Auch dieses Kriterium kann freilich allenfalls Typuscharakter haben – übergeordnet bleibt das Erfordernis der Quasisicherheit.

(2) Anwendung auf den Fall: Bestimmung des Zeitpunkts des Übergangs des wirtschaftlichen Eigentums auf den Kunden K

Der Sachleistungsschuldner hat bei einem Kaufvertrag die Pflicht, dem Käufer das bürgerlich-rechtliche Eigentum zu verschaffen. Letzteres ist weder hinreichende noch notwendige Voraussetzung für wirtschaftliches Eigentum, dessen Übergang bei herkömmlichen Kaufverträgen bereits mit der Übergabe bejaht wird.[186] Da der Käufer durch das Rückgaberecht nicht darin beeinträchtigt wird, den Nutzen aus

---

179 Vgl. *Hager*, Das geplante Recht des Rücktritts und Widerrufs, in: Ernst/Zimmermann (Hrsg.), Zivilrechtswissenschaft und Schuldrechtsreform (2001), S. 429 (S. 439).

180 Vgl. *Grüneberg*, in: Palandt u. a. (Begr.), Beck'sche Kurz-Kommentare BGB (2010), § 346 BGB, Rn. 12.

181 Vgl. *Sessar*, Grundsätze ordnungsmäßiger Gewinnrealisierung im deutschen Bilanzrecht (2007), S. 155–159.

182 Vgl. BFH, Urteil v. 14. 12. 1982 – VIII R 53/81, BStBl. II 1983, S. 303 (S. 305).

183 Vgl. BFH, Urteil v. 13. 10. 1972 – I 213/69, BStBl. II 1973, S. 209 (S. 210, auch Zitat). Vgl. zu Einzelheiten *Lorenz*, Wirtschaftliche Vermögenszugehörigkeit im Bilanzrecht (2001), S. 91 ff.

184 Vgl. BFH, Urteil v. 18. 11. 1970 – I 133/64, BStBl. II 1971, S. 133 (S. 135).

185 Vgl. BFH, Urteil v. 22. 8. 1984 – I R 198/80, BStBl. II 1985, S. 126 (S. 127 f.).

186 Vgl. *Euler*, Grundsätze ordnungsmäßiger Gewinnrealisierung (1989), S. 109.

der Sache zu ziehen und es ihm zudem als Besitzer möglich ist, das Einwirken des Verkäufers auf die Sache dauerhaft auszuschließen, ist ihm in der Regel das wirtschaftliche Eigentum zuzurechnen.[187] Anderes sollte nur gelten, wenn eine Rückgewähr der Sache sehr wahrscheinlich ist.[188] Aufgrund des geringen Rückgaberisikos ist im vorliegenden Fall auch das Kriterium des Übergangs des wirtschaftlichen Eigentums erfüllt.

cc) Bestehen von leistungsunabhängigen Risiken als Hinderungsgrund für die Gewinnrealisierung

(1) Konsequenzen des Rückgaberechts auf die Gewinnrealisierung

(a) Bedeutung von leistungsunabhängigen Risiken: Verletzung des übergeordneten Prinzips der Quasisicherheit

Das Prinzip des Preisgefahrenübergangs sowie der Übergang des wirtschaftlichen Eigentums sind lediglich Konkretisierungen des Prinzips der Quasisicherheit. So können, obwohl die beiden oben genannten Kriterien erfüllt sind, Gewinne unsicher sein,[189] etwa und insbesondere bei Bestehen leistungsunabhängiger Risiken.[190] Hat beispielsweise ein Handelsvertreter ein Geschäft vermittelt und somit seine Leistung im vollen Umfang erbracht, hängt jedoch die rechtliche Entstehung seines Provisionsanspruchs noch von der Durchführung des Geschäfts durch den Geschäftsherrn ab, so ist der Gewinn nach der Rechtsprechung des BFH abweichend vom Zeitpunkt der wirtschaftlichen Erfüllung erst bei Durchführung des Geschäfts durch den Geschäftsherrn zu realisieren.[191] Hingegen entschied der BFH im sog. Anzeigenvertrag-Fall, dass ein zukünftiger Erfolg nicht von möglichen gewinnhindernden Ereignissen bedroht wird, deren Eintritt unwahrscheinlich und somit faktisch risikolos ist.[192]

(b) Beurteilung des sich aus dem Rücktrittsrecht ergebenden Risikos für den Gewinn in Literatur und Rechtsprechung

Nach überwiegender Meinung in der handelsrechtlichen Literatur ist der Anspruch auf Gegenleistung zum Zeitpunkt des Preisgefahrenübergangs aufgrund des bestehenden Rückgaberisikos noch nicht hinreichend sicher und der Gewinn somit erst

---

187 Vgl. dazu auch BFH, Urteil v. 25. 1. 1996 – IV R 114/94, BStBl. II 1997, S. 382 (S. 383).

188 Vgl. IDW ERS HFA 13 n. F., IDW-FN (2007), S. 83 (Nr. 25 f.).

189 Vgl. *Knobbe-Keuk*, Bilanz- und Unternehmenssteuerrecht (1993), S. 246.

190 Vgl. *Moxter*, Gewinnrealisierung nach IAS/IFRS: Erosion des HGB-Realisationsprinzips, ZVglRWiss 2004, S. 268 (S. 272); *Sessar*, Grundsätze ordnungsmäßiger Gewinnrealisierung im deutschen Bilanzrecht (2007), S. 159–161.

191 Vgl. BFH, Urteil v. 27. 11. 1968 – I 104/65, BStBl. II 1969, S. 296 (S. 297).

192 Vgl. BFH, Urteil v. 11. 12. 1985 – I B 49/85, BFH/NV (1986), S. 595; *Moxter*, Bilanzrechtsprechung (2007), S. 64 f.

bei Ablauf der Rückgabe- bzw. Rücktrittsfrist zu realisieren.[193] Gemäß *Knobbe-Keuk* ist der Gewinn allerdings ausnahmsweise mit der Übergabe der Kaufsache zu erfassen, sofern mit der Rückgabe der Ware bzw. dem Rücktritt vom Vertrag „nicht zu rechnen" ist.[194] Hiermit ist auch das Urteil des BFH vereinbar, wonach der Gewinn aus einem wegen eines Formmangels nichtigen Vertrags über die Veräußerung eines Grundstücks mit der Übertragung des wirtschaftlichen Eigentums zu realisieren ist, weil der mit der Nichtigkeit des Vertrags begründete Rücktritt des Erwerbers vom Grundstückskaufvertrag als „in hohem Grade unwahrscheinlich" eingestuft wurde.[195] In einem anderen Urteil hatte der BFH hingegen entschieden, dass der Gewinn aus einer Grundstücksveräußerung trotz der Möglichkeit des Erwerbers, unter bestimmten Umständen vom Vertrag zurückzutreten, mit der Übertragung des wirtschaftlichen Eigentums zu realisieren sei, sofern die Ausübung des Rücktrittsrechts durch den Erwerber am Bilanzstichtag nicht erfolgt ist.[196] Diese Entscheidung des BFH überzeugt nicht; das vereinbarte Rücktrittsrecht ist nicht erst nach einer entsprechenden Erklärung des Rücktrittsberechtigten zu berücksichtigen.

Bei Versandhandelsgeschäften mit Rückgaberecht haben das FG Münster sowie die OFDen Münster und Köln die Gewinnrealisierung zum Zeitpunkt der Warenlieferung aufgrund der Geringfügigkeit sowie der durch die Existenz von Erfahrungswerten möglichen Bewertbarkeit des Rückgaberisikos in Form von Rückstellungen bejaht.[197] In der Literatur wurden die Urteile allerdings überwiegend abgelehnt. So sieht *Luik* etwa durch die zusammenfassende Beurteilung aller Kaufverträge einen Verstoß gegen das Einzelbewertungsprinzip; des Weiteren unterscheidet er zwischen aufschiebend und auflösend bedingten Kaufverträgen und fordert eine unterschiedliche bilanzielle Behandlung.[198] *Piltz* kritisiert das Urteil vor allem aufgrund der Abhängigkeit der Gewinnrealisierung von einer kritischen Rückgabequote.[199]

193 Vgl. bspw. *Adler/Düring/Schmaltz*, Rechnungslegung und Prüfung der Unternehmen (1995), § 252 HGB, Rn. 82; *Ellrott/Roscher*, in: Ellrott u.a. (Hrsg.), Beck'scher Bilanzkommentar (2010), § 247 HGB, Rn. 90; *Gelhausen*, Das Realisationsprinzip im Handels- und Steuerbilanzrecht (1985), S. 201–206; IDW (Hrsg.), WP-Handbuch, Bd. I (2006), E 436.

194 Vgl. *Knobbe-Keuk*, Bilanz- und Unternehmenssteuerrecht (1993), S. 249 (auch Zitat). Ähnlich *Hommel*, Grundsätze ordnungsmäßiger Bilanzierung von Dauerschuldverhältnissen (1992), S. 95.

195 Vgl. BFH, Urteil v. 29. 11. 1973 – IV R 181/71, BStBl. II 1974, S. 202 (S. 205, auch Zitat).

196 Vgl. BFH, Urteil v. 25. 1. 1996 – IV R 114/94, BStBl. II 1997, S. 382 (S. 383 f.).

197 Vgl. FG Münster, Urteil v. 21. 10. 1971 – I 213/71 F, EFG 1972, S. 173; OFD Münster, Urteil v. 12. 6. 1989, S 2132 – 156 – St 11 – 31, DStR 1989, S. 402 (S. 402); OFD Köln, Urteil v. 4. 12. 1989 – S 2170 – 78 – St 111, FR 1990, S. 234 (S. 234 f.).

198 Vgl. *Luik*, Grundprobleme des Realisationszeitpunkts, dargestellt an den Fällen der Lieferung mit Rückgaberecht, des Umtauschgeschäfts und der Liquidation, in: Ruppe (Hrsg.), Gewinnrealisierung im Steuerrecht, JbDStJG 1981, S. 97 (S. 104–108); zu Recht a.A. *Thiele*, in: Baetge/Kirsch/Thiele (Hrsg.), Bilanzrecht, § 246 HGB, Rn. 124 (Stand: Sept. 2002).

199 Vgl. *Piltz*, Die Gewinnrealisierung bei Kaufverträgen mit Rückgaberecht des Käufers, BB 1985, S. 1368 (S. 1371 f.).

Das IDW empfiehlt einen Ansatz der Forderung zu Anschaffungs- bzw. Herstellungskosten.[200] *Lüders* schließlich verneint die Gewinnrealisierung vor Ablauf der Rückgabefrist, da der Verkäufer eine lediglich statistisch erfassbare Erwartung habe.[201]

(c) Charakterisierung des sich aus dem Rücktrittsrecht ergebenden Risikos und die sich ergebenden Konsequenzen für den Gewinn

Der Gewinn wird bei herkömmlichen Kaufverträgen zum Zeitpunkt der Warenübergabe bzw. des Preisgefahrenübergangs realisiert. Nach der Übergabe auftretende Risiken, zu nennen wären vor allem Gewährleistungs- und Delkredererisiken, gelten als unmaßgeblich und im Rahmen einer Bewertung erfassbar. Gemein ist diesen Risiken, dass sie nach der wirtschaftlichen Erfüllung des Kaufmanns auftreten. Dies gilt im vorliegenden Fall ebenso für das Risiko aus einem Rückgaberecht des Käufers. Eine weitere Analogie zwischen Rückgabe- und Gewährleistungsrisiken ist die Quantifizierbarkeit, die in der Regel nur durch eine aus Daten über vergangene Geschäftsvorfälle abgeleitete Prognose erfolgen kann. Unterschiede ergeben sich vor allem aus dem Einfluss des Käufers auf das Risiko. Während Gewährleistungsrisiken aus Mängeln an der Sache herrühren, die schon vor der Übergabe bestanden, sind für eine Ausübung eines Rückgaberechts vor allem Ereignisse nach dessen Kauf ursächlich. Letzteres ist freilich mit Delkredererisiken vergleichbar. Es scheint folglich vor allem eine Bewertbarkeit des Risikos für die Gewinnrealisierung ausschlaggebend zu sein. Damit die Rückgabequote verlässlich prognostiziert werden kann, ist eine ausreichende Datenmenge an vergangenen Geschäftsvorfällen von Nöten, und es müssen die Voraussetzungen für eine ordnungsgemäße Schätzung erfüllt sein. Handelt es sich um einmalige Verkäufe, ist dies nicht gewährleistet. Folglich ist eine Gewinnrealisierung zu verneinen.[202] Falls eine ausreichend breite Datenbasis, wie im Falle von Massentransaktionen, vorliegt, kann anhand von statistischen Schätzmethoden das Rückgaberisiko quantifiziert und somit eine bilanzielle Bewertbarkeit ermöglicht werden. Falls mit einer Änderungen der Verteilung, die die Prognose verfälschen könnte, nicht zu rechnen ist, erscheint eine Gewinnrealisierung somit zweckadäquat.[203] Die Höhe des Erwartungswerts der Rückgabequote ist für die Gewinnrealisierung (dem Grunde nach) unerheblich, der Schätzwert muss nur hinreichend stabil sein. Der Argumen-

---

200 Vgl. IDW (Hrsg.), WP-Handbuch, Bd. I (2006), E 426.

201 Vgl. *Lüders*, Der Zeitpunkt der Gewinnrealisierung im Handels- und Steuerbilanzrecht (1987), S. 120.

202 Hingegen ist es möglich, das Rückgaberisiko aus ähnlichen Geschäftsvorfällen hinreichend sicher zu schätzen; in diesem Falle wäre eine Gewinnrealisierung möglich. Dies gilt ebenso für den Fall, dass das Rückgaberecht lediglich formell besteht und eine Ausübung sehr unwahrscheinlich ist.

203 Ähnlich *Euler*, Das System der Grundsätze ordnungsmäßiger Bilanzierung (1996), S. 62; *Herold*, Vermeidung des Earnings Management der Umsatzerlöse (2006), S. 123; *Mayr*, Gewinnrealisierung im Steuerrecht und Handelsrecht (2001), S. 53 und 57.

tation, die Bildung eines Forderungskollektivs verstoße gegen das Einzelbewertungsprinzip, kann nicht gefolgt werden, da das Vorgehen mit dem übergeordneten Prinzip objektiver Vermögensermittlung konform ist.[204] Eine Pauschalbewertung ist dort zwingend vorzunehmen, wo eine isolierte Wertfindung nicht möglich ist.[205]

(2) Anwendung auf den Fall: Beurteilung der Konsequenzen des von W gewährten Rücktrittsrecht

Im vorliegenden Fall handelt es sich um eine Massentransaktion, da davon ausgegangen werden kann, dass das Warenhaus große Mengen des Produkts absetzt. Ebenso konnte das Warenhaus anhand von Erfahrungswerten der vergangenen Geschäftsjahre die Rückgabequote bestimmen (5%). Da keine Anzeichen für eine Änderung des Käuferverhaltens (generell für eine Änderung der zugrunde liegenden Verteilung) vorliegen, ist das Risiko hinreichend sicher quantifizierbar und somit die Gewinnrealisierung geboten.[206]

3. Ergebnis nach den Grundsätzen ordnungsmäßiger Bilanzierung

Aufgrund der Möglichkeit, mit statistischen Verfahren zu einer verlässlichen Schätzung der Rückgabequote zu gelangen, hat das Warenhaus W im vorliegenden Fall den Gewinn zu realisieren, der dem Prinzip der Quasisicherheit genügt; die Risiken aus dem gewährten Rückgaberecht sind dabei in Form einer Rückstellung zu berücksichtigen.

II. Lösung nach IFRS

1. Sinn und Zweck: Vermittlung von entscheidungserheblichen Informationen

Der IFRS-Abschluss bezweckt ausschließlich die Vermittlung entscheidungsnützlicher Informationen über die Vermögens-, Finanz- und Ertragslage sowie über die Cashflows eines Unternehmens (RK.12; IAS 1.7); eine (originäre) Ausschüttungsbemessungsfunktion haben die IFRS nicht (RK.6). Eine Beurteilung der Ertragsvereinnahmung (Zweckadäquanz) ist somit, anders als nach GoB, nicht vor dem Hintergrund der Ausschüttungsbemessungsfunktion, sondern allein unter dem Aspekt der Informationsvermittlungsfunktion zu untersuchen.

---

204 Vgl. *Euler*, Das System der Grundsätze ordnungsmäßiger Bilanzierung (1996), S. 62.

205 Vgl. EuGH, Urteil v. 14. 9. 1999 – Rs. C-275/97, BB 1999, S. 2291; *Moxter*, Grundsätze ordnungsgemäßer Rechnungslegung (2003), S. 26.

206 So auch *Sessar*, Grundsätze ordnungsmäßiger Gewinnrealisierung im deutschen Bilanzrecht (2007), S. 180 f.

2. Ertragsvereinnahmungskriterien gemäß den IFRS

a) Einzelfallorientierte Konkretisierungen in den IFRS

aa) Anzuwendende Normen und das Rahmenkonzept

(1) Ertragsvereinnahmung gemäß dem Rahmenkonzept

Der übergeordnete Ertragsbegriff Income wird im Rahmenkonzept als Zunahme des wirtschaftlichen Nutzens in der Berichtsperiode in Form von Zuflüssen bzw. Wertsteigerungen von Vermögenswerten oder einer Abnahme von Schulden bei einer gleichzeitigen Erhöhung des Eigenkapitals, die jedoch nicht auf einem Einlagevorgang beruht, definiert (RK.70 (a)). Im Rahmenkonzept wird weiterhin zwischen zwei verschiedenen Ertragsarten unterschieden, nämlich zwischen Revenue (Erträge) und Gains (andere Erträge). Erstere fallen im Rahmen der gewöhnlichen Tätigkeit eines Unternehmens an, haben mithin eine hohe Wiederkehrvermutung (RK.72; RK.74). Letztere wiederum können unabhängig von der Regelmäßigkeit der Tätigkeit anfallen; als Beispiele werden Erträge aus der Veräußerung langfristiger Vermögenswerte und Erträge aus Zeitwertsteigerungen aufgeführt, deren Wiederkehrvermutung tendenziell geringer ist (RK.75f.).[207]

Gemäß den beiden allgemeinen Ansatzkriterien im Rahmenkonzept setzt die Ertragsvereinnahmung die Wahrscheinlichkeit des Zuflusses künftigen wirtschaftlichen Nutzens und die verlässliche Bewerbartkeit der Ertragshöhe voraus (RK.83; RK.92); eine Konkretisierung der beiden Kriterien erfolgt erst in den Einzelstandards.

(2) Einzelfallorientierte Konkretisierung der allgemeinen Ertragsvereinnahmungskriterien

(a) Definition von Ertrag im Rahmen des IAS 18

Das Rahmenkonzept liefert zwar eine Ertragsdefinition und allgemeine Ertragsvereinnahmungskriterien, jedoch gilt es weder als eigener Standard noch als ein „overriding principle" (RK.2). Im Einzelfall bestimmen die jeweiligen Kriterien der Einzelstandards die Vereinnahmung von Erträgen. Diese Ertragsvereinnahmungskriterien erweisen sich als heterogen, auf ein übergeordnetes Kriterium vergleichbar dem Prinzip des quasisicheren Anspruchs nach GoB wird verzichtet.

IAS 18 „Umsatzerlöse"[208] ist für die Bilanzierung von Erträgen aus dem Verkauf von Gütern, der Erbringung von Dienstleistungen und Nutzungsüberlassungen an-

---

207 Vgl. zu Einzelheiten bzgl. der Unterscheidung zwischen Revenue und Gains *Wüstemann/Kierzek*, in: Küting u.a. (Hrsg.), Internationale Rechnungslegung: Standortbestimmung und Zukunftsperspektiven (2006), S. 245 (S. 249f.).
208 Der Standard wurde 2008 in „IAS 18 Umsatzerlöse" umbenannt. Im Einklang mit IAS 11 „Fertigungsaufträge" und weiten Teilen des Schrifttums wird die bisher übliche Terminologie beibehalten, da keine inhaltliche Divergenz festzustellen ist.

zuwenden. Nach IAS 18.7 ist Ertrag („revenue"), vergleichbar dem Rahmenkonzept, geschäftsvorfallübergreifend definiert als „der aus der gewöhnlichen Tätigkeit eines Unternehmens resultierende Bruttozufluss wirtschaftlichen Nutzens während der Berichtsperiode, der zu einer Erhöhung des Eigenkapitals führt, soweit er nicht aus Einlagen der Anteilseigner stammt". Die Vereinnahmungskriterien sind nach Geschäftsvorfällen getrennt und unterscheiden sich dabei erheblich voneinander.

(b) Ertragsvereinnahmung für den Verkauf von Gütern

Eine Erfassung der Erlöse aus dem Verkauf von Gütern erfordert die Übertragung der maßgeblichen Risiken und Chancen auf den Käufer, verbunden mit einer Übertragung des Verfügungsrechts bzw. der Verfügungsmacht sowie einer verlässlichen Bestimmung der Erlöse und korrespondierenden Kosten; außerdem muss der Nutzenzufluss hinreichend wahrscheinlich sein (IAS 18.14). Das (mutmaßlich) zentrale Kriterium der Übertragung der maßgeblichen Risiken und Chancen entspricht weitgehend dem Preisgefahrenübergang;[209] Unterschiede können sich jedoch vor allem durch die den IFRS inhärenten Unklarheiten in der Begriffsbestimmung ergeben.

(c) Ertragsvereinnahmung für die Erbringung von Dienstleistungen

Die Erfassung von Erträgen aus der Erbringung von Dienstleistungen erfordert eine verlässliche Schätzung der Erträge sowie der damit verbundenen Kosten, sowohl der angefallenen als auch der erwartungsgemäß noch bis zur Fertigstellung anfallenden. Des Weiteren muss der Fertigstellungsgrad verlässlich bestimmt werden können und der Nutzenzufluss wahrscheinlich sein (IAS 18.20).

(d) Ertragsvereinnahmung für Zinsen, Nutzungsentgelte und Dividenden

Die Erfassung der Erträge für Zinsen, Nutzungsentgelte und Dividenden orientiert sich an den allgemeinen Ansatzkriterien; der Nutzenzufluss muss wahrscheinlich sein und die Höhe der Erträge verlässlich schätzbar (IAS 18.29). Zinsen sind dabei zeitproportional nach der sog. Effektivzinsmethode, Nutzungsentgelte periodengerecht und Dividenden mit der Entstehung des Rechtsanspruches zu erfassen (IAS 18.30). Somit gestaltet sich auch die Ertragsvereinnahmung innerhalb des Standards uneinheitlich: Während eine Erfassung der Erträge aus Dienstleistungen stark von einer (betriebs-)wirtschaftlichen Sichtweise geprägt ist, erfolgt die Erfassung von Dividenden anhand formalrechtlicher Kriterien.

(e) Ertragsvereinnahmung für Fertigungsaufträge

Fertigungsaufträge werden gemäß IAS 11 bilanziert. Hiernach sind Erträge entsprechend dem Leistungsfortschritt zu vereinnahmen (sog. Stage-of-Completion-

---

209 Vgl. *J. Wüstemann/S. Wüstemann/Neumann*, in: Baetge u. a. (Hrsg.), Rechnungslegung nach IFRS, IAS 18, Rn. 24 (Stand: Okt. 2009).

Methode), falls das Ergebnis des Fertigungsauftrags verlässlich geschätzt werden kann (IAS 11.22). Voraussetzung hierfür ist eine verlässliche Bewertbarkeit der Erlöse, der Kosten sowie des Fertigstellungsgrads und ein wahrscheinlicher Nutzenzufluss (IAS 11.22–11.24). Die Ertragshöhe ergibt sich in der Regel aus den Vertragskonditionen (IAS 11.11), der Fertigstellungsgrad nach dem Verhältnis der bis zum Stichtag angefallenen Auftragskosten zu den geschätzten Gesamtkosten (sog. Cost-to-Cost-Methode) oder gemäß einer Begutachtung der erbrachten Leistung oder der Vollendung eines physischen Teils des Vertragswerks (IAS 11.30). Eine erfolgsneutrale Behandlung nach der sog. Zero-Profit-Margin-Methode erfolgt für den Fall eines nicht verlässlich schätzbaren Ergebnisses des Fertigungsauftrags (IAS 11.32). Übersteigen die Gesamtkosten die Gesamterlöse, ist die Differenz sofort als Aufwand zu erfassen (IAS 11.36). Somit hat die Vereinnahmung von Erträgen aus Fertigungsaufträgen eindeutig dynamischen Charakter und unterscheidet sich insofern konzeptionell erheblich von der Gewinnrealisierung nach handelsrechtlichen GoB.[210]

(f) Weitere wichtige Vorschriften zur Ertragsvereinnahmung in Einzelstandards sowie Interpretationen

Neben den beiden erwähnten Standards, die ausschließlich spezielle Ertragsvereinnahmungstatbestände regeln, sind Einzelprobleme über die weiteren IFRS bzw. IAS verteilt und zwingend anzuwenden. Nicht abschließend sind zu nennen: IAS 17 Leasingverhältnisse, IAS 20 Bilanzierung und Darstellung von Zuwendungen der öffentlichen Hand, IAS 39 Finanzinstrumente: Ansatz und Bewertung, IAS 41 Landwirtschaft, IFRS 4 Versicherungsverträge.

Darüber hinaus sind Einzelprobleme in den IFRIC bzw. SIC, die ebenfalls nach einem (erfolgreichen) Endorsement-Verfahren europäisches Recht sind, geregelt. Zu nennen sind insbesondere IFRIC 12 Dienstleistungskonzessionsvereinbarungen, IFRIC 13 Kundenbindungsprogramme, IFRIC 15 Verträge über die Errichtung von Immobilien und IFRIC 18 Übertragung von Vermögenswerten durch einen Kunden.[211]

bb) Anwendung auf den Fall: Einordnung des Geschäftsvorfalls zwischen W und K

Im vorliegenden Fall entspricht der Verkauf des Produkts der gewöhnlichen Tätigkeit des Warenhauses W. Der Nutzenzufluss entspricht den eingenommenen Barmitteln bzw. der entstandenen Forderung. Da lediglich ein Bruttonutzenzufluss gefordert wird, ist eine Betrachtung der zugehörigen Aufwendungen an dieser Stelle nicht notwendig. Es handelt sich nicht um die Einlage eines Gesellschafters des W.

---

210 Vgl. zu Einzelheiten *J. Wüstemann/Kierzek*, Accounting in Europe 2005, S. 69 (S. 82 f.).

211 Vgl. (weiterführend) *J. Wüstemann/S. Wüstemann/Neumann*, in: Baetge u. a. (Hrsg.), Rechnungslegung nach IFRS, IAS 18, Rn. 111–176 (Stand: Okt. 2009).

Ertrag liegt mithin in Form von Revenue vor. Da es sich um einen Verkauf von Gütern handelt, ist IAS 18 der anzuwendende Standard.

b) Anwendung des IAS 18 auf den Verkauf von Gütern

aa) Übertragung der maßgeblichen Eigentumsrisiken und -chancen als kritisches Kriterium der Ertragsvereinnahmung

(1) Besonderheit bei einem Verkauf mit Rückgaberecht

Die Vereinnahmung von Erträgen aus dem Verkauf von Gütern setzt nach IFRS zunächst die Übertragung der maßgeblichen Eigentumsrisiken und -chancen auf den Käufer voraus (IAS 18.14 (a)). Dieses Ertragsvereinnahmungskriterium wird zwar nicht systematisch spezifiziert, die exemplarischen Erläuterungen in IAS 18 lassen jedoch auf seine Vereinbarkeit mit dem Erfordernis des Preisgefahrenübergangs schließen:[212] So ist etwa bei einem Verkauf unter Eigentumsvorbehalt der Ertrag mit Übergang des wirtschaftlichen Eigentums zu vereinnahmen, auch wenn die Übertragung des rechtlichen Eigentums noch von der Zahlung des Kaufpreises durch den Käufer abhängt (IAS 18.17). Ebenso steht die noch ausstehende Übergabe der Ware an den Käufer einer Ertragsvereinnahmung nicht entgegen, sofern die Vertragsparteien ein Besitzkonstitut i. S. v. § 930 BGB vereinbart haben und somit das wirtschaftliche Eigentum an der Ware sowie die Preisgefahr bereits auf den Käufer übergegangen sind (sog. „bill and hold sales") (IAS 18.A1).

Die bilanzielle Berücksichtigung von Rücktrittsrechten bei der Vereinnahmung von Erträgen aus dem Verkauf von Gütern wird in IAS 18 explizit behandelt: Gemäß IAS 18.16 (d) gelten Rücktrittsrisiken als wesentlich, wenn der Bilanzierende die Wahrscheinlichkeit des Rücktritts nicht verlässlich einschätzen kann, bspw. aufgrund fehlender Erfahrungswerte oder einer zu geringen Anzahl an Transaktionen. Der Ertrag ist in diesen Fällen erst bei Ablauf der Rücktrittsfrist zu vereinnahmen (IAS 18.A2 (b)). Kann der Bilanzierende hingegen die Rückgabewahrscheinlichkeit verlässlich schätzen, so wird das verbleibende Risiko als unmaßgeblich eingestuft. Der Ertrag ist dann mit Übergabe der Ware zu vereinnahmen und das Rücktrittsrisiko in Form einer Rückstellung zu berücksichtigen (IAS 18.17).

(2) Anwendung auf den Fall: Bestimmung des Zeitpunkts der Übertragung der maßgeblichen Eigentumsrisiken und -chancen auf den Kunden K

Im vorliegenden Sachverhalt kann das Warenhaus W die Rückgabequote aufgrund einer ausreichend großen Anzahl an vergangenen, ähnlichen Transaktionen für die Gesamtheit der verkauften Produkte verlässlich schätzen. Ob eine Rückstellung für die erwarteten Rückgaben zu bilden ist, beurteilt sich nach den Kriterien des IAS 37. Da das Warenhaus W im abgelaufenen Geschäftsjahr eine ausreichend hohe Anzahl an Geschäften getätigt hat, ist auch das Kriterium des wahrscheinli-

---

212 Vgl. *Moxter*, Gewinnrealisierung nach IAS/IFRS, ZVglRWiss 2004, S. 268 (S. 276).

chen Ressourcenabflusses für die als Gruppe zu beurteilenden Transaktionen erfüllt und somit eine Rückstellung zu bilden.

bb) Anwendung der weiteren kumulativ zu erfüllenden Kriterien für die Ertragsvereinnahmung aus dem Verkauf von Gütern gemäß IAS 18

(a) Wegfall der Verfügungsmacht oder des Verfügungsrechts

Damit ein Unternehmen Erträge aus dem Verkauf von Gütern vereinnahmen kann, darf ihm weder ein weiteres Verfügungsrecht noch eine wirksame Verfügungsmacht über die verkaufte Ware verbleiben (IAS 18.14 (b)). Auch bei diesem Kriterium wird die Auslegung durch die fehlende Konkretisierung erschwert.[213]

(b) Verlässliche Erlösbestimmung

Eine verlässliche Schätzung der Höhe der Erträge, die nach dem Bruttoprinzip erfolgt, ist für den Ansatz dem Grunde und der Höhe nach relevant.[214] Die Erträge werden zum beizulegenden Zeitwert der Gegenleistung bewertet (IAS 18.9). Dieser bestimmt sich in der Regel nach dem Nominalbetrag, eventuelle Fremdwährungsbeträge sind zum Stichtagskurs umzurechnen, gewährte Preisnachlässe und Mengenrabatte davon abzusetzen.[215]

(c) Wahrscheinlicher Nutzenzufluss

Der durch den Verkauf einer Ware zufließende Nutzen muss zudem wahrscheinlich sein (IAS 18.14 (d)). Nach dem Verständnis des IAS 18 bedeutet dies, dass der Erhalt der Gegenleistung hinreichend sicher sein muss. Üblicherweise stehen Delkredererisiken, wie auch nach GoB, der Ertragsvereinnahmung nicht entgegen, weil sie regelmäßig verlässlich bewertbar sind. Bestehen hingegen Zweifel an dem Empfang der Gegenleistung, etwa weil der Kunde zahlungsunfähig ist oder die Genehmigung der Überweisung durch eine ausländische Behörde unsicher ist, so ist gemäß IAS 18.18 die Ertragsvereinnahmung auf den Zeitpunkt des Zahlungseingangs hinauszuzögern.

(d) Verlässliche Schätzung der Aufwandshöhe

Das letzte (kumulativ) zu erfüllende Kriterium fordert, dass die korrespondierenden Aufwendungen (bzw. gemäß IAS 18 „Kosten") verlässlich geschätzt werden können. Andernfalls ist die bei Übergabe der Güter erhaltene Gegenleistung zu passivieren und erst dann ertragswirksam aufzulösen, wenn eine zuverlässige Schätzung des Aufwands möglich ist (IAS 18.19). Die Aufwandserfassung ist

---

213 Vgl. *J. Wüstemann/S. Wüstemann/Neumann*, in: Baetge u. a. (Hrsg.), Rechnungslegung nach IFRS, IAS 18, Rn. 28 (Stand: Okt. 2009).

214 Vgl. *Grau*, Gewinnrealisierung nach International Accounting Standards (2002), S. 129 f.

215 Vgl. *Mujkanovic*, Fair Value im Financial Statement nach International Financial Reporting Standards (2002), S. 175.

nicht in IAS 18 geregelt, sondern verteilt sich in Abhängigkeit von der Art der eingesetzten Ressourcen über eine Vielzahl an Standards.[216]

(e) Anwendung auf den Fall: Anwendung der weiteren Ertragsvereinnahmungskriterien unter Berücksichtigung des Forderungskollektivs

Da die Option der Warenrückgabe ein einseitiges Recht des Käufers ist, verbleibt dem Bilanzierenden ab dem Zeitpunkt der Warenübergabe weder das Recht noch die Macht, über die Ware weiterhin zu verfügen. Weil keine Anzeichen vorliegen, die auf einen Zahlungsausfall hindeuten, sowie aufgrund der geringen Rückgabequote ist der erwartete Nutzenzufluss als hinreichend wahrscheinlich anzusehen.

Im vorliegenden Fall ergibt sich die Höhe der Erlöse als Produkt der verkauften Menge und dem dazugehörigen Preis. (Opportunitäts-)Kosten sind dabei im Rahmen der Erlösschätzung nicht zu berücksichtigen, da die Schätzung nach dem Bruttoprinzip erfolgt; sie sind jedoch im Rahmen der Aufwandsschätzung zu berücksichtigen. Neben den im Rahmen des herkömmlichen Verkaufs entstehenden Kosten, von deren verlässlicher Schätzbarkeit ausgegangen werden kann, drohen dem Warenhaus W zusätzlich Kosten aus dem gewährten Rücktrittsrecht. Diese umfassen die Rückgewähr des Kaufpreises, den Verwaltungsaufwand sowie eventuelle Wertminderungen aufgrund der Nutzung durch den Kunden und sind ebenso berücksichtigungspflichtig. Da die Rücktrittsquote bekannt ist und keine Anzeichen auf eine Änderung dieser vorliegen, ist die Schätzung der korrespondierenden Aufwendungen möglich und somit der Ertrag gemäß IAS 18 zu vereinnahmen.

3. Ergebnis nach IFRS

Der Verkauf des Produkts fällt in den Anwendungsbereich des IAS 18, der unter anderem den Verkauf von Gütern regelt. Obwohl das Warenhaus W den Kunden ein Rücktrittsrecht gewährt, findet ein Übergang der maßgeblichen Eigentumsrisiken und -chancen statt, soweit, wie im vorliegenden Fall, eine Rückstellungsbildung bejaht werden kann. Die Ertragsvereinnahmung ist durch die Möglichkeit der Erfassung des Risikos im Rahmen einer Schätzung zweckadäquat.

III. Gesamtergebnis

1. Von einem Gewinn nach den durch Vorsichts-, Imparitäts- und Realisationsprinzip geprägten handelsrechtlichen GoB wird verlangt, dass dieser ausschüttungsfähig, mithin quasisicher ist. Konkretisiert wird das Prinzip des quasisi-

---

216 Vgl. *J. Wüstemann/S. Wüstemann/Neumann*, in: Baetge u. a. (Hrsg.), Rechnungslegung nach IFRS, IAS 18, Rn. 32 (Stand: Okt. 2009).

cheren Anspruchs durch den Preisgefahrenübergang oder subsidiär durch den Übergang des wirtschaftlichen Eigentums; jedoch kann das Bestehen von leistungsunabhängigen Risiken einer Gewinnrealisierung weiterhin im Wege stehen.

2. Die Preisgefahr geht bei herkömmlichen Kaufverträgen nach § 446 BGB mit der Übergabe der Sache auf den Käufer über, meist wird dieser wirtschaftlicher Eigentümer, mithin hat der Verkäufer zu diesem Zeitpunkt den Gewinn zu realisieren. Bei Werkverträgen ist der Gewinn erst mit der Abnahme hinreichend sicher; Teilgewinnrealisierungen sind nur im Falle von Teilabnahmen zulässig. Gewinne aus Dienstverträgen schließlich sind mit fortschreitender Leistungserbringung zu realisieren.

3. Im vorliegenden Sachverhalt ist der Gewinn auch nach der Übergabe der Sache durch das Rückgaberecht des Käufers bedroht, jedoch kann anhand vergangener Daten verlässlich auf die tatsächliche Rückgabequote des Forderungskollektivs geschlossen werden. Folglich ist eine Quantifizierung des Risikos möglich und es ist, bei gleichzeitiger Bildung einer Rückstellung, der Gewinn zu realisieren.

4. Die Bereitstellung von entscheidungsnützlichen Informationen ist der Hauptzweck der Rechnungslegung nach IFRS. Die Ertragsvereinnahmung bestimmt sich nach den jeweiligen Kriterien der anzuwendenden Standards, jedoch erweisen sich diese als heterogen; auf ein übergeordnetes Kriterium wird verzichtet.

5. Als maßgebliches Kriterium der Ertragsvereinnahmung beim Verkauf von Gütern wird die Übertragung der maßgeblichen Chancen und Risiken angesehen; dieses entspricht weitgehend dem Erfordernis des Preisgefahrenübergangs nach handelsrechtlichen GoB. Für die Vereinnahmung von Dividendenerträgen ist das Entstehen eines rechtlichen Anspruchs erforderlich. Im Gegensatz dazu orientiert sich die Vereinnahmung von Erträgen aus Fertigungsaufträgen nicht am Risikoabbau, sondern folgt einer (betriebs-)wirtschaftlichen Sichtweise.

6. IAS 18 umfasst explizite Ausführungen zu Kaufverträgen mit Rückgaberechten. Falls eine verlässliche Schätzung der Rückgabewahrscheinlichkeit nicht möglich ist, darf kein Ertrag vereinnahmt werden. Kann hingegen, wie im vorliegenden Fall, die Rückgabequote prognostiziert und im Rahmen einer Rückstellungsbildung erfasst werden, ist der Ertrag mit der Übergabe der Ware zu vereinnahmen, da das Rückgaberisiko als unmaßgeblich eingestuft wird.

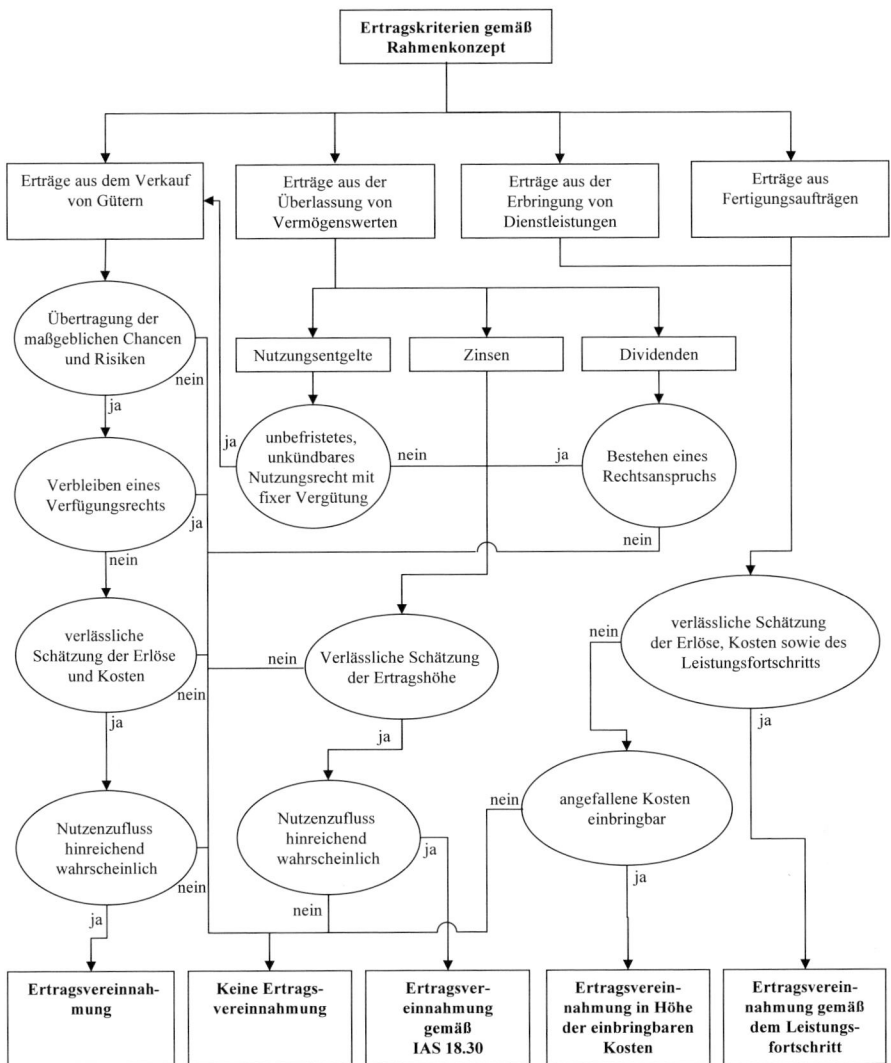

Prüfungsschema 3: Ertragsvereinnahmung nach IFRS

Weiterführende Literatur

HGB

Gelhausen, Hans Friedrich,	Das Realisationsprinzip im Handels- und im Steuerbilanzrecht, Frankfurt a. M. 1985
Moxter, Adolf,	Bilanzrechtsprechung, 6. Aufl., Tübingen 2007, S. 45–71
ders.,	Grundsätze ordnungsgemäßer Rechnungslegung, Düsseldorf 2003, S. 41–54
Sessar, Christopher,	Grundsätze ordnungsmäßiger Gewinnrealisierung im deutschen Bilanzrecht, Düsseldorf 2007
Wüstemann, Jens/ Kierzek, Sonja,	Normative Bilanztheorie und Grundsätze ordnungsmäßiger Gewinnrealisierung für Mehrkomponentenverträge, zfbf, 59. Jg. (2007), S. 882–913

IFRS

Ernst & Young (Hrsg.),	International GAAP 2010, Chichester (West Sussex) 2010, Chapter 25: Revenue recognition
Moxter, Adolf,	Gewinnrealisierung nach IAS/IFRS: Erosion des HGB-Realisationsprinzips, ZVglRWiss, Bd. 103 (2004), S. 268–280
Wüstemann, Jens/ Kierzek, Sonja,	Revenue Recognition under IFRS Revisited: Conceptual Models, Current Proposals and Practical Consequences, Accounting in Europe, Vol. 2 (2005), S. 69–106
Wüstemann, Jens/ Wüstemann, Sonja,	Betriebswirtschaftliche Bilanzrechtsforschung und Grundsätze ordnungsmäßiger Gewinnrealisierung für Werkverträge, ZfB, 79. Jg. (2009), S. 31–58
Wüstemann, Jens/ Wüstemann, Sonja/ Neumann, Simone,	in: Jörg Baetge u. a. (Hrsg.), Rechnungslegung nach IFRS, 2. Aufl., Stuttgart 2003 (Loseblatt), Kommentierung zu IAS 18 (Stand: Okt. 2009)

Fall 4: Wirtschaftliche Vermögenszugehörigkeit – Beispiel Leasingverhältnisse

Sachverhalt:

Eine Bank hat zum 1. 1. des Jahres 01 einen Mietvertrag über die Nutzung einer Telefonanlage über einen Zeitraum von 24 Monaten abgeschlossen. Die Miete beträgt 10 000 Euro und ist vierteljährlich zum Monatsersten fällig. Nach Ablauf des Mietvertrags hat die Bank zum 1. 1. des Jahres 03 das Recht, die Telefonanlage zu einem Preis von 40 000 Euro zu erwerben (Kaufoption). Der Zeitwert der Anlage beträgt im Zeitpunkt des Vertragsabschlusses, zum 1. 1. 01, 117 500 Euro.
Der Bank sind Kosten der Vertragsverhandlung und des Vertragsabschlusses in Höhe von 5 000 Euro entstanden.
Der dem Leasingverhältnis zugrunde liegende Zinssatz ist der Bank nicht bekannt. Eine laufzeitkongruente Finanzierung könnte die Bank zu einem Zinssatz von 6 % p. a. abschließen.
Die Telefonanlage hat eine wirtschaftliche Nutzungsdauer von fünf Jahren; die betriebsgewöhnliche Nutzungsdauer beträgt drei Jahre.

Aufgabenstellung:

– Wie ist der Mietvertrag nach den handelsrechtlichen Grundsätzen ordnungsmäßiger Bilanzierung und nach den Regelungen des IASB zu Leasingverhältnissen bilanziell zu behandeln?
– Welche Anhangangaben sind gemäß den IFRS Pflichtbestandteil?

I. Lösung nach den Grundsätzen ordnungsmäßiger Bilanzierung

1. Wirtschaftliche Vermögenszugehörigkeit im Bilanzrecht

a) Bedeutung des Prinzips der wirtschaftlichen Vermögenszugehörigkeit

Mit dem Bilanzrechtsmodernisierungsgesetz wird das bereits nach bisheriger Rechtslage maßgebliche Prinzip wirtschaftlicher Vermögenszugehörigkeit in § 246 Abs. 1 S. 2 HGB kodifiziert:[217] „… ist ein Vermögensgegenstand nicht dem Eigentümer, sondern einem anderen wirtschaftlich zuzurechnen, hat dieser ihn in seiner Bilanz auszuweisen."

---

217 Dies entspricht auch der ständigen Rechtsprechung. Vgl. *Moxter*, Bilanzrechtsprechung (2007), S. 35.

Die Vorschriften beschränken das Kaufmannsvermögen in § 246 Abs. 1 S. 2 HGB auf die Vermögensgegenstände, die ihm wirtschaftlich zuzurechnen sind, ohne zu konkretisieren, wie die wirtschaftliche Zurechnung erfolgen soll. Nur in Spezialvorschriften (§ 340b Abs. 4 S. 1 HGB) finden sich explizite Zurechnungsvorschriften. In § 266 Abs. 2 HGB werden unter den Vermögensgegenständen des Sachanlagevermögens auch „Bauten auf fremden Grundstücken" aufgeführt.

Aus den gesetzlichen Vorschriften geht hervor, dass die zivilrechtliche Zugehörigkeit zum Kaufmannsvermögen weder eine notwendige noch eine hinreichende Aktivierungsvoraussetzung bildet.[218] Die Zurechnung von Vermögensgegenständen im Bilanzrecht folgt dem Prinzip *wirtschaftlicher* Vermögenszugehörigkeit.

Die wirtschaftliche Vermögenszugehörigkeit ergibt sich überdies aus den handelsrechtlichen Grundsätzen ordnungsmäßiger Bilanzierung:[219] Dem Realisationsprinzip in seiner Ausprägung als Prinzip periodengerechter Erfolgsabgrenzung entspricht es, angefallene Ausgaben für Vermögensgegenstände zu aktivieren und damit in das spätere Umsatzjahr zu übertragen. In seiner Ausprägung als Erfolgsneutralitätsprinzip gebietet das Realisationsprinzip ferner, im Zeitpunkt eines Passivenzugangs in Form einer Verbindlichkeit die Erfolgswirksamkeit des Vorgangs zu prüfen. Alimentiert der Vorgang künftige Umsätze, erfolgt – vorbehaltlich der Erfüllung der Vermögensgegenstandskriterien – mit der Aktivierung eine Neutralisierung dieser Verbindlichkeit.

Das Prinzip wirtschaftlicher Vermögenszugehörigkeit ist auch als Folgeprinzip des Imparitätsprinzips zu begreifen: Sobald der Kaufmann die in den Nettoeinnahmepotenzialen enthaltenen Investitionsrisiken und -chancen und damit auch eintretende Wertminderungen zu tragen hat, wird ihm der Vermögensgegenstand zuzurechnen sein.

Die von *Döllerer* entwickelten Kriterien „Substanz und Ertrag vollständig und auf Dauer" konkretisieren das durch das Realisations- und das Imparitätsprinzip grundlegend konzipierte Prinzip wirtschaftlicher Vermögenszugehörigkeit.[220] Demjenigen, der vollständig und dauerhaft über den Ertrag eines Vermögensgegenstands verfügt und der die Chancen einer Wertsteigerung und die Risiken einer Wertminderung des Vermögensgegenstands übernimmt, wird der Vermögensgegenstand zuzurechnen sein.

---

218 Vgl. *Moxter*, Bilanzrechtsprechung (2007), S. 35–44.

219 Vgl. zu Einzelheiten *Lorenz*, Wirtschaftliche Vermögenszugehörigkeit im Bilanzrecht (2002), S. 44–59.

220 Vgl. *Döllerer*, Leasing – wirtschaftliches Eigentum oder Nutzungsrecht?, BB 1971, S. 535 (passim); vgl. auch *Lorenz*, Wirtschaftliche Vermögenszugehörigkeit im Bilanzrecht (2002), S. 44–140. Dies entspricht auch der Begründung im Regierungsentwurf. Vgl. Regierungsentwurf eines Gesetzes zur Modernisierung des Bilanzrechts (Bilanzrechtsmodernisierungsgesetz – BilMoG), BT-Drs. 16/10067, S. 47.

b) Anwendung auf den Fall: Wirtschaftliche Vermögenszugehörigkeit bedarf weiterer Konkretisierung

Ein Nutzungsverhältnis wie das Leasingverhältnis im vorliegenden Sachverhalt ist als Investitionsvorgang zu interpretieren, wenn dem Leasingnehmer das Einnahmepotenzial des Leasingobjekts zusteht und er die Risiken der Wertminderung und die Chancen einer Wertsteigerung übernimmt.

2. Regelungen zu Leasingverhältnissen

a) Bedeutung der Leasingerlasse der Finanzverwaltung

Da das Handelsgesetzbuch keine expliziten Regelungen zur Behandlung von Leasingverhältnissen enthält, orientiert sich die Bilanzierungspraxis an den – auf der Rechtsprechung des Bundesfinanzhofs[221] basierenden – Leasingerlassen der Finanzverwaltung und an der Stellungnahme des Hauptfachausschusses des Instituts der Wirtschaftsprüfer.[222] Da das BilMoG aussagegemäß keine Änderung der bis dahin bestehenden Rechtslage bezweckt, werden die Erlasse auch weiterhin das in § 246 Abs. 1 S. 2 HGB kodifizierte Prinzip wirtschaftlicher Vermögenszugehörigkeit konkretisieren.

Die Erlasse folgen für die Zurechnung des Leasingobjekts dem gerade skizzierten Grundgedanken der vollständigen und dauerhaften Übertragung von Substanz und Ertrag vom Leasinggeber auf den Leasingnehmer.

Die Erlasse unterscheiden zum einen nach Mobilien- und Immobilien-Leasingverträgen; zum anderen differenziert die Finanzverwaltung nach Voll- und Teilamortisationsverträgen. Im vorliegenden Sachverhalt handelt es sich um ein Mobilien-Leasingverhältnis. Da die Regelungen des Erlasses zu Teilamortisationsverträgen bei Mobilien keine (weiteren) Hinweise auf die bilanzielle Behandlung des vorliegenden Leasingverhältnisses geben, gilt es nachfolgend die dem Leasingerlass über Vollamortisationsverträge zugrunde liegenden vier Vertragstypen zu unterscheiden:[223]

---

221 Vgl. BFH, Urteile v. 26. 1. 1970 – IV R 144/66, BStBl. II 1970, S. 264 (passim) und vom 30. 5. 1984 – I R 146/81, BStBl. II 1984, S. 825 (passim).

222 Vgl. BMF, Vollamortisationserlass für Mobilien vom 19. 4. 1971 – IV B/2 – S 2170 – 31/71, BStBl. I 1971, S. 264; BMF, Vollamortisationserlass für Immobilien vom 21. 3. 1972 – S IV B 2 – S 2170 – 11/72, BStBl. I 1972, S. 188; BMF, Teilamortisationsvertrag für Mobilien vom 22. 12. 1975 – IV B/2 – S 2170 – 161/75, DB 1976, S. 172; BMF, Teilamortisationsvertrag für Immobilien vom 23. 12. 1991 – IV B 2 – S 2170 – 115/91, BStBl. I 1991, S. 13; IDW, Stellungnahme HFA 1/1989, WPg 1989, S. 626.

223 Vgl. zum Folgenden BMF, Vollamortisationserlass für Mobilien vom 19. 4. 1971 – IV B/2 – S 2170 – 31/71, BStBl. I 1971, S. 264–266.

- Leasingverträge ohne Kauf- oder Verlängerungsoption,
- Leasingverträge mit Kaufoption,
- Leasingverträge mit Mietverlängerungsoption,
- Verträge über Spezialleasing.

b) Anwendung auf den Fall: Beurteilung des Leasingvertrags anhand der Leasingerlasse

Der Sachverhalt enthält keine Angaben darüber, ob aus Sicht der Bank zusätzlich eine Mietverlängerungsoption besteht oder ob gar ein Spezialleasing vorliegt. Von einer Mietverlängerungsoption wird im Folgenden aufgrund der vereinbarten Kaufoption nicht ausgegangen. Regelmäßig werden Telefonanlagen ohne sehr hohen Aufwand, d. h. ohne wesentliche Veränderungen, auch bei anderen Leasingnehmern einsetzbar sein. Im vorliegenden Fall dürfte daher auch kein Spezialleasing vorliegen. Es wird daher angenommen, dass der Mietvertrag über die Telefonanlage nicht unter diese Regelungen fällt.

Vielmehr liegt hier – aufgrund des explizit eingeräumten Optionsrechts der Bank – ein Leasingvertrag mit Kaufoptionsrecht vor, für den laut einschlägigem Erlass die nachfolgenden Zurechnungskriterien maßgeblich sind:

- Bei Leasingverträgen mit Kaufoption ist der Leasinggegenstand dem Leasinggeber nach dem Erlass zuzurechnen, wenn die Grundmietzeit mindestens 40 % und höchstens 90 % der betriebsgewöhnlichen Nutzungsdauer des Leasinggegenstands beträgt und der für den Fall der Ausübung des Optionsrechts vorgesehene Kaufpreis nicht niedriger ist als der unter Anwendung der linearen AfA nach der amtlichen AfA-Tabelle ermittelte Buchwert oder der gemeine Wert im Zeitpunkt der Veräußerung.
- Das Leasingobjekt ist dem Leasingnehmer zuzurechnen, wenn die Grundmietzeit weniger als 40 % oder mehr als 90 % der betriebsgewöhnlichen Nutzungsdauer beträgt oder
- wenn bei einer Grundmietzeit von mindestens 40 % und höchstens 90 % der betriebsgewöhnlichen Nutzungsdauer der für den Fall der Ausübung des Optionsrechts vorgesehene Kaufpreis niedriger ist als der unter Anwendung der linearen AfA nach der amtlichen AfA-Tabelle ermittelte Buchwert oder der niedrigere gemeine Wert im Zeitpunkt der Veräußerung.

Die vertraglich vereinbarte Grundmietzeit beträgt zwei Jahre, die betriebsgewöhnliche Nutzungsdauer wird in der Sachverhaltsbeschreibung mit drei Jahren angegeben. Die Grundmietzeit des Leasingvertrags umfasst daher 66 % der betriebsgewöhnlichen Nutzungsdauer der Telefonanlage.

Zu prüfen ist, ob der für den Fall der Ausübung des Optionsrechts vorgesehene Kaufpreis niedriger ist als der unter Anwendung der linearen AfA ermittelte Buchwert. Der Kaufpreis beträgt 40 000 Euro. Bei unterstellter linearer AfA und Anschaffungskosten in Höhe des Zeitwerts der Telefonanlage (117 500 Euro) verbleibt nach zwei Jahren noch ein Restbuchwert in Höhe von 39 167 Euro.

Der vorgesehene Kaufpreis liegt also nicht unter dem Restbuchwert, so dass die Kaufoption nicht als günstig angesehen werden kann. Der gemeine Wert ist der Bank nicht bekannt; es wird daher unterstellt, dass der gemeine Wert dem Restbuchwert entspricht.

Die Telefonanlage ist daher nicht der Bank zuzurechnen, sondern verbleibt im Vermögen des Leasinggebers. Das Leasingverhältnis über die Telefonanlage wird wirtschaftlich nicht als Kauf-, sondern als Mietvertrag angesehen.

3. Ergebnis nach den Grundsätzen ordnungsmäßiger Bilanzierung

Der Mietvertrag über die Telefonanlage ist aus Sicht der Bank als schwebendes Geschäft einzustufen und wird entsprechend dem Grundsatz der Nichtbilanzierung schwebender Geschäfte wie bei einem normalen Mietvertrag nicht von der Bank bilanziert. Die von der Bank zu zahlenden monatlichen Leasingraten werden erfolgswirksam als (Miet-)Aufwand erfasst.

Da im vorliegenden Fall lineare Leasingraten vereinbart wurden, ist eine Abgrenzung von gezahlten oder zu zahlenden Leasingraten zur periodengerechten Erfassung des Aufwands nicht erforderlich.

II. Lösung nach IFRS

1. Anwendungsbereich von IAS 17

a) Ausnahmen und Einschränkungen vom Anwendungsbereich

Als Leasingverhältnisse sind nach IAS 17 (Leasingverhältnisse) Vereinbarungen anzusehen, bei denen ein Leasinggeber dem Leasingnehmer gegen eine Zahlung oder eine Reihe von Zahlungen das Recht auf Nutzung eines Vermögenswerts für einen vereinbarten Zeitraum überträgt. Damit werden von IAS 17 jene Vereinbarungen ausgeschlossen, bei denen der Leasinggegenstand nicht die Merkmale eines Vermögenswerts im Sinne des Rahmenkonzepts (RK.89 f.) erfüllt.

Der Standard nennt darüber hinaus drei Arten von Vereinbarungen, für die eine Anwendung explizit ausgeschlossen wird (IAS 17.2–17.3):

— Leasingvereinbarungen in Bezug auf die Entdeckung und Verarbeitung von nicht regenerativen Ressourcen (wie z. B. Mineralien, Öl, Erdgas),
— Lizenzvereinbarungen über Filme, Patente, Copyrights u. Ä.,
— Dienstleistungsverträge, bei denen kein Nutzungsrecht auf den Vertragspartner übergeht.

Des Weiteren nennt IAS 17 zwei Bereiche, für die der Standard lediglich zur Klassifizierung der Leasingverhältnisse anzuwenden ist. Die Bewertung des Leasingobjekts erfolgt dann wiederum nach den Regelungen anderer Standards. Der erste Bereich betrifft bestimmte Leasingvereinbarungen über Immobilien, die als Finanzinvestition anzusehen sind (IAS 40), der zweite Ausnahmebereich die (besondere) Bewertung biologischer Vermögenswerte (IAS 41).

b) Anwendung auf den Fall: Beurteilung des Mietvertrags über die Nutzung der Telefonanlage

Eine Einstufung des hier zu untersuchenden Leasingvertrags der Bank als Dienstleistungsvertrag kommt nicht in Betracht: Zwar beinhalten Leasingvereinbarungen regelmäßig auch Service-Komponenten, die bei der Bestimmung der Mindestleasingzahlungen im Rahmen des Barwerttests herauszurechnen sind. Im vorliegenden Sachverhalt fehlen indes Angaben darüber, ob das Leasingverhältnis derartige Komponenten enthält. Im Folgenden wird deshalb unterstellt, dass der Leasingvertrag der Bank von den genannten Einschränkungen nicht betroffen ist.

Da weiterhin der hier zu untersuchende Sachverhalt von den beiden Einschränkungen nicht berührt ist, bleibt IAS 17 vollumfänglich anzuwenden.

2. Bilanzierung von Leasinggeschäften gemäß IAS 17

a) Klassifizierung von Leasingverhältnissen nach IAS 17

Welche Ansatz-, Bewertungs- und Angabevorschriften des IAS 17 zu beachten sind, richtet sich zuvorderst danach, ob das Leasingverhältnis als Finanzierungs- oder Operating-Leasing anzusehen ist.

Der Standard verfolgt für die Klassifizierung der Leasingvereinbarungen einen an den Risiken und Chancen orientierten Ansatz („risk and reward approach"): Als Finanzierungsleasing sind Leasingverhältnisse einzustufen, bei denen „im Wesentlichen alle mit dem Eigentum verbundenen Risiken und Chancen eines Vermögenswerts übertragen werden" (IAS 17.4).

Zu den Risiken gehören nach IAS 17.7 die Verlustmöglichkeiten aufgrund ungenutzter Kapazitäten, technischer Überholung oder Renditeabweichungen auf Grund geänderter wirtschaftlicher Rahmenbedingungen. Als Chancen sind die Erwartungen eines Gewinn bringenden Einsatzes im Geschäftsbetrieb während der Nutzungsdauer des Vermögenswerts, der Gewinn aus Wertzuwachs sowie aus der Realisation eines Restwerts anzusehen.

Eine Übertragung des Eigentumsrechts auf den Leasingnehmer zum Ende der Laufzeit des Leasingvertrags ist – wie auch nach deutschem Recht – nicht erforderlich, um das Leasingverhältnis als Finanzierungsleasing einzustufen. Dies entspricht auch der Definition von Vermögenswerten im Rahmenkonzept des IASB, wonach auch Vermögenswerte zu bilanzieren sind, über die das Unternehmen keine gesetzliche Verfügungsmacht hat (RK.57).

IAS 17.10 nennt die folgenden fünf „Beispiele für Situationen", die wegen der weit reichenden Übertragung von Chancen und Risiken zu einem Leasingverhältnis führen, das als Finanzierungsleasing einzustufen ist:

a) Am Ende der Vertragslaufzeit geht der Vermögenswert automatisch in das Eigentum des Leasingnehmers über (Transfer-of-Ownership-Test).
b) Der Leasingnehmer erhält zu Beginn des Vertragsverhältnisses eine Kaufoption, die er bei wirtschaftlicher Betrachtungsweise hinreichend sicher ausüben wird (Bargain-Purchase-Option-Test).
c) Die Laufzeit des Leasingvertrags umfasst den wesentlichen Teil der wirtschaftlichen Nutzungsdauer des Leasingobjektes (Economic-Life-Test).
d) Der Barwert der Mindestleasingzahlungen entspricht zu Beginn des Leasingverhältnisses im Wesentlichen dem beizulegenden Zeitwert des Vermögenswertes (Recovery-of-Investment-Test).
e) Der Leasinggegenstand hat eine so spezielle Beschaffenheit, dass er ohne wesentliche Veränderungen nur vom Leasingnehmer genutzt werden kann (Special-Lease-Test).

Ergänzend dazu benennt IAS 17.11 drei weitere Indikatoren, die zu einer Klassifizierung als Finanzierungsleasing führen (können):

a) Bei Kündigung des Leasingvertrags durch den Leasingnehmer übernimmt dieser die Verluste des Leasinggebers, die aus der Auflösung des Vertrags resultieren.
b) Der Leasingnehmer erhält die Gewinne und trägt die Verluste, die durch Schwankungen des beizulegenden Restzeitwerts entstehen. Dies kann auch in Form einer Mietrückerstattung erfolgen, die einen Großteil des Verkaufserlöses am Ende des Leasingverhältnisses abdeckt.
c) Der „Leasingnehmer hat die Möglichkeit, das Leasingverhältnis für eine zweite Mietperiode zu einer Miete fortzuführen, die wesentlich niedriger als die marktübliche Miete ist." (IAS 17.11(c)).

Operating-Leasingverhältnisse sind gemäß IAS 17.4 alle Vereinbarungen, die nicht als Finanzierungsleasing einzustufen sind.

Die Klassifizierung erfolgt zu Beginn des Leasingverhältnisses. Als Beginn eines Leasingverhältnisses gilt „der Tag der Leasingvereinbarung oder der Tag, an dem sich die Vertragsparteien über die wesentlichen Bestimmungen der Vereinbarung geeinigt haben" (IAS 17.4). Spätere, in beiderseitigem Einverständnis beschlossene Veränderungen der Bestimmungen des Leasingvertrags führen zu einer neuen Vereinbarung, die nach den genannten Kriterien erneut zu prüfen wäre.

Anders als im deutschen Recht verzichtet IAS 17 für die Klassifizierung auf die Festlegung quantitativer Kriterien. Mit dem Verzicht auf quantitative Kriterien soll vermieden werden, dass die Vertragsparteien einzelne Vertragsparameter genau so wählen, dass diese Grenzen gerade noch umgangen werden (können). Der Standard betont insoweit die wirtschaftliche Betrachtungsweise; die formale Vertragsform soll nicht allein über die Klassifizierung entscheiden.

Die in IAS 17 auch als „Indikatoren" bezeichneten Kriterien haben keinen abschließenden Charakter. Sie sollen verdeutlichen, dass für die wirtschaftliche Würdigung der Leasingverhältnisse sämtliche Bestimmungen der Vereinbarung einschließlich etwaiger Nebenabreden zu untersuchen sind.

Zu beachten ist, dass eine gesonderte Prüfung der Kriterien bei Leasingnehmer und Leasinggeber durchzuführen ist, die im Einzelfall zu unterschiedlichen Beurteilungen führen kann. Als Gründe hierfür sind insbesondere der unterschiedliche Umfang der Mindestleasingzahlungen und die Verwendung unterschiedlicher Zinssätze im Rahmen der Anwendung des Barwerttests bei Leasingnehmer und Leasinggeber zu nennen. Auch Kauf- oder Verlängerungsoptionen können aus Sicht der Vertragsparteien unterschiedlich eingeschätzt werden. Eine Bilanzierung des Leasingobjekts sowohl beim Leasingnehmer als auch beim Leasinggeber kann daher ebenso wenig ausgeschlossen werden wie die Nicht-Bilanzierung bei beiden Vertragsparteien.

Im vorliegenden Sachverhalt ist die Prüfung der genannten acht Kriterien aus Sicht der Bank vorzunehmen.

b) Anwendung der Kriterien auf die zu untersuchende Leasingvereinbarung

aa) Kriterium des Eigentumsübergangs

Der Übergang des rechtlichen Eigentums ist in dem vorliegenden Leasingverhältnis nicht explizit vereinbart. Der Eigentumsübergang richtet sich hier nach der Vorteilhaftigkeit der Kaufoption.[224] Da der Eigentumsübergang aber nicht fixiert wurde, ist das Kriterium zunächst nicht erfüllt.

Die Sachverhaltsgestaltung lässt offen, ob neben der Kaufoption der Bank auch eine Rückkaufoption des Eigentümers besteht. Eine Rückkaufoption des Leasinggebers am Ende der Laufzeit des Vertrags würde einen eventuellen Übergang des Eigentums auf den Leasingnehmer in Frage stellen. Zu prüfen wäre dann, ob mit der Ausübung einer solchen Option ernsthaft zu rechnen ist. Im Folgenden wird von einer Rückkaufoption des Leasinggebers nicht ausgegangen.

bb) Kriterium der vorteilhaften Kaufoption

Für die Klassifizierung nach IAS 17 ist zu untersuchen, ob der Leasingnehmer am Ende der Laufzeit über eine vorteilhafte Kaufoption verfügt. Die Beurteilung der Vorteilhaftigkeit der Option ist auf Einzelvertragsebene durchzuführen.

---

224 Vgl. hierzu den folgenden Abschn. bb).

Als vorteilhaft sind Optionen anzusehen, die den Erwerb des Leasinggegenstands zu einem Preis vorsehen, der erwartungsgemäß *deutlich* unter dem beizulegenden Zeitwert des Gegenstands zum möglichen Ausübungszeitpunkt liegt. In diesem Fall kann mit hinreichender Sicherheit angenommen werden, dass die Option ausgeübt wird.

Die Ausübung der Kaufoption hängt zudem von Faktoren wie der technischen Innovation oder der wirtschaftlichen Lage des Leasingnehmers ab, so dass die Schätzung künftiger Marktwerte im Einzelfall schwierig sein kann.

Im vorliegenden Beispiel ist zur Beurteilung der Vorteilhaftigkeit der Kaufoption der potenzielle Kaufpreis (40 000 Euro) mit dem Zeitwert der Telefonanlage zum 1. 1. 03 zu vergleichen. Da keine Informationen zu diesem Zeitwert im Sachverhalt gegeben werden, wird der potenzielle Kaufpreis hilfsweise mit dem Restbuchwert der Anlage nach Ablauf der Grundmietzeit verglichen. Bei unterstellter linearer, an der wirtschaftlichen Nutzungsdauer orientierter Abschreibung (Abschreibungsaufwand pro Jahr rd. 23 333 Euro) der Telefonanlage verfügt der Leasingnehmer, die Bank, über eine günstige Kaufoption: Der Restbuchwert der Anlage beträgt nach zwei Jahren rd. 70 000 Euro. Da der Kaufpreis deutlich unter diesem Buchwert und annahmegemäß auch dem Zeitwert der Telefonanlage liegt, ist mit der Ausübung der Option zu rechnen; das Kriterium ist daher als erfüllt anzusehen.

cc) Kriterium der Laufzeit des Leasingverhältnisses

Für das dritte Kriterium ist die Laufzeit des Leasingverhältnisses mit der wirtschaftlichen Nutzungsdauer des Vermögenswerts zu vergleichen.

Die Laufzeit des Leasingvertrags umfasst die unkündbare Zeitperiode, für die sich der Leasingnehmer vertraglich verpflichtet hat, den Vermögenswert zu mieten, sowie weitere Zeiträume, in denen der Leasingnehmer mit oder ohne weitere Zahlungen eine Option ausüben kann, sofern die Ausübung dieser Option zu Beginn des Leasingverhältnisses hinreichend sicher ist.

Als unkündbare Leasingverhältnisse definiert IAS 17.4 Leasingverhältnisse, die nur aufgelöst werden können, wenn einer der folgenden Umstände gegeben ist:

- Eintritt eines unwahrscheinlichen Ereignisses,
- Einwilligung des Leasinggebers,
- Abschluss eines neuen Leasingverhältnisses über denselben oder einen entsprechenden Vermögenswert oder
- Zahlung eines zusätzlichen Betrags durch den Leasingnehmer, der eine Fortführung des Vertrags schon bei Vertragsbeginn als hinreichend sicher erscheinen lässt.

Während nach US-GAAP der Anteil der Vertragslaufzeit an der wirtschaftlichen Nutzungsdauer unter 75% liegen muss, um eine Klassifizierung als Capital Lease zu verhindern (FASB ASC 840-10-25-1-b; bisher SFAS 13.7 c)), führt nach IAS

17.10(c) ein überwiegender Anteil („major part") der Laufzeit an der wirtschaftlichen Nutzungsdauer zu einer Einstufung als Finanzierungsleasing.

In diesem Kriterium kommt die dem Standard zugrunde liegende Idee zum Ausdruck, keine quantitativen Kriterien zu verwenden. Im Schrifttum werden gleichwohl aus Praktikabilitätsgründen eindeutige Grenzen eingefordert. Die dort diskutierten Vorschläge für solche Grenzen bewegen sich zwischen 50 und 90%.[225] Zur Klassifizierung ist auf den Nutzenverlauf jedes einzelnen Vermögenswerts abzustellen, es erscheint jedoch nicht unplausibel, auf die in FASB ASC Topic 840 (bisher SFAS 13) angeführten 75% zu rekurrieren.

Die im deutschen Recht üblicherweise verwendete betriebsgewöhnliche Nutzungsdauer im Sinne der AfA-Tabellen bietet oft nicht mehr als einen ersten Anhaltspunkt für die Bestimmung der wirtschaftlichen Nutzungsdauer: Die wirtschaftliche kann, wie auch im vorliegenden Fall, erheblich von der betriebsgewöhnlichen Nutzungsdauer abweichen. Die Ermittlung der wirtschaftlichen Nutzungsdauer kann zwar im Einzelfall schwierig sein und ist stärker ermessensbehaftet. Die pauschale Verwendung eines Faktors, mit dem die betriebsgewöhnliche Nutzungsdauer multipliziert wird, um so auf die wirtschaftliche Nutzungsdauer zu schließen, ist gleichwohl unzulässig. Im vorliegenden Fall wurde die wirtschaftliche Nutzungsdauer angegeben.

Die vertraglich fixierte Laufzeit des Leasingverhältnisses beträgt zwei Jahre. Die Telefonanlage hat eine wirtschaftliche Nutzungsdauer von fünf Jahren. Da die Ausübung der Option zu Beginn des Leasingverhältnisses als hinreichend sicher gelten kann, läuft die Vereinbarung über die gesamte Nutzungsdauer. Das dritte Kriterium ist damit erfüllt.

dd) Barwerttest

(1) Aufbau des Barwerttests

Für die Durchführung des Barwerttests nach IAS 17.10(d) wird der Barwert der Mindestleasingzahlungen zu Beginn des Leasingverhältnisses ins Verhältnis gesetzt zum Zeitwert des Leasingobjekts. Eine Klassifizierung als Finanzierungsleasing erfolgt, wenn der Barwert „im Wesentlichen" dem Zeitwert entspricht.

Ökonomische Grundidee des Barwerttests ist es, zu Beginn des Leasingverhältnisses mittels Vergleichs von sicheren Leasingzahlungen und Zeitwert bzw. Anschaffungskosten des Leasingobjekts das Maß der Übertragung von Chancen und Risiken vom Leasinggeber auf den Leasingnehmer zu ermitteln. Der Barwert der Mindestleasingzahlungen spiegelt den Betrag wider, der dem Leasinggeber vergütet wird und somit nicht mehr mit Investitionsrisiken behaftet ist. Je höher der Anteil

---

225 Vgl. *Findeisen*, Die Bilanzierung von Leasingverträgen nach den Vorschriften des International Accounting Standards Committee, RIW 1997, S. 838 (S. 841); vgl. ferner *Helmschrott*, Zum Einfluss von SIC 12 und IAS 39 auf die Bestimmung des wirtschaftlichen Eigentums bei Leasingvermögen, WPg 2000, S. 426 (passim).

dieses Betrags am Zeitwert ist, desto mehr nähert sich der Leasingvertrag einem Kaufvertrag an.[226]

Die Durchführung des Barwerttests vollzieht sich in vier Schritten: Zunächst sind die Mindestleasingzahlungen zu ermitteln, anschließend wird der zur Abzinsung der Mindestleasingzahlungen erforderliche Zinssatz bestimmt. Nach der Ermittlung des beizulegenden Zeitwerts erfolgt schließlich der Vergleich von Barwert und Zeitwert. Die vier Schritte werden nachfolgend dargestellt.

(2) Bestimmung der Mindestleasingzahlungen

Die Mindestleasingzahlungen werden im Standard als diejenigen Zahlungen definiert, die der Leasingnehmer während der Laufzeit des Leasingverhältnisses zu leisten hat oder zu denen er herangezogen werden kann. Bedingte Mietzahlungen sowie Aufwand für Dienstleistungen und Steuern, die der Leasinggeber zahlt und die ihm erstattet werden, sind nicht in die Mindestleasingzahlungen einzurechnen.

Bedingte Leasingzahlungen sind nicht in die Mindestleasingzahlungen mit einzubeziehen, da sie vom Eintritt bestimmter Ereignisse, wie z. B. der Erreichung eines bestimmten Umsatzes oder einer Nutzungsintensität, abhängen. Werden Zahlungen auf Basis eines Indexes oder eines Zinssatzes vereinbart, sind diese Zahlungen als Bestandteil der Mindestleasingzahlungen anzusehen, wenn ihre Höhe zu Beginn des Leasingverhältnisses bestimmbar ist und ihr Zufluss als hinreichend sicher gelten kann.

Verfügt der Leasingnehmer über eine Option zum Erwerb des Leasinggegenstands zu einem Preis, der erwartungsgemäß deutlich unter dem Zeitwert des Gegenstands zum möglichen Ausübungszeitpunkt liegt, kann mit hinreichender Sicherheit angenommen werden, dass die Option ausgeübt wird. In diesem Fall ist auch die für die Option zu leistende Zahlung in die Mindestleasingzahlungen einzurechnen.

Wie bereits im obigen Abschn. bb) konstatiert, verfügt die Bank über eine günstige Kaufoption. Da mit hinreichender Sicherheit von deren Ausübung ausgegangen werden kann, ist sie bei der Berechnung der Mindestleasingzahlungen mit einzubeziehen.

Die Mindestleasingzahlungen setzen sich demnach zusammen aus den vierteljährlichen Mietraten von 10 000 Euro und der Kaufoption in Höhe von 40 000 Euro.

(3) Bestimmung des Zinssatzes

Um den Barwert der Mindestleasingzahlungen zu ermitteln, sind diese mit dem Zinssatz abzuzinsen, der dem Leasingverhältnis zugrunde liegt. Dieser interne Zinssatz ist der Abzinsungssatz, bei dem zu Beginn des Leasingverhältnisses die

---

226 Vgl. *Mellwig*, Leasing im handelsrechtlichen Jahresabschluss, ZfgK 2001, S. 303 (S. 306).

Summe der Barwerte der Mindestleasingzahlungen und des nicht garantierten Restwerts dem beizulegenden Zeitwert des Leasinggegenstands entspricht.

Da dieser Zinssatz üblicherweise nur dem Leasinggeber bekannt sein dürfte, verwendet der Leasingnehmer – wenn er diesen Zinssatz nicht ermitteln kann – anstelle dieses Kalkulationszinssatzes einen Zinssatz, den er bei einem vergleichbaren Leasingverhältnis bezahlen müsste. Kann auch dieser nicht festgestellt werden, kommt der Zinssatz zur Anwendung, den er bei der Aufnahme von Fremdkapital zum Zweck des Erwerbs des Vermögenswerts für die gleiche Dauer und mit der gleichen Sicherheit vereinbaren müsste (IAS 17.4). Da der Bank als Leasingnehmer der dem Leasingverhältnis zugrunde liegende Zinssatz nicht bekannt ist, wird sie für den Barwerttest den im Fallbeispiel genannten Zins für eine laufzeitkongruente Finanzierung (6 % p. a.) verwenden.

Der Zinssatz p. a. muss aufgrund der quartalsweisen Zahlungen in einen quartalsweisen Zinssatz umgerechnet werden:

$$Periodenzins = \sqrt[4]{(1 + Jahreszins)} - 1 = \sqrt[4]{(1 + 0,06)} - 1 = 1,46738\ \%$$

Der quartalsweise Zinssatz für die Aufnahme von Fremdkapital beträgt demnach 1,46738 %.

(4) Ermittlung des Zeitwerts

Der beizulegende Zeitwert des Leasinggegenstands ist der Betrag, zu dem der Vermögenswert zwischen sachverständigen und vertragswilligen Parteien wie unter voneinander unabhängigen Geschäftspartnern erworben oder beglichen werden könnte.

Im vorliegenden Fall bleibt offen, ob der Leasinggeber und die Bank als voneinander unabhängige Geschäftspartner zu gelten haben; dies wird im Folgenden unterstellt, weshalb der Zeitwert der Telefonanlage zum 1. 1. 01 mit 117 500 Euro beziffert wird.

(5) Vergleich von Barwert und Zeitwert

Als letzter Schritt zur Durchführung des Barwerttests ist der Barwert der Mindestleasingzahlungen zu ermitteln und mit dem Zeitwert des Leasingobjekts zu vergleichen.

Der Vergleich soll dem Standard nach „zu Beginn des Leasingverhältnisses" erfolgen (IAS 17.1(d)), also entweder zum Zeitpunkt des Vertragsabschlusses oder zu einem früheren Zeitpunkt, zu dem Einigung über wesentliche Inhalte des Standards erzielt wurde. Im vorliegenden Fall wird der Zeitpunkt des Vertragabschlusses zugrunde gelegt.

Wie auch bereits beim Laufzeittest konstatiert, enthält IAS 17 entsprechend der wirtschaftlichen Sichtweise keine quantitativen Kriterien, mit denen konkretisiert wird, wann der Barwert der Mindestleasingzahlungen „im Wesentlichen" bzw. „substantially" dem Zeitwert des Leasinggegenstands entspricht. Im Schrifttum wird wiederum versucht, durch eine Quantifizierung die Klassifizierung zu erleichtern. Unstrittig erscheint lediglich, dass der Standard eine Grenze unter 100 % fordert. Nach der wohl herrschenden Meinung wird ab einem Anteil von 90 % am Zeitwert eine Klassifizierung als Finanzierungsleasing vorgeschlagen.[227]

Der Barwert der Mindestleasingzahlungen errechnet sich unter Verwendung des in Abschn. (3) ermittelten quartalsweisen Zinssatzes in Höhe von 1,46738 %, der quartalsweisen Leasingzahlungen sowie der vorteilhaften Kaufoption wie folgt:

$$Barwert = \sum_{t=1}^{8} \frac{10\ 000}{(1 + 0{,}0146738)^{t-1}} + \frac{40\ 000}{(1 + 0{,}0146738)^{8}} = 111\ 666$$

Der Barwert der Mindestleasingzahlungen beträgt 111 666 Euro. Der Zeitwert der Telefonanlage wird mit 117 500 Euro angegeben. Der Barwert der Mindestleasingzahlungen wird nun ins Verhältnis zum Zeitwert der Anlage gesetzt:

$$111\ 666 / 117\ 500 = 0{,}95$$

Der Anteil des Barwerts der Mindestleasingzahlungen am Zeitwert beträgt 95 %. Damit entspricht der Barwert im Wesentlichen dem Zeitwert der Anlage; das Barwertkriterium ist somit erfüllt.

ee) Spezialleasing

Spezialleasing liegt vor, wenn die Leasinggegenstände eine spezielle Beschaffenheit haben und nur vom Leasingnehmer genutzt werden können. Eine Klassifizierung als Finanzierungsleasing erscheint dann plausibel, weil dem Leasingnehmer in einer typisierenden Betrachtungsweise die Chancen und Risiken des Leasingvertrags zustehen. Allerdings ist dem Wortlaut des Standards nicht zu entnehmen, wann eine „spezielle Beschaffenheit" vorliegt und was unter „wesentlichen Veränderungen" zu verstehen sein soll. Im Einzelfall verbleiben daher Abgrenzungsprobleme.[228]

Der Sachverhaltsbeschreibung ist nicht zu entnehmen, ob es sich bei der gemieteten Telefonanlage um ein Spezialleasing handelt. Regelmäßig werden Telefonanlagen aber ohne sehr hohen Aufwand, d.h. ohne wesentliche Veränderungen, auch bei anderen Leasingnehmern einsetzbar sein. Im vorliegenden Fall dürfte da-

---

227 Vgl. *Findeisen*, Die Bilanzierung von Leasingverträgen nach den Vorschriften des International Accounting Standards Committee, RIW 1997, S. 838 (S. 842); *Lorenz*, Leasingverhältnisse, in: Löw (Hrsg.), Rechnungslegung für Banken nach IFRS (2005), S. 689 (S. 704) m. w. N.

228 Im Unterschied zu IAS 17.10(e) kennen die FASB ASC kein Kriterium *Spezialleasing*, vgl. hierzu FASB ASC 840-10-25-1 (bisher SFAS 13.74).

her – entsprechend der Beurteilung nach den Grundsätzen ordnungsmäßiger Bilanzierung – kein Spezialleasing vorliegen.

ff) Verlustübernahme bei Kündigung

Entstehen dem Leasinggeber durch eine vorzeitige Auflösung des Leasingvertrags durch den Leasingnehmer Verluste und werden diese Verluste durch den Leasingnehmer getragen, kann das Leasingverhältnis als Finanzierungsleasing einzustufen sein. Dem Kriterium liegt der Gedanke zugrunde, dass der Leasingnehmer durch die Übernahme der Kosten einer vorzeitigen Auflösung die Risiken und Chancen des Leasingvertrags übernimmt. Gleichwohl kann aus Kündigungsentschädigungen nicht stets auf eine weitgehende Übertragung der Investitionsrisiken auf den Leasingnehmer geschlossen werden.

Zu prüfen ist, ob wegen der vereinbarten Entschädigung eine Vertragsverlängerung zwingend erscheint; eine dementsprechende Anpassung der Vertragslaufzeit hat dann Implikationen auf den oben dargestellten Laufzeittest. Ist die Zahlung der Entschädigung dagegen hinreichend sicher, muss sie in die Berechnung der Mindestleasingzahlungen einbezogen werden und kann sich damit auf den Barwerttest auswirken.

Die Fallgestaltung enthält keinen Hinweis auf eine Kündigungsentschädigung; das Kriterium gilt daher nicht als erfüllt.

gg) Gewinne und Verluste aus Restwertschwankungen

Fallen dem Leasingnehmer Gewinne oder Verluste zu, die durch Schwankungen des beizulegenden Restzeitwerts entstehen, kann dies als Indikator für Finanzierungsleasing angesehen werden.

Das Kriterium zielt nur auf jene Gewinne oder Verluste, die nach Ablauf der Grundmietzeit entstehen. Da die während der Grundmietzeit mit dem Leasingvertrag verbundenen Risiken und Chancen hier annahmegemäß beim Leasingnehmer liegen, erscheint eine Klassifizierung als Finanzierungsleasing plausibel.

Der Wortlaut von IAS 17.11(b) scheint darauf hinzudeuten, dass es ausreicht, wenn der Leasingnehmer entweder die Gewinne *oder* die Verluste übernimmt. Das Merkmal wird jedoch so zu verstehen sein, dass Schwankungen des Restzeitwerts unabhängig davon, ob Gewinne oder Verluste entstehen, dem Leasingnehmer zugerechnet werden.[229]

Eine explizite Vereinbarung über die Übernahme von Restwertschwankungen durch den Leasingnehmer, die Bank, wurde im Leasingvertrag nicht getroffen. Da im Leasingvertrag eine günstige Kaufoption vereinbart wurde, ist absehbar, dass

---

229 Vgl. *Mellwig*, Die bilanzielle Darstellung von Leasingverträgen nach den Grundsätzen des IASC, DB 1998, Beil. 12, S. 1 (S. 7).

dem Leasingnehmer mit Ausübung der Option die Gewinne und Verluste aus Restwertschwankungen zustehen. Das Kriterium ist daher als erfüllt anzusehen.

hh) Günstige Verlängerungsoption

Eine günstige Verlängerungsoption des Leasingnehmers allein muss noch nicht zu einer Klassifizierung des Leasingverhältnisses als Finanzierungsleasing führen: Die Chancen und Risiken des Vertrags könnten trotz dieser Option weitgehend beim Leasinggeber verbleiben.

Erst in Verbindung mit dem Laufzeitkriterium erscheint eine solche Option bedeutsam, da die entsprechenden Zeiträume bei der Ermittlung der Vertragslaufzeit zu berücksichtigen sind. Die in der verlängerten Laufzeit zu leistenden Leasingzahlungen sind zudem in die Berechnung der Mindestleasingzahlungen einzubeziehen. Aus einer günstigen Verlängerungsoption sind daher auch Implikationen für die Ermittlung der Mindestleasingzahlungen und für die Klassifizierung nach dem Barwerttest zu erwarten.

Die Fallgestaltung enthält keine Hinweise auf eine Verlängerungsoption; stattdessen ist eine Kaufoption vorgesehen.

c) Anwendung auf den Fall: Klassifizierung der Leasingvereinbarung

Die Bank verfügt über eine günstige Kaufoption, mit deren Ausübung zu rechnen ist. Der Laufzeittest führt zu einer Klassifizierung des Leasingvertrags als Finanzierungsleasing. Der Barwerttest ergibt ebenfalls, dass die wesentlichen Chancen und Risiken auf die Bank übergegangen sind. Auch wenn nicht alle untersuchten Kriterien erfüllt sind, wird das Leasingverhältnis in einer Gesamtschau daher als Finanzierungs-Leasingverhältnis im Sinne des IAS 17 einzustufen sein.

Die unterschiedliche Klassifizierung bzw. bilanzielle Behandlung des Leasingvertrags nach den handelsrechtlichen Grundsätzen ordnungsmäßiger Bilanzierung und nach IAS 17 ist letztlich auf die aus den unterschiedlichen Nutzungsdauern resultierende Einschätzung über die Vorteilhaftigkeit der Kaufoption zurückzuführen: Während nach den Leasingerlassen die betriebsgewöhnliche Nutzungsdauer zugrunde gelegt wird, orientiert sich IAS 17 an der wirtschaftlichen Nutzungsdauer. Nach IAS 17 ist mit der Ausübung der Kaufoption zu rechnen. Der höhere Abschreibungsaufwand in den ersten drei Jahren lässt die Kaufoption nach den handelsrechtlichen Grundsätzen ordnungsmäßiger Bilanzierung dagegen als nicht vorteilhaft erscheinen.

Die Einstufung des Vertrags als Finanzierungsleasing i.S.d. IAS 17 aus Sicht der Bank bedeutet nicht, dass der Leasinggeber zwingend zu einer analogen Beurteilung kommen muss: Die Verwendung eines anderen Zinssatzes und die Berücksichtigung zusätzlicher Komponenten bei der Berechnung der Mindestleasingzahlungen können nach IAS 17 zu einer anderen Klassifizierung des Leasingverhältnisses führen.

3. Ergebnis nach IFRS

Der erstmalige Ansatz der Telefonanlage bei der Bank erfolgt mit Beginn des Leasingverhältnisses, wenn der Bank zu diesem Zeitpunkt die Verfügungsmacht an dem Leasingobjekt übertragen wurde.

Gemäß IAS 17.20 hat die Bank als Leasingnehmer die Telefonanlage in ihrem Anlagevermögen zu aktivieren. Die Aktivierung erfolgt dabei grundsätzlich in Höhe des „beizulegenden Zeitwerts des Leasinggegenstandes oder mit dem Barwert der Mindestleasingzahlungen, sofern dieser niedriger ist." Der Vergleich beider Werte zeigt, dass dies im vorliegenden Fall in Höhe von 111 666 Euro, dem Barwert der Mindestleasingzahlungen, zu geschehen hat. Darüber hinaus gilt es noch diejenigen (Anschaffungsneben-)Kosten zu berücksichtigen, die dem Leasingnehmer aus dem Abschluss des Leasingvertrags entstanden sind (IAS 17.24). Sie erhöhen den Buchwert der Anlage (erfolgsneutral) laut Sachverhalt um 5 000 Euro. Insofern ist die Telefonanlage nunmehr mit 116 666 Euro zu aktivieren. In derselben Höhe hat die Bank zudem eine entsprechende Verbindlichkeit gegenüber dem Leasinggeber zu passivieren.

In den Folgeperioden wird das Leasingobjekt nach denselben Regelungen bewertet wie jene Vermögenswerte, die im Eigentum der Bank stehen. Das Finanzierungs-Leasingverhältnis führt in jeder Periode zu einem Abschreibungsaufwand bei abschreibungsfähigen Vermögenswerten sowie zu einem Finanzierungsaufwand. Im Hinblick auf die Abschreibung der Telefonanlage kommen die Vorschriften des IAS 16 zur Anwendung, da die Telefonanlage als Sachanlage einzustufen ist.

Ist zu Beginn des Leasingverhältnisses nicht hinreichend sicher, dass das Eigentum auf die Bank übergeht, so wird der Vermögenswert über den kürzeren der beiden Zeiträume, Laufzeit des Leasingverhältnisses oder Nutzungsdauer, abgeschrieben (IAS 17.4). Die Telefonanlage ist in Anbetracht der günstigen Kaufoption, deren Ausübung wie aufgeführt hinreichend wahrscheinlich ist, über die gesamte wirtschaftliche Nutzungsdauer von fünf Jahren abzuschreiben.

Der Standard lässt offen, ob ein Restwert bei der Bemessung der Abschreibungen einzubeziehen ist. Der allgemeine Verweis auf IAS 16 und die mit der Vernachlässigung eines Restwerts einhergehende Ergebnisverzerrung lässt es sachgerecht erscheinen, auch bei Leasinggegenständen einen wesentlichen Restwert zu berücksichtigen. Die Telefonanlage wird über die gesamte wirtschaftliche Nutzungsdauer von der Bank genutzt; im Folgenden wird angenommen, dass kein wesentlicher Restwert verbleibt.

Die Abschreibungen und die Entwicklung des Buchwerts der Telefonanlage sind der nachfolgenden Übersicht zu entnehmen:

Tabelle 1: Abschreibung und Entwicklung des Buchwerts der Telefonanlage

Quartal	Abschreibungen	Kumulierte Abschreibungen	Buchwert Telefonanlage
1. Quartal 01	5 833	5 833	110 833
2. Quartal 01	5 833	11 667	105 000
3. Quartal 01	5 833	17 500	99 167
4. Quartal 01	5 833	23 333	93 333
1. Quartal 02	5 833	29 167	87 500
2. Quartal 02	5 833	35 000	81 667
3. Quartal 02	5 833	40 833	75 833
4. Quartal 02	5 833	46 666	70 000

IAS 17 enthält nur wenige Regelungen zum Ausweis von Leasingverhältnissen. Die im Rahmen eines Finanzierungsleasingverhältnisses zugegangenen Vermögenswerte sind dem Posten zuzuordnen, dem sie auch bei einem normalen Kaufgeschäft zuzurechnen wären. Der Ausweis der Telefonanlage hat daher unter dem Posten „Sachanlagen" zu erfolgen. Zum Abschlussstichtag am 31. 12. 01 beträgt der Buchwert des Leasingobjekts rd. 93 333 Euro. Zum nächsten Abschlussstichtag, dem 31. 12. 02, hat die Telefonanlage noch einen Buchwert in Höhe von rd. 70 000 Euro.

Die jährlichen Abschreibungen in Höhe von rd. 23 333 Euro werden erfolgswirksam in der Gewinn- und Verlustrechnung verbucht.

Die Zahlungen der Bank an den Leasinggeber sind in einen Zins- und einen Tilgungsanteil aufzuteilen. In Bezug auf die Finanzierungskosten gibt IAS 17.25 als Leitlinie vor, die Finanzierungskosten so über die Perioden zu verteilen, dass auf die verbliebene Restverbindlichkeit ein konstanter Zinssatz entsteht (Effektivzinsmethode). Der jeweils nach Abzug der Zinsaufwendungen verbleibende Teil der (Gesamt-)Leasingraten mindert dann als Tilgung die noch bestehende Restverbindlichkeit gegenüber dem Leasinggeber. IAS 17.26 lässt zur Vereinfachung dieser Berechnungen Näherungsverfahren zu.

Die Aufteilung des Zins- und Tilgungsanteils an den Leasingzahlungen ist in Tabelle 2 dargestellt (ohne linear zu verteilende Vertragskosten).

Die Leasingverbindlichkeiten sind entsprechend IAS 1.66 als verzinsliche Verbindlichkeiten in der Bilanz der Bank auszuweisen.

Bei dem hier unterstellten Erwerb der Telefonanlage durch Ausübung der Kaufoption zum 1. 1. 03 erfolgt die Ausbuchung der Verbindlichkeit in Höhe von 40 000 Euro zulasten des Bankkontos.

Tabelle 2: Aufteilung des Zins- und Tilgungsanteils

Quartal	Zahlung am Periodenbeginn	Restbuchwert für Tilgung	Tilgung	kumulierte Tilgung	Zinsaufwand	kumulierter Zinsaufwand	Restbuchwert nach Tilgung
1. Quartal 01	10 000	101 666	8 508	8 508	1 492	1 492	103 158
2. Quartal 01	10 000	93 157	8 633	17 141	1 367	2 859	94 525
3. Quartal 01	10 000	84 524	8 760	25 901	1 240	4 099	85 765
4. Quartal 01	10 000	75 765	8 888	34 789	1 112	5 211	76 877
1. Quartal 02	10 000	66 876	9 019	43 808	981	6 192	67 858
2. Quartal 02	10 000	57 858	9 151	52 959	849	7 041	58 707
3. Quartal 02	10 000	48 707	9 285	62 244	715	7 756	49 422
4. Quartal 02	10 000	39 422	9 422	71 666	578	8 334	40 000

4. Angabepflichten der Bank als Leasingnehmer

Gemäß IAS 17.31 hat die Bank als Leasingnehmer mit Blick auf das vorliegende Finanzierungs-Leasingverhältnis u. a. die folgenden Angaben zu leisten:

– allgemeine Beschreibung der wesentlichen Leasingvereinbarung(en);
– (Netto-)Buchwert des aktivierten Leasingobjekts zum jeweiligen Abschlussstichtag;
– nach Fristigkeit gestaffelte Überleitungsrechnung von der Summe der Mindestleasingzahlungen hin zu deren Barwerten;
– Summe der künftigen Mindestleasingzahlungen, deren Erhalt aufgrund von unkündbaren Untermietverhältnissen am Abschlussstichtag erwartet wird;
– erfolgswirksam erfasste (bedingte) Leasing-/Mietzahlungen.

Über die in IAS 17 geforderten Angaben hinaus ergeben sich für die Bank Anforderungen aus weiteren Standards des IASB: Verbindlichkeiten aus Finanzierungs-Leasingverhältnissen gelten als Finanzinstrumente im Sinne von IAS 32.11 (Finanzinstrumente: Darstellung). Nach IFRS 7.25 f. sind für jede Klasse von finanziellen Verbindlichkeiten Informationen über deren beizulegenden Zeitwert anzugeben. Dies bedeutet, dass für die Leasingverbindlichkeit ein Zeitwert zu ermitteln ist. Dieser Zeitwert variiert beispielsweise mit Änderungen der Bonität der

Bank und wird zudem durch Änderungen des zugrunde liegenden Marktzinses beeinflusst.

Da es sich bei der gemieteten Telefonanlage um eine Sachanlage i. S. v. IAS 16 handelt, sind auch die in diesem Standard geforderten Angaben zu leisten. Weitere Anforderungen an die zu leistenden Angaben der Bank könnten aus IAS 36 (Wertminderung von Vermögenswerten) resultieren.

III. Gesamtergebnis

1. Da das Handelsgesetzbuch keine expliziten Regelungen zur Behandlung von Leasingverhältnissen enthält, orientiert sich die Bilanzierungspraxis an den auf der Rechtsprechung des Bundesfinanzhofs basierenden Leasingerlassen der Finanzverwaltung. Die Erlasse folgen für die Zurechnung des Leasingobjekts dem Grundgedanken der vollständigen und dauerhaften Übertragung von Substanz und Ertrag vom Leasinggeber auf den Leasingnehmer.
2. Zu prüfen war, ob der für den Fall der Ausübung des Optionsrechts vorgesehene Kaufpreis niedriger ist als der unter Anwendung der linearen AfA ermittelte Buchwert. Der vorgesehene Kaufpreis (40 000 Euro) liegt nicht unter dem Restbuchwert in Höhe von 39 167 Euro, so dass die Kaufoption nicht als günstig angesehen werden kann. Die Telefonanlage ist daher nicht der Bank zuzurechnen, sondern verbleibt im Vermögen des Leasinggebers. Die von der Bank zu zahlenden monatlichen Leasingraten werden erfolgswirksam als (Miet-)Aufwand erfasst.
3. Welche Ansatz-, Bewertungs- und Angabevorschriften des für Leasingverhältnisse relevanten Standards IAS 17 zu beachten sind, richtet sich zuvorderst danach, ob die Vereinbarung als Finanzierungs- oder Operating-Leasing anzusehen ist. Der Standard verfolgt einen an den Risiken und Chancen orientierten Ansatz. Die acht zur Einstufung von Leasingverhältnissen zu prüfenden Kriterien haben keinen abschließenden Charakter. Sie sollen verdeutlichen, dass für die wirtschaftliche Würdigung der Leasingverhältnisse sämtliche Bestimmungen der Vereinbarung einschließlich etwaiger Nebenabreden zu untersuchen sind.
4. Auch wenn nicht alle acht Kriterien kumulativ erfüllt sind, wird das Leasingverhältnis in einer Gesamtschau als Finanzierungs-Leasingverhältnis einzustufen sein: Die Bank verfügt nach IAS 17 über eine günstige Kaufoption, mit deren Ausübung zu rechnen ist. Der Laufzeittest spricht für eine Klassifizierung als Finanzierungsleasing. Der Barwerttest ergab, dass die wesentlichen Chancen und Risiken auf die Bank übergegangen sind.
5. Leasingnehmer haben Finanzierungs-Leasingverhältnisse entsprechend ihrem wirtschaftlichen Gehalt als Vermögenswerte und Schulden in gleicher Höhe anzusetzen. Beide Posten werden im Zugangszeitpunkt mit dem Barwert der Mindestleasingzahlungen bewertet. In den Folgeperioden wird das Leasingobjekt

nach denselben Regelungen bewertet wie jene Vermögenswerte, die im Eigentum der Bank stehen. Das Finanzierungs-Leasingverhältnis führt bei der Bank in jeder Periode zu einem Abschreibungs- und Finanzierungsaufwand.

6. Die unterschiedliche bilanzielle Behandlung des Leasingvertrags nach den handelsrechtlichen Grundsätzen ordnungsmäßiger Bilanzierung und nach IAS 17 ist im Beispielsfall auf die aus den unterschiedlichen Nutzungsdauern resultierende Einschätzung über die Vorteilhaftigkeit der Kaufoption zurückzuführen. Während nach den Leasingerlassen die betriebsgewöhnliche Nutzungsdauer zugrunde gelegt wird, orientiert sich IAS 17 an der wirtschaftlichen Nutzungsdauer. Nach IAS 17 ist mit der Ausübung der Kaufoption zu rechnen. Der höhere Abschreibungsaufwand in den ersten drei Jahren lässt die Kaufoption nach den handelsrechtlichen Grundsätzen ordnungsmäßiger Bilanzierung dagegen als nicht vorteilhaft erscheinen.

Weiterführende Literatur

HGB:

Adler, Hans/ Düring, Walther/ Schmaltz, Kurt,	Rechnungslegung und Prüfung der Unternehmen, Teilbd. 6, 6. Aufl., Stuttgart 1998, Kommentierung zu § 246 HGB
Döllerer, Georg,	Leasing – wirtschaftliches Eigentum oder Nutzungsrecht?, BB, 26. Jg. (1971), S. 535–540
Förschle, Gerhart/ Kroner, Matthias,	in: Helmut Ellrott u. a. (Hrsg.), Beck'scher Bilanz-Kommentar, 7. Aufl., München 2010, Kommentierung zu § 246 HGB
Lorenz, Karsten,	Wirtschaftliche Vermögenszugehörigkeit im Bilanzrecht, Düsseldorf 2002
Mellwig, Winfried,	Leasing im handelsrechtlichen Jahresabschluss, ZfgK, 53. Jg. (2001), S. 303–309
Moxter, Adolf,	Bilanzrechtsprechung, 6. Aufl., Tübingen 2007, S. 35–44
ders.,	Grundsätze ordnungsgemäßer Rechnungslegung, Düsseldorf 2003, S. 63–71

IFRS:

Findeisen, Klaus-Dieter,	Die Bilanzierung von Leasingverträgen nach den Vorschriften des International Accounting Standards Committee, RIW, 43. Jg. (1997), S. 838–847
Kirsch, Hans-Jürgen,	in: Jörg Baetge u. a. (Hrsg.), Rechnungslegung nach IFRS, 2. Aufl., Stuttgart 2003 (Loseblatt), Kommentierung zu IAS 17 (Stand: Sept. 2001)

Küting, Karlheinz/
Hellen, Heinz-
Herrmann/
Koch, Christian,

Das Leasingverhältnis: Begriffsabgrenzung nach IAS 17 und IFRIC 4 sowie kritische Würdigung, KoR, 6. Jg. (2006), S. 649–657

Lorenz, Karsten,

in: Edgar Löw (Hrsg.), Leasingverhältnisse, Rechnungslegung für Banken nach IFRS, 2. Aufl., Wiesbaden 2005, S. 689–734

Lüdenbach, Norbert/
Freiberg, Jens,

in: Norbert Lüdenbach/Wolf-Dieter Hoffmann (Hrsg.), Haufe IFRS-Kommentar, 7. Aufl., Freiburg i. Br. u. a. 2009, § 15 Leasing

Mellwig, Winfried,

Die bilanzielle Darstellung von Leasingverträgen nach den Grundsätzen des IASC, DB, 49. Jg. (1998), Beil. 12, S. 1–16

Passivierungsnormen

Fall 5: Verbindlichkeitsbegriff – Beispiel Umweltschutzrückstellungen

Sachverhalt:

Ein Unternehmen, bei dem aus undichten Zu- und Ableitungen Schadstoffe in das Mauerwerk des Betriebsgebäudes und das Erdreich einsickern, möchte im Jahresabschluss des Geschäftsjahrs eine Umweltschutzrückstellung passivieren, die bei der geplanten Stilllegung des Betriebs in einigen Jahren für die Beseitigung von Umweltschäden benötigt wird. Die Höhe der Rückstellung wird vom Unternehmen selbst geschätzt, ein externer Gutachter wurde nicht eingeschaltet. Auch die zuständige Fachbehörde wurde noch nicht informiert. Das Unternehmen erwartet jedoch zum Zeitpunkt der Betriebsstilllegung eine entsprechende Verfügung zur Sanierung der Altlasten.

Aufgabenstellung:

Muss das Unternehmen die Umweltschutzrückstellung im Jahres- oder IFRS-Einzelabschluss des Geschäftsjahrs passivieren?

I. Lösung nach den Grundsätzen ordnungsmäßiger Bilanzierung

1. Verbindlichkeitskriterien

a) Vermögenslastprinzip

aa) Bedeutung des Vermögenslastprinzips

Zu den passivierungspflichtigen Verbindlichkeiten in einer Bilanz gehören gemäß § 249 HGB neben den erfolgsneutral zugegangenen Verbindlichkeiten auch dem Grund und/oder der Höhe nach ungewisse Verbindlichkeiten.[230] Ein Passivierungs-

---

[230] Vgl. statt vieler *Adler/Düring/Schmaltz*, Rechnungslegung und Prüfung der Unternehmen (1998), § 249 HGB, Rn. 37.

zwang besteht für Rückstellungen, „die Verbindlichkeits-Charakter haben oder dem sehr nahe kommen"[231].

Im Rahmen einer wirtschaftlichen Betrachtungsweise ist der bilanzrechtliche Verbindlichkeitsbegriff nicht gleichzusetzen mit dem Vorliegen einer Rechtsverpflichtung. Zentrales Merkmal des Verbindlichkeitsbegriffs ist vielmehr eine wirtschaftliche Vermögensbelastung, d. h. es muss sich um Nettoausgabenpotenziale handeln.[232] Folglich ist das Bestehen einer zivil- bzw. öffentlich-rechtlichen Rechtsverpflichtung weder eine notwendige noch eine hinreichende Voraussetzung für die Passivierung einer Verbindlichkeit. Es gelten mithin die Grundsätze der Passivierung rein wirtschaftlicher Lasten und der Nichtpassivierung ausschließlich rechtlich existenter Verpflichtungen.

bb) Anwendung auf den Fall: Beurteilung der durch die undichten Zu- und Abläufe verursachten Vermögensbelastung

In der Regel stellen Maßnahmen, die dem Umweltschutz dienen, wirtschaftliche Vermögensbelastungen dar. Im Fall des hier dargestellten Unternehmens ist davon auszugehen, dass eine wirtschaftliche Belastung gegeben ist: Es ist ein Schaden entstanden. Das Unternehmen hat nach seiner geplanten Stilllegung die entstandenen Bodenverunreinigungen zu beseitigen. Zur Passivierung einer Verbindlichkeitsrückstellung bedarf es jedoch einer Konkretisierung durch das Greifbarkeitsprinzip in seinen Ausprägungen als Prinzip objektivierter Mindestwahrscheinlichkeit und dem Außenverpflichtungsprinzip.

b) Prinzip objektivierter Mindestwahrscheinlichkeit

aa) Bedeutung des Prinzips objektivierter Mindestwahrscheinlichkeit

Die wirtschaftliche Vermögenslast muss zum Bilanzstichtag hinreichend konkretisiert sein, d. h. bloße Vermutungen oder eine pessimistische Beurteilung der künftigen Entwicklung begründen keine wirtschaftliche Vermögenslast. Verpflichtungen, die in diesem Sinne nicht hinreichend konkretisiert sind, bezeichnen das allgemeine Unternehmerrisiko, das nicht bei der Gewinnermittlung, sondern bei der Gewinnverwendung zu berücksichtigen ist.[233]

Die Konkretisierung erfolgt mittels des Kriteriums des Bestehens oder der Wahrscheinlichkeit des künftigen Entstehens einer Verbindlichkeit dem Grunde und/oder der Höhe nach,[234] es müssen „mehr Gründe für als gegen das Be- oder Entstehen einer Verbindlichkeit und eine künftige Inanspruchnahme sprechen"[235]. Dies

---

231 *Mayer-Wegelin/Kessler/Höfer*, in: Küting/Weber (Hrsg.), Handbuch der Rechnungslegung, Einzelabschluss, § 249 HGB, Rn. 20 (Stand: Aug. 2008).
232 Vgl. *Fresl*, Die Europäisierung des deutschen Bilanzrechts (1999), S. 237 f.
233 Vgl. *Böcking*, Verbindlichkeitsbilanzierung (1994), S. 89.
234 Vgl. BFH, Urteil v. 1. 8. 1984 – I R 88/80, BStBl. II 1985, S. 44 (S. 44, m. w. N.).
235 BFH, Urteil v. 1. 8. 1984 – I R 88/80, BStBl. II 1985, S. 44 (S. 44, m. w. N.).

ist in einem rein qualitativen Sinn zu sehen, etwa verstanden als „gute (stichhalti-ge) Gründe".[236] Eine Wahrscheinlichkeitsquantifizierung führt zu Scheinobjekti-vierungen,[237] sie kann mithin zu einem Verstoß gegen das bilanzrechtliche Vor-sichtsprinzip führen.[238]

Bei der Wahrscheinlichkeitsbeurteilung ist nicht auf die „subjektiven Erwartun-gen" des Kaufmanns abzustellen, vielmehr ist „auf der Grundlage objektiver, am Bilanzstichtag vorliegender und spätestens bei der Aufstellung der Bilanz erkenn-barer Tatsachen aus der Sicht eines sorgfältigen und gewissenhaften Kauf-manns"[239] eine Beurteilung vorzunehmen, z. B. auf Basis von Erfahrungen des Unternehmens oder der Branche, wobei eine bloße Vergangenheitsreproduktion unzureichend ist. Der Kaufmann hat zu prüfen, wie sich aus der Veränderung der Verhältnisse das Risiko neuer Verpflichtungen konkretisiert hat.[240] Wirtschaftliche Belastungen sind dann hinreichend konkretisiert, wenn ein fiktiver Erwerber des bilanzierenden Unternehmens sie kaufpreismindernd berücksichtigen würde.[241]

bb) Anwendung auf den Fall: Beurteilung der Wahrscheinlichkeit des Bestehens der Vermögensbelastung

Nach den vom BFH entwickelten Kriterien sind ungewisse Verbindlichkeiten bi-lanziell zu berücksichtigen, wenn die Verpflichtung „mit einiger Wahrscheinlich-keit" besteht, d. h. mit ihr „ernsthaft zu rechnen"[242] und eine Inanspruchnahme wahrscheinlich ist. Ob aus der betrieblichen umweltbeeinträchtigenden Tätigkeit des Unternehmens bilanziell zu berücksichtigende Verbindlichkeiten entstehen, ist anhand dieser Aspekte zu klären. Zum einen stellt sich die Frage, ob der Sachver-halt so hinreichend konkretisiert ist, dass mit dem Entstehen bzw. Bestehen einer Verpflichtung ernsthaft zu rechnen ist; zum anderen ist zu prüfen, ob es wahr-scheinlich ist, dass ein Anspruch geltend gemacht wird.[243]

Der BFH hat in einem ähnlichen Sachverhalt im Fall eines Galvanisierungsunter-nehmens die Bildung einer Rückstellung für Bodensanierung verneint.[244] Der BFH führt in diesem Fall aus, dass eine Rückstellung für die öffentlich-rechtliche Ver-pflichtung zur Beseitigung von Umweltschäden erst gebildet werden darf, wenn die die Verpflichtung begründenden Tatsachen der zuständigen Fachbehörde be-

---

236 *Eibelshäuser*, Rückstellungsbildung nach neuem Handelsrecht, BB 1987, S. 860 (S. 863).
237 Vgl. *Moxter*, Bilanzrechtsprechung (2007), S. 86.
238 Vgl. *Böcking*, Anpassungsverpflichtungen und Rückstellungsbildung, in: Herzig (Hrsg.), Bi-lanzierung von Umweltlasten und Umweltschutzverpflichtungen (1994), S. 124 (S. 131).
239 BFH, Urteil v. 1. 8. 1984 – I R 88/80, BStBl. II 1985, S. 44 (S. 44, beide Zitate).
240 Vgl. *Moxter*, Bilanzrechtsprechung (2007), S. 85 f.
241 Vgl. *Böcking*, Verbindlichkeitsbilanzierung (1994), S. 91.
242 BFH, Urteil v. 17. 7. 1980 – IV R 10/76, BStBl. II 1981, S. 669 (S. 669, beide Zitate).
243 Vgl. *Friedemann*, Umweltschutzrückstellungen im Bilanzrecht (1996), S. 32.
244 Vgl. BFH, Urteil v. 19. 10. 1993 – VIII R 14/92, BStBl. II 1993, S. 891 (S. 891).

kannt geworden sind oder dies unmittelbar bevorsteht.[245] Der BFH argumentiert damit nicht mehr mit der grundsätzlichen Formel, dass „mehr Gründe für als gegen das Be- oder Entstehen einer Verbindlichkeit und eine künftige Inanspruchnahme sprechen"[246], er fügt vielmehr das neue Merkmal der Kenntnis der Behörde hinzu, die, so der BFH, seitens des Unternehmens durch eine „einfache schriftliche Anzeige"[247] herbeigeführt werden kann. Die Forderung, dass der Gläubiger bei einseitigen Verpflichtungen Kenntnis von seinem Anspruch haben muss, sieht *Herzig* als schwer vereinbar an mit dem Grundsatz der Passivierung von Verbindlichkeiten, denen sich der Schuldner aus rechtlichen oder wirtschaftlichen Gründen nicht mehr entziehen kann.[248] *Oser/Pfitzer* sehen in der Einführung einer Zeitkomponente und dem Ersetzen des Kriteriums Wahrscheinlichkeit der Inanspruchnahme durch das Kriterium Sicherheit der Inanspruchnahme einen Verstoß gegen den Normzweck des § 249 Abs. 1 S. 1 HGB.[249] Sie unterstützen die h. M., die „allein die Kenntnis des Unternehmens von der Existenz der Altlast und der hieraus resultierenden Sanierungsverpflichtung für die Bildung einer Rückstellung ausreichen läßt"[250]. Es stellt sich die Frage, ob diese vom BFH in seiner Entscheidung aufgestellten Kriterien nun als Bestandteil der GoB für gewisse und ungewisse Verbindlichkeiten anzusehen sind. *Herzig* bezweifelt dies mit dem Verweis der Unvereinbarkeit des Merkmals der Kenntnis des Gläubigers und dem Vorsichtsprinzip.[251] Er hält es für „außerordentlich bedenklich, von der Vorstellung auszugehen, eine Inanspruchnahme drohe nur, wenn der Gläubiger seinen Anspruch kennt oder die Kenntnis unmittelbar bevorsteht"[252]. Damit bleiben Verpflichtungen unberücksichtigt, denen sich das Unternehmen nicht mehr entziehen kann. Zudem eröffnet das Merkmal der Kenntnis der zuständigen Fachbehörde, das durch eine Selbstanzeige des bilanzierenden Unternehmens eigens herbeigeführt werden kann, ein faktisches Bilanzierungswahlrecht zum einen dahin gehend, ob eine Rückstellung überhaupt zu passivieren ist, zum anderen mit der Wahl des Zeitpunkts der Anzeige, ab wann eine Rückstellung zu passivieren ist.[253]

Folgt man der Ansicht von *Herzig*, bleibt im vorliegenden Sachverhalt festzuhalten, dass aufgrund der Kenntnis des Unternehmens über die Bodenkontamination

245 Vgl. BFH, Urteil v. 19. 10. 1993 – VIII R 14/92, BStBl. II 1993, S. 891 (S. 891); vgl. auch *Moxter*, Bilanzrechtsprechung (2007), S. 107. Danach berechtigt nur die nachweisbar unmittelbar bevorstehende Kenntnisnahme der Behörde zur Bildung einer Rückstellung.
246 Vgl. BFH, Urteil v. 1. 8. 1984 – I R 88/80, BStBl. II 1985, S. 44 (S. 44).
247 Vgl. BFH, Urteil v. 19. 10. 1993 – VIII R 14/92, BStBl. II 1993, S. 891 (S. 891).
248 Vgl. *Herzig*, Steuerrechtliche Entscheidungen, DB 1994, S. 18 (S. 20).
249 Vgl. *Oser/Pfitzer*, Rückstellungspflicht für Umweltlasten, DB 1994, S. 845 (S. 848).
250 *Dies.*, Rückstellungspflicht für Umweltlasten, DB 1994, S. 845 (S. 848, m. w. N.); so auch *Kozikowski/Schubert*, in: Ellrott u. a. (Hrsg.), Beck'scher Bilanz-Kommentar (2010), § 249 HGB, Rn. 100.
251 Vgl. *Herzig*, Steuerrechtliche Entscheidungen, DB 1994, S. 18 (S. 20).
252 *Ders.*, Steuerrechtliche Entscheidungen, DB 1994, S. 18 (S. 20).
253 Vgl. *ders.*, BFH-Entscheidung vom 19. 10. 1993 zur Altlastenrückstellung, in: Herzig (Hrsg.), Bilanzierung von Umweltlasten und Umweltschutzverpflichtungen (1994), S. 170 (S. 181 f.).

und der daraus resultierenden Sanierungsverpflichtung im Zeitpunkt der Stilllegung des Unternehmens das Kriterium der Mindestwahrscheinlichkeit der Inanspruchnahme wohl als erfüllt angesehen werden kann, wenngleich der BFH die Bildung einer Rückstellung aufgrund des Kriteriums der unmittelbar bevorstehenden Kenntnisnahme der zuständigen Behörde ablehnt.

c) Außenverpflichtungsprinzip

aa) Bedeutung des Außenverpflichtungsprinzips

Weiteres Konkretisierungserfordernis für eine Verbindlichkeit ist eine bestehende Verpflichtung gegenüber Dritten, so z. B. Kunden, Lieferanten, Mitarbeitern oder Schadenersatzberechtigten, die auf zivilrechtlicher Grundlage ihre Ansprüche geltend machen können. Eine Innenverpflichtung, also „eine betriebswirtschaftliche Verpflichtung gegen sich selbst"[254], ist nicht passivierungsfähig.[255]

Mit diesem Kriterium objektiviert der BFH die Passivierbarkeit von Verpflichtungen unter Zurückdrängung einer wirtschaftlichen Betrachtungsweise sowie i. S. d. Grundsatzes der Rechtssicherheit für die Bilanzierenden.[256] Es wird angenommen, dass Außenverpflichtungen einen höheren Verpflichtungsdruck als Innenverpflichtungen aufweisen, da davon auszugehen ist, dass der Gläubiger von seinen Rechten Gebrauch macht. Das Vorhandensein einer zivilrechtlichen Verpflichtung bildet den stärksten Anhaltspunkt für eine tatsächliche zukünftige Leistung. *Böcking* sieht im Außenverpflichtungsprinzip eine Konkretisierung des Prinzips objektivierter Mindestwahrscheinlichkeit.[257] Im Grenzbereich der Typisierung liegen dann die zu passivierenden rein wirtschaftlichen Lasten gemäß § 249 Abs. 1 S. 2 Nr. 2 HGB. Danach sind Rückstellungen für Gewährleistungen, die ohne rechtliche Verpflichtung erbracht werden, zu bilden. Fraglich ist hierbei, „welcher Konkretisierung die Unentziehbarkeit des faktischen Leistungszwangs bedarf, um den gleichen Verpflichtungsdruck aufzuweisen, wie er typisierenderweise rechtlichen Außenverpflichtungen unterstellt wird"[258].

---

254 BFH, Urteil v. 19. 1. 1972 – I 114/65, BStBl. II 1972, S. 392 (S. 392).

255 Die Bildung von Aufwandsrückstellungen, die nach § 249 Abs. 2 HGB a. F. eine Ausnahme von diesem Grundsatz bildeten, ist nach neuem Recht nunmehr unzulässig. Vgl. zur Abschaffung der Wahlrechte zur Bildung von Aufwandsrückstellungen *Küting/Cassel/Metz*, Ansatz und Bewertung von Rückstellungen, in: Küting/Pfitzer/Weber (Hrsg.), Das neue deutsche Bilanzrecht (2009), S. 321 (S. 323 f.).

256 Vgl. *Moxter*, Bilanzrechtsprechung (2007), S. 84 f.

257 Vgl. *Böcking*, Verbindlichkeitsbilanzierung (1994), S. 103.

258 *Fresl*, Die Europäisierung des deutschen Bilanzrechts (1999), S. 246.

bb) Anwendung auf den Fall: Identifizierung des Verpflichtungsgegners der Sanierung

Der Anwendungsbereich des Außenverpflichtungsprinzips wird vom BFH in seiner Rechtsprechung weit gefasst. Entscheidend ist, dass „eine Verpflichtung gegenüber einem Dritten vorliegt oder zumindest bei sorgfältiger Abwägung aller bekannten Umstände nicht verneint werden kann"[259]. Der Dritte kann eine einzelne natürliche oder juristische Person sein, die dem verpflichteten Unternehmen nicht notwendigerweise bekannt sein muss. Der BFH formuliert: „Der andere kann auch der Staat sein."[260] Die Verpflichtung gegenüber Dritten kann aufgrund zivilrechtlicher, vertraglicher, öffentlich-rechtlicher oder rein wirtschaftlicher Basis bestehen. Damit können bei Umweltschutzlasten, die aus dem öffentlichen Recht resultieren, die Kriterien des Außenverpflichtungsprinzips als erfüllt angesehen werden. Allerdings gelten dann erhöhte Anforderungen, wie im Folgenden darzustellen sein wird.

d) Besonderheit: Öffentlich-rechtliche Verpflichtungen

aa) Bedeutung der Ansatzkriterien öffentlich-rechtlicher Verpflichtungen

Die Rechtsprechung des BFH hat für ungewisse öffentlich-rechtliche Verpflichtungen weitere Konkretisierungsanforderungen[261] gestellt. So muss entweder eine besondere Verfügung bzw. Auflage einer zuständigen Behörde oder eine sich aus einem Gesetz ergebende Verpflichtung vorliegen, die ein inhaltlich genau bestimmtes Handeln innerhalb eines bestimmten Zeitraums erfordert, das sanktioniert und durchsetzbar ist, so dass „sich ein Steuerpflichtiger der Erfüllung der Verpflichtung im Ergebnis nicht entziehen kann"[262]. Rein wirtschaftliche Sanktionen sind davon jedoch ausgenommen. Inhaltlich bestimmtes Handeln ist dabei nicht derart zu deuten, dass die anzuwendenden Verfahren und Techniken explizit gesetzlich geregelt sein müssen. Es ist ausreichend, wenn das Gesetz ein „Handeln nach dem neuesten Stand der Technik"[263] erfordert.

Die Aufstellung dieser Konkretisierungskriterien zur Bildung von Rückstellungen aufgrund öffentlich-rechtlicher Verpflichtungen führt dazu, dass derartige Verpflichtungen grundsätzlich nur dann bilanziell berücksichtigt werden dürfen, wenn lediglich Ungewissheit bezüglich ihrer Höhe, nicht aber hinsichtlich ihrer Existenz besteht.[264] Für die hinreichende Konkretisierung kann auch bei öffentlich-rechtli-

---

259 *Adler/Düring/Schmaltz*, Rechnungslegung und Prüfung der Unternehmen (1998), § 249 HGB, Rn. 43.

260 BFH, Urteil v. 26. 10. 1977 – I R 148/75, BStBl. II 1978, S. 97 (S. 97).

261 Vgl. *Moxter*, Bilanzrechtsprechung (2007), S. 104–109.

262 BFH, Urteil v. 20. 3. 1980 – IV R 89/79, BStBl. II 1980, S. 297 (S. 298).

263 BFH, Urteil v. 12. 12. 1991 – IV R 28/91, BStBl. II 1992, S. 600 (S. 603).

264 Daher kritisch wegen der Sonderstellung *Adler/Düring/Schmaltz*, Rechnungslegung und Prüfung der Unternehmen (1998), § 249 HGB, Rn. 51; *Bäcker*, Altlastenrückstellungen in der

chen Verpflichtungen nur ausschlaggebend sein, ob bei der Fortführung des Unternehmens mit dem Entstehen einer Verbindlichkeit ernsthaft zu rechnen sein muss.[265] Indiz hierfür sollte sein, dass ein gedachter Erwerber des Unternehmens dies kaufpreismindernd berücksichtigen würde.[266]

bb) Anwendung auf den Fall: Prüfung der vom BFH aufgestellten besonderen Konkretisierungsanforderungen

Sanierungsverpflichtungen können sich sowohl aus dem öffentlichen Recht als auch aus privatrechtlicher Grundlage herleiten.[267] Bei öffentlich-rechtlichen Verpflichtungen sind die vom BFH aufgestellten besonderen Konkretisierungserfordernisse zu prüfen. Die Anspruchsgrundlagen für öffentlich-rechtliche Verpflichtungen können sich aus Spezialgesetzen, wie z. B. dem Abfallgesetz, dem Wasserhaushaltsgesetz oder dem Bundesimmissionsschutzgesetz, ergeben. In der Regel sind diese Gesetze jedoch wegen mangelnder sachlicher oder zeitlicher Voraussetzungen nicht anwendbar.[268] Im vorliegenden Sachverhalt sind gerade deshalb das Bundesimmissionsschutzgesetz und das Bundesbodenschutzgesetz nicht einschlägig, da beide keine Vorschriften enthalten, die das Unternehmen zur Beseitigung von Bodenkontaminationen außerhalb des Betriebsgeländes verpflichten. Ebenso kommen abfallrechtliche Vorschriften nicht zum Tragen. Als Abfall gelten gemäß § 1 Abs. 1 KrW-/AbfG nur bewegliche Sachen; die die Kontamination verursachenden Schadstoffe fallen aufgrund ihrer begrenzten Mobilität damit nicht unter die Legaldefinition des Abfallgesetzes. Auch das Wasserhaushaltsgesetz findet mangels tatsächlicher Gründe keine Anwendung.[269]

Öffentlich-rechtliche Verpflichtungen ergeben sich vielmehr regelmäßig aus der Generalklausel zur Gefahrenabwehr des allgemeinen Polizei- und Ordnungsrechts. Danach kann die Polizei bzw. die entsprechende Ordnungsbehörde notwendige Maßnahmen treffen, um eine bestehende Gefahr für die öffentliche Sicherheit oder

---

Steuerbilanz, BB 1990, S. 2225 (S. 2227 f.); *Kozikowski/Schubert*, in: Ellrott u. a. (Hrsg.), Beck'scher Bilanz-Kommentar (2010), § 249 HGB, Rn. 33; *Crezelius*, Zur Bildung von Rückstellungen von Umweltschutzmaßnahmen, DB 1992, S. 1353 (S. 1353); IDW, Ertragsteuerliche Fragen im Zusammenhang mit der Sanierung schadstoffverunreinigter Wirtschaftsgüter, WPg 1992, S. 326 (S. 328 f.).

265 Vgl. *Kozikowski/Schubert*, in: Ellrott u. a. (Hrsg.), Beck'scher Bilanz-Kommentar (2010), § 249 HGB, Rn. 33; *Adler/Düring/Schmaltz*, Rechnungslegung und Prüfung der Unternehmen (1998), § 249 HGB, Rn. 51.

266 Vgl. *Moxter*, Zum Passivierungszeitpunkt von Umweltschutzrückstellungen, in: Moxter u. a. (Hrsg.), FS Forster (1992), S. 427 (S. 430).

267 Vgl. *Herzig/Köster*, Bilanzierung von Altlastensanierungsrückstellungen in der aktuellen Rechtsprechung des BFH, WiB 1995, S. 361 (S. 363).

268 Vgl. *Friedemann*, Umweltschutzrückstellungen im Bilanzrecht (1996), S. 100 f.

269 Vgl. zur Argumentation in einem ähnlichen Sachverhalt VGH Bad.-Württ., Urteil v. 14. 12. 1989 – 1 S 2719/89, BB 1990, S. 237; siehe dazu auch *Friedemann*, Umweltschutzrückstellungen im Bilanzrecht (1996), S. 90 ff.

Ordnung abzuwehren.[270] Von einer drohenden Gefahr für die öffentliche Sicherheit ist auszugehen, wenn bei ungehindertem Geschehensablauf in absehbarer Zeit mit hinreichender Wahrscheinlichkeit ein Schaden für die Schutzgüter der öffentlichen Sicherheit, wie bspw. die Unversehrtheit der Gesundheit, eintreten würde.[271] Bei der Beurteilung, ob das Unternehmen mit einer Verpflichtung zur Beseitigung von Gefahren oder Umweltbeeinträchtigungen zu rechnen hat, kann auf die Schwellenwerte der aufgrund des Bundesbodenschutzgesetzes erlassenen Rechtsverordnung zurückgegriffen werden. Ist bei sorgfältiger Prüfung des Sachverhalts davon auszugehen, dass „hinreichend konkretisierte, rechtswidrige Zustände vorliegen, durch die eine Gefahr auf die öffentliche Sicherheit ausgeh[t]"[272], hat das Unternehmen dies bilanziell durch die Bildung einer Rückstellung zu berücksichtigen. Ein Verwaltungsakt zur Beseitigung der Bodenverunreinigung ist keine notwendige Voraussetzung, er weist lediglich darauf hin, dass ein Anspruch durchgesetzt werden soll.[273]

Für Verpflichtungen, die aufgrund eines Gesetzes bestehen, muss dieses „in sachlicher Hinsicht ein inhaltlich genau bestimmtes Handeln"[274] vorschreiben. Sowohl den speziellen Umweltschutzgesetzen als auch den subsidiär heranzuziehenden polizeilichen Generalklauseln fehlt es regelmäßig an präzisen Handlungsanweisungen. Eine wortgetreue Auslegung des „inhaltlich bestimmten Handelns" würde in den seltensten Fällen eine Rückstellungsbildung bedingen; eine zu enge Auslegung des Begriffs beinhaltet die Gefahr einer Überobjektivierung.[275] Besteht eine Verpflichtung zur Gefahrenabwehr bzw. zur Schadensbeseitigung, so ist vom Unternehmen auch dann eine Rückstellung zu passivieren, wenn unklar ist, wie es dieser Verpflichtung nachkommen wird.[276] In der Regel lassen sich derartige Maßnahmen nicht pauschal vom Gesetzgeber festlegen, aufgrund sich ständig ändernder technischer Möglichkeiten und veränderter Anforderungen an umweltgerechte Verhaltensweisen muss die durchzuführende Handlung im Einzelfall festgelegt werden; die Forderung nach einem „inhaltlich bestimmten Handeln" sollte im Sinne eines „bestimmbaren Handelns"[277] verstanden werden.

Der BFH erhebt die Zeitbezogenheit als weiteres Konkretisierungserfordernis an öffentlich-rechtliche Verpflichtungen, die sich aus einem Gesetz ergeben. Verstöße

---

270 Diese Kernaussage findet sich, teilweise mit geringen Abweichungen, in den jeweiligen Polizeigesetzen der Länder.

271 Vgl. *Herzig/Köster*, Bilanzierung von Altlastensanierungsrückstellungen in der aktuellen Rechtsprechung des BFH, WiB 1995, S. 361 (S. 363).

272 *Friedemann*, Umweltschutzrückstellungen im Bilanzrecht (1996), S. 112.

273 Vgl. *Achatz*, Umweltrisiken in der Handels- und Steuerbilanz, in: Kirchhof (Hrsg.), Umweltschutz im Abgaben- und Steuerrecht (1993), S. 161 (S. 175).

274 BFH, Urteil v. 19. 10. 1993 – VIII R 14/92, BStBl. II 1993, S. 891 (S. 892).

275 Vgl. *Herzig*, Rückstellungen wegen öffentlich-rechtlicher Verpflichtungen, insbesondere Umweltschutz, DB 1990, S. 1341 (S. 1345).

276 Vgl. *Loose*, Rückstellungen für Umweltverbindlichkeiten (1993), S. 65.

277 *Friedemann*, Umweltschutzrückstellungen im Bilanzrecht (1996), S. 126.

gegen spezielle gesetzliche Normen oder das anzuwendende Polizei- und Ordnungsrecht bedingen in der Regel ein Gebot zum unverzüglichen Handeln. Aufgrund dessen spielt es keine Rolle, ob eine gesetzlich definierte Frist besteht, innerhalb derer die Bodendekontamination durchzuführen ist. Sanierungsverpflichtungen, die ausschließlich bei einer Stilllegung entstehen, sind nur dann zu berücksichtigen, wenn die Betriebsstilllegung beabsichtigt ist.[278]

Als dritte Voraussetzung zur Bildung einer Rückstellung fordert der BFH bei öffentlich-rechtlichen Verpflichtungen, die auf einem Gesetz beruhen, dass das Gesetz eine Sanktionsbewehrung enthält. Diese Forderung sollte in dem Sinn zu interpretieren sein, dass, sofern Ansprüche zur Beseitigung von Umweltschäden bzw. zur Gefahrenabwehr geltend gemacht werden, diese auch durchsetzbar sind.[279] Damit unterscheidet sich die Forderung nach Sanktionsbewehrung nicht von zivilrechtlichen oder rein wirtschaftlich begründeten Verpflichtungen; diese müssen ebenso durchsetzbar sein. Der Schuldner darf sich ihnen nicht entziehen können.

Im Sachverhalt können diese Kriterien als erfüllt angesehen werden.

2. Ergebnis nach den Grundsätzen ordnungsmäßiger Bilanzierung

Im Ergebnis ist festzustellen, dass im vorliegenden Sachverhalt eine Rückstellung wohl zu bilden wäre. In einer vom Sachverhalt her ähnlichen Entscheidung hat der BFH dies jedoch aufgrund der mangelnden Wahrscheinlichkeit der Inanspruchnahme abgelehnt, ohne die in der Literatur vielfach kritisierten zusätzlichen Konkretisierungsmerkmale für öffentlich-rechtliche Verpflichtungen zu prüfen. Er lässt vielmehr in seiner Entscheidung offen, „ob und inwieweit diese Rechtsprechung allgemein oder für Beseitigungspflichten im Rahmen der Umweltsanierung präzisiert oder fortentwickelt werden muss"[280]. Er lässt weiterhin offen, ob etwa alternativ eine Teilwertabschreibung auf das kontaminierte Grundstück vorzunehmen wäre (§§ 253 Abs. 2 S. 3 HGB, 6 Abs. 1 Nr. 2 EStG).[281]

---

278 Vgl. BMF, 2. 5. 1977 – IV B 2-S 2137-13/77, BStBl. I 1977, S. 280 (S. 280).
279 Vgl. *Bäcker*, Altlastenrückstellungen in der Steuerbilanz, BB 1990, S. 2225 (S. 2229).
280 BFH, Urteil v. 19. 10. 1993 – VIII R 14/92, BStBl. II 1993, S. 891 (S. 892).
281 Vgl. Fall 13, Außerplanmäßige Abschreibung im Anlagevermögen – Beispiel Grundstücke.

II. Lösung nach IFRS

1. Anzuwendende Vorschriften

a) Bilanzierung von Rückstellungen gemäß den IFRS

Das Rahmenkonzept des IASB subsumiert Verbindlichkeiten, Rückstellungen und Eventualschulden unter dem Begriff Schuld. Das Rahmenkonzept ist gemäß RK.2 jedoch kein Standard: Die einzelnen Standards, wie im vorliegenden Fall IAS 37, gehen dem Rahmenkonzept als Spezialnormen jeweils vor.[282]

IAS 37.10 definiert eine Rückstellung als eine „Schuld, die bezüglich ihrer Fälligkeit oder ihrer Höhe ungewiss ist" (IAS 37.10). Abzugrenzen sind passivierungspflichtige Rückstellungen von abgegrenzten Schulden (accruals), die weniger unsicher als Rückstellungen sind (IAS 37.11(b))[283], sowie von Eventualschulden, deren Inanspruchnahme zwar „nicht wahrscheinlich (probable), aber auch nicht vernachlässigbar gering (remote)"[284] ist. Diese dürfen gemäß IAS 37.27 nicht bilanziell erfasst werden, sie sind lediglich entsprechend IAS 37.86 im Anhang anzugeben.[285]

b) Anwendung auf den Fall: Prüfen der Entsorgungsverpflichtung auf Anwendbarkeit des IAS 37

Die Anwendung des IAS 37 setzt das Vorliegen einer Rückstellung voraus, was nachfolgend geprüft wird. Vorbehaltlich einer positiven Beurteilung ist IAS 37 anzuwenden, da keine Ausnahme i. S. v. IAS 37.2–9 vorliegt.

2. Ansatzkriterien für eine Rückstellung

a) Definition der Rückstellung

Rückstellungen sind gemäß IAS 37.14 dann zu bilden, wenn „(a) einem Unternehmen aus einem Ereignis der Vergangenheit eine gegenwärtige Verpflichtung (rechtlich oder faktisch) entstanden ist; (b) der Abfluss von Ressourcen mit wirt-

---

282 Vgl. *Wagenhofer*, Internationale Rechnungslegungsstandards – IAS/IFRS (2009), S. 125; *Baetge/Kirsch/Wollmert/Brüggemann*, in: Baetge u. a. (Hrsg.), Rechnungslegung nach IFRS, Grundlagen der IFRS-Rechnungslegung, Rn. 18 (Stand: Dez. 2007).

283 Vgl. zur Abgrenzungsproblematik *Moxter*, Rückstellungen nach IAS: Abweichungen vom geltenden deutschen Bilanzrecht, BB 1999, S. 519 (S. 522).

284 *Hommel*, in: Baetge/Kirsch/Thiele (Hrsg.), Bilanzrecht, § 249 HGB, Rn. 516 (Stand: Sept. 2002).

285 Vgl. bezüglich des Ansatzes von Eventualverbindlichkeiten im Falle von Unternehmenszusammenschlüssen Fall 2, Bilanzierung von Geschäfts- oder Firmenwerten – Beispiel Unternehmenskauf.

schaftlichem Nutzen zur Erfüllung dieser Verpflichtung wahrscheinlich ist; und (c) eine verlässliche Schätzung der Höhe der Verpflichtung möglich ist." Nur wenn diese Kriterien kumulativ erfüllt sind, ist eine Rückstellung im Einzelabschluss zu passivieren. Ebenso ist das Vorliegen einer gegenwärtigen Verpflichtung entscheidendes Tatbestandsmerkmal; die alleinige Absicht, in der Zukunft bestimmte Vermögenswerte zu erwerben, reicht für die Passivierung einer Schuld nicht aus.[286] Bei der Frage, ob eine Schuld passivierungspflichtig ist, ist auf den tatsächlichen wirtschaftlichen Gehalt abzustellen, eine rein rechtliche Betrachtungsweise ist zurückzudrängen (RK.51).

b) Kriterium der wirtschaftlichen Vermögensbelastung

aa) Bedeutung des Ansatzkriteriums der wirtschaftlichen Vermögensbelastung

Auch nach den IFRS ist ein wesentliches Tatbestandsmerkmal einer Rückstellung die wirtschaftliche Vermögensbelastung am Bilanzstichtag; diese kann dabei sowohl in der Erwartung zukünftiger Ausgaben als auch in verminderten Einnahmen nach dem Abschlussstichtag bestehen. Es gilt analog zu den handelsrechtlichen GoB der Grundsatz der Nichtpassivierung rein rechtlich existenter Verbindlichkeiten, da ein Abfluss von Ressourcen mit wirtschaftlichem Nutzen nicht wahrscheinlich ist. Sie sind damit weder bilanziell als Rückstellung noch außerbilanziell als Eventualschuld zu erfassen.

bb) Anwendung auf den Fall: Beurteilung der durch die undichten Zu- und Abläufe verursachten Vermögensbelastung

Im Sachverhalt hat das bilanzierende Unternehmen bei seiner Stilllegung die Verunreinigungen des Bodens zu sanieren. Es ist mit künftigen Aufwendungen für die Dekontamination zu rechnen. Es kann davon ausgegangen werden, dass damit eine wirtschaftliche Vermögensbelastung am Bilanzstichtag vorliegt.

c) Kriterium der gegenwärtigen Verpflichtung

aa) Bedeutung des Ansatzkriteriums der gegenwärtigen Verpflichtung

Ob ein Ereignis der Vergangenheit stattfand und zu einer gegenwärtigen Verpflichtung geführt hat, ist in der Regel eindeutig. Bei diesbezüglicher Unklarheit ist gemäß IAS 37.15 „unter Berücksichtigung aller verfügbaren substanziellen Hinweise" zu beurteilen, ob mehr Gründe für als gegen das Bestehen einer gegenwärtigen Verpflichtung sprechen.[287] Umstritten ist, ob dabei sowohl wertbeeinflussende als

---

286 Vgl. *Reinhart*, Rückstellungen, Contingent Liabilities sowie Contingent Assets nach der neuen Richtlinie IAS 37, BB 1998, S. 2514 (S. 2514); *ders.*, Die Auswirkungen der Rechnungslegung nach International Accounting Standards auf die erfolgswirtschaftliche Abschlussanalyse von deutschen Jahresabschlüssen (1998), S. 104 f.

287 Vgl. bezüglich der Begriffsinterpretation Abschn. II. 2. e) aa).

auch werterhellende Ereignisse zu berücksichtigen sind.[288] Gemäß IAS 37.16 sind „alle zusätzlichen, nach dem Bilanzstichtag entstandenen substanziellen Hinweise" bei dieser Beurteilung zu berücksichtigen.

Die gegenwärtige Verpflichtung kann rechtlich oder faktisch vorliegen. Gemäß IAS 37.10 beruhen rechtliche Verpflichtungen auf einem bindenden Vertrag, einem Gesetz oder sonstigen unmittelbaren Auswirkungen von Gesetzen. Faktische Verpflichtungen ergeben sich aus dem „üblichen Geschäftsgebaren", „öffentlich angekündigten Maßnahmen" des Unternehmens oder „ausreichend spezifische[n], aktuelle[n] Aussage[n] anderen Parteien gegenüber", die „die Übernahme gewisser Verpflichtungen" andeuten. Zusätzlich muss dadurch bei anderen Parteien „die gerechtfertigte Erwartung" geweckt worden sein, dass das Unternehmen diese Verpflichtungen erfüllen wird.

Zulässig ist allein die Berücksichtigung von Verpflichtungen gegenüber Dritten; Aufwands- und Restrukturierungsrückstellungen benötigten an dieser Stelle jedoch eine besondere Betrachtung.[289] Die Verpflichtung kann dabei gegenüber einer einzelnen Person, einer Gruppe von Anspruchsberechtigten oder der Öffentlichkeit bestehen; es ist nicht notwendig, dass das Unternehmen den Gläubiger kennt (IAS 37.20). Damit erscheint grundsätzlich die Bildung von reinen Aufwandsrückstellungen nach IFRS nicht zulässig.[290]

bb) Anwendung auf den Fall: Beurteilung der Bestehenswahrscheinlichkeit der Verpflichtung

„Unter Beachtung aller verfügbaren substanziellen Hinweise" müssen mehr Gründe für das Bestehen einer Verpflichtung am Bilanzstichtag als dagegen sprechen. Das Unternehmen plant hier „in einigen Jahren" die Stilllegung des Betriebs. Das Vorliegen einer Verpflichtung kann anhand des erstellten – obgleich internen – Gutachtens nachgewiesen werden. Im Sachverhalt liegt eine rechtlich begründete Verpflichtung vor, die sich aufgrund eines Gesetzes bzw. einer sonstigen unmittelbaren Auswirkung eines Gesetzes ableiten lässt. Jedoch definiert IAS 37 diese Anforderungen nicht näher. Wie schon in der Betrachtung nach handelsrechtlichen GoB kann hier wohl von einer öffentlich-rechtlichen Verpflichtung, die sich aus der Generalklausel des allgemeinen Polizei- und Ordnungsrechts zur Gefahrenabwehr herleitet, ausgegangen werden.[291] Damit liegt auch eine Verpflichtung Dritten gegenüber vor.

---

288 Vgl. *Hommel*, in: Baetge/Kirsch/Thiele (Hrsg.), Bilanzrecht, § 249 HGB, Rn. 522 (Stand: Sept. 2002).

289 Vgl. *Moxter*, Rückstellungen nach IAS: Abweichungen vom geltenden deutschen Bilanzrecht, BB 1999, S. 519 (S. 519 f.).

290 Vgl. *Förschle/Kroner/Heddäus*, Ungewisse Verpflichtungen nach IAS 37 im Vergleich zum HGB, WPg 1999, S. 41 (S. 47).

291 Zur Argumentation vgl. Abschn. II. 2. d) bb).

d) Kriterium „Ereignis der Vergangenheit"

aa) Bedeutung des Ansatzkriteriums „Ereignis der Vergangenheit"

Rückstellungen sind gemäß IAS 37.19 nur für Verpflichtungen anzusetzen, die aus Ereignissen der Vergangenheit resultieren und unabhängig von der künftigen Geschäftstätigkeit des Unternehmens entstehen. Voraussetzung für eine Rückstellung ist also, dass die Ursache der gegenwärtigen Verpflichtung in der Vergangenheit liegen muss. Als Ereignis in der Vergangenheit kann dabei jedes Ereignis gelten, das bis zum Bilanzstichtag eingetreten ist.[292] Ein verpflichtendes Ereignis liegt vor, wenn das bilanzierende Unternehmen nach dessen Eintreten keine realistische Möglichkeit hat, sich dieser Verpflichtung zu entziehen (Unentziehbarkeitstheorem), die zukünftigen Aufwendungen müssen bei realistischem Verhalten unvermeidbar sein.[293] Realistisches Verhalten bedeutet, dass die Ausnahme einer Unternehmensliquidation grundsätzlich außer Acht zu lassen ist. Die Erfüllung der Verpflichtung muss rechtlich erzwingbar sein bzw. bei einer faktischen Verpflichtung muss das Unternehmen gerechtfertigte Erwartungen bei Dritten geweckt haben, dass es der Verpflichtung nachkommt. Das Bestehen rechtlicher Verpflichtungen ist in der Regel durch Vertrag, Gesetz oder bspw. einen Verwaltungsakt leicht nachweisbar. Der Nachweis faktisch bestehender Verpflichtungen ist dagegen ungleich schwieriger: Sofern dem Unternehmen bei Nichterfüllung ein erheblicher wirtschaftlicher Schaden droht, der der Höhe des Erfüllungsbetrags zumindest entspricht, wird eine faktische Verpflichtung regelmäßig zu bejahen sein.[294]

bb) Anwendung auf den Fall: Identifizierung des verpflichtenden Ereignisses

Die Kontamination des Bodens erfolgte annahmegemäß gesetzeswidrig in den vergangenen Perioden. Die daraus resultierende Verpflichtung besteht unabhängig von der künftigen Geschäftstätigkeit. IAS 37.19 nennt als Beispiel für Verpflichtungen explizit „Aufwendungen für die Beseitigung unrechtmäßiger Umweltschäden". Ebenso sind Unentziehbarkeit und Durchsetzbarkeit aufgrund des Bestehens einer rechtlichen Verpflichtung zu bejahen.

e) Kriterium der Wahrscheinlichkeit des Ressourcenabflusses

aa) Bedeutung des Ansatzkriteriums der Wahrscheinlichkeit des Ressourcenabflusses

Der Abfluss von Ressourcen mit wirtschaftlichem Nutzen ist dann wahrscheinlich, wenn für die wirtschaftliche Vermögensbelastung mehr Gründe als dagegen spre-

---

292 Vgl. *Hachmeister*, Verbindlichkeiten nach IFRS (2006), S. 116.

293 Vgl. *Moxter*, Rückstellungen nach IAS: Abweichungen vom geltenden deutschen Bilanzrecht, BB 1999, S. 519 (S. 521).

294 Vgl. *Förschle/Kroner/Heddäus*, Ungewisse Verpflichtungen nach IAS 37 im Vergleich zum HGB, WPg 1999, S. 41 (S. 45); *Hommel*, in: Baetge/Kirsch/Thiele (Hrsg.), Bilanzrecht, § 249 HGB, Rn. 528 (Stand: Sept. 2002).

chen (IAS 37.23). Ist der Abfluss von Ressourcen unwahrscheinlich, ist lediglich die Angabe einer Eventualschuld in den Notes erforderlich.

Die Interpretation des Wahrscheinlichkeitsbegriffs „im Sinne einer quantitativ überwiegenden, sog. 51-Prozent-Wahrscheinlichkeit"[295] eröffnet dem Bilanzierenden erhebliche Bewertungsspielräume, da Informationen über die „intersubjektiv nachprüfbaren quantifizierten Wahrscheinlichkeiten"[296] nicht zugänglich sind. Die Festlegung solcher quantitativer Grenzwerte, mit entsprechenden Konsequenzen für die bilanzielle Erfassung der Rückstellung, führt mithin lediglich zu einer „Scheingenauigkeit"[297].

bb) Anwendung auf den Fall: Beurteilung der Wahrscheinlichkeit des Ressourcenabflusses aufgrund der Umweltbelastung

Die Wahrscheinlichkeit des Ressourcenabflusses ist im vorliegenden Sachverhalt schwierig zu beurteilen. Es besteht die Absicht der Stilllegung des Betriebs in einigen Jahren. Die Unsicherheit über die Fälligkeit der Verpflichtung kann für eine Verneinung dieses Tatbestandsmerkmals nicht herangezogen werden, da eine Rückstellung definiert ist als „eine Schuld, die bezüglich ihrer Fälligkeit oder ihrer Höhe ungewiss ist" (IAS 37.10). Zwar kann vom Vorliegen einer rechtlich begründeten Verpflichtung ausgegangen werden, jedoch hat die zuständige Fachbehörde keine Kenntnis von dem unrechtmäßigen Verhalten des bilanzierenden Unternehmens. Es bleibt somit fraglich, ob sie diese Kenntnis überhaupt erlangen wird und das Unternehmen zur Verantwortung gezogen werden kann.

f) Kriterium der zuverlässigen Schätzbarkeit der Höhe der Verpflichtung

aa) Bedeutung des Ansatzkriteriums der zuverlässigen Schätzbarkeit der Höhe der Verpflichtung

IAS 37.25 unterstellt, dass Unternehmen in den meisten Fällen in der Lage sein werden, über eine Bandbreite möglicher Ergebnisse die Höhe einer Verpflichtung abzuleiten. Grundsätzlich wird festgestellt, dass die Verwendung geschätzter Werte die Verlässlichkeit der Informationen in Abschlüssen nicht einschränkt. Das Kriterium der verlässlichen Schätzbarkeit ist nach GoB in dieser Form kein Ansatzkriterium für eine Rückstellung.[298] IAS 37 schränkt damit den Rahmen der

---

295 *Moxter*, Rückstellungen nach IAS: Abweichungen vom geltenden deutschen Bilanzrecht, BB 1999, S. 519 (S. 520).

296 *Hommel*, in: Baetge/Kirsch/Thiele (Hrsg.), Bilanzrecht, § 249 HGB, Rn. 534 (Stand: Sept. 2002).

297 *Ders.*, in: Baetge/Kirsch/Thiele (Hrsg.), Bilanzrecht, § 249 HGB, Rn. 522 (Stand: Sept. 2002).

298 Die GoB verlangen diesbezüglich eine vernünftige kaufmännische Beurteilung (vgl. § 253 Abs. 1 S. 2 HGB).

Rückstellungsbildung im Vergleich zum HGB zwar formal ein;[299] da aber nur „[i]n äußerst seltenen Fällen" die Passivierung einer Rückstellung aufgrund der fehlenden Ermittlung einer verlässlichen Schätzung der Höhe der Verpflichtung nicht möglich ist (IAS 37.26), erscheint diese formale Einschränkung kaum bedeutsam. In diesen Fällen ist eine Eventualschuld außerbilanziell zu vermerken.

bb) Anwendung auf den Fall: Beurteilung der Zuverlässigkeit einer Schätzung der Verpflichtungshöhe

Dieses Tatbestandsmerkmal kann wohl als erfüllt angesehen werden, obgleich eine Schätzung des Verpflichtungsbetrags aufgrund des ausschließlich internen Umweltgutachtens eher kritisch zu beurteilen ist. Ein externes Gutachten würde eine objektiviertere Bewertung ermöglichen.

3. Ergebnis nach IFRS

Abschließend kann im vorliegenden Sachverhalt die Bildung einer Rückstellung bejaht werden. Kritisch zu sehen ist in jedem Fall das Tatbestandsmerkmal der Wahrscheinlichkeit des Ressourcenabflusses. Sollte dies als nicht erfüllt angesehen werden, wäre eine Eventualschuld gemäß IAS 37.86 im Anhang anzugeben. Diese Offenlegungspflicht würde dann aber automatisch dazu führen, dass auch die zuständige Fachbehörde Kenntnis von der Kontamination erlangen würde. In diesem Fall wäre dann gemäß IAS 37.30 zum Zeitpunkt der Änderung in Bezug auf die Wahrscheinlichkeit des Ressourcenabflusses eine Rückstellung zu passivieren.

Zudem stellt sich die Frage, ob das Vorliegen einer rechtlichen Verpflichtung aufgrund einer gesetzlichen Bestimmung zu bejahen ist. Es ist unklar, ob IAS 37 eine nach deutschem Recht bestehende Generalklausel des Polizei- und Ordnungsrechts anerkennt. Wäre dies nicht der Fall, ist ebenso wiederum eine Eventualschuld anzugeben, da das Vorliegen einer möglichen Verpflichtung unzweifelhaft zu bejahen wäre. Dies könnte wiederum zur Kenntnisnahme der zuständigen Behörde und dem Erlass eines Verwaltungsakts führen, der in jedem Fall eine rechtliche Verpflichtung begründet. Da der Verwaltungsakt jedoch nur darauf hinweist, dass eine bestehende rechtliche Verpflichtung durchgesetzt werden soll, scheint es sinnvoll, die auf der Generalklausel beruhende Verpflichtung bereits anzuerkennen und eine Rückstellungsbildung nicht abzulehnen.[300]

---

299 Vgl. *Reinhart*, Rückstellungen, Contingent Liabilities sowie Contingent Assets nach der neuen Richtlinie IAS 37, BB 1998, S. 2514 (S. 2515).
300 Vgl. auch IAS 37 Anhang C Beispiel 2A und 2B.

III. Gesamtergebnis

1. Nach handelsrechtlichen GoB müssen für den Ansatz einer Rückstellung das Vermögenslastprinzip, das Prinzip objektivierter Mindestwahrscheinlichkeit und das Außenverpflichtungsprinzip erfüllt werden. Öffentlich-rechtliche Verpflichtungen haben zudem weiteren Konkretisierungsanforderungen zu genügen: Sie müssen durch einen Verwaltungsakt oder ein Gesetz begründet sein, das ein bestimmtes Handeln innerhalb eines bestimmten Zeitraums fordert und im Falle der Nichterfüllung Sanktionen festschreibt. Die Sanierung des verunreinigten Bodens führt hier zu einer tatsächlichen Vermögensbelastung. Die Verpflichtung zur Sanierung besteht gegenüber der Öffentlichkeit, kann aus dem Bundesimmissionsschutzgesetz bzw. der Generalklausel des allgemeinen Polizei- und Ordnungsrechts abgeleitet werden und ist sanktionsbewehrt.

2. Entgegen der herrschenden Literaturmeinung verneint der BFH die Bildung einer Rückstellung jedoch aus dem Grund einer fehlenden Wahrscheinlichkeit der Inanspruchnahme, da die zuständige Fachbehörde bis zum Bilanzstichtag keine Kenntnis von der Kontamination des Bodens erlangt hat, und ersetzt damit implizit das Kriterium der Wahrscheinlichkeit der Inanspruchnahme durch das der Sicherheit der Inanspruchnahme.

3. Im vorliegenden Sachverhalt wird auch der Ansatz einer Rückstellung nach IAS 37 grundsätzlich zu bejahen sein. Die in der Vergangenheit liegende Verunreinigung des Bodens führt zu einer gegenwärtigen Verpflichtung: Das Bundesimmissionsschutzgesetz bzw. die Generalklausel des allgemeinen Polizei- und Ordnungsrechts fordern die unverzügliche Beseitigung der Kontamination, wodurch es zu einem wahrscheinlichen Ressourcenabfluss aus dem Unternehmen kommt, kritisch ist in diesem Zusammenhang jedoch die mangelnde Kenntnis der Ordnungsbehörde zu sehen. Aufgrund des vorliegenden Umweltgutachtens ist eine zuverlässige Schätzung der Höhe der Belastung im Sinne der IFRS möglich.

4. Im Ergebnis wird die Bildung einer Rückstellung sowohl nach handelsrechtlichen GoB – wenn auch vom BFH verneint – als auch nach IFRS grundsätzlich zu bejahen sein.

Weiterführende Literatur

HGB:

Hommel, Michael,	in: Jörg Baetge/Hans-Jürgen Kirsch/Stefan Thiele (Hrsg.), Bilanzrecht, Bonn/Berlin 2002 (Loseblatt), Kommentierung zu § 249 HGB (Stand: Sept. 2002)
Kozikowski, Michael/ Schubert, Wolfgang J.,	in: Helmut Ellrott u.a. (Hrsg.), Beck'scher Bilanz-Kommentar, 7. Aufl., München 2010, Kommentierung zu § 249 HGB
Moxter, Adolf,	Zum Passivierungszeitpunkt von Umweltschutzrückstellungen, in: Adolf Moxter u.a. (Hrsg.), Rechnungslegung, Festschrift für Karl-Heinz Forster, Düsseldorf 1992, S. 427–437
ders.,	Rückstellungskriterien im Streit, zfbf, 47. Jg. (1995), S. 311–326
ders.,	Bilanzrechtsprechung, 6. Aufl., Tübingen 2007, S. 84–115
Küting, Karlheinz/ Kessler, Harald/ Keßler, Marco,	Ansatz und Bewertung von Rückstellungen, in: Karlheinz Küting/Norbert Pfitzer/Claus-Peter Weber (Hrsg.), Das neue deutsche Bilanzrecht, 2. Aufl., Stuttgart 2009, S. 321–337

IFRS:

Ernst & Young (Hrsg.),	International GAAP 2010, Chichester (West Sussex) 2010, Chapter 24: Provisions, contingent liabilities and contingent assets
Hachmeister, Dirk,	Verbindlichkeiten nach IFRS, München 2006
Hoffmann, Wolf-Dieter,	in: Norbert Lüdenbach/Wolf-Dieter Hoffmann (Hrsg.), Haufe IFRS-Kommentar, 7. Aufl., Freiburg i.Br. u.a. 2009, § 21 Rückstellungen, Verbindlichkeiten
Oser, Peter/ Roß, Norbert,	Rückstellungen aufgrund der Pflicht zur Rücknahme und Entsorgung von sog. Elektroschrott beim Hersteller, WPg, 58. Jg. (2005), S. 1069–1076
Wich, Stefan,	Entfernungsverpflichtungen in der kapitalmarktorientierten Rechnungslegung der IFRS, Wiesbaden 2009

Fall 6: Passivierungszeitpunkt – Beispiel Entsorgung von Kernbrennelementen

Sachverhalt:

Ein Energieversorger beginnt im Jahr 01 mit dem Bau eines Kernkraftwerks, das im Jahr 06 ans Netz gehen soll. An die Inbetriebnahme des Atomkraftwerks geknüpft ist die Verpflichtung zur Entsorgung abgebrannter und bestrahlter Brennelemente, falls deren Nutzenpotenzial erschöpft ist. Es wird erwartet, dass zehn Jahre nach Aufnahme der Stromproduktion Verpflichtungen in Höhe von 60 Mio. Euro auf das Unternehmen zukommen werden. Aufgrund der zunehmend in der Öffentlichkeit geäußerten Kritik an nuklearer Energie rechnet man mit im Zeitablauf sinkenden Umsätzen. Anhand objektivierter Anhaltspunkte werden die Jahreserträge in den ersten beiden Jahren auf jeweils 150 Mio. Euro geschätzt; in den beiden verbleibenden Jahren bis zur völligen Unbrauchbarkeit der Brennelemente wird lediglich noch mit Umsätzen in Höhe von jeweils 75 Mio. Euro gerechnet.

Aufgabenstellung:

Hat der Energieversorger im ersten Jahr der Stromproduktion eine Rückstellung für die Verpflichtung zur Entsorgung der Kernbrennelemente zu passivieren?

I. Lösung nach den Grundsätzen ordnungsmäßiger Bilanzierung

1. Verbindlichkeitsbegriff

a) Vermögenslastprinzip

aa) Bedeutung des Vermögenslastprinzips

Das Vermögenslastprinzip als Ausfluss der für die Verbindlichkeitsbilanzierung notwendigen Prinzipien des Verbindlichkeitsbegriffs erfordert als Konkretisierung des Grundsatzes wirtschaftlicher Betrachtungsweise nicht den Ausweis sämtlicher am Bilanzstichtag bestehender rechtlicher (ungewisser) Verpflichtungen, sondern nur derjenigen „Schulden, die den Kaufmann wirtschaftlich belasten"[301]. Daraus folgt einerseits, dass rechtliche Verpflichtungen, die das Kaufmannsvermögen nicht belasten, nicht angesetzt werden dürfen, andererseits aber rein tatsächliche Verpflichtungen, die vermögensbelastend sind, zu passivieren sein können; „eine zivil- bzw. öffentlich-rechtliche Verbindlichkeit [ist] weder notwendige noch hin-

---

301 BFH, Urteil v. 22. 11. 1988 – VIII R 62/85, BStBl. II 1989, S. 359 (S. 362).

reichende Voraussetzung einer bilanzrechtlichen Verbindlichkeit".[302] Das Vermögenslastprinzip wird konkretisiert durch das Prinzip der Passivierung rein wirtschaftlicher Lasten, wonach es für die Passivierungspflicht ausreicht, dass eine Verpflichtung besteht, der „ein Kaufmann aus geschäftlichen Erwägungen heraus nachkommt"[303], und das Prinzip der Nichtpassivierung nur rechtlicher Lasten, welches den Ansatz verbietet, wenn „mit einer Inanspruchnahme [...] mit an Sicherheit grenzender Wahrscheinlichkeit nicht mehr zu rechnen ist, so daß die – bestehende – rechtliche Verpflichtung [...] keinerlei wirtschaftliche Bedeutung mehr hat"[304].

bb) Anwendung auf den Fall: Prüfen des Vorliegens einer Vermögensbelastung des Energieversorgers

Im vorliegenden Fall kann eine Vermögenslast im Sinne von Nettoausgabenpotenzialen bejaht werden: Die Entsorgungsverpflichtung für die Kernbrennelemente stellt eine Leistungsverpflichtung für den Betreiber dar, die mit einem künftigen Abfluss von Vermögen in genau spezifizierter Höhe verbunden ist, was eine wirtschaftliche Last konkretisiert.

b) Greifbarkeitsprinzip

aa) Außenverpflichtungsprinzip

(1) Bedeutung des Außenverpflichtungsprinzips

Wie Vermögensgegenstände müssen auch wirtschaftliche Lasten greifbar, d. h. dergestalt konkretisiert sein, „daß sie von einem gedachten Erwerber des ganzen Unternehmens in seinem Kaufpreiskalkül (negativ) veranschlagt würde[n]".[305] Das Erfordernis der den Ansatz von Vermögensbelastungen einengenden Greifbarkeit von (ungewissen) Verbindlichkeiten folgt hierbei dem Sinn und Zweck der Objektivierung der Rückstellungspassivierung.[306]

Das Außenverpflichtungsprinzip als eine Ausprägung des Greifbarkeitsprinzips besagt, dass nur eine Verpflichtung, die gegenüber Dritten besteht, eine Verbindlichkeit im Sinne des Bilanzrechts darstellt, und eine Innenverpflichtung, die eine

---

302 *Böcking*, Verbindlichkeitsbilanzierung (1994), S. 33. Vgl. ferner *Friedemann*, Umweltschutzrückstellungen im Bilanzrecht (1996), S. 22–28.

303 BFH, Urteil v. 29. 5. 1956 – I 224/55 U, BStBl. III 1956, S. 212 (S. 212). Vgl. BGH, Urteil v. 28. 1. 1991 – II ZR 20/90, BB 1991, S. 507 (S. 508).

304 BFH, Urteil v. 22. 11. 1988 – VIII R 62/85, BStBl. II 1989, S. 359 (S. 361). Vgl. zum Prinzip der Nichtpassivierung nur rechtlicher Lasten *Böcking*, Verbindlichkeitsbilanzierung (1994), S. 36–50.

305 *Moxter*, Zum Passivierungszeitpunkt von Umweltschutzrückstellungen, in: Moxter u. a. (Hrsg.), FS Forster (1992), S. 427 (S. 430).

306 Vgl. *Moxter*, Grundsätze ordnungsgemäßer Rechnungslegung (2003), S. 113 f.

„betriebswirtschaftliche Verpflichtung gegen sich selbst"[307] begründet, nicht passiviert werden darf. Die fehlende Anerkennung von Innenverpflichtungen als Verbindlichkeiten kann nur als strenge Typisierung der Rechtsprechung i. S. d. Rechtssicherheit verstanden werden, sind doch einige dieser wirtschaftlichen Lasten prinzipiell genauso konkretisiert wie Außenverpflichtungen.[308]

Außenverpflichtungen können sowohl auf zivilrechtlicher oder öffentlich-rechtlicher Basis gründen als auch rein wirtschaftlicher Natur sein; im letzteren Fall darf sich das Unternehmen der Erfüllung nicht entziehen können.[309]

Der Dritte kann bei öffentlich-rechtlichen Lasten „auch der Staat sein"[310]. Nach der Rechtsprechung besteht die Ansatzpflicht öffentlich-rechtlicher Verpflichtungen nur bei hinreichender Konkretisierung: „Allgemeine öffentlich-rechtliche Leitsätze rechtfertigen keine Rückstellung."[311] Die Verpflichtung hat sich vielmehr entweder durch eine besondere „Verfügung oder Auflage der zuständigen Behörde"[312] oder durch ein Gesetz zu ergeben, wenn dieses „ein inhaltlich genau bestimmtes Handeln innerhalb eines bestimmten Zeitraums vorschreib[t]" und an die „Verletzung der [...] Verpflichtung Sanktionen geknüpft sind", deren Erfüllung der Kaufmann sich „im Ergebnis nicht entziehen kann"[313]; ferner muss der Schuldner „ernsthaft mit einer Inanspruchnahme rechnen"[314], d. h. die Inanspruchnahme muss drohen. Die Rechtsprechung scheint hier unbegründet das Prinzip wirtschaftlicher Betrachtungsweise stark zurückzudrängen: Dass nunmehr nur noch solche Verpflichtungen passiviert werden dürfen, die zwar bezüglich ihrer Höhe, jedoch praktisch nicht mehr bezüglich ihres Bestehens unsicher sind, bedeutet eine Überbetonung des Objektivierungsprinzips.[315] Daher kommt es für eine öffentlich-rechtliche Last nach Auffassung des Schrifttums nicht auf eine exakte Festlegung von gefordertem Handeln und Zeitraum im Gesetz an, sondern es ist vielmehr auf

---

307 BFH, Urteil v. 19. 1. 1972 – I 114/65, BStBl. II 1972, S. 392 (S. 396).
308 Vgl. *Moxter*, Bilanzrechtsprechung (2007), S. 84 f.; *Kaiser*, Rückstellungsbilanzierung (2008), S. 40 f.
309 Vgl. *Ballwieser*, in: Schmidt (Hrsg.), Münchener Kommentar zum Handelsgesetzbuch (2008), § 249 HGB, Rn. 10.
310 BFH, Urteil v. 26. 10. 1977 – I R 148/75, BStBl. II 1978, S. 97 (S. 98).
311 BFH, Urteil v. 26. 5. 1976 – I R 80/74, BStBl. II 1976, S. 622 (S. 623).
312 BFH, Urteil v. 26. 10. 1977 – I R 148/75, BStBl. II 1978, S. 97 (S. 99).
313 BFH, Urteil v. 20. 3. 1980 – IV R 89/79, BStBl. II 1980, S. 297 (S. 298, alle Zitate). Vgl. auch BFH, Urteil v. 19. 10. 1993 – VIII R 14/92, BStBl. II 1993, S. 891 (S. 892).
314 BFH, Urteil v. 19. 10. 1993 – VIII R 14/92, BStBl. II 1993, S. 891 (S. 893).
315 Vgl. *Ballwieser*, Zur Passivierung von Verpflichtungen zum Schutz und zur Wiederherstellung der Umwelt, in: IDW (Hrsg.), Bericht über die Fachtagung 1991 des IDW (1992), S. 131 (S. 138); *Adler/Düring/Schmaltz*, Rechnungslegung und Prüfung der Unternehmen (1998), § 249 HGB, Rn. 51; *Herzig*, Rückstellungen wegen öffentlich-rechtlicher Verpflichtungen, insbesondere Umweltschutz, DB 1990, S. 1341 (S. 1345).

eine „relative Bestimmtheit" der gesetzlichen Normen hinsichtlich des bestimmten Handelns und des bestimmten Zeitraums abzustellen.[316]

(2) Anwendung auf den Fall: Prüfung des Vorliegens einer Außenverpflichtung im Fall der Entsorgungsverpflichtung

Im vorliegenden Fall der Entsorgungsverpflichtung von abgebrannten Brennelementen liegt eine Außenverpflichtung vor, die sich als eine öffentlich-rechtliche Verpflichtung darstellt. § 9a Abs. 1 S. 1 AtG verpflichtet die Kernkraftwerksbetreiber und andere Besitzer dazu, ihre radioaktiven Abfälle schadlos zu verwerten oder geordnet zu beseitigen (direkte Endlagerung); aufgrund des atomgesetzlichen Verbots der schadlosen Verwertung von bestrahlten Kernbrennelementen in Wiederaufbereitungsanlagen (§ 9a Abs. 1 S. 2 AtG) ist dabei jedoch die Lagerung der Kernbrennelemente derzeit die einzig gangbare Entsorgungsmethode. Obwohl die Regelungen im AtG insbesondere hinsichtlich der bestimmten Zeit nicht eindeutig sind,[317] lässt sich einerseits das grundsätzliche Verfahren zur Entsorgung der Kernbrennelemente als (relativ) bestimmtes Handeln und andererseits auch ein (mindestens) bestimmbarer Zeitraum der Entsorgung nach Ablauf des Nutzenpotenzials der Brennelemente bejahen;[318] ferner ist die Entsorgungsverpflichtung sanktionsbewehrt, da sich der Betreiber ihr mit der ersten Kernspaltung nicht mehr entziehen kann.

bb) Prinzip objektivierter Mindestwahrscheinlichkeit

(1) Bedeutung des Prinzips objektivierter Mindestwahrscheinlichkeit

Das Prinzip objektivierter Mindestwahrscheinlichkeit als weitere Ausprägung des Greifbarkeitsprinzips fordert für den Ansatz von Verbindlichkeiten, dass die zugrunde liegende Verpflichtung besteht oder künftig entstehen wird und eine Inanspruchnahme daraus wahrscheinlich ist.[319] Die Wahrscheinlichkeit ist dann gege-

---

316 *Döllerer*, Ansatz und Bewertung von Rückstellungen in der neueren Rechtsprechung des Bundesfinanzhofs, DStR 1987, S. 67 (S. 67): Bei Entsorgungsverpflichtungen ist hinsichtlich des Zeitraums bereits „eine durch die Sachlage gebotene Zeit" und in Bezug auf das Handeln „z. B. eine Entsorgung […] nach dem jeweiligen Stand von Wissenschaft und Technik" ausreichend. Vgl. auch BFH, Urteil v. 12. 12. 1991 – IV R 28/91, BStBl. II 1992, S. 600 (S. 603), in dem der BFH für Rekultivierungs- und Entsorgungsverpflichtungen „wegen der von ihnen ausgehenden Gefährdung, z. B. wegen radioaktiver Kontaminierung" auf einen bestimmbaren Zeitraum abstellt.

317 Vgl. *Heintzen*, Rückstellungen für die atomare Entsorgung auf der Grundlage des Steuerentlastungsgesetzes 1999/2000/2002, StuW 2001, S. 71 (S. 74 f.).

318 *Reinhard*, Rückstellungen für die Entsorgung von Kernkraftwerken, in: Baetge (Hrsg.), Rechnungslegung und Prüfung nach neuem Recht (1987), S. 11 (S. 14), bejaht die Konkretisierung einer öffentlich-rechtlichen Verpflichtung, da die Verpflichtung in Zusammenhang mit der behördlichen Betriebsgenehmigung steht.

319 Vgl. BFH, Urteil v. 1. 8. 1984 – I R 88/80, BStBl. II 1985, S. 44 (S. 46); BFH, Urteil v. 17. 7. 1980 – IV R 10/76, BStBl. II 1981, S. 669 (S. 670 f.).

ben, „wenn mehr Gründe für als gegen das Be- oder Entstehen einer Verbindlichkeit und eine künftige Inanspruchnahme sprechen"[320]. Nach der Rechtsprechung muss der Beurteilung der Wahrscheinlichkeit ein „objektiver Maßstab"[321] zugrunde liegen. Insbesondere ist nicht auf die „subjektiven Erwartungen" des Kaufmanns zu rekurrieren; vielmehr ist die Wahrscheinlichkeit „auf der Grundlage objektiver, am Bilanzstichtag vorliegender und spätestens bei Aufstellung der Bilanz erkennbarer Tatsachen aus der Sicht eines sorgfältigen und gewissenhaften Kaufmanns zu beurteilen"[322].

Das Erfordernis einer objektivierten Mindestwahrscheinlichkeit stellt klar, dass „[d]as allgemeine Unternehmensrisiko [...] keine bilanzrechtliche Verbindlichkeit begründen [kann]"[323]. Insbesondere solche Verpflichtungen, die der gewissenhafte Kaufmann bei sorgfältiger Abwägung sämtlicher Verhältnisse am Bilanzstichtag nicht erwarten musste, gelten als nicht passivierungsfähig; diese Begrenzung der Passivierung auf ausreichend greifbare Verpflichtungen ist gleich bedeutend mit einer objektivierungsbedingten Einschränkung des Vorsichtsprinzips (§ 252 Abs. 1 Nr. 4 HGB).[324] Die Rechtsprechung sieht die geforderte erkennbare Inanspruchnahme nur dann als gegeben an, wenn sich entweder für die Vergangenheit eine regelmäßige Inanspruchnahme nachweisen lässt oder am Bilanzstichtag feststellbare Tatsachen vorliegen, die auf eine Inanspruchnahme hinweisen.[325] Die Auslegung der BFH-Formel von mehr Gründen für die Inanspruchnahme als dagegen darf indes aufgrund von in der Regel kaum willkürfrei zu quantifizierenden Wahrscheinlichkeiten nicht im Sinne einer mathematischen Wahrscheinlichkeit von mehr als 50% verstanden werden; zur Vermeidung einer „Scheinobjektivierung" ist eine Verpflichtung vielmehr bereits dann hinreichend konkretisiert, wenn „gute (stichhaltige) Gründe" für die Inanspruchnahme sprechen.[326]

(2) Anwendung auf den Fall: Abwägen der Gründe für und wider das Bestehen der Entsorgungsverpflichtung

Im vorliegenden Fall ist eine objektivierte Mindestwahrscheinlichkeit gegeben. Infolge der sich aus dem AtG ergebenden Entsorgungspflicht sprechen mehr Gründe für die Inanspruchnahme als dagegen. Die Inanspruchnahme aus der Verpflichtung, die auf der radioaktiven Verstrahlung der Kernbrennelemente beruht, erweist sich dabei insoweit als hinreichend wahrscheinlich, als aufgrund des großen Sicherheitsrisikos dauernd Kontrollen durch die zuständigen Behörden vorgenom-

---

320 BFH, Urteil v. 1. 8. 1984 – I R 88/80, BStBl. II 1985, S. 44 (S. 46).

321 BFH, Urteil v. 18. 10. 1960 – I 198/60 U, BStBl. III 1960, S. 495 (S. 495).

322 BFH, Urteil v. 1. 8. 1984 – I R 88/80, BStBl. II 1985, S. 44 (S. 46, beide Zitate).

323 *Böcking*, Anpassungsverpflichtungen und Rückstellungsbildung, in: Herzig (Hrsg.), Bilanzierung von Umweltlasten und Umweltschutzverpflichtungen (1994), S. 124 (S. 131).

324 Vgl. *Moxter*, Bilanzrechtsprechung (2007), S. 86.

325 Vgl. BFH, Urteil v. 26. 3. 1968 – IV R 94/67, BStBl. II 1968, S. 533 (S. 533 f.).

326 *Eibelshäuser*, Rückstellungsbildung nach neuem Handelsrecht, BB 1987, S. 860 (S. 863, beide Zitate). Vgl. *Friedemann*, Umweltschutzrückstellungen im Bilanzrecht (1996), S. 31.

men werden.[327] Die gesetzliche Verpflichtung erfüllt damit auch die für die Wahrscheinlichkeit geforderten objektiv erkennbaren Tatsachen am Bilanzstichtag des ersten Jahrs der Stromproduktion.

2. Passivierungszeitpunkt

a) Doppelkriterium der Rechtsprechung

aa) Rechtliche Vollentstehung

(1) Bedeutung des Prinzips der rechtlichen Vollentstehung

Eine Verpflichtung, die die Verbindlichkeitsbegriffskriterien erfüllt, darf nur passiviert werden, „wenn sie bereits zum Abschlußstichtag eine (wirtschaftliche) Belastung bildet".[328] Der Passivierungszeitpunkt stellt ein ergänzendes, weder im Handels- noch im Steuerrecht explizit kodifiziertes Passivierungsprinzip dar.

Für den Passivierungszeitpunkt zieht die Rechtsprechung das Doppelkriterium bzw. dualistische Passivierungszeitpunktkriterium heran, was die Ausprägungen der rechtlichen Vollentstehung und der wirtschaftlichen Verursachung umfasst. Eine (ungewisse) Verbindlichkeit muss danach (spätestens) angesetzt werden, wenn sie „rechtlich voll wirksam entstanden"[329] ist. Eine Verpflichtung ist eingetreten, wenn sämtliche „sie begründenden Tatbestandsmerkmale erfüllt sind"[330]. Die Passivierung hat auch dann mit der rechtlichen Vollentstehung zu erfolgen, „wenn die Verbindlichkeit wirtschaftlich durch Ereignisse verursacht wird, die in einem späteren Zeitpunkt eintreten"; „wenn die rechtliche Entstehung und die wirtschaftliche Verursachung [...] zeitlich auseinanderfallen, [ist] bilanzrechtlich der frühere der beiden Zeitpunkte maßgeblich"[331]. Daraus folgt, dass die rechtliche Vollentstehung für den Ansatz zwar nicht notwendig, aber bereits hinreichend ist und mithin den spätestmöglichen Passivierungszeitpunkt bildet. Bei schwebenden Geschäften ist sie indes irrelevant: Eine Verbindlichkeitsrückstellung kommt hier lediglich bei einem Erfüllungsrückstand in Betracht, welcher sich wiederum „nur aufgrund im abgelaufenen Jahr nicht erfüllter Verpflichtungen ergeben kann".[332]

Ein Rekurs auf die rechtliche Vollentstehung als maßgeblichen Passivierungszeitpunkt hat zwar eine objektivierende Wirkung,[333] deutlich wird indes die formalrechtliche Betrachtungsweise: Es kann zu einem Ansatz einer rechtlich vollent-

---

327 Vgl. *Gotthardt*, Rückstellungen und Umweltschutz (1995), S. 149.

328 *Moxter*, Zum Passivierungszeitpunkt von Umweltschutzrückstellungen, in: Moxter u.a. (Hrsg.), FS Forster (1992), S. 427 (S. 430).

329 BFH, Urteil v. 24. 4. 1968 – I R 50/67, BStBl. II 1968, S. 544 (S. 545).

330 BFH, Urteil v. 19. 5. 1987 – VIII R 327/83, BStBl. II 1987, S. 848 (S. 849).

331 BFH, Urteil v. 23. 9. 1969 – I R 22/66, BStBl. II 1970, S. 104 (S. 106, beide Zitate).

332 BFH, Urteil v. 24. 8. 1983 – I R 16/79, BStBl. II 1984, S. 273 (S. 276).

333 Vgl. *Adler/Düring/Schmaltz*, Rechnungslegung und Prüfung der Unternehmen (1998), § 249 HGB, Rn. 67.

standenen Verbindlichkeit kommen, ohne dass eine wirtschaftliche Last bereits vorliegen muss; in wirtschaftlicher Betrachtungsweise wird die wirtschaftliche Vermögensbelastung nur im Ausnahmefall der Unsicherheit, ob sie am Abschlussstichtag im Einzelfall nicht doch schon besteht, durch die rechtliche Vollentstehung objektiviert und ist damit zu passivieren.[334]

(2) Anwendung auf den Fall: Identifizierung des Zeitpunkts der rechtlichen Vollentstehung der Entsorgungsverpflichtung

Im vorliegenden Fall ist eine rechtliche Vollentstehung der Entsorgungsverpflichtung wegen § 9a AtG im ersten Jahr der Stromproduktion gegeben. Mit der Bestrahlung der jeweiligen Kernbrennelemente, die mit der erstmaligen Teilnahme der Brennelemente am Spaltprozess zusammenfällt, ist die Entsorgungsverpflichtung dem Grunde nach rechtlich entstanden.[335]

bb) Wirtschaftliche Verursachung

(1) Erfüllung der wirtschaftlich wesentlichen Tatbestandsmerkmale

(a) Bedeutung des Prinzips der Erfüllung der wirtschaftlich wesentlichen Tatbestandsmerkmale

Als weiteres Unterkriterium des sog. Doppelkriteriums nennt der BFH die wirtschaftliche Verursachung. Entscheidend dafür ist, ob die Verpflichtung „so eng mit dem betrieblichen Geschehen des abgelaufenen Wirtschaftsjahrs verknüpft ist, daß es gerechtfertigt erscheint, sie wirtschaftlich als eine bereits am Bilanzstichtag bestehende Verbindlichkeit anzusehen"; nach Auffassung der Rechtsprechung müsse dies angenommen werden, „wenn der Tatbestand, an den das Gesetz oder ein Vertrag das Entstehen der Verpflichtung knüpft, im wesentlichen bereits verwirklicht ist"[336]. Der BFH rekurriert in diesem Urteil auf die sog. wirtschaftlich wesentlichen Tatbestandsmerkmale: Die wirtschaftliche Verursachung liegt dann vor, „wenn – ungeachtet der rechtlichen Gleichwertigkeit aller Tatbestandsmerkmale […] einer Verbindlichkeit – die wirtschaftlich wesentlichen Tatbestandsmerkmale erfüllt sind und das Entstehen der Verbindlichkeit nur noch von wirtschaftlich unwesentlichen Tatbestandsmerkmalen abhängt"[337].

Auch bei der Konkretisierung der wirtschaftlichen Verursachung durch wirtschaftlich wesentliche Tatbestandsmerkmale wird die Verhaftung in der formal-rechtlichen Betrachtungsweise offenbar: Mit den wirtschaftlich wesentlichen Tatbestandsmerkmalen verfolgt der BFH eine Orientierung am Ablauf der rechtlichen Vollentstehung einer Verbindlichkeit dergestalt, dass diese eine Teilmenge aller für eine rechtliche Vollentstehung benötigten Tatbestandsmerkmale bilden; daraus

---

334 Vgl. *Moxter*, Bilanzrechtsprechung (2007), S. 118.
335 Vgl. *Reinhard*, Bewertung und Bilanzierung von Kernbrennstoffen, ET 1982, S. 744 (S. 750).
336 BFH, Urteil v. 1. 8. 1984 – I R 88/80, BStBl. II 1985, S. 44 (S. 46, beide Zitate).
337 BFH, Urteil v. 1. 8. 1984 – I R 88/80, BStBl. II 1985, S. 44 (S. 46 f.).

folgt, dass die rechtliche Vollentstehung den spätestmöglichen Ansatzzeitpunkt darstellt und die wirtschaftliche Verursachung zeitlich nicht danach liegen kann.[338] Fraglich ist dabei indes, wie wirtschaftlich wesentliche von wirtschaftlich unwesentlichen Tatbestandsmerkmalen abgegrenzt werden sollen, insbesondere wann die wirtschaftlich wesentlichen Tatbestandsmerkmale als verwirklicht zu gelten haben.[339]

(b) Anwendung auf den Fall: Identifizierung der wirtschaftlich wesentlichen Tatbestandsmerkmale der Entsorgungsverpflichtung

Da im vorliegenden Fall die rechtliche Entstehung der Entsorgungsverpflichtung der eingesetzten Brennelemente bereits im Zeitpunkt ihrer jeweiligen Bestrahlung angenommen wurde, müsste aufgrund des Teilmengencharakters auch das Vorliegen der wirtschaftlich wesentlichen Tatbestandsmerkmale bejaht werden. Bei einer rechtlich bereits entstandenen Abbruchverpflichtung für das Betriebsgebäude eines Steinbruchunternehmens bejaht die Rechtsprechung dagegen auch eine im Zeitablauf anwachsende wirtschaftliche Verursachung und rekurriert darauf, „in welchem Umfang das einzelne Wirtschaftsjahr für die Entstehung der Verbindlichkeit im wirtschaftlichen Sinne ursächlich war"[340]. Demzufolge könnten die wirtschaftlich wesentlichen Tatbestandsmerkmale im vorliegenden Entsorgungsfall in der Schädigung der Umwelt durch die Strahlung der Brennelemente nach Maßgabe ihres Einsatzes in der Stromproduktion zu sehen sein. Im ersten Jahr der Stromerzeugung müsste daher passiviert werden; über die Jahre der Nutzung der Brennelemente würde sich eine noch zu konkretisierende Ansammlungsrückstellung einstellen.

(2) Konkretisierte Zugehörigkeit zu bereits realisierten Erträgen

(a) Bedeutung des Prinzips der konkretisierten Zugehörigkeit künftiger Ausgaben zu bereits realisierten Erträgen

Für die wirtschaftliche Verursachung rekurriert die Rechtsprechung aber auch auf das Prinzip der „konkretisierte[n] Zugehörigkeit künftiger Ausgaben zu bereits realisierten Erträgen"[341]: Eine Verpflichtung muss dabei „ihren wirtschaftlichen und rechtlichen Bezugspunkt in der Vergangenheit finden"; sie muss „demnach nicht nur an Vergangenes anknüpfen, sondern auch Vergangenes abgelten"[342].

---

338 Vgl. *Moxter*, Zum Passivierungszeitpunkt von Umweltschutzrückstellungen, in: Moxter u. a. (Hrsg.), FS Forster (1992), S. 427 (S. 431). Vgl. auch *Wüstemann*, Rückstellungspflicht für Beihilfegewährungen, BB-Kommentar (zu BFH, Urteil v. 30. 1. 2002 – I R 71/00), BB 2002, S. 1688 (S. 1689).

339 Vgl. *Groh*, Zur Bilanztheorie des BFH, StbJb 1979/1980, S. 121 (S. 137); *Döllerer*, Grundsätzliches zum Begriff der Rückstellungen, DStZ/A 1975, S. 291 (S. 294).

340 BFH, Urteil v. 19. 2. 1975 – I R 28/73, BStBl. II 1975, S. 480 (S. 482).

341 BFH, Urteil v. 25. 8. 1989 – III R 95/87, BStBl. II 1989, S. 893 (S. 895).

342 BFH, Urteil v. 19. 5. 1987 – VIII R 327/83, BStBl. II 1987, S. 848 (S. 850, beide Zitate, i. O. z. T. hervorgehoben). Vgl. BFH, Urteil v. 25. 8. 1989 – III R 95/87, BStBl. II 1989, S. 893 (S. 895); BFH, Urteil v. 28. 6. 1989 – I R 86/85, BStBl. II 1990, S. 550 (S. 553); BGH, Urteil

Nach Auffassung des BFH ist eine ungewisse Verbindlichkeit vor allem dann nicht in der Vergangenheit wirtschaftlich verursacht, wenn sie „wirtschaftlich eng mit den künftigen Gewinnchancen verbunden ist"[343].

Diese zum Kriterium der wirtschaftlich wesentlichen Tatbestandsmerkmale alternative Konkretisierung der wirtschaftlichen Verursachung basiert auf dem Realisationsprinzip.[344] Die Zugehörigkeit von künftigen Aufwendungen zu bereits realisierten Erträgen kann sich dabei unterschiedlich gestalten: Einerseits kann sie unmittelbar in dem Sinne sein, dass die bereits greifbar realisierten Erträge durch zukünftige Aufwendungen erwirtschaftet wurden; andererseits ist auch eine nur mittelbare Zugehörigkeit dergestalt möglich, dass die zukünftigen Aufwendungen weder Erträge erwirtschaften, die schon greifbar realisiert sind, noch solche, die erst in der Zukunft realisiert werden.[345] Voraussetzung für die Passivierung nach dem Realisationsprinzip ist das Vorliegen einer unkompensierten Last im Sinne eines künftigen Aufwendungsüberschusses: Eine Rückstellung darf nur dann angesetzt werden, wenn die künftigen Aufwendungen nicht durch künftige Erträge gedeckt sind.[346]

Im Falle unmittelbarer Zugehörigkeit muss aufgrund des Realisationsprinzips passiviert werden, da durch die künftigen Aufwendungen zwar keine künftigen, aber bereits greifbare realisierte Umsätze alimentiert wurden; bei mittelbarer Zugehörigkeit fehlen sowohl greifbar realisierte als auch künftige Umsätze zur Kompensation, weswegen sich eine Ansatzpflicht aus dem Imparitätsprinzip ergibt.[347] Die vom BFH geforderte Konkretisierbarkeit der Zugehörigkeit muss dabei als objektivierungsbedingte Einschränkung des Vorsichtsprinzips verstanden werden: Abzustellen ist für die Kompensation bei unmittelbarer Zugehörigkeit lediglich auf die greifbaren Erträge der Vergangenheit, bei mittelbarer Zurechnung nur auf Aufwendungen, die aus bis zum Abschlussstichtag rechtlich vollentstandenen Verpflichtungen stammen.[348]

---

v. 28. 1. 1991 – II ZR 20/90, BB 1991, S. 507 (S. 508); *Moxter*, Bilanzrechtsprechung (2007), S. 117.

343 BFH, Urteil v. 19. 5. 1987 – VIII R 327/83, BStBl. II 1987, S. 848 (S. 850). Vgl. BFH, Urteil v. 20. 3. 1980 – IV R 89/79, BStBl. II 1980, S. 297 (S. 299).

344 Vgl. *Groh*, Hypertrophie der Rückstellungen in der Steuerbilanz?, in: Baetge (Hrsg.), Rückstellungen in der Handels- und Steuerbilanz (1991), S. 75 (S. 81).

345 Vgl. *Moxter*, Bilanzrechtsprechung (2007), S. 118 f.: Eine unmittelbare Zugehörigkeit ergibt sich z. B. bei Gewährleistungsverpflichtungen, eine nur mittelbare Zugehörigkeit dagegen bspw. bei Verpflichtungen für Schadensersatz aus culpa in contrahendo.

346 Vgl. *Moxter*, Zum Passivierungszeitpunkt von Umweltschutzrückstellungen, in: Moxter u. a. (Hrsg.), FS Forster (1992), S. 427 (S. 432).

347 Vgl. *Moxter*, Grundsätze ordnungsgemäßer Rechnungslegung (2003), S. 100–105; *Böcking*, Verbindlichkeitsbilanzierung (1994), S. 135–137.

348 Vgl. *Moxter*, Bilanzrechtsprechung (2007), S. 119 f.

(b) Anwendung auf den Fall: Prüfung der Entsorgungsverpflichtung hinsichtlich des Prinzips der konkretisierten Zugehörigkeit künftiger Ausgaben zu bereits realisierten Erträgen

Im Falle der Entsorgungsverpflichtung, bei der Ansatz- und Bewertungsfragen ineinander übergehen, liegt die wirtschaftliche Verursachung aufgrund des Prinzips konkretisierter Zugehörigkeit nach der rechtlichen Entstehung. Die künftigen Aufwendungen für die Entsorgung der Brennelemente sind den bereits durch die Stromproduktion greifbar realisierten Umsatzerlösen konkretisiert unmittelbar zugehörig und alimentieren diese; mangels Deckung durch künftige Erträge liegt eine unkompensierte Last vor, weshalb eine Rückstellung im ersten Jahr der Stromproduktion anzusetzen ist.

In der Praxis werden die Brennelemente abhängig von ihrem Reaktorstellplatz in der Regel nach ein bis vier Jahren ersetzt; für die Stromerzeugung ist dabei nur ein Teil der Reaktivität eines Brennelements nutzbar.[349] Für diesen Bestandteil wäre daher eine Passivierung nach Maßgabe des tatsächlich erfolgten Abbrands der eingesetzten Brennelemente denkbar.[350] Eine wirtschaftliche Vermögensbelastung des Geschäftsjahrs aus der Entsorgungsverpflichtung i. S. d. Realisationsprinzips liegt aber lediglich im Verhältnis der schon realisierten Erlöse relativ zu den Gesamterlösen der Stromerzeugung aus der Nutzung der Brennelemente vor.[351] Die zwingende Ansammlung der Rückstellung hat deshalb aufgrund des kaufmännischen Verbots des Sich-reich-Rechnens umsatzproportional zu erfolgen; vorsichtsbedingt muss ein degressiver Erlösverlauf dabei zu einer degressiven Aufwandsperiodisierung führen.[352] Das Umsatzverhältnis von 2:1 in den beiden ersten Jahren relativ zu den letzten beiden Jahren der Brennelementenutzung erfordert eine entsprechende Aufwandsverrechnung. Die Rückstellung, die im ersten Jahr der Stromproduktion nach dieser Maßgabe mit 20 Mio. Euro zu bewerten wäre, ist in-

---

349 Vgl. *Reinhard*, Rückstellungen für die Entsorgung von Kernkraftwerken, in: Baetge (Hrsg.), Rechnungslegung und Prüfung nach neuem Recht (1987), S. 11 (S. 14): Diese sog. Überschussreaktivität ergibt sich daraus, dass ein Brennelement niemals ganz abbrennen kann, weshalb ein für die Stromerzeugung notwendiger, nicht abbrennbarer sog. Mindestreaktivitätskern verbleibt.

350 Vgl. *Naumann*, Die Bewertung von Rückstellungen in der Einzelbilanz nach Handels- und Ertragsteuerrecht (1989), S. 308. Für den Mindestreaktivitätskern wird eine lineare Ansammlung über die Nutzungsdauer des Kernkraftwerks befürwortet (vgl. ebenda, S. 309). Nach *Kozikowski/Schubert*, in: Ellrott u. a. (Hrsg.), Beck'scher Bilanz-Kommentar (2010), § 249 HGB, Rn. 100 (Atomanlagen), haben die Rückstellungszuführungsbeträge eine „abbrand- und eine leistungsabhängige Komponente". Ein Wahlrecht zwischen abbrandabhängiger und linearer Ansammlung einräumend: *Adler/Düring/Schmaltz*, Rechnungslegung und Prüfung der Unternehmen (1995), § 253 HGB, Rn. 211.

351 Vgl. *Tischbierek*, Der wirtschaftliche Verursachungszeitpunkt von Verbindlichkeitsrückstellungen (1994), S. 160; *Wüstemann*, Die betriebswirtschaftliche Bedeutung von Rückstellungen für die nukleare Entsorgung, in: Koch u. a. (Hrsg.), 12. Deutsches Atomrechtssymposium (2004), S. 277 (S. 283).

352 Vgl. *Moxter*, Rückstellungskriterien im Streit, zfbf 1995, S. 311 (S. 317 f.).

des gemäß dem durch das BilMoG modifizierten § 253 Abs. 2 S. 1 HGB – insoweit entgegen dem Realisationsprinzip – noch mit dem laufzeitäquivalenten durchschnittlichen Marktzinssatz der vergangenen sieben Geschäftsjahre über den zehnjährigen Zeitraum bis zur Erfüllung der Verpflichtung abzuzinsen.[353]

b) Realisationsprinzip als zweckadäquates Passivierungszeitpunktkriterium

aa) Bedeutung des Realisationsprinzips als zweckadäquates Passivierungszeitpunktkriterium

Der dem Sinn und Zweck der Bilanz im Rechtssinne entsprechende Passivierungszeitpunkt von Verpflichtungen bestimmt sich in einer wirtschaftlichen Betrachtungsweise allein nach der wirtschaftlichen Verursachung in Ausprägung des Realisationsprinzips; die rechtliche Entstehung ist daher grundsätzlich unerheblich.[354]

Das Realisationsprinzip, das die Gewinnrealisierung an einen Umsatzakt knüpft, gilt als das „grundlegende Aktivierungs- und Passivierungsprinzip".[355] Es ist im Sinne eines Nettorealisationsprinzips ausgestaltet: Da Gewinne erst ausgewiesen werden dürfen, wenn sie quasisicher sind, muss die Erfassung von eng mit den Erträgen zusammenhängenden Aufwendungen aus Vorsichtsgründen an die Ertragsrealisation gebunden werden.[356] Aus der daraus folgenden Ansatzpflicht nur von greifbar bereits realisierten Erträgen unmittelbar und mittelbar zugehörigen künftigen Aufwendungen ergibt sich die rückstellungsbegrenzende Wirkung des Realisationsprinzips: Es dürfen nicht alle künftigen Aufwendungen passiviert werden; vom Ansatz ausgeschlossen sind solche Aufwendungen, die, wie im Falle von Anpassungsverpflichtungen, durch künftige Erträge kompensiert sind.[357]

Teile des Schrifttums und der Rechtsprechung, die das Realisationsprinzip nur auf die Ertragsrealisation anwenden, möchten den Passivierungszeitpunkt nach Voll-

---

353 Im Steuerrecht ist gemäß § 6 Abs. 1 Nr. 3a Buchst. d S. 1 und e S. 1 und 2 EStG eine Rückstellung zeitanteilig in gleichen Raten über die vierjährige Nutzungsdauer der Brennelemente anzusammeln, welche mit 5,5 % über den zehnjährigen Zeitraum bis zur Erfüllung abzuzinsen ist. Demnach ergibt sich folglich eine Rückstellung von 9,26 (= 15/1,055⁹) Mio. Euro im ersten Jahr der Stromproduktion.

354 Vgl. *Herzig*, Rückstellungen als Instrument der Risikovorsorge in der Steuerbilanz, in: Doralt (Hrsg.), Probleme des Steuerbilanzrechts (1991), S. 199 (S. 212 f.); *Moxter*, Bilanzlehre, Bd. II (1986), S. 26 f.

355 *Moxter*, Das Realisationsprinzip – 1884 und heute, BB 1984, S. 1780 (S. 1784).

356 Vgl. *Moxter*, Das „matching principle": Zur Integration eines internationalen Rechnungslegungs-Grundsatzes in das deutsche Recht, in: Lanfermann (Hrsg.), FS Havermann (1995), S. 487 (S. 497).

357 Vgl. *Herzig*, Die rückstellungsbegrenzende Wirkung des Realisationsprinzips, in: Raupach/Uelner (Hrsg.), FS Schmidt (1993), S. 209 (S. 225).

ständigkeits- und Vorsichtsprinzip bestimmt wissen.[358] Folglich sei eine Verpflichtung bereits zum Zeitpunkt der rechtlichen Vollentstehung auszuweisen und zwar „in derjenigen vollen Höhe [...], wie es der Beseitigung des jeweiligen Zustandes entspricht"[359]; eine Ansammlungsrückstellung könne dabei nur insoweit entstehen, als die gesamten Aufwendungen der Verpflichtung „bereits rechtlich verursacht sind".[360] Zur Begründung wird das Kriterium der Unentziehbarkeit bemüht: Für die Passivierung sei entscheidend, dass sich der Kaufmann der Verpflichtung nicht mehr entziehen kann.[361] Der Maßgeblichkeit von Vollständigkeitsprinzip und (bilanzzweckinadäquat interpretiertem) Vorsichtsprinzip kann jedoch die noch ausstehende Notwendigkeit zur Konkretisierung des ersten Grundsatzes im Einzelfall bzw. die Einbettung des (Netto-)Realisationsprinzips in das Vorsichtsprinzip entgegengehalten werden.[362]

bb) Anwendung auf den Fall: Prüfung des Realisationsprinzips als zweckadäquates Passivierungszeitkriterium bei der Entsorgungsverpflichtung

Folgte man im vorliegenden Fall dem Vollständigkeitsprinzip, müsste eine Rückstellung bereits zum Zeitpunkt der rechtlichen Entstehung in Höhe der gesamten Entsorgungsaufwendungen für die entsprechenden Brennelemente gebildet werden.[363] Hinsichtlich des Ansatzzeitpunkts ergeben sich dann keine Unterschiede zur Interpretation nach dem Realisationsprinzip, wenn für die rechtliche Entstehung auf die erste Kernspaltung abgestellt wird, die hier in der Periode des ersten Stromabsatzes erfolgt. Eine Vollrückstellung in Höhe der am Bilanzstichtag bestehenden rechtlichen Verpflichtung verstößt indes gegen das Realisationsprinzip, da

---

358 Vgl. *Siegel*, Metamorphosen des Realisationsprinzips?, in: Moxter u.a. (Hrsg.), FS Forster (1992), S. 585 (S. 596 und S. 603–605); *Wassermeyer*, Aktuelle Rechtsprechung des I. Senats des BFH, WPg 2002, S. 10 (S. 12). Vgl. auch BFH, Urteil v. 27. 6. 2001 – I R 45/97, BStBl. II 2003, S. 121 (S. 123 f.). Kritisch dazu vgl. z. B. *Euler*, Passivierung einer am Bilanzstichtag rechtlich entstandenen Verbindlichkeit ist unabhängig vom Zeitpunkt ihrer wirtschaftlichen Entstehung, BB-Kommentar (zu BFH, Urteil v. 27. 6. 2001 – I R 45/97), BB 2001, S. 1897 (S. 1897); *Moxter*, Neue Ansatzkriterien für Verbindlichkeitsrückstellungen? (Teil II), DStR 2004, S. 1098 (S. 1098–1101); *Weber-Grellet*, Rechtsprechung des BFH zum Bilanzsteuerrecht im Jahr 2001, BB 2002, S. 35 (S. 38 f.).

359 *Siegel*, Das Realisationsprinzip als allgemeines Periodisierungsprinzip?, BFuP 1994, S. 1 (S. 16 f., Zitat auf S. 17).

360 *Siegel*, Umweltschutz im Jahresabschluß, BB 1993, S. 326 (S. 334).

361 Vgl. *Siegel*, Unentziehbarkeit als zentrales Kriterium für den Ansatz von Rückstellungen, DStR 2002, S. 1192 (S. 1195); *Schön*, Der Bundesfinanzhof und die Rückstellungen, BB 1994, Beil. 9, S. 1 (S. 4 f.).

362 Vgl. *Ballwieser*, in: Castan u.a. (Hrsg.), Beck'sches Handbuch der Rechnungslegung, Grundsätze der Aktivierung und Passivierung, Abschn. B 131, Rn. 79 (Stand: Oktober 2009).

363 Vgl. *Siegel*, Das Realisationsprinzip als allgemeines Periodisierungsprinzip?, BFuP 1994, S. 1 (S. 16 f.).

ein Teil der gesamten Aufwendungen noch künftige Erträge erwirtschaftet.[364] Bilanzzweckadäquat ist nur die Rückstellungsansammlung im Verhältnis der greifbar realisierten Umsätze zum Gesamtumsatz aus der Nutzung der Brennelemente.[365] Objektivierungs- und vereinfachungsbedingt erscheint auch eine Orientierung an technischen Mengengrößen, wie dem erfolgten Abbrand der Brennelemente, mangels einer objektiviert ermittelbaren Erlösverteilung dann durchaus möglich, wenn, wie bei der Stromerzeugung, Herstellung und Umsatz zeitlich eng beieinander liegen.[366] Da die künftigen Stromumsätze im vorliegenden Fall aber verlässlich ermittelt werden können, erfolgt der Rückstellungsansatz im ersten Jahr der Stromproduktion umsatzproportional; die Rückstellung, die nach dieser Maßgabe mit 20 Mio. Euro zu bewerten wäre, ist indes – entgegen dem Realisationsprinzip – noch gemäß § 253 Abs. 2 S. 1 HGB abzuzinsen.[367]

3. Ergebnis nach den Grundsätzen ordnungsmäßiger Bilanzierung

Nach Grundsätzen ordnungsmäßiger Bilanzierung ist im vorliegenden Fall am Bilanzstichtag eine Rückstellung für die Entsorgungsverpflichtung in umsatzproportionaler (abgezinster) Höhe zu bilden. Neben dem Verbindlichkeitsbegriff sind bezüglich des Passivierungszeitpunkts sowohl das Doppelkriterium des BFH als auch das Realisationsprinzip als bilanzzweckadäquates Kriterium erfüllt.

II. Lösung nach IFRS

1. Definition von Rückstellungen

Im Fall der Entsorgungsverpflichtung ist der Ansatz und Bewertung von Rückstellungen regelnde Standard IAS 37 (Rückstellungen, Eventualschulden und Eventualforderungen) einschlägig.

Gemäß IAS 37.10 wird eine Rückstellung definiert als „eine Schuld, die bezüglich ihrer Fälligkeit oder ihrer Höhe ungewiss ist". Eine Schuld bildet hierbei „eine ge-

---

364 Vgl. *Thies*, Rückstellungen als Problem der wirtschaftlichen Betrachtungsweise (1996), S. 195 f.; *Moxter*, Rückstellungskriterien im Streit, zfbf 1995, S. 311 (S. 318).

365 Nur wenn künftige Erlöse aus der Stromproduktion nicht hinreichend gesichert sind (z. B. bei Defekt eines Brennelements), ist eine Vollrückstellung zum Zeitpunkt des erstmaligen Abbrands zu passivieren (vgl. *Tischbierek*, Der wirtschaftliche Verursachungszeitpunkt von Verbindlichkeitsrückstellungen [1994], S. 160).

366 Vgl. *Thies*, Rückstellungen als Problem der wirtschaftlichen Betrachtungsweise (1996), S. 203.

367 Zur Rückstellungsbewertung vgl. ausführlich Fall 10, Bewertung von Rückstellungen – Beispiel Rückbauverpflichtung.

genwärtige Verpflichtung des Unternehmens, die aus Ereignissen der Vergangenheit entsteht und deren Erfüllung für das Unternehmen erwartungsgemäß mit einem Abfluss von Ressourcen mit wirtschaftlichem Nutzen verbunden ist" (IAS 37.10).

Im vorliegenden Fall ist abgesehen von den im Folgenden zu konkretisierenden Passivierungskriterien die Ungewissheit bezüglich Höhe oder Fälligkeit unkritisch.

2. Passivierungskriterien

a) Gegenwärtige Verpflichtung aus vergangenem Ereignis

aa) Gegenwärtige Verpflichtung

(1) Bedeutung des Kriteriums der gegenwärtigen Verpflichtung

Gemäß IAS 37.14 muss eine Rückstellung passiviert werden, „wenn ein Unternehmen aus einem Ereignis der Vergangenheit eine gegenwärtige Verpflichtung [...] hat", „der Abfluss von Ressourcen mit wirtschaftlichem Nutzen zur Erfüllung dieser Verpflichtung wahrscheinlich ist" und „eine zuverlässige Schätzung der Höhe der Verpflichtung möglich ist".

Das IASB stellt auf das Bestehen der Verpflichtung am Bilanzstichtag ab: Das Erfordernis einer gegenwärtigen Verpflichtung des Unternehmens, die sich als Ergebnis eines vergangenen Ereignisses ergibt, findet sich neben IAS 37.15 und RK.60 auch bereits in der Rückstellungsdefinition des IAS 37.10. Der Begriff der Verpflichtung wird indes nur in RK.60 definiert als „eine Pflicht oder Verantwortung, in bestimmter Weise zu handeln oder eine Leistung zu erbringen".

In IAS 37.16 wird unterstellt, dass es „[i]n fast allen Fällen [...] eindeutig sein [wird], ob ein Ereignis der Vergangenheit zu einer gegenwärtigen Verpflichtung geführt hat". Bei Unklarheit, ob diese vorliegt, was gemäß IAS 37.15 nur selten vorkommt, muss „unter Berücksichtigung aller verfügbaren substanziellen Hinweise" geprüft werden, ob „für das Bestehen einer gegenwärtigen Verpflichtung zum Bilanzstichtag mehr dafür als dagegen spricht". Zur Konkretisierung der „substanziellen Hinweise" führt IAS 37.16 das Beispiel eines Rechtsstreits an, bei dem die gegenwärtige Verpflichtung durch Sachverständigengutachten und das Heranziehen von Ereignissen nach dem Abschlussstichtag[368] festgestellt werden könne.

---

368 Im Schrifttum ist dabei umstritten, ob gemäß IAS 37.16 lediglich werterhellenden Tatsachen Rechnung zu tragen ist (vgl. *Förschle/Kroner/Heddäus*, Ungewisse Verpflichtungen nach IAS 37 im Vergleich zum HGB, WPg 1999, S. 41 [S. 45]) oder – unbeschränkt – alle Ereignisse nach dem Abschlussstichtag zu berücksichtigen sind (vgl. *Hommel*, in: Baetge/Kirsch/Thiele [Hrsg.], Bilanzrecht, § 249 HGB, Rn. 522 [Stand: Sept. 2002]).

(2) Anwendung auf den Fall: Beurteilung der Wahrscheinlichkeit des Bestehens der Entsorgungsverpflichtung

Im vorliegenden Fall ist fraglich, ob im ersten Jahr der Stromproduktion eine gegenwärtige Verpflichtung besteht. Aufgrund der positiven Grundtendenz in IAS 37.15 f., nach der die Existenz einer gegenwärtigen Verpflichtung nur sehr vereinzelt unklar ist, kann von einer gegenwärtigen Verpflichtung ausgegangen werden. Substanzielle Hinweise, nach denen aufgrund der Stromproduktion eine Entsorgungsverpflichtung besteht, für deren Entstehen mehr Gründe als dagegen sprechen, könnten sich aus dem AtG ergeben. Das Kriterium der gegenwärtigen Verpflichtung bedarf im vorliegenden Fall aber weitergehender Konkretisierung.

bb) Kriterium des vergangenen Ereignisses

(1) Kriterium des verpflichtenden Ereignisses

Nicht alle vergangenen Ereignisse führen zu einer gegenwärtigen Verpflichtung; für eine Passivierung muss vielmehr gemäß IAS 37.17 ein sog. verpflichtendes Ereignis vorliegen, welches ein vergangenes Ereignis darstellt, das zu einer gegenwärtigen Verpflichtung führt. Dementsprechend wird das verpflichtende Ereignis in IAS 37.10 definiert als „ein Ereignis, das eine rechtliche oder faktische Verpflichtung schafft, auf Grund derer das Unternehmen keine realistische Alternative zur Erfüllung der Verpflichtung hat". Auch im Rahmenkonzept wird auf das vergangene Ereignis als Definitionskriterium von Schulden abgestellt, welche sich gemäß RK.63 „aus vergangenen Geschäftsvorfällen oder anderen Ereignissen der Vergangenheit" ergeben.

Das Kriterium des vergangenen Ereignisses erscheint als Ansatzprinzip zu vage, da eine Zuordnung von zukünftigen Aufwendungen zu einem vergangenen Ereignis ökonomisch nach Ermessen möglich ist,[369] worunter die Verlässlichkeit der Bilanzierung leidet.

(2) Verpflichtendes Ereignis aufgrund rechtlicher Verpflichtung

(a) Bedeutung des Kriteriums des verpflichtenden Ereignisses aufgrund einer rechtlichen Verpflichtung

Gemäß IAS 37.14 kann sich das verpflichtende Ereignis aufgrund rechtlicher Verpflichtung ergeben. Eine rechtliche Verpflichtung leitet sich gemäß IAS 37.10 aus Gesetzen, aus unmittelbaren Auswirkungen eines Gesetzes oder aus einem Vertrag ab, wobei auf Vertragsbedingungen, die sich sowohl explizit als auch implizit ergeben, abgestellt wird. Auch das Rahmenkonzept rekurriert auf die rechtliche Durchsetzbarkeit von Verpflichtungen, die sich gemäß RK.60 explizit aufgrund von bindenden Verträgen oder gesetzlichen Vorschriften einstellt. Wie nach HGB können

---

369 Vgl. *Moxter*, Rückstellungen nach IAS: Abweichungen vom geltenden deutschen Bilanzrecht, BB 1999, S. 519 (S. 521).

damit Rückstellungen nach IFRS aus zivilrechtlichen und öffentlich-rechtlichen Verpflichtungen herrühren.[370]

(b) Anwendung auf den Fall: Prüfung des Vorliegens einer rechtlichen Verpflichtung zur Entsorgung der Kernbrennelemente

Im vorliegenden Fall dürfte das Kriterium des verpflichtenden Ereignisses aufgrund rechtlicher Verpflichtung vorliegen. Die Verpflichtung des Kernkraftwerksbetreibers ergibt sich dabei aus § 9a Abs. 1 AtG, der die Entsorgung von abgebrannten und bestrahlten Brennelementen insbesondere durch direkte Endlagerung vorschreibt. Damit besteht im ersten Jahr der Stromproduktion mit der Bestrahlung der jeweiligen Kernbrennelemente ein verpflichtendes Ereignis aufgrund rechtlicher Verpflichtung zu ihrer Entsorgung, die sich direkt aus einem Gesetz ableitet.

(3) Verpflichtendes Ereignis aufgrund faktischer Verpflichtung

(a) Bedeutung des Kriteriums des verpflichtenden Ereignisses aufgrund faktischer Verpflichtung

Dass sich das verpflichtende Ereignis aber auch aus einer faktischen Verpflichtung und damit unabhängig von einer rechtlichen Verpflichtung ergeben kann, kann als Ausprägung der wirtschaftlichen Betrachtungsweise (RK.35) verstanden werden. Eine faktische Verpflichtung bildet „eine aus den Aktivitäten eines Unternehmens entstehende Verpflichtung", wenn dieses „die Übernahme gewisser Verpflichtungen" aufgrund des bisherigen Geschäftsgebarens, öffentlich angekündigter Maßnahmen oder ausreichend spezifizierter aktueller Aussagen gegenüber anderen Parteien angedeutet hat und „dadurch bei den anderen Parteien eine gerechtfertigte Erwartung geweckt hat, dass es diesen Verpflichtungen nachkommt" (IAS 37.10). Ein Beschluss der Geschäftsleitung, eine bestimmte Verpflichtung zu übernehmen, ist gemäß IAS 37.20 für eine faktische Verpflichtung nicht ausreichend; zusätzlich muss die Entscheidung „den davon betroffenen Parteien vor dem Bilanzstichtag ausreichend ausführlich mitgeteilt" worden sein. Auch das Rahmenkonzept erwähnt faktische Verpflichtungen als Verpflichtungen, die infolge des „üblichen Geschäftsgebaren[s], aus […] Usancen, […] dem Wunsch, gute Geschäftsbeziehungen zu pflegen" oder aufgrund des Handelns in „angemessener Weise" entstehen (RK.60).

Nach IFRS ist mithin das Bestehen einer rein wirtschaftlichen Verpflichtung für eine Passivierung nicht hinreichend; vielmehr muss noch eine konkretisierte Erwartungshaltung der anderen Partei vorliegen. Diese enge Definition faktischer Verpflichtungen soll zwar wohl einer ausufernden Passivierung rein wirtschaftlicher Verpflichtungen objektivierend entgegenwirken. Kritisch gesehen werden muss jedoch der der Unternehmensleitung gewährte, bilanzpolitisch nutzbare Er-

---

370 Vgl. *Kayser*, Ansatz und Bewertung von Rückstellungen nach HGB, US-GAAP und IAS (2002), S. 89.

messensspielraum bei der Beurteilung des Bestehens einer faktischen Verpflichtung, wogegen auch die enumerative Nennung der Kriterien in der Definition einer faktischen Verpflichtung nicht schützt.[371]

(b) Anwendung auf den Fall: Prüfung des Vorliegens einer faktischen Verpflichtung zur Entsorgung der Kernbrennelemente

Da ein verpflichtendes Ereignis aufgrund rechtlicher Verpflichtung vorliegt, erübrigt sich die Prüfung einer faktischen Verpflichtung.

(4) Außenverpflichtung

(a) Bedeutung des Kriteriums der Außenverpflichtung

Sinn und Zweck des Kriteriums der Außenverpflichtung ist, wie nach den Grundsätzen ordnungsmäßiger Bilanzierung, die Objektivierung des Schuldenansatzes.[372] Gemäß IAS 37.20 muss „eine Verpflichtung immer eine andere Partei, gegenüber der die Verpflichtung besteht", betreffen. Dabei ist nicht notwendig, dass man die Partei, der gegenüber die Verpflichtung tatsächlich besteht, kennt oder identifizieren kann; es reicht auch eine Verpflichtung „gegenüber der Öffentlichkeit in ihrer Gesamtheit" aus. Da gemäß IAS 37.20 „eine Verpflichtung immer eine Zusage an eine andere Partei beinhaltet", ist, wie gezeigt, eine Entscheidung des Managements bzw. eines entsprechenden Gremiums ohne eine ausführliche Mitteilung an die anderen Parteien und eine entsprechende Erweckung von Erwartungen zur Verpflichtungsübernahme nicht hinreichend.

Reine Innenverpflichtungen, wie Aufwandsrückstellungen nach § 249 Abs. 1 S. 2 Nr. 1 HGB, sind aufgrund des Außenverpflichtungsprinzips nach IFRS formal nicht passivierungsfähig.[373] Die Grenzlinie zu wirtschaftlichen Außenverpflichtungen ist aber häufig materiell schwer zu ziehen.[374] Ferner sieht IAS 37 unter bestimmten Voraussetzungen eine Passivierungspflicht für Rückstellungen für Restrukturierungen vor, welche aber nicht zwingend Außenverpflichtungen bilden müssen.[375]

---

371 Vgl. *Hayn/Pilhofer*, Die neuen Rückstellungsregeln des IASC im Vergleich zu den korrespondierenden Regeln der US-GAAP (Teil I), DStR 1998, S. 1729 (S. 1730); *Moxter*, Neue Ansatzkriterien für Verbindlichkeitsrückstellungen? (Teil I), DStR 2004, S. 1057 (S. 1059).

372 Vgl. *Förschle/Kroner/Heddäus*, Ungewisse Verpflichtungen nach IAS 37 im Vergleich zum HGB, WPg 1999, S. 41 (S. 45).

373 Vgl. *Ernsting/von Keitz*, Bilanzierung von Rückstellungen nach IAS 37, DB 1998, S. 2477 (S. 2478).

374 Vgl. *Wagenhofer*, Internationale Rechnungslegungsstandards – IAS/IFRS (2009), S. 266.

375 Vgl. *Moxter*, Rückstellungen nach IAS: Abweichungen vom geltenden deutschen Bilanzrecht, BB 1999, S. 519 (S. 519).

(b) Anwendung auf den Fall: Identifizierung des Verpflichtungsgegners des Energieversorgers

Eine Außenverpflichtung scheint im vorliegenden Fall vorzuliegen. Die andere Partei, gegenüber der die Entsorgungsverpflichtung besteht, ist hier der Staat; es handelt sich um eine öffentlich-rechtliche Verpflichtung. In jedem Falle kann aber aufgrund der umweltschädigenden Wirkung der Brennelemente eine Verpflichtung gegenüber der Öffentlichkeit als Gesamtheit bejaht werden, was für eine Außenverpflichtung bereits ausreichend ist.

(5) Kriterium der Unentziehbarkeit

(a) Bedeutung des Kriteriums der Unentziehbarkeit

Zentrales Ansatzkriterium ist die Unentziehbarkeit: Ein verpflichtendes Ereignis liegt nur vor, wenn der Bilanzierende mit dessen Eintreten „keine realistische Alternative zur Erfüllung der durch dieses Ereignis entstandenen Verpflichtung" hat (IAS 37.17). Rückstellungen dürfen ferner gemäß IAS 37.19 nur für Verpflichtungen gebildet werden, „die unabhängig von der künftigen Geschäftstätigkeit" anfallen. Demzufolge herrscht ein Passivierungsverbot für „Aufwendungen der künftigen Geschäftstätigkeit", die z.B. anfallen, um künftig zu produzieren oder das Unternehmen fortzuführen (IAS 37.18). Ausgaben für eine rechtliche oder faktische Verpflichtung, wie zum künftigen Einbau eines die Betriebstätigkeit einer Anlage sicherstellenden Rauchfilters, die durch künftige Handlungen, bspw. Produktionsverfahrensänderungen, vermieden werden können, sind nicht ansatzfähig; dagegen muss der „Aufwand für die Beseitigung [...] eines Kernkraftwerkes" als Beispiel für eine unabhängig von künftigen Entwicklungen anfallende Verpflichtung nur „insoweit" passiviert werden, „als das Unternehmen zur Beseitigung entstandener Schäden verpflichtet ist" (IAS 37.19). Auch RK.61 stellt auf die Unwiderrufbarkeit von gegenwärtigen Verpflichtungen ab, die auf einer unwiderruflichen Vereinbarung rechtlicher oder faktischer Natur beruht.

Verglichen mit dem Realisationsprinzip führt das Abstellen auf das verpflichtende Ereignis einerseits zu einer vorzeitigen Passivierung rechtlich entstandener und unentziehbarer Verpflichtungen, die von künftigen Erträgen gedeckt sind; andererseits gelangt man bei Aufwendungen für die künftige Geschäftstätigkeit im Ergebnis übereinstimmend zu einem Ansatzverbot.[376] Die Unentziehbarkeit scheint als Passivierungskriterium indes wenig hilfreich, da dem Bilanzierenden bei der Frage, ob er sich einer Verpflichtung unter realistischen Bedingungen noch entziehen kann, ein großer Ermessensspielraum eingeräumt wird.[377]

---

376 Vgl. *Förschle/Kroner/Heddäus*, Ungewisse Verpflichtungen nach IAS 37 im Vergleich zum HGB, WPg 1999, S. 41 (S. 46 f.).

377 Vgl. *Moxter*, Rückstellungen nach IAS: Abweichungen vom geltenden deutschen Bilanzrecht, BB 1999, S. 519 (S. 521).

Das Unentziehbarkeitskriterium regelt auch eine Rückstellungsansammlung im Zeitablauf: Eine Rückstellung ist gemäß der Formulierung in IAS 37.19 in dem Umfang anzusammeln, „als das Unternehmen zur Beseitigung entstandener Schäden verpflichtet ist", mithin insoweit es sich der Verpflichtung nicht mehr entziehen kann.[378] Sie ist in derjenigen Höhe vollständig anzusetzen, wie es der Unentziehbarkeit zum Bilanzstichtag entspricht; bei Anstieg der Umweltschädigung im Zeitablauf in mehreren Etappen hat eine dementsprechend sprungfixe Ansammlung zu erfolgen.[379] Die Rückstellungsansammlung richtet sich mithin allein nach dem Unentziehbarkeitstheorem und nicht nach dem Matching Principle bzw. dem Realisationsprinzip.[380]

Die Bewertung der Rückstellungsbeträge im Zeitablauf hat mit dem Erfüllungsbetrag zu erfolgen: Dieser soll gemäß IAS 37.36 „die bestmögliche Schätzung der Ausgabe, [...] die zur Erfüllung der gegenwärtigen Verpflichtung zum Bilanzstichtag erforderlich ist", darstellen; das Management, dem diese Schätzung obliegt, hat hierfür auf eine vernünftige Betrachtung abzustellen (IAS 37.37). Gemäß IAS 37.45 sind Rückstellungen „[b]ei einer wesentlichen Wirkung des Zinseffektes" zum Barwert anzusetzen. Diese ist in der Regel bei Rückstellungen, deren Erfüllungszeitpunkt mehr als ein Jahr nach dem Bilanzstichtag liegt, zu erwarten.[381]

(b) Anwendung auf den Fall: Beurteilung der Möglichkeit seitens des Energieversorgers, sich der Verpflichtung zu entziehen

Das Kriterium der Unentziehbarkeit kann im vorliegenden Fall ebenfalls als erfüllt angesehen werden: Mit Aufnahme der Bestrahlung der jeweiligen Brennelemente, also mit Beginn der ersten Kernspaltung, wird die Verpflichtung des § 9a AtG zu deren Entsorgung begründet; der Kernkraftwerksbetreiber kann sich ihr realistischerweise also nicht mehr entziehen. Auch die Forderung zur Passivierung der Aufwendungen im Umfang der bereits entstandenen Schäden deutet auf die Passivierung einer Entsorgungsrückstellung für die betroffenen Brennelemente im ersten Jahr der Stromproduktion hin.

---

378 Eine Ansammlungslösung kann auch aus Beispiel 3 in Anhang C von IAS 37 abgeleitet werden, wonach künftige Aufwendungen zur Beseitigung der Umweltschäden einer Ölplattform, die erst durch die Ölproduktion in der Zukunft entstehen, nach Maßgabe der vorgenommenen Ölförderung zu passivieren sind. Detaillierte Vorschriften zur Ansammlung fehlen indes in IAS 37.

379 Vgl. *Hommel*, in: Baetge/Kirsch/Thiele (Hrsg.), Bilanzrecht, § 249 HGB, Rn. 547 (Stand: Sept. 2002).

380 Vgl. *Hommel*, in: Baetge/Kirsch/Thiele (Hrsg.), Bilanzrecht, § 249 HGB, Rn. 547 (Stand: Sept. 2002); *Förschle/Kroner/Heddäus*, Ungewisse Verpflichtungen nach IAS 37 im Vergleich zum HGB, WPg 1999, S. 41 (S. 47).

381 Vgl. *von Keitz u.a.*, in: Baetge u.a. (Hrsg.), Rechnungslegung nach IFRS, IAS 37, Rn. 109 (Stand: Juli 2009); *Hoffmann*, in: Lüdenbach/Hoffmann (Hrsg.), Haufe IFRS-Kommentar (2009), § 21 Rückstellungen, Verbindlichkeiten, Rn. 122.

Die Verpflichtung wächst über die Nutzungsdauer der Brennelemente im Zeitablauf an: Je mehr Strom produziert wird, desto mehr Brennelemente sind einzusetzen und zu bestrahlen. Der durch die Stromproduktion verursachte nukleare Abfall wird voraussichtlich jedes Jahr bis zur völligen Unbrauchbarkeit der Brennstäbe entsprechend ansteigen, weshalb der betreffende Entsorgungsaufwand für die jeweils (neu) eingesetzten Brennelemente bei deren erster Kernspaltung voll zurückzustellen wäre.

Mangels detaillierter Regelungen (auch) zur Höhe von Ansammlungsrückstellungen in IAS 37 ist im vorliegenden Fall eine abbrandorientierte Bemessung der Rückstellung im ersten Jahr der Stromproduktion denkbar. Auch eine umsatzzugehörige Ansammlung scheint in Einzelfällen mit dem Kriterium der Unentziehbarkeit nach IFRS nicht unvereinbar, wenn unterstellt werden kann, dass die höheren Stromumsätze in den ersten Nutzungsjahren eventuell durch den verstärkten Einsatz von Brennelementen während dieser Zeit alimentiert werden. Unabhängig von der Art der Ansammlung ist der Rückstellungsbetrag im ersten Jahr der Stromproduktion abzuzinsen, da die nach zehn Jahren zu erfüllende Entsorgungsverpflichtung als langfristig zu gelten hat und mithin einen wesentlichen Zinseffekt aufweist.

b) Wahrscheinlicher Abfluss von Ressourcen mit wirtschaftlichem Nutzen

aa) Bedeutung des Kriteriums des wahrscheinlichen Abflusses von Ressourcen mit wirtschaftlichem Nutzen

Das Kriterium des wahrscheinlichen Ressourcenabflusses kann als Greifbarkeitskriterium nach IFRS verstanden werden, da es der Objektivierung der gegenwärtigen Verpflichtung dient: Neben der wahrscheinlichen Existenz einer gegenwärtigen Verpflichtung muss gemäß IAS 37.23 auch „ein Abfluss von Ressourcen mit wirtschaftlichem Nutzen [...] im Zusammenhang mit der Erfüllung der Verpflichtung wahrscheinlich" sein. Der Mittelabfluss kann nach RK.62 z. B. in der Zahlung flüssiger Mittel oder der Erbringung von Dienstleistungen bestehen.

IAS 37 gibt zwar (formal) keine quantitative Wahrscheinlichkeit für den Ressourcenabfluss an. Aus der Formulierung in IAS 37.23, dass dieser wahrscheinlich sei, „wenn mehr dafür als dagegen spricht", kann indes geschlossen werden, dass für eine Passivierung eine mehr als 50%ige Wahrscheinlichkeit des Mittelabflusses vorliegen muss.[382] Daraus folgt seinerseits, dass eine Rückstellung nicht gebildet werden darf, wenn Ressourcenabfluss und -nichtabfluss gleich wahrscheinlich sind. Bei einer Gruppe von ähnlichen Verpflichtungen, z. B. Gewährleistungen, ist gemäß IAS 37.24 die Wahrscheinlichkeit von „mehr dafür als dagegen" für die

---

382 Vgl. *Hoffmann*, in: Lüdenbach/Hoffmann (Hrsg.), Haufe IFRS-Kommentar (2009), § 21 Rückstellungen, Verbindlichkeiten, Rn. 37 und Rn. 40. Spricht mehr für den Nichtabfluss als dagegen, ist gemäß IAS 37.23 eine Eventualschuld offen zu legen.

Gruppe „insgesamt" ausreichend, was die Passivierung einzelner Verpflichtungen mit kaum nennenswerter Eintrittswahrscheinlichkeit bei hinreichend großer Wahrscheinlichkeit der Gruppe „als Ganze[r]" impliziert.

Die Beurteilung von Wahrscheinlichkeiten anhand einer 51%-Regel räumt aufgrund von ihrer mangelnden quantitativen Objektivierbarkeit sehr häufig Ermessensspielräume ein.[383] Ein Nichtansatz aufgrund einer nur geringfügig kleineren Wahrscheinlichkeit als 50% würde dabei gegen das handelsrechtliche Vorsichtsprinzip verstoßen.[384]

bb) Anwendung auf den Fall: Beurteilung der Wahrscheinlichkeit des Abflusses von Ressourcen bei dem Energieversorger

Im vorliegenden Fall ist ein wahrscheinlicher Ressourcenabfluss gegeben. Der abfließende wirtschaftliche Nutzen im ersten Jahr der Stromproduktion stellt die in zehn Jahren zu erbringende Entsorgungsleistung für die bereits bestrahlten Kernbrennelemente dar. Mit Aufnahme der ersten Kernspaltung tritt in diesem Jahr die atomgesetzliche Verpflichtung zu ihrer Entsorgung ein, d.h. es bestehen mehr Gründe für den Mittelabfluss als dagegen.

c) Zuverlässige Schätzung der Verpflichtungshöhe (Messbarkeit)

aa) Bedeutung des Kriteriums der zuverlässigen Schätzung der Verpflichtungshöhe (Messbarkeit)

Die zuverlässige Schätzung der Verpflichtungshöhe soll ebenfalls dem Zweck der Objektivierung einer gegenwärtigen Verpflichtung dienen.[385] Gemäß IAS 37.25 ist für die Passivierung hinreichend, dass die Verpflichtungshöhe verlässlich geschätzt werden kann, was damit begründet wird, dass Schätzungen als wesentlicher Teil der Abschlusserstellung nicht deren Verlässlichkeit beeinträchtigen. Dabei wird unterstellt, dass es fast immer möglich sei, eine Bandbreite möglicher Werte und mithin den Verpflichtungsbetrag zuverlässig zu schätzen; nur in „äußerst seltenen Fällen" müsste gemäß IAS 37.26 mangels verlässlicher Schätzbarkeit die Passivierung einer Schuld zugunsten einer Offenlegung als Eventualschuld zurücktreten. Auch RK.64 verweist darauf, dass „Schulden nur mit einem erheblichen Maß an Schätzung zu ermitteln sind", und rechnet diesen daher auch solche Verpflichtungen zu, deren „Betrag geschätzt werden muss".

---

383 Vgl. *Förschle/Kroner/Heddäus*, Ungewisse Verpflichtungen nach IAS 37 im Vergleich zum HGB, WPg 1999, S. 41 (S. 48); *Hommel*, Rückstellung für Abbruchkosten nach HGB, IAS/IFRS und US-GAAP, DK 2003, S. 746 (S. 748).

384 Vgl. *Moxter*, Rückstellungen nach IAS: Abweichungen vom geltenden deutschen Bilanzrecht, BB 1999, S. 519 (S. 520).

385 Vgl. *Daub*, Rückstellungen nach HGB, US GAAP und IAS (2000), S. 303.

bb) Anwendung auf den Fall: Beurteilung der Möglichkeit einer Schätzung der Verpflichtungshöhe

Im vorliegenden Fall ist das Kriterium der zuverlässigen Schätzung der Verpflichtungshöhe erfüllt. Ob die bloße Erwartung einer künftigen Verpflichtung in Höhe von 60 Mio. Euro durch das Unternehmen einer zuverlässigen Schätzung genügt, kann eventuell fraglich sein. Da IAS 37.26 Letztere nur in „äußerst seltenen Fällen" verneint und die Schätzung einer Entsorgungsverpflichtung für Brennelemente bei Energieversorgern den überwiegenden Regelfall darstellt, kann auch dieses Passivierungskriterium bejaht werden.

3. Ergebnis nach IFRS

Nach IFRS ist für die Entsorgungsverpflichtung im ersten Jahr der Stromproduktion eine Ansammlungsrückstellung anzusetzen: Neben einem wahrscheinlichen Abfluss von Ressourcen mit wirtschaftlichem Nutzen und einer zuverlässigen Schätzung der Verpflichtungshöhe liegt auch eine gegenwärtige Verpflichtung aus einem vergangenen Ereignis vor.

III. Gesamtergebnis

1. Die Passivierung von Rückstellungen nach den Grundsätzen ordnungsmäßiger Bilanzierung erfordert neben dem Vorliegen einer (ungewissen) Verbindlichkeit die Erfüllung der Kriterien des Passivierungszeitpunkts. Im Rahmen des dazu von der Rechtsprechung formulierten Doppelkriteriums von rechtlicher Vollentstehung und wirtschaftlicher Verursachung wird Letztere sowohl in der Erfüllung von wirtschaftlich wesentlichen Tatbestandsmerkmalen gesehen als auch bei konkretisierter Zugehörigkeit künftiger Aufwendungen zu bereits realisierten Erträgen bejaht.

2. Der bilanzzweckadäquate Passivierungszeitpunkt richtet sich – unabhängig von der rechtlichen Vollentstehung – allein nach dem Realisationsprinzip: Eine Verbindlichkeit darf nur passiviert werden, wenn die künftigen Aufwendungen nicht durch künftige Erträge kompensiert werden.

3. Nach den Grundsätzen ordnungsmäßiger Bilanzierung bildet die Entsorgungsverpflichtung eine (ungewisse) Verbindlichkeit im Sinne einer hinreichend wahrscheinlichen öffentlich-rechtlichen Last. Infolge vorliegender rechtlicher Vollentstehung durch die atomgesetzliche Entsorgungsverpflichtung ergibt sich im Rahmen des Doppelkriteriums eine Ansammlungsrückstellung, die bei Rekurs auf die wirtschaftlich wesentlichen Tatbestandsmerkmale in Höhe der im Geschäftsjahr eingetretenen Umweltschädigung durch die Brennelemente zu bemessen ist und bei Bezugnahme auf die konkretisierte Zugehörigkeit künftiger Aufwendungen zu realisierten Erträgen dem degressiven Umsatzver-

lauf Rechnung zu tragen hat. Gemäß dem Realisationsprinzip als bilanzzweckadäquatem Kriterium des Passivierungszeitpunkts ist eine umsatzproportionale Rückstellungsansammlung zwingend. Die nach dieser Maßgabe im ersten Jahr der Stromproduktion grundsätzlich mit 20 Mio. Euro zu bewertende Rückstellung ist indes, wie auch im Rahmen des Doppelkriteriums, noch abzuzinsen.

4. Nach IFRS erfordert die Passivierung von Rückstellungen neben den objektivierenden Kriterien des wahrscheinlichen Abflusses von Ressourcen mit wirtschaftlichem Nutzen und der zuverlässigen Schätzung der Verpflichtungshöhe das Vorliegen einer gegenwärtigen Verpflichtung aus einem vergangenen Ereignis: Während Letzteres sowohl auf einer rechtlichen als auch auf einer faktischen Verpflichtung beruhen kann, muss zusätzlich neben der Außenverpflichtung die Unentziehbarkeit dergestalt erfüllt sein, dass sich der Bilanzierende der Verpflichtung nicht mehr entziehen kann.

5. Nach IFRS bildet die Entsorgungsverpflichtung eine gegenwärtige Verpflichtung; während sich das verpflichtende Ereignis rechtlich aus der Entsorgungsverpflichtung des AtG ergibt, liegt eine Außenverpflichtung ebenso vor wie das Kriterium der Unentziehbarkeit: Der Kernkraftwerksbetreiber kann sich bei Aufnahme der Stromproduktion der Entsorgungsverpflichtung nicht mehr entziehen. Die Verpflichtungshöhe ist mit insgesamt 60 Mio. Euro zuverlässig schätzbar und ein Abfluss von Ressourcen mit wirtschaftlichem Nutzen wahrscheinlich. Gemäß dem Unentziehbarkeitskriterium ist eine Rückstellung zum Abschlussstichtag (abgezinst) anzusammeln.

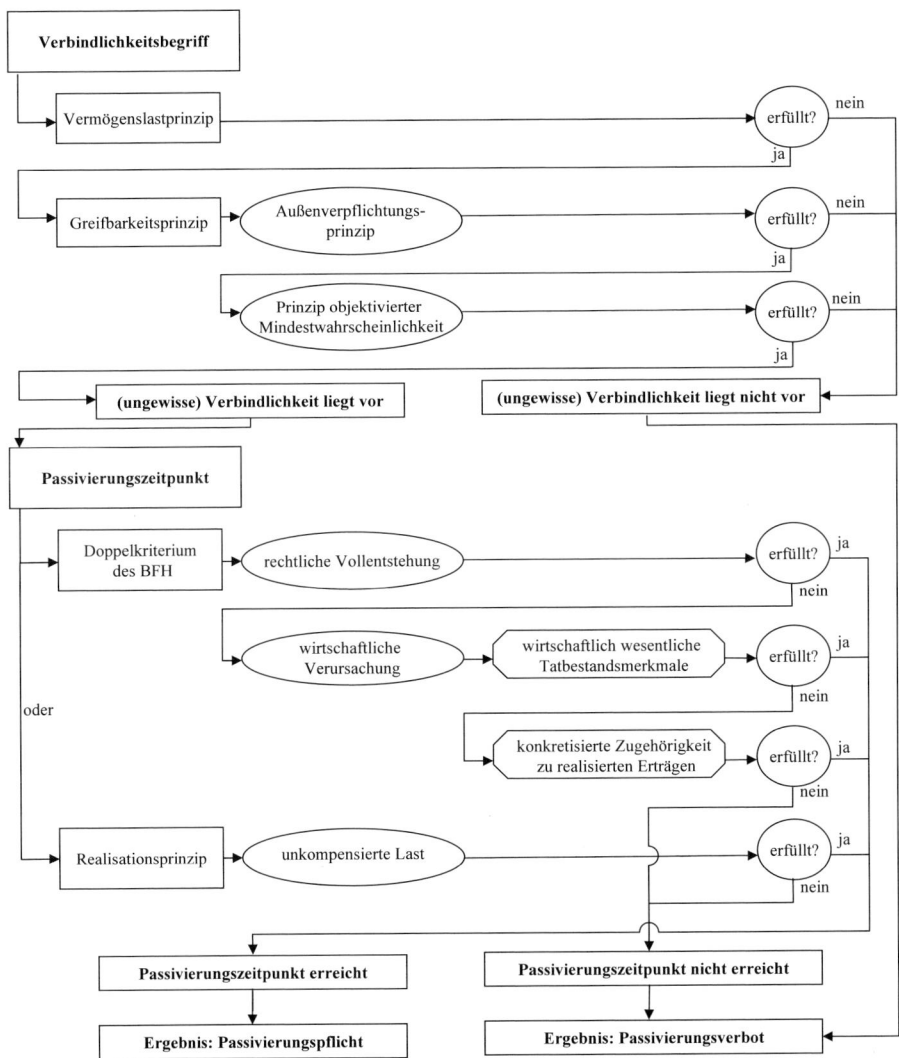

Prüfungsschema 4: Bestimmung des Verbindlichkeitsbegriffs und des Passivierungszeitpunkts nach den Grundsätzen ordnungsmäßiger Bilanzierung

2. Kapitel: Passivierungsnormen

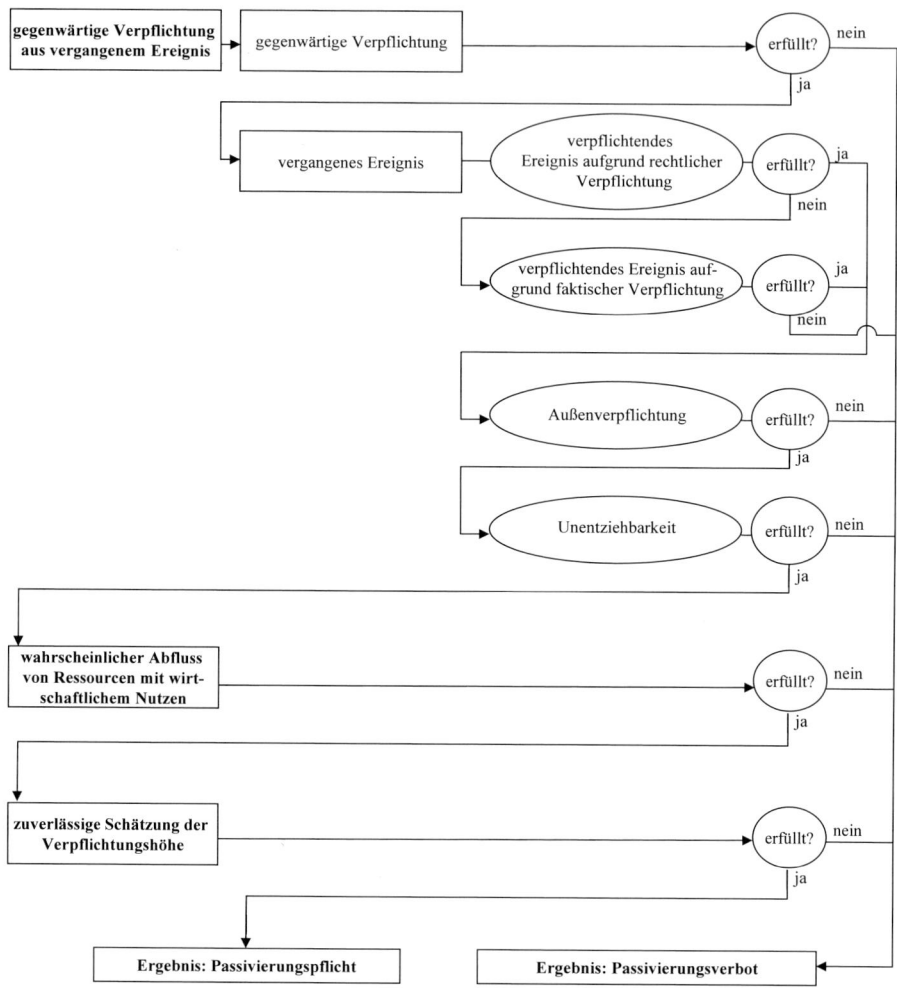

Prüfungsschema 5:   Bestimmung des Rückstellungsbegriffs und des Passivierungszeitpunkts nach IFRS

Weiterführende Literatur

HGB:

Böcking, Hans-Joachim, Verbindlichkeitsbilanzierung, Wiesbaden 1994, S. 191–216

Kaiser, Stephan, Rückstellungsbilanzierung, Wiesbaden 2008, S. 83–93

Moxter, Adolf, Bilanzrechtsprechung, 6. Aufl., Tübingen 2007, S. 116–156

ders., Grundsätze ordnungsgemäßer Rechnungslegung, Düsseldorf 2003, S. 97–112

Schön, Wolfgang, Der Bundesfinanzhof und die Rückstellungen, BB, 49. Jg. (1994), Beilage 9, S. 1–16

Siegel, Theodor, Das Realisationsprinzip als allgemeines Periodisierungsprinzip?, BFuP, 46. Jg. (1994), S. 1–24

IFRS:

Ernst & Young (Hrsg.), International GAAP 2010, Chichester (West Sussex) 2010, Chapter 24: Provisions, contingent liabilities and contingent assets

Hommel, Michael, in: Jörg Baetge/Hans-Jürgen Kirsch/Stefan Thiele (Hrsg.), Bilanzrecht, Bonn/Berlin 2002 (Loseblatt), Kommentierung zu § 249 HGB (Stand: Sept. 2002)

Moxter, Adolf, Rückstellungen nach IAS: Abweichungen vom geltenden deutschen Bilanzrecht, BB, 54. Jg. (1999), S. 519–525

ders., Neue Ansatzkriterien für Verbindlichkeitsrückstellungen?, DStR, 42. Jg. (2004), S. 1057–1060 und S. 1098–1102

Rüdinger, Andreas, Regelungsschärfe bei Rückstellungen, Wiesbaden 2004

Wüstemann, Jens, Die betriebswirtschaftliche Bedeutung von Rückstellungen für die nukleare Entsorgung, in: Hans-Joachim Koch u.a. (Hrsg.), 12. Deutsches Atomrechtssymposium, Baden-Baden 2004, S. 277–310

Fall 7: Finanzinstrumente – Beispiel Hedge Accounting

Sachverhalt:

Die A-AG erwirbt am 1. 1. des Geschäftsjahrs 01 eine Forderung gegenüber der B-GmbH mit einer Laufzeit von drei Jahren; vertraglich fixiert ist eine jährliche Zinszahlung von 10% auf den Nennwert von 100 GE. Zeitgleich schließt die A-AG mit dem C eine vertragliche Vereinbarung über eine identische Laufzeit, aus der die Verpflichtung zu einer jährlichen Zahlung an den C in Höhe von 10 GE erwächst. Die Gegenleistung des C besteht in einer variablen Zahlung, die der aktuellen Notierung eines festgelegten Marktzinssatzes entspricht (Fix-Payer-Zinsswap). Bei Vertragsabschluss findet kein Zahlungsaustausch zwischen der A-AG und dem C statt.

Aufgabenstellung:

Welche Konsequenzen ergeben sich am Bilanzstichtag des ersten Geschäftsjahrs (31. 12. 01) für Ansatz sowie Bewertung von Forderung und Zinsswap in der Bilanz der A-AG nach handelsrechtlichen GoB und nach IFRS, wenn der festgelegte Marktzinssatz unter flacher Zinsstruktur bei 8% notiert? (Anmerkung: Der Zinsswap notiere unter dieser Annahme bei –3,57 GE.)

I. Lösung nach den Grundsätzen ordnungsmäßiger Bilanzierung

1. Ansatz und Bewertung von Finanzinstrumenten

a) Grundsätze ordnungsmäßiger Bilanzierung von Forderungen

Eine Forderung ist als Vermögensgegenstand zu bilanzieren, sofern wirtschaftlich mit einem zukünftigen Zahlungseingang zu rechnen ist. Greifbarkeit und selbstständige Bewertbarkeit ergeben sich zwar zunächst aus dem vertraglich festgelegten Anspruch, die Aktivierung setzt aber nach dem handelsrechtlichen Prinzip wirtschaftlicher Vermögensermittlung auch die Werthaltigkeit voraus: Forderungen „bleiben unaktiviert, wenn sie objektiv zweifelsfrei wertlos sind"[386]; dies gilt insbesondere für uneinbringliche Forderungen.

Eine Forderung ist nach dem Erfolgsneutralitätsprinzip zu ihren Anschaffungskosten zu aktivieren. Die Anschaffungskosten bezeichnen dabei ungeachtet der geleis-

---

386 *Moxter*, Grundsätze ordnungsgemäßer Rechnungslegung (2003), S. 73.

teten Zahlung der Nennwert der Forderung.[387] Eine Differenz zwischen Auszahlungsbetrag und Nennwert der Forderung wird als (Dis-)Agio bezeichnet und ist als Rechnungsabgrenzungsposten zu aktivieren bzw. zu passivieren, so dass die Auflösung dieses Postens über die Laufzeit der Forderung später das Zinsergebnis korrigiert.[388] Der Nennwert bildet nach dem Realisationsprinzip auch in den folgenden Perioden die Obergrenze der Bewertung.

Eine außerplanmäßige Abschreibung einer Forderung auf einen niedrigeren beizulegenden Wert kann sich nach dem Imparitätsprinzip ergeben. Für Forderungen des Umlaufvermögens gilt das strenge, für Finanzanlagen wahlrechtsweise das gemilderte Niederstwertprinzip (§ 253 Abs. 3–4 HGB). Die Zuordnung einer Forderung zum Anlage- oder Umlaufvermögen richtet sich danach, ob sie zur dauernden Verwendung für den Geschäftsbetrieb erworben wurde, mithin ob mit ihrem Abgang zu rechnen ist (§ 247 Abs. 2 HGB). Wertverluste in Folge eines angestiegenen Marktzinsniveaus sind für Finanzanlagen grundsätzlich nicht zu berücksichtigen: Ein solcher (Zeit-)Wertverlust entspringt einzig künftig entgehenden Gewinnen aus höherverzinslichen Alternativanlagen und ist spätestens bei Laufzeitende wieder aufgeholt. Ein künftiger negativer Gewinnbeitrag droht nicht und ist in funktionaler Auslegung des Imparitätsprinzips auch nicht zu antizipieren.[389] In einer besonderen Betonung des allgemeinen Vorsichtsprinzips eröffnet das Gesetz indes die Möglichkeit, eine entsprechende Abschreibung auf Finanzanlagen freiwillig vorzunehmen (§ 253 Abs. 3 S. 4 HGB). Im Umlaufvermögen gilt die Freiwilligkeit nicht: Eine Veräußerung der Forderung wäre bei gestiegenem Marktzinsniveau nur zu einem Abschlag möglich und eine Abschreibung auf den niedrigeren beizulegenden Wert folglich zwingend.[390]

b) Grundsätze ordnungsmäßiger Bilanzierung von Zinsswaps

Bei einer Swapvereinbarung handelt es sich um den periodischen Austausch von definierten Zahlungsströmen. Einem Anspruch auf zukünftige Einzahlungen steht eine zukünftige Leistungsverpflichtung gegenüber. Es handelt sich bei diesem

---

387 Vgl. BFH, Urteil v. 23. 4. 1975 – I R 236/72, BStBl. II 1975, S. 875. Voraussetzungen für die Nennwertbilanzierung sind einerseits ein Darlehenscharakter der Forderung (vgl. *Krumnow* u. a. [Hrsg.], Rechnungslegung der Kreditinstitute [2004], § 340e HGB, Rn. 53) und andererseits ein Zinscharakter des (Dis-)Agios (vgl. *Moxter*, Grundsätze ordnungsgemäßer Rechnungslegung [2003], S. 157).

388 Aus Vereinfachungsgründen kann die Auflösung linear erfolgen, vgl. *Naumann*, Bewertungseinheiten im Gewinnermittlungsrecht der Banken (1995), S. 86 und S. 101 f., und *Sittmann-Haury*, Forderungsbilanzierung von Kreditinstituten (2003), S. 27 f.

389 Vgl. *Wüstemann*, Funktionale Interpretation des Imparitätsprinzips, zfbf 1995, S. 1029 (S. 1033).

390 Vgl. *Moxter*, Bilanzrechtsprechung (1999), S. 274.

zweiseitig verpflichtenden Vertrag um ein schwebendes Geschäft.[391] Daher gilt für Zinsswaps der handelsrechtliche Grundsatz der Nichtbilanzierung schwebender Geschäfte, der nur bei drohendem Verlust durch das Imparitätsprinzip aufgehoben werden kann. Ein Verlust droht bei Erwartung eines zukünftigen Aufwendungsüberschusses. Der Marktpreis eines Zinsswaps spiegelt Erwartungen von Marktteilnehmern über zukünftige Ein- und Auszahlungen wider. Ein negativer Marktpreis ist daher hinreichendes Indiz für einen Aufwendungsüberschuss:[392] Es ist in diesem Fall eine Drohverlustrückstellung in Höhe des Marktpreises zu bilden.

Eine Besonderheit ist für Kreditinstitute zu beachten: Für Unternehmen, die gewerbsmäßig Bankgeschäfte betreiben, ist mit Inkrafttreten des BilMoG nämlich der Grundsatz der Nichtbilanzierung schwebender Geschäfte für solche Verträge aufgehoben, die zu Handelszwecken abgeschlossen werden. Diese Vereinbarungen dürfen bei positiven Marktpreisen laufend gewinnwirksam (abzüglich eines Risikoabschlags) und noch vor der Realisierung als Vermögensgegenstand aktiviert werden (§ 340e Abs. 3 HGB).

c) Bildung von Bewertungseinheiten in der handelsrechtlichen Gewinnermittlung

Der Grundsatz der Einzelbewertung dient der Objektivierung des ermittelten Gewinns.[393] Er liegt jeder Bilanzierung, die sich erst aus der Gegenüberstellung einzelner Vermögensgegenstände und Schulden ergibt, zugrunde. Einzeln zu bewerten sind nach dem Vermögensermittlungsprinzip solche Vermögensbestandteile, die sich durch eine selbstständige Nutzungsfähigkeit und einen einheitlichen Nutzungs- und Funktionszusammenhang auszeichnen.[394] Finanzinstrumente, die wie Forderungen oder Swapgeschäfte aus vertraglichen Vereinbarungen entstehen, sind als solche nicht nur jeweils rechtlich selbstständige Güter, sie bilden auch wirtschaftlich ein einheitliches Ganzes und sind zweifelsfrei marktgängig, mithin selbstständig nutzungsfähig. Finanzinstrumente sind daher als einzelne Vermögensgegenstände oder Schulden zu bilanzieren und einzeln zu bewerten.

Bei Finanzinstrumenten wird indes regelmäßig der Fall eintreten, dass zwei (oder mehrere) jeweils einzeln zu bewertende Geschäfte zwar nicht als Einheit markt-

---

391 Vgl. grundlegend *Woerner*, Grundsatzfragen zur Bilanzierung schwebender Geschäfte, FR 1984, S. 489 (S. 491), und in Bezug auf Zinsswaps *Kuhner*, in: Baetge/Kirsch/Thiele (Hrsg.), Bilanzrecht, § 246 HGB, Rn. 831 (Stand: Sept. 2002).

392 Vgl. *Prahl/Naumann*, Financial Instruments, in: v. Wysocki u. a. (Hrsg.), Handbuch des Jahresabschlusses, Abt. II/10, Rn. 104 (Stand: Aug. 2000).

393 Vgl. *Ballwieser*, in: Schmidt (Hrsg.), Münchener Kommentar zum Handelsgesetzbuch (2008), § 252 HGB, Rn. 18.

394 Vgl. BFH, Urteil v. 28. 2. 1961 – I 13/61 U, BFHE 73, S. 318 (S. 320 f.), und BFH, Urteil v. 26. 11. 1975 – GrS 5/71, BFHE 111, S. 242 (S. 249). Zur Anwendung der Kriterien vgl. ausführlich unten, Fall 11, Planmäßige Abschreibungen – Beispiel Abschreibungen von Gebäudekomplexen.

gängig sind, wirtschaftlich aber als Einheit abgeschlossen werden. Durch eine solche Kombination von Verträgen sollen in der Gesamtheit gegenläufige Wertentwicklungen, die vertraglich genau definiert sind, ausgenutzt werden, um das Risiko von Verlusten aus einem einzelnen Geschäft zu begrenzen. Nichts anderes erstrebt im vorliegenden Fall übrigens die A-AG: Sie fürchtet offenbar einen Anstieg des Marktzinsniveaus, die mit der B-GmbH vereinbarte Zinszahlung erwiese sich dann als zu gering; ein Weiterverkauf der Forderung wäre nur mit einem Abschlag auf den Nennwert möglich. Dagegen ist sie nunmehr gesichert, weil sich der Zinsswap wertmäßig exakt gegenläufig entwickeln wird. Droht in isolierter Betrachtung der Forderung bei einem angestiegenen Marktzinsniveau (und bei Veräußerungsabsicht) ein Verlust, gilt dies nicht mehr, wenn die Forderung in Einheit mit dem Zinsswap bewertet wird; immer wenn die Forderung einen Wertrückgang erleidet, wird dieser durch einen Wertanstieg des Zinsswaps kompensiert.

Der Grundsatz der Einzelbewertung ist daher nicht nur als Ausfluss objektiver Vermögensermittlung, sondern auch als Gewinnermittlungsprinzip zu interpretieren.[395] Hierbei ist entscheidend, ob die Bildung einer Bewertungseinheit dem Zweck handelsrechtlicher Gewinnanspruchsermittlung dient und eine unangemessene Gewinnverkürzung verhindert, ohne zum Ausweis eines fiktiven Gewinns zu führen. Ist eine exakt gegenläufige Wertentwicklung von zwei gleichzeitig fälligen Geschäften in Abhängigkeit von der Entwicklung einer identischen Variable (zumeist eines Marktpreises) zu erwarten und eine Durchhalteabsicht beider Geschäfte dokumentiert,[396] findet Anwendung, was das Gesetz als Bewertungseinheit bezeichnet (§ 254 HGB): Eine Abschreibung auf die Forderung oder die Bildung einer Drohverlustrückstellung für den Zinsswap ist nur geboten, wenn aus der Einheit beider Geschäfte ein Verlust droht. Als Einwand steht dem immer noch der unwidersprochene und in jeder Finanzmarktkrise bestätigte Zweifel gegenüber, ob man bei der Bildung von Bewertungseinheiten aus Finanzinstrumenten „die Fälle unzureichender Beherrschung von Risiken und Chancen" durch einzelne Kaufleute tatsächlich „ohne Weiteres vernachlässigen"[397] könne.

2. Anwendung auf den Fall: Ansatz und Bewertung von Forderung und Zinsswap der A-AG

Hinweise auf die Uneinbringlichkeit der Forderung gegenüber der B-GmbH liegen nicht vor. Die Forderung stellt für die A-AG daher einen wirtschaftlich selbstständigen Vermögensgegenstand dar, der als solcher nach dem Vermögensermittlungs-

---

395 Vgl. *Bischof*, Makrohedges in Bankbilanzen nach GoB und IFRS (2006), S. 56 f.

396 Vgl. *Christiansen*, Zum Grundsatz der Einzelbewertung – insbesondere zur Bildung sog. Bewertungseinheiten, DStR 2003, S. 262 (S. 266); *Löw*, Verlustfreie Bewertung antizipativer Sicherungsgeschäfte nach HGB, WPg 2004, S. 1109 (S. 1111 f.), sowie m. w. N. *Krumnow* u. a. (Hrsg.), Rechnungslegung der Kreditinstitute (2004), § 340e HGB, Rn. 116–119.

397 *Moxter*, Grundsätze ordnungsgemäßer Rechnungslegung (2003), S. 30 (beide Zitate).

prinzip einzeln zu bewerten ist. Aufgrund ihrer Zahlungsstruktur mit festgelegten Zins- und Fälligkeitsterminen hat die Forderung Darlehenscharakter. Sie ist folglich am 1. 1. des Geschäftsjahrs 01 zu ihrem Nennwert von 100 GE zu aktivieren. Am Ende des Geschäftsjahrs wird eine Zinszahlung von 10 GE fällig, die unmittelbar als Zinsertrag zu realisieren ist.

Entsprach der Auszahlungsbetrag am 1. 1. nicht dem Nennwert, hat die Differenz ebenfalls Zinscharakter; sie wäre als Rechnungsabgrenzungsposten zu aktivieren bzw. zu passivieren und linear über die drei Perioden als Korrektur des Zinsergebnisses zu verteilen. Wäre beispielsweise am 1. 1. nur eine Auszahlung von 90 GE erfolgt, stellte die Differenz von 10 GE wirtschaftlich eine Zinsvorauszahlung der B-GmbH dar. Diese Differenz wäre als ein Rechnungsabgrenzungsposten zu passivieren, dessen lineare Auflösung in jeder Periode den Zinsertrag aus der Forderung um 3,33 GE erhöhte. Das Zinsniveau ist zum 31. 12. gesunken, so dass kein (Zeit-) Wertverlust der Forderung zu konstatieren ist. Auch bei Zuordnung der Forderung zum Umlaufvermögen ergibt sich damit aus dem Sachverhalt kein Hinweis auf einen geringeren beizulegenden Wert.

Die Swapvereinbarung (Zinsswap) mit dem C ist ein schwebendes Geschäft, für das am 1. 1. 01 (mangels Zahlungsaustausch zwischen der A-AG und dem C) die Ausgeglichenheitsvermutung gilt. Am 31. 12. ist der negative Marktpreis von 3,57 GE, der aus dem Rückgang des Marktzinsniveaus resultiert, ein hinreichendes Indiz für einen drohenden Aufwendungsüberschuss. Als Konsequenz ist in Höhe von 3,57 GE eine Drohverlustrückstellung zu bilden. Nun profitiert andererseits am 31. 12. der (Zeit-)Wert der Forderung quasi gegenläufig vom Rückgang des Marktzinsniveaus. In einer Bewertungseinheit aus Zinsswap und Forderung, die beide dem gleichen Zinsrisiko ausgesetzt sind und identische Fälligkeiten aufweisen, wäre daher auf die Bildung einer Drohverlustrückstellung zu verzichten. Die Bildung einer solchen Bewertungseinheit kann sich nur nach dem Gewinnermittlungsprinzip richten. Fraglich ist, ob dadurch ein fiktiver Gewinn ausgewiesen würde. Dies wäre der Fall, wenn die A-AG den Zinsswap, nicht aber die Forderung vorzeitig veräußerte. Eine solche Entscheidung liegt selbstverständlich allein im Ermessen der A-AG. Sie könnte nur durch ein funktionierendes (freilich ebenso internes) Risikoüberwachungssystem verhindert werden, das bei Dokumentation einer Sicherungsbeziehung gleichsam in deren Durchhaltung resultiert. Entsprechende stichhaltige Hinweise für die Existenz einer Bewertungseinheit im Sinne des § 254 HGB gibt der Sachverhalt nicht. Vage Annahmen darüber können nicht hinreichend sein, das Prinzip einzelbewertungsorientierter Vermögensermittlung durch das Gewinnermittlungsprinzip zu beschränken.

3. Ergebnis nach den Grundsätzen ordnungsmäßiger Bilanzierung

Die Forderung gegenüber der B-GmbH ist zu ihren Anschaffungskosten zu aktivieren und die Zinseinnahme am Bilanzstichtag als Zinsertrag zu realisieren. Unter den gegebenen Informationen kann die A-AG keine Bewertungseinheit aus Forderung und Zinsswap bilden. Sie kann daher nicht auf die Bildung einer Rückstellung für die drohenden Verluste aus dem (schwebenden) Swapgeschäft verzichten.

II. Lösung nach IFRS

1. Anzuwendende Vorschriften: branchenübergreifende Reichweite von IAS 32, IAS 39 und IFRS 7

Die Bilanzierung von Finanzinstrumenten mag auf den ersten Blick als ein Regelungsproblem erscheinen, das vorrangig den Bankensektor betrifft. Doch wenn das Geschäft mit Finanzinstrumenten auch originär diesem Sektor zuzuordnen ist, hilft ein Blick auf die Definition eines Finanzinstruments gemäß IFRS, um an der weiten Fassung des Begriffs zu erkennen, welche Bedeutung den Bilanzposten auch im Industrie- oder Dienstleistungsgeschäft erwachsen wird. In IAS 32.11 heißt es nämlich, dass jeder vertragliche Anspruch auf einen zukünftigen Zufluss von Zahlungsmitteln und jede vertragliche Verpflichtung zu einer Abgabe von Zahlungsmitteln als Finanzinstrument zu bilanzieren sind: Bekannte Produkte wie Aktien oder Rentenpapiere fallen hierunter, komplexe Vertragsstrukturen, die man als Derivate bezeichnet, aber auch (nach erbrachter Leistung) einfache Forderungen gegenüber Kunden.

Vor dem Hintergrund dieses weiten Anwendungsbereichs erscheint es zwingend, dass die Bilanzierung von Finanzinstrumenten branchenübergreifend geregelt ist. Denn so wie Banken ihre ausgereichten Kredite mit Einlagen finanzieren und sich mit Derivaten gegen eine Vielzahl an Risiken absichern, nehmen Industrie- oder Dienstleistungsunternehmen zur Finanzierung ihrer Geschäftätigkeit den Kapitalmarkt in Anspruch und sichern Forderungen gegenüber Kunden wie Zahlungsverpflichtungen gleichsam gegen Währungs- oder Zinseinflüsse ab; nichts anderes hat im vorliegenden Fall auch die A-AG mit Abschluss des Zinsswaps getan. Genauso regelmäßig kommt es freilich vor, dass eine Geschäftsführung gleich welchen Sektors auf eine bestimmte Marktentwicklung spekuliert und bewusst die Möglichkeit von Verlusten in Kauf nimmt.

Tatsächlich hat das IASB über bankspezifische Bilanzierungsregeln diskutiert,[398] sie vor dem gezeigten Hintergrund einer branchenübergreifenden Vergleichbarkeit

---

398 Vgl. nur IFRS 7.BC 7.

der Chancen und Risiken aus dem Einsatz von Finanzinstrumenten aber verworfen. Heute gibt es drei Standards, die die Rechnungslegung von Finanzinstrumenten vorgeben. IAS 32 enthält die einschlägigen Definitionskriterien von Finanzinstrumenten.[399] Die Bilanzierung, d. h. die für den vorliegenden Fall besonders relevanten Ansatzkriterien und Bewertungsmaßstäbe von Finanzinstrumenten regelt IAS 39. IFRS 7 schreibt vor, wie Finanzinstrumente in der Bilanz zu untergliedern und im Anhang zu kommentieren sind.[400]

Eine Falllösung setzt mithin immer am IAS 32 an. Nur wenn ein Vertrag das Definitionskriterium eines Finanzinstruments erfüllt, ist er bilanziell nach IAS 39 zu behandeln. Dieses Kriterium erscheint zunächst unproblematisch: Ein Finanzinstrument ist ein Vertrag, der für die eine Partei einen finanziellen Vermögenswert und für die andere Partei entweder eine finanzielle Verbindlichkeit oder Eigenkapital darstellt. Komplizierter wird es, wenn im Einzelfall zu prüfen ist, ob der Vertrag tatsächlich zu einem finanziellen Vermögenswert bzw. einer finanziellen Verbindlichkeit führt. Mit diesem Schritt soll die Falllösung beginnen.

2. Ansatz von Finanzinstrumenten

a) Definitionskriterien

aa) Definition von finanziellen Vermögenswerten und finanziellen Verbindlichkeiten

(1) Finanzielle Vermögenswerte als vertragliche Ansprüche auf Zahlungsmittel

Die Definition eines finanziellen Vermögenswerts ist in Fallgruppen unterteilt, die sich darin unterscheiden, inwiefern sich der zukünftige Geldzufluss konkretisiert. Zahlungsmittel oder geldnahe Mittel (wie Bankguthaben) stellen ausnahmslos einen finanziellen Vermögenswert dar; der Geldzufluss ist entweder bereits erfolgt oder auf Abruf jederzeit bedingungslos möglich. Ein vertragliches Recht gilt als finanzieller Natur, wenn dem Inhaber daraus entweder der Anspruch auf einen (möglichen) künftigen Zufluss von Zahlungsmitteln erwächst oder wenn damit zu potenziell vorteilhaften Bedingungen ein zukünftiger Tausch von finanziellen Ver-

---

399 Er ist besonders umstritten, weil die daraus abzuleitende Abgrenzung von finanziellen Verbindlichkeiten und Eigenkapital eines Unternehmens vielen Praktikern und Wissenschaftlern auch nach verschiedenen Überarbeitungen nicht gelungen erscheint. Vgl. zu Einzelheiten *Hennrichs*, Unternehmensfinanzierung und IFRS im deutschen Mittelstand, ZHR 2006, S. 498 (S. 504 f.), und *Löw/Antonakopoulos*, Die Bilanzierung ausgewählter Gesellschaftsanteile nach IFRS unter Berücksichtigung der Neuregelungen nach IAS 32 (rev. 2008), KoR 2008, S. 261.

400 Zu Einzelheiten vgl. *Löw*, Ausweisfragen in Bilanz und Gewinn- und Verlustrechnung bei Financial Instruments, KoR 2006, Beil. 1, S. 1, und *Wüstemann/Bischof*, Ausweis von Finanzinstrumenten in europäischen Bankbilanzen nach IFRS: Normative Erkenntnisse empirischer Evidenz, WPg 2008, S. 865.

mögenswerten verbunden ist. Hierunter fallen die Forderungen eines Unternehmens. Der potenziell vorteilhafte Tausch soll derivative Finanzinstrumente abdecken, für die nach IAS 39 ausdrücklich kein Grundsatz der Nichtbilanzierung schwebender Geschäfte gilt. Ein Optionsrecht zum Erwerb eines finanziellen Vermögenswerts etwa ist seiner Natur nach potenziell vorteilhaft. Ein Swapgeschäft ist potenziell vorteilhaft, wenn gegenwärtig für die eigene Position an einem Markt ein positiver Preis erzielt würde. Eine weitere wichtige Fallgruppe stellen noch Eigentumsrechte an Unternehmen dar, sofern sie sich für dieses Unternehmen als Eigenkapital qualifizieren. Der zukünftige Geldzufluss ist relativ am geringsten konkretisiert, ist konstituierendes Kriterium von Eigenkapital nach IAS 32 doch gerade, dass sich der Vertragspartner einer zukünftigen Zahlungsverpflichtung uneingeschränkt entziehen kann. Gehaltene Stammaktien und herkömmliche GmbH-Anteile sind typische finanzielle Vermögenswerte aus dieser Gruppe.

(2) Finanzielle Verbindlichkeiten in Abgrenzung zum Eigenkapital als unentziehbare vertragliche Verpflichtungen zur Abgabe von Zahlungsmitteln

Bei Vorliegen einer vertraglichen Verpflichtung zu einer künftigen Geldleistung wird anders als für finanzielle Vermögenswerte danach unterschieden, ob die vertragliche Vereinbarung ein Eigentumsrecht (dann eines Dritten am eigenen Unternehmen) enthält, das sich als Eigenkapital qualifiziert. Ist dies der Fall, liegt keine finanzielle Verbindlichkeit vor. Während die durch zukünftigen Geldzufluss begünstigte Vertragspartei immer einen finanziellen Vermögenswert aktiviert, passiviert die andere Partei entweder eine finanzielle Verbindlichkeit als selbstständig bewertetes Fremdkapital oder nicht selbstständig bewertetes Eigenkapital als Residualgröße.

Die dabei zu prüfende Abgrenzung zwischen Eigenkapital und finanzieller Verbindlichkeit ist deshalb kritisch, weil sie sich weder strikt nach gesellschaftsrechtlichen noch nach betriebswirtschaftlichen Kriterien, sondern nach einem dem IAS 32 eigenen Kriterium der unbedingten Entziehbarkeit von einer Zahlungsverpflichtung richtet. Diese Entziehbarkeit ist immer dann nicht mehr gegeben, wenn der Inhaber des Instruments bedingungslos eine Auszahlung seines Anteils verlangen kann. Hier schlägt sich nieder, dass das IASB eine staatenübergreifende Anwendbarkeit der IFRS gewährleisten und gesellschaftsrechtliche Merkmale hier nicht berücksichtigen will, die nur einen bestimmten Rechtsraum prägen. Entsprechend allgemein sind die Ausnahmen gehalten, die unter bestimmten Voraussetzungen solche Finanzierungstitel als Eigenkapital anerkennen, die im Insolvenzfall nachrangig gegenüber allen anderen Ansprüchen bedient werden, selbst wenn im Nicht-Insolvenzfall keine unbedingte Entziehbarkeit von einer Auszahlungsverpflichtung gegeben ist (IAS 32.16A und 16B).[401]

---

401 Vgl. *Schmidt*, IAS 32 (rev. 2008): Ergebnis- statt Prinzipienorientierung, BB 2008, S. 434.

Ist mit dem Vertrag kein entsprechend charakterisiertes Eigentumsrecht verbunden, das die Legaldefinition von Eigenkapital nach IAS 32 erfüllt, verhält sich die Definition einer finanziellen Verbindlichkeit beinahe spiegelbildlich zu derjenigen eines finanziellen Vermögenswerts. Der Vertrag muss dann entweder die zumindest mittelbare Verpflichtung zur Abgabe von Zahlungsmitteln enthalten oder zu einem zukünftigen Tausch von finanziellen Vermögenswerten unter potenziell nachteiligen Bedingungen führen. Emittierte Anleihen, Schuldverschreibungen oder Bankkredite sind typische Beispiele für solche Verpflichtungen, da sie nach Laufzeitende oder bei Kündigung zum unmittelbaren Abfluss von Zahlungsmitteln führen. Die Spiegelbildlichkeit zur Aktivseite wird besonders anschaulich bei der Betrachtung von Derivaten: Die Stillhalterposition in einer Option auf den Erwerb eines finanziellen Vermögenswerts zählt genau wie ein Swapgeschäft mit negativem Marktpreis als potenziell nachteiliger Tausch und mithin als finanzielle Verbindlichkeit.

bb) Anwendung auf den Fall: Vertragliche Eigenschaften von Forderung und Zinsswap der A-AG

Mit der Forderung gegenüber der B-GmbH liegt auf Seiten der A-AG eindeutig weder ein Zahlungsmittel oder Bankguthaben noch ein Eigenkapitalanteil vor. Da der Fall eines vertraglichen Anspruchs auf einen Zufluss von Zahlungsmitteln jedoch gegeben ist, verkörpert die Forderung einen finanziellen Vermögenswert: In den Geschäftsjahren 01, 02 und 03 wird der A-AG die Zinszahlung von jeweils 10 GE zufließen, zusätzlich am 31. 12. 03 der Rückzahlungsbetrag. Die B-GmbH hat die entsprechende Verpflichtung, diese Zahlungen zu leisten und mithin eine finanzielle Verbindlichkeit. Die Forderung stellt für die eine Vertragspartei (die A-AG) einen finanziellen Vermögenswert und für die andere Vertragspartei eine finanzielle Verbindlichkeit dar: Sie ist ein Finanzinstrument.

Der Zinsswap stellt ebenfalls einen Vertrag dar, der anders aber als die Forderung keinen einseitigen Zahlungsfluss, sondern einen vertraglich definierten Austausch von Zahlungsmitteln zum Inhalt hat: Die A-AG leistet dem C in den Geschäftsjahren 01, 02 und 03 eine Zahlung von 10 GE und erhält im Tausch eine Zahlung, die als Funktion eines Marktzinssatzes formuliert und daher im Zeitablauf variabel ist. Bei solch einem echten Zahlungsaustausch ergibt sich nicht ohne Weiteres die Position der einzelnen Vertragspartei. Wie gesehen kann stattdessen erst ein Marktpreis einen Hinweis geben, welche Vertragspartei in der vorteilhaften Position ist und den Vertrag insofern als Vermögenswert ansetzen darf. Im vorliegenden Fall ist der Marktpreis am Bilanzstichtag aus Sicht der A-AG negativ. Sie müsste eine Zahlung an einen Dritten leisten, wenn sie die vertragliche Vereinbarung mit dem C zu veräußern beabsichtigte. Der negative Marktpreis zeigt daher, dass die vertragliche Position der A-AG wirtschaftlich derjenigen eines Schuldners entspricht; für sie verkörpert der Zinsswap daher eine finanzielle Verbindlichkeit, während der C ihn als finanziellen Vermögenswert behandeln kann.

Sowohl Forderung als auch Zinsswap sind Verträge, die für eine Vertragspartei einen finanziellen Vermögenswert und für die andere Vertragspartei eine finanzielle Verbindlichkeit darstellen. Insofern handelt es sich um Finanzinstrumente, deren Ansatz und Bewertung sich nach den Regeln des IAS 39 zu richten hat.

b) Ansatzzeitpunkt

aa) Vertragsabschluss als einzig maßgebliches Ansatzkriterium für Finanzinstrumente

Das (in der Einzelfalllösung nachrangige) Rahmenkonzept setzt voraus, dass der Nutzenstrom, den in einer IFRS-Bilanz aktivierte Vermögenswerte und passivierte Schulden abbilden, hinreichend wahrscheinlich und hinreichend verlässlich bewertbar ist. Entsprechend finden sich in zahlreichen Einzelstandards explizite Wahrscheinlichkeits- und Bewertbarkeitskriterien, die als Ansatzkriterien zwingend zu prüfen sind. Bekannte Beispiele dafür sind etwa IAS 38 für immaterielle Vermögenswerte und IAS 37 für ungewisse Verbindlichkeiten, die beide überdies extensive Versuche beinhalten, diese Kriterien zu konkretisieren.[402] Ganz anders der IAS 39: Er gibt schlicht vor, bei Vertragsabschluss ein Finanzinstrument als solches zu bilanzieren (IAS 39.15). Dies lässt zunächst zwei Interpretationen zu; entweder werden entgegen dem Rahmenkonzept Wahrscheinlichkeit und Bewertbarkeit als ungeeignete Ansatzkriterien angesehen oder es wird implizit unterstellt, dass beide Kriterien für den Fall eines Finanzinstruments unkritisch, ihre Prüfung daher redundant ist.

Die Entstehungsgeschichte des IAS 39 zeigt, dass letzterer Interpretation zu folgen sein wird. Dem Standard liegt ein in einer internationalen Arbeitsgruppe verschiedener Standardsetzer (sog. „Joint Working Group") erarbeiteter Entwurf zugrunde,[403] der eben diesen Verzicht auf die beiden bekannten Ansatzkriterien begründet. Die Kriterien seien „not an issue in the case of financial instruments because the contract establishing a financial instrument determines that any economic benefits that result from the instrument will flow to or from the enterprise"[404]. Mit anderen Worten liegt eine typisierende Betrachtung von Finanzinstrumenten vor, die demnach bereits aufgrund ihres Definitionsmerkmals des vertraglich bestimmten Zahlungsstroms ausnahmslos einen hinreichend wahrscheinlichen und hinreichend verlässlich bewertbaren Nutzenstrom verkörpern.[405]

---

402 Vgl. dazu oben, Fall 1, Aktivierung immaterieller Vermögensgegenstände des Anlagevermögens – Beispiel Kundenkartei, und Fall 6, Passivierungszeitpunkt – Beispiel Entsorgung von Kernbrennelementen.

403 Zu diesem Entwurf vgl. *J. Wüstemann/Duhr*, Entspricht die Full Fair Value-Bewertung nach den Vorschlägen der Joint Working Group of Standard Setters den Informationsbedürfnissen der Bilanzadressaten?, in: Bieg/Heyd (Hrsg.), Fair Value (2005), S. 107.

404 Joint Working Group of Standard Setters, Financial Instruments and Similar Items: Draft Standard and Basis for Conclusions (1999), BC 3. 5.

405 Vgl. *Hague*, IAS 39: Underlying Principles, Accounting in Europe 2004, S. 21 (S. 22 f.).

Natürlich wird dabei nicht vernachlässigt, dass auch vertraglich eine Vereinbarung getroffen werden kann, nach der nur in bestimmten Umweltzuständen ein Zahlungsfluss erfolgt; Optionsrechte sind ein Beispiel dafür. Da diese Unsicherheit aber in einem Marktpreiskalkül, das der Bewertung von Finanzinstrumenten zugrunde liegt, Berücksichtigung findet, wird die Wahrscheinlichkeit des Nutzenzuflusses in die Bewertung statt in den Ansatz einbezogen. Inkonsistenzen dieser Lösung zeigen sich im Vergleich mit anderen Standards. Man stelle sich nur eine finanzielle Verpflichtung vor, die mit einer Wahrscheinlichkeit von 49% zu einer Auszahlung von 100 GE führe und in allen anderen Umweltzuständen verfalle; sie wird nach IAS 39 (vereinfacht betrachtet) mit 49 GE bewertet. Dem stelle man eine ungewisse Verbindlichkeit (etwa aus einer Gewährleistungsverpflichtung) mit einem identischen Zahlungsschema gegenüber; qualifiziert sich diese als Rückstellung nach IAS 37, wird ihr Ansatz am Wahrscheinlichkeitskriterium gänzlich scheitern und in der Bilanz ein Wert von 0 GE erscheinen.

Komplexe und detaillierte Regelungen enthält IAS 39 demgegenüber für die Bestimmung der Vermögenszugehörigkeit im Falle der Weiterveräußerung eines Finanzinstruments. Dies ist einer in der Praxis zu beobachtenden Vertragsgestaltung geschuldet, nach der regelmäßig bestimmte Risiken aus dem Instrument zurückbehalten oder Zahlungsgarantien an den Erwerber gegeben werden, mithin wirtschaftlich keine vollständige Übertragung von Risiken und Chancen stattfindet.[406]

bb) Anwendung auf den Fall: Zeitpunkt des Vertragsabschlusses für Forderung und Zinsswap der A-AG

Weder für die Forderung noch für den Zinsswap sind nach IAS 39 die Wahrscheinlichkeit des Nutzenzuflusses und die verlässliche Bewertbarkeit zu prüfen. Laut Sachverhalt ist für beide Instrumente am 1. 1. des Geschäftsjahrs 01 der Vertragsabschluss erfolgt. Zu diesem Zeitpunkt ist die Forderung daher zu aktivieren. Der Zinsswap ist am Bilanzstichtag zu passivieren, da er zu diesem Zeitpunkt einen negativen Marktwert aufweist.

c) Abgrenzung von originären und derivativen Finanzinstrumenten

aa) Unmittelbare Abhängigkeit von einer Basisvariable, Zahlungshöhe und Begleichungszeitpunkt als Abgrenzungskriterien

Erfüllt ein Finanzinstrument Ansatz- und Definitionskriterien nach IAS 32 und IAS 39, ist im nächsten Schritt grundsätzlich zu prüfen, ob das Instrument originärer oder derivativer Natur ist. Derivaten wird in einer weiteren Typisierung ein Handelszweck unterstellt, den ein Unternehmen auch nicht widerlegen kann, wenn es das Derivat (wie es regelmäßig geschieht) zum Zweck der langfristigen Absi-

---

406 Vgl. zu Einzelheiten des in diesen Fällen anzuwendenden Continuing-Involvement-Ansatzes *Löw/Lorenz*, Ansatz und Bewertung von Finanzinstrumenten, in: Löw (Hrsg.), Rechnungslegung für Banken nach IFRS (2005), S. 415 (S. 448–461).

cherung gegen ein bestimmtes Risiko und nicht in spekulativer Absicht erworben hat. Da für Derivate als Ausfluss dieser Typisierung besondere Bewertungsvorschriften gelten, ist diese Prüfung unverzichtbar.

Die Prüfung richtet sich nicht nach der Bezeichnung eines Produkts am Markt, sondern beinhaltet nach IAS 39.9 drei Kriterien: die Abhängigkeit des Wertes von einer bestimmten wirtschaftlichen Variable (sog. Basisgröße oder „Underlying"), die Zahlungshöhe sowie den Begleichungszeitpunkt. Ein Derivat liegt vor, wenn die unmittelbare Wertabhängigkeit besteht, bei Vertragsabschluss eine verhältnismäßig geringe Zahlung erfolgt und die Begleichung zu einem späteren Zeitpunkt stattfinden wird. Typische Basisgrößen sind Marktzinssätze, Marktpreise (etwa für Aktien oder Rohstoffe) oder Wechselkurse. Die verhältnismäßig geringe Zahlung ist an dem aktuellen Preis dieser Basisgröße zu messen; eine Aktienoption als typisches Derivat wird beispielsweise immer einen deutlich geringeren Preis als die zugrunde liegende Aktie aufweisen. Ein späterer Begleichungszeitpunkt wird immer vorliegen, wenn Zahlungen zu einem Termin nach dem Vertragsabschluss fällig werden können. Zur Verdeutlichung nennt IAS 39.AG9 explizit vier Instrumente, die regelmäßig diese drei Kriterien erfüllen. Dies sind Forward- und Swapgeschäfte, Futures sowie Optionsrechte.

bb) Anwendung auf den Fall: derivativer Charakter von Forderung und Zinsswap der A-AG

Weder existiert für die Forderung gegenüber der B-GmbH eine Basisgröße, in deren unmittelbarer Abhängigkeit die Zahlungen stehen, noch ist der Zahlungsfluss bei Vertragsabschluss verhältnismäßig gering. Typischerweise wird die A-AG zum Erwerb einen Preis entrichtet haben, der (je nach unternehmensspezifischem Risiko der B-GmbH) nicht weit von 100 GE, dem Nennwert, abgewichen sein wird. Die Forderung der A-AG ist deshalb kein derivatives Finanzinstrument. Dass eine spätere Fälligkeit von Zahlungen zu bejahen ist, ist mangels kumulativer Erfüllung der Kriterien nicht hinreichend.

IAS 39.AG9 sagt einerseits explizit, dass eine Swapvereinbarung den Charakter eines derivativen Finanzinstruments habe. Andererseits ergibt auch die Prüfung der Kriterien für das Geschäft mit dem C, dass die künftigen Zahlungen unmittelbar von der Höhe eines Marktzinssatzes abhängen, bei Vertragsabschluss gar keine Zahlung ausgetauscht wurde und Fälligkeitstermine am 31. 12. der Geschäftsjahre 01, 02 und 03 auf spätere Zeitpunkte fallen. Die Swapvereinbarung mit dem C ist folglich ein derivatives Finanzinstrument.

3. Kategorisierung von Finanzinstrumenten

a) Sinn und Zweck der Kategorisierung: Festlegung des Bewertungsmaßstabs

Mangels Prinzipienorientierung kennen die IFRS keinen einheitlichen Bewertungsmaßstab für Vermögenswerte und Schulden. Der IAS 39 ist ein besonders gutes Beispiel, wie im System der Einzelstandards diese verschiedenen Maßstäbe miteinander konkurrieren und welche bilanzpolitischen Möglichkeiten dieses Nebeneinander bietet. Für bestimmte Finanzinstrumente ist eine Bewertung zum beizulegenden Zeitwert („fair value") vorgesehen, für andere Finanzinstrumente eine Bewertung zu (planmäßig fortgeführten) Anschaffungskosten, und für viele besteht ein Wahlrecht zwischen diesen Wertmaßstäben. In der Literatur wird für eine derart gekennzeichnete Bilanzierungslösung auch die Bezeichnung „mixed accounting model" verwendet.[407] Welcher Bewertungsmaßstab für ein bestimmtes Finanzinstrument gilt, richtet sich nach seiner Bewertungskategorie. IAS 39.9 bestimmt die Kriterien, nach denen ein Unternehmen die Einordnung seiner Finanzinstrumente in die Kategorien vorzunehmen hat. Für finanzielle Vermögenswerte stehen vier Kategorien zur Auswahl (die Fair-Value-Kategorie, Kredite und Forderungen, die Held-to-Maturity-Kategorie und die Available-for-Sale-Kategorie), für finanzielle Verbindlichkeiten lediglich zwei (ebenfalls eine Fair-Value-Kategorie sowie die Sonstigen Verbindlichkeiten).

b) Kategorisierungskriterien für finanzielle Vermögenswerte

aa) Bewertungskategorien

(1) Fair-Value-Kategorie: Handelsbestand und Fair-Value-Option

Eine Verpflichtung zur Einstufung in die Fair-Value-Kategorie besteht für den Bestand an finanziellen Vermögenswerten eines Unternehmens, der zu Handelszwecken gehalten wird. Dieser Handelszweck kann sich nur aus einem intern dokumentierten Geschäftszweck ergeben: Es muss die Absicht bestehen, kurzfristig Veräußerungsgewinne zu realisieren. Der zunächst weite Ermessensspielraum bei einer solchen Dokumentation wird zumindest durch zwei Typisierungen beschränkt. Zum einen wird ausnahmslos allen derivativen Finanzinstrumenten unwiderlegbar ein Handelszweck unterstellt; alle Derivate eines Unternehmens sind daher in die Fair-Value-Kategorie einzuordnen. Zum anderen gilt diese Unterstellung für finanzielle Vermögenswerte, die nachweislich zu einem Portfolio gehören, in dessen Handelshistorie regelmäßig kurzfristige Wiederveräußerungen einzelner Titel zu beobachten waren.

---

407 Vgl. stellvertretend *Gebhardt* u. a., Accounting for financial instruments in the banking industry: Conclusions from a simulation model, European Accounting Review 2004, S. 341, oder *Walton*, IAS 39: Where different accounting models collide, Accounting in Europe 2004, S. 5.

Mit der sog. Fair-Value-Option[408] besteht darüber hinaus ein Wahlrecht, weitere Finanzinstrumente (die mithin nicht in eigentlicher Handelsabsicht erworben wurden) in die Fair-Value-Kategorie einzuordnen. Dieses Wahlrecht kann explizit für drei Arten von finanziellen Vermögenswerten genutzt werden: Das Instrument muss entweder Bestandteil einer Sicherungsbeziehung sein, auf die nicht die Vorschriften zum sog. Hedge Accounting angewendet werden sollen (bzw. dürfen), in einem identifizierbaren und auf Fair-Value-Basis überwachten (gesteuerten) Portfolio enthalten sein oder als strukturiertes Produkt nicht einzelübertragbare Bestandteile aufweisen, die isoliert die Definition eines Derivats erfüllen (sog. eingebettete Derivate).

In allen drei Fällen liegt der Zweck der Regelung in einer vereinfachten Anwendung des IAS 39. Die Regelungen zum Hedge Accounting sind, wie zu zeigen ist, komplex und führen dazu, dass ein durch ein Derivat gegen Risiken abgesichertes Finanzinstrument mit dem gleichen Maßstab bewertet wird wie das Derivat. Das gleiche Ergebnis kann mit deutlich geringerem Dokumentationsaufwand erzielt werden, wenn für das gesicherte Instrument die Fair-Value-Option ausgeübt wird: Es ist dann bereits in der gleichen Bewertungskategorie eingestuft wie das Derivat. Für strukturierte Produkte gelten gleichermaßen komplexe Vorschriften,[409] die analog mit Ausübung der Fair-Value-Option umgangen werden können. Wird für ein Instrument schließlich zur internen Risikosteuerung ohnehin ein Fair Value ermittelt, wird es rein praktische Vorteile haben, wenn dieser Wert unmittelbar in die Bilanz übertragen wird. Faktisch ermöglichen diese wenig restriktiven Anwendungsvoraussetzungen der Fair-Value-Option damit eine nahezu uneingeschränkte Fair-Value-Bilanzierung von finanziellen Vermögenswerten.

Ein wichtiger Unterschied zwischen finanziellen Vermögenswerten, die als Teil des Handelsportfolios zum Fair Value bewertet werden, und Instrumenten, für die die Fair-Value-Option ausgeübt wird, liegt in den Möglichkeiten zur späteren Umwidmung. Während die Fair-Value-Option nur unmittelbar zum Erwerbszeitpunkt und dann unwiderruflich für die verbleibende Laufzeit angewandt werden kann, kann für Instrumente aus dem Handelsportfolio auch in der Folge eine alternative Bewertungskategorie gewählt werden, wenn außergewöhnliche, ansonsten nicht näher erläuterte Umstände eintreten (IAS 39.50B).[410] Dieses Wahlrecht wurde im Oktober 2008 auf Druck von Politik und Bankindustrie in der Erkenntnis eingeführt, dass ein Handelsbestand seinen Bestimmungszweck verlieren kann, wenn die Finanzmärkte, auf denen gehandelt werden soll, zu existieren aufhören. Genau

---

408 Vgl. ausführlich *P. Küting/Döge/Pfingsten*, Neukonzeption der Fair Value-Option nach IAS 39, KoR 2006, S. 597, und *Löw/Blaschke*, Verabschiedung des Amendment zu IAS 39 Financial Instruments: Recognition and Measurement – The Fair Value Option, BB 2005, S. 1727.

409 Zu Einzelheiten vgl. etwa *Hachmeister*, Verbindlichkeiten nach IFRS (2006), S. 65.

410 Zu Einzelheiten vgl. *Schildbach*, Was bringt die Lockerung der IFRS für Finanzinstrumente?, DStR 2008, S. 2381.

das war zuvor im Verlauf einer weltweiten Finanzmarktkrise für eine Vielzahl von Produkten geschehen.

(2) Kredite und Forderungen

Die Kategorisierung unter Krediten und Forderungen setzt voraus, dass das Finanzinstrument einen festen, zumindest aber bestimmbaren Zahlungsstrom aufweist. Damit sind Eigenkapitalinstrumente ausgeschlossen. Die Kategorie steht nur sog. zinstragenden Geschäften offen, eine variabel gestaltete Verzinsung gilt dabei durchaus als genau bestimmbar. Es darf ferner kein aktiver Markt bestehen, an dem das Instrument gehandelt werden kann. Die dritte Voraussetzung ist die fehlende Handelsabsicht; das Kriterium ist freilich redundant, wäre doch bei einer Handelsabsicht bereits die Einstufung in die Fair-Value-Kategorie verpflichtend. Sofern die drei Kriterien erfüllt sind, ist die Kategorisierung des Instruments unter Krediten und Forderungen keineswegs zwingend. Vielmehr ist grundsätzlich, wie zu zeigen sein wird, die alternative Einstufung in die Available-for-Sale-Kategorie zulässig und unter den wie gesehen wenig restriktiven Voraussetzungen die Ausübung der Fair-Value-Option. Die Einstufung in die Available-for-Sale-Kategorie darf dabei zu einem späteren Zeitpunkt rückgängig gemacht werden (IAS 39.50E), während die Ausübung der Fair-Value-Option unwiderruflich ist.

(3) Held-to-Maturity-Kategorie

Auch für die Einstufung in die Held-to-Maturity-Kategorie ist ein fester, zumindest aber bestimmbarer Zahlungsstrom die Voraussetzung. Die Held-to-Maturity-Kategorie eröffnet sich nur, falls für ein Instrument die Kategorisierung unter Krediten und Forderungen nicht möglich ist, etwa aufgrund der Existenz eines aktiven Markts. Stattdessen müssen Held-to-Maturity-Instrumente nicht nur ohne kurzfristige Handelsabsicht erworben worden sein, die Absicht muss vielmehr (wie der Name der Kategorie bereits andeutet) so weit reichen, sie bis Laufzeitende zu halten. Dazu muss das Instrument überhaupt eine feste Laufzeit haben; Eigenkapitalinstrumente gewährleisten dies nicht und sind auch daher ausgeschlossen. Um den Anreiz einzuschränken, eine solche Halteabsicht missbräuchlich zu dokumentieren, sind die Kategorisierungskriterien um eine sog. Tainting Rule ergänzt: Wird in einer Periode mehr als ein unwesentlicher Anteil an Held-to-Maturity-Instrumenten entgegen der Dokumentation vorzeitig veräußert, ist die gesamte Held-to-Maturity-Kategorie aufzulösen und für weitere zwei Geschäftsjahre nicht mehr zu nutzen. Die Umbuchung erfolgt dabei in die Available-for-Sale-Kategorie. Auch für die Held-to-Maturity-Kategorie gilt schließlich, dass die zulässigen Instrumente alternativ immer in die Available-for-Sale- und ggf. in die Fair-Value-Kategorie eingestuft werden können.

(4) Available-for-Sale-Kategorie

Jeder finanzielle Vermögenswert, für den keine Verpflichtung zur erfolgswirksamen Fair-Value-Bewertung besteht, kann als zur Veräußerung verfügbar („available for sale") kategorisiert werden. Unerheblich ist dabei entgegen dem Wortlaut die Absicht einer Veräußerung. Diese Kategorie entfaltet daher insbesondere Bedeutung als ein Wahlrecht für finanzielle Vermögenswerte, die die Kriterien der Kategorien bis zur Endfälligkeit gehaltener Titel bzw. Kredite und Forderungen erfüllen. Sofern die Absicht einer Veräußerung auf absehbare Zeit tatsächlich nicht besteht, ist eine spätere Rückwidmung in die Kategorie Kredite und Forderungen jederzeit möglich (IAS 39.50E). Wichtig ist auch die Rolle, die der Kategorie zukommt, um solche Vermögenswerte aufzufangen, die keiner der drei alternativen Kategorien zugeordnet werden dürfen oder, weil die Tainting Rule greift, aus der Held-to-Maturity-Kategorie ausscheiden müssen. Insofern ist es zu verstehen, wenn sie gelegentlich als „Residualkategorie" bezeichnet wird.

Zusammenfassend gibt es zunächst nur für genau umschriebene finanzielle Vermögenswerte eine Verpflichtung zur Einstufung in die Fair-Value-Kategorie. Für alle anderen Instrumente ist eine Einstufung in die Available-for-Sale-Kategorie immer, die Ausübung der Fair-Value-Option unter Umständen möglich. Je nach Art der zugrunde liegenden Vertragsgestaltung und der Marktgängigkeit kann die Alternative dazu in der Kategorie Kredite und Forderungen oder in der Held-to-Maturity-Kategorie bestehen. Die Bewertung finanzieller Vermögenswerte nach IAS 39 ist mithin durch eine Vielzahl an Wahlrechten gekennzeichnet.[411]

bb) Anwendung auf den Fall: mögliche Bewertungskategorien für die Forderung der A-AG

Aus dem Sachverhalt ist nicht erkennbar, dass die Forderung mit Handelsabsicht erworben wurde; typischerweise wird für Forderungen wie diejenige der A-AG gar kein aktiver Markt bestehen. Da die Forderung sich ebenso wenig als derivatives Finanzinstrument qualifiziert hat, ist eine erfolgswirksame Fair-Value-Bewertung nicht verpflichtend. Die Fair-Value-Option steht indes offen, besteht mit dem Zinsswap doch eine Sicherungsbeziehung. Als Nachteil wäre freilich die Unwiderruflichkeit dieser Wahl bis Laufzeitende in Kauf zu nehmen.

Mangels aktiven Markts und aufgrund eines vertraglich festgeschriebenen Zahlungsstroms von Zins- sowie Kapitalrückzahlung steht zudem die Kategorie Kredite und Forderungen und damit nicht die Held-to-Maturity-Kategorie zur Verfügung. Auch ist eine Available-for-Sale-Kategorisierung möglich, denn eine Verpflichtung zur Fair-Value-Bewertung besteht gerade nicht. Auch ließe diese Wahl noch eine spätere Rückwidmung in die Kategorie Kredite und Forderungen zu. Damit ergeben sich für die Forderung drei Bewertungsmöglichkeiten: in der Fair-

---

411 Vgl. auch *Hommel/J. Wüstemann*, Synopse der Rechnungslegung nach HGB und IFRS (2006), S. 95.

Value-Kategorie, in der Available-for-Sale-Kategorie oder unter den Krediten und Forderungen.

c) Kategorisierungskriterien für finanzielle Verbindlichkeiten

aa) Abgrenzung zwischen Fair-Value-Kategorie und Sonstigen Verbindlichkeiten

Die Fair-Value-Kategorie ist für finanzielle Vermögenswerte und finanzielle Verbindlichkeiten identisch. Sowohl die Verpflichtung zur Fair-Value-Bewertung des Handelsbestands sowie die Ausübung der Fair-Value-Option sind auch für Verbindlichkeiten an die für Vermögenswerte aufgezeigten Voraussetzungen geknüpft. Nur eine alternative Kategorie steht derweil für Verbindlichkeiten zur Verfügung. Dies sind die Sonstigen Verbindlichkeiten. Hierunter fallen im Umkehrschluss alle Verbindlichkeiten, für die weder eine Verpflichtung zur Fair-Value-Bewertung besteht noch die Fair-Value-Option ausgeübt werden soll bzw. darf.

bb) Anwendung auf den Fall: mögliche Bewertungskategorien für den Zinsswap der A-AG

Der Zinsswap ist nach dem Begriffsverständnis des IAS 39 ein Derivat. Für Derivate gilt die unwiderlegbare Vermutung, dass sie zu Handelszwecken gehalten werden. Da das Instrument somit dem Handelsbestand zuzurechnen ist, ist es verpflichtend in die Fair-Value-Kategorie einzustufen. Es besteht für die A-AG dabei kein Wahlrecht.

4. Bewertung von Finanzinstrumenten

a) Bewertungskonsequenzen in Abhängigkeit der Kategorisierung

aa) Bewertungsmaßstäbe

(1) Erfolgswirksame Fair-Value-Bewertung

Finanzielle Vermögenswerte und Verbindlichkeiten der Fair-Value-Kategorie werden in der Bilanz laufend mit ihrem sog. Zeitwert bewertet. Wertänderungen im Zeitablauf schlagen sich auch als Ertrag bzw. als Aufwand unmittelbar in der Gewinn- und Verlustrechnung nieder, wenn eine Veräußerung des Instruments nicht beabsichtigt, noch nicht einmal absehbar ist. Es handelt sich dann um „Wertänderungen am ruhenden Vermögen"[412]. Da ihre Erfassung nicht an die Bestätigung durch eine Transaktion des Unternehmens geknüpft ist, existiert ein Realisationsprinzip für diese Bewertungskategorie nicht. Für die Bewertung zum Fair Value kann mithin nicht auf vertraglich vereinbarte Preise in eigenen Transaktionsge-

---

412 *Moxter*, Betriebswirtschaftliche Gewinnermittlung (1982), S. 118.

schäften zurückgegriffen werden. Deshalb enthält IAS 39 Vorgaben zur Fair-Value-Ermittlung. Die Vorgaben unterscheiden vorrangig danach, ob ein Finanzinstrument an einem Markt mit stetig aktualisierten und für eigene Geschäfte verfügbaren Preisnotierungen, einem „aktiven Markt" (IAS 39.AG71)[413], gehandelt wird oder nicht. Diese Unterscheidung wird auch als „Stufenmodell" bezeichnet.[414] Der Begriff beruht auf entsprechenden Vorgaben des IFRS 7, der in Anlehnung an die US-GAAP explizit drei Stufen („levels") definiert (IFRS 7.27A).

Existiert ein aktiver Markt, ist der Preis als Fair Value heranzuziehen, der einem Unternehmen die vorteilhafteste Möglichkeit eröffnet, einen Vermögenswert zu veräußern oder eine Verbindlichkeit abzulösen (IAS 39.AG72). Dieser Preis entspricht dem Geldkurs eines Finanzinstruments und wird in der Terminologie des IFRS 7 als „Level 1" bezeichnet. Existiert hingegen kein aktiver Markt, hat ein Unternehmen selbstständig zu ermitteln, zu welchem Geldkurs das Finanzinstrument gehandelt würde, wenn es doch einen aktiven Markt gäbe. Gewissermaßen fiktiv ist ein Preisbildungsprozess mit finanzwirtschaftlichen Methoden nachzubilden. Sind diese Methoden (z. B. ein Discounted-Cashflow-Verfahren) auch hoch entwickelt, können die Faktoren, die in diesen Prozess einfließen müssen (insbesondere zukünftige Zahlungsströme und entsprechende Diskontierungsfaktoren[415]), ihrer Natur nach nur geschätzt werden. Werden für die Schätzung unabhängige Annahmen (z. B. Marktpreise ähnlicher Instrumente) herangezogen, wird der Fair Value dem „Level 2" zugeordnet, so dass mit „Level 3" schließlich die Werte bezeichnet werden, die auf unternehmensinternen Annahmen beruhen. Da die Grundlagen solcher Schätzungen mangels Marktdaten kaum objektiv nachprüfbar sind, eröffnet diese Art der Bewertung einem Unternehmen viele Gestaltungsspielräume. Maßgeblich aus diesem Grund ist der Fair Value als bilanzieller Bewertungsmaßstab, dessen Würdigung die wohl prominenteste Form der Auseinandersetzung mit IAS 39 darstellt, zunehmender Kritik ausgesetzt.[416] Diese Kritik bezieht durchaus die erste Stufe der Preisermittlung am aktiven Markt ein, denn eine trennscharfe

---

413 Zum „Ideal" dieses Marktbegriffs vgl. *Hitz*, Rechnungslegung zum fair value (2005), S. 196 f.

414 Vgl. *Baetge/Zülch*, Fair Value-Accounting, BFuP 2001, S. 543 (S. 547), und *Ballwieser/Küting/Schildbach*, Fair value – erstrebenswerter Wertansatz im Rahmen einer Reform der handelsrechtlichen Rechnungslegung?, BFuP 2004, S. 529 (S. 534).

415 Vgl. dementsprechend zum Fair Value von Forderungen *Böcking/Sittmann-Haury*, Forderungsbewertung – Anschaffungskosten versus Fair Value, BB 2003, S. 195 (S. 198 f.).

416 Vgl. aus Sicht der Wissenschaft *J. Wüstemann/Bischof*, The Fair Value Principle and its Impact on Debt and Equity, in: Walton (Hrsg.), The Routledge Companion to Fair Value (2007), S. 210; *Hommel/Hermann*, Hedge-Accounting und Full-Fair-Value-Approach in der internationalen Rechnungslegung, DB 2003, S. 2501 (S. 2506), oder *Streim/Bieker/Esser*, Fair Value Accounting in der internationalen IFRS-Rechnungslegung – eine Zweckmäßigkeitsanalyse, in: Schneider u. a. (Hrsg.), FS Siegel (2005), S. 87 (S. 102), aus Sicht der Praxis *Kemmer/Naumann*, IAS 39: Warum ist die Anwendung für deutsche Banken so schwierig?, ZfgK 2003, S. 794, und aus Sicht der Politik Europäische Zentralbank, Die Auswirkungen der Zeitwertbilanzierung auf den europäischen Bankensektor im Hinblick auf die Finanzmarktstabilität, Monatsbericht 2/2004, S. 77.

Abgrenzung zwischen aktiven und inaktiven Märkten erscheint in den seltensten Fällen möglich. Wie stark ermessensbehaftet die Fair-Value-Bewertung eines Unternehmens ist, kann der Bilanzleser zumindest ansatzweise dem Anhang entnehmen, in dem die Werte nach den drei Stufen getrennt aufzuschlüsseln sind (IFRS 7.27B).

(2) Anwendung der Effektivzinsmethode bei einer Bewertung zu fortgeführten Anschaffungskosten

Der Fair Value bildet nicht den Wertmaßstab für Kredite und Forderungen, für die Held-to-Maturity-Kategorie sowie für Sonstige Verbindlichkeiten. Finanzinstrumente aus diesen drei Kategorien werden stattdessen zu (planmäßig) fortgeführten Anschaffungskosten bewertet. Die planmäßige Fortführung richtet sich nach der sog. Effektivzinsmethode. Bei erstmaligem Ansatz ist dafür ein Effektivzins, der im Folgenden mit i bezeichnet werde, zu ermitteln. Dieser Effektivzins muss der Bedingung genügen, dass die Summe aller künftig erwarteten und mit $(1 + i)$ diskontierten Zahlungen den Kaufpreis des Finanzinstruments ergibt. Unerheblich ist, ob eine dieser zukünftigen Zahlungen vertraglich als Tilgungs- oder Zinsleistung charakterisiert ist. Im Ergebnis soll als Zinsergebnis nämlich nicht die vertraglich vereinbarte Zinszahlung erscheinen; vielmehr sollen Zinsaufwand bzw. -ertrag so gleichmäßig periodisiert werden, dass sie in jeder Periode einer Verzinsung des jeweiligen Buchwerts mit dem Faktor i entsprechen.

Typische Fälle für ein Auseinanderfallen von formalrechtlicher und wirtschaftlicher Zinszahlung sind die Vereinbarung eines (Dis-)Agios oder einer Ratentilgung. Man unterstelle zur Veranschaulichung erneut, dass die A-AG im vorliegenden Fall die Forderung am 1. 1. nicht zum Nennwert, sondern zu 90 GE erworben habe. Bei der Einzahlung von 100 GE am 31. 12. 03 handelte es sich dann formalrechtlich zwar um eine Kapitalrückzahlung, mithin eine Tilgungsleistung, wirtschaftlich aber hätte die Differenz von 10 GE zwischen Auszahlungs- und Einzahlungsbetrag den Charakter einer Zinsvergütung. Sie ist daher nicht erst bei Fälligkeit erfolgswirksam zu vereinnahmen, sondern nach der Effektivzinsmethode auf die drei Perioden zu verteilen. Folgende einfache Diskontierungsformel ist dabei aufzulösen, um im Ergebnis i = 14,3 % zu erhalten:

$$90 = \frac{10}{1 + i} + \frac{10}{(1 + i)^2} + \frac{110}{(1 + i)^3}$$

Der Zinsertrag der A-AG ergäbe sich am ersten Bilanzstichtag damit als 90 · i = 12,90 GE. Um die Differenz zwischen zu vereinnahmendem Zinsertrag und tatsächlich erhaltener Zinszahlung werden die am 1. 1. aktivierten Anschaffungskosten zugeschrieben, in diesem Fall um 2,90 GE. Diese Zuschreibung erklärt die Bezeichnung der Bewertungsmethode als fortgeführte Anschaffungskosten.[417] (Ein

---

[417] Zu weiteren Beispielen vgl. *Hachmeister*, Verbindlichkeiten nach IFRS (2006), S. 28–32.

weiteres Jahr später wäre dann der neue Buchwert von 92,90 GE mit dem Faktor i zu multiplizieren, um den korrekten Zinsertrag von 13,31 GE zu ermitteln, so dass die Anschaffungskosten nun mit einer Zuschreibung von 3,31 GE fortzuführen wären.)

Eine etwaige Änderung des Marktpreises eines Finanzinstruments ist bei Anwendung dieser Methode, anders als bei der Fair-Value-Bewertung, nicht zu berücksichtigen. Gleichwohl gibt es bestimmte Ereignisse, deren Eintritt auf eine Wertminderung oder eine Uneinbringlichkeit deuten und (imparitätisch) eine außerplanmäßige Abschreibung auslösen. In jeder Periode ist zu überprüfen, ob solche (in IAS 39.59 als „objektiv" bezeichneten) Hinweise vorliegen; man spricht von einem „Impairmenttest". Einen solchen Hinweis liefert z. B. ein Anstieg der Insolvenzwahrscheinlichkeit eines Schuldners, der sich zwar in einer Herabstufung des Ratings durch eine externe Ratingagentur ausdrücken kann, regelmäßig jedoch nur aus internen (und damit keinesfalls objektiven) Einschätzungen abgeleitet werden kann.[418]

(3) Erfolgsneutrale Fair-Value-Bewertung

Mit dem erfolgswirksamen Fair-Value-Ansatz und der Effektivzinsmethode versucht IAS 39 zwei unterschiedliche Ziele zu erreichen. Eine Bewertung zum Fair Value resultiert in der Abbildung des (am Bilanzstichtag festzustellenden) Beitrags eines einzelnen Instruments zum Vermögen des Unternehmens. In der Gewinngröße wird dadurch, ungeachtet bestehender Vermutungen über ihre Wiederkehr, eine absolute Vermögensänderung gezeigt. Bei Anwendung der Effektivzinsmethode wird der über die gesamte Laufzeit eines Instruments erwartete Zinsertrag (bzw. -aufwand) so auf die einzelnen Perioden verteilt, dass der Gewinn sich jeweils als die gleich bleibende Verzinsung des Buchwerts eines Unternehmens ergibt. Die Gewinngröße erscheint aus diesem Grund besser geeignet als Indikator zukünftig wiederkehrender Gewinne, in der Bilanz aber wird nicht mehr über einen Zeitwert das stichtagsgerechte Vermögen angenähert.

Die Bewertung von Available-for-Sale-Instrumenten soll nun beiden Zielen gleichzeitig gerecht werden. In der Bilanz werden diese Instrumente zum Fair Value bewertet. Die Änderungen des Fair Value aber werden nicht erfolgswirksam in der Gewinn- und Verlustrechnung, sondern erfolgsneutral in einer gesonderten Eigenkapitalrücklage erfasst. In der Gewinn- und Verlustrechnung erscheinen vielmehr allein die Zinserträge und die Abschreibungen, die sich bei planmäßiger Fortführung der Anschaffungskosten nach der Effektivzinsmethode ergeben. Die Änderung des Eigenkapitals entspricht innerhalb einer Periode freilich (auch unter Vernachlässigung von Einlagevorgängen) nicht mehr dem Jahresergebnis. Dieses Ver-

---

418 Vgl. *Hommel/J. Wüstemann*, Synopse der Rechnungslegung nach HGB und IFRS (2006), S. 92 (S. 99).

fahren ist dem Grunde nach vergleichbar dem Neubewertungswahlrecht für Sachanlagen nach IAS 16.

bb) Anwendung auf den Fall: Ermittlung von fortgeführten Anschaffungskosten und Fair Value von Forderung und Zinsswap der A-AG

Der Zinsswap ist als Derivat in die Fair-Value-Kategorie einzustufen. Der korrekte Wertmaßstab ist daher der Fair Value. Nach IAS 39 stellen Preise an einem aktiven Markt den besten Nachweis für einen Fair Value dar. Im Sachverhalt ist ein Marktpreis von –3,57 GE angegeben. Zu prüfen wäre (primär anhand des Alters dieser Preisnotierung, ergänzend anhand des täglichen Handelsvolumens[419]), ob der zugrunde liegende Markt sich als aktiv qualifiziert. Sofern dies hier unterstellt wird, ist der Zinsswap als finanzielle Verbindlichkeit am 31. 12. 01 mit 3,57 GE zu bewerten und in der Gewinn- und Verlustrechnung ein entsprechender Aufwand aus der Fair-Value-Änderung von 3,57 GE zu erfassen. (Zusätzlich ist die zu leistende Nettozahlung von 2 GE als Zinsaufwand zu berücksichtigen. Sie entspricht der Differenz zwischen der bei Vertragsabschluss fixierten Auszahlung von 10 GE und der sich nach dem bei Fälligkeit herrschenden Marktzinsniveau richtenden Einzahlung von 8 GE.[420])

Die Forderung gegenüber der B-GmbH darf bei Ausübung der Fair-Value-Option ebenfalls zum Fair Value bewertet werden. Für Forderungen besteht regelmäßig kein aktiver Markt. Die Fair-Value-Ermittlung kann daher nur in Anwendung einer zulässigen Bewertungsmethode erfolgen. Für Forderungen wird es sachgerecht sein, die künftig zu erwartenden Einzahlungen mit einem Faktor zu diskontieren, der sich aus einem risikofreien Basiszins und einem Risikozuschlag zusammensetzt. Als Basiszins könnte im vorliegenden Fall der angegebene Marktzinssatz herangezogen werden. Da er in der abgelaufenen Periode gesunken ist, wird c. p. der Fair Value der Forderung gestiegen sein; dieser Effekt gleicht (wie offenbar von der A-AG beabsichtigt) zumindest annähernd den eingetretenen Fair-Value-Rückgang des Zinsswaps aus. Mit dem Risikozuschlag wird in diesem Fall maßgeblich das Risiko bewertet, dass die B-GmbH vertraglich vorgesehene Zahlungen nicht leisten kann. Die A-AG muss dieses Ausfallrisiko mithin quantifizieren, um eine Fair-Value-Bewertung vornehmen zu können. In vielen Fällen, vor allem bei Forderungen gegenüber kleinen Unternehmen oder Privatpersonen, wird dies mangels öffentlicher Informationen aufwendig sein; den so ermittelten Fair Value wird

---

419 Vgl. IDW, Stellungnahme zur Rechnungslegung HFA 9, IDW-FN 2007, S. 326 (S. 341).

420 Nur wenn die Swapvereinbarung tatsächlich zu Handelszwecken abgeschlossen worden wäre, wäre dieser Aufwand dem Handels- und nicht dem Zinsergebnis zuzurechnen; vgl. *Löw*, Ausweisfragen in Bilanz und Gewinn- und Verlustrechnung bei Financial Instruments, KoR 2006, Beil. 1, S. 1 (S. 21).

zielle. Unter den finanziellen Vermögenswerten sind Instrumente aus der Held-to-Maturity-Kategorie von einer Designation ausgeschlossen, da ihre vorzeitige Veräußerung gerade durch diese Kategorisierung ausgeschlossen wurde und eine Veranlassung für eine Absicherung gegen einen Fair-Value-Rückgang erst gar nicht besteht. In einem Makrohedge wird kein einzelnes Finanzinstrument als Grundgeschäft designiert, sondern ein Währungsbetrag, der den Anteilen an den im Portfolio enthaltenen Instrumenten entspricht, die nicht durch andere ebenfalls im Portfolio enthaltene Geschäfte abgesichert und somit (in einer Nettobetrachtung) noch dem Zinsänderungsrisiko ausgesetzt sind.

Als Sicherungsgeschäft dürfen grundsätzlich nur Derivate im Sinne der Legaldefinition des IAS 39 designiert werden (IAS 39.72). Ausgenommen sind dabei aufgrund ihres unbegrenzten Verlustrisikos Stillhalterpositionen in Optionsgeschäften. Neben der Designation sind bei Aufstellung einer Sicherungsbeziehung die Variable, gegen deren Schwankungen die Absicherung vorgenommen wurde, und die genaue Absicherungsstrategie zu dokumentieren.

(b) Prospektive und retrospektive Effektivitätsanforderungen

Die Effektivität einer Sicherungsbeziehung ist zu zwei verschiedenen Zeitpunkten zu ermitteln, zunächst zu Periodenbeginn („prospektiv") als Schätzung und später zum Periodenende („retrospektiv") anhand der beobachtbaren Ergebnisse. Effektivität bezeichnet die Fähigkeit eines Sicherungsgeschäfts, Verluste aus dem Grundgeschäft ausgleichen zu können. Verbreitet als retrospektiver Effektivitätstest ist die Gegenüberstellung der absoluten Fair-Value-Änderungen von Grund- und Sicherungsgeschäft.[423] Das Ergebnis dieses als „Dollar-Offset-Verfahren" bezeichneten Tests muss innerhalb einer Spanne von 0,8 bis 1,25 liegen, damit die Sicherungsbeziehung als hinreichend effektiv gilt (IAS 39.AG105).

(3) Korrespondierende Bewertung von Grund- und Sicherungsgeschäften in effektiven Sicherungsbeziehungen: Fair Value Hedge und Cashflow Hedge

Für Finanzinstrumente in einer Sicherungsbeziehung, die zu Periodenbeginn als solche dokumentiert wurde und die sich sowohl prospektiv als auch retrospektiv als effektiv erweist, gelten (unabhängig von ihrer eigentlichen Bewertungskategorie) spezielle Bewertungsvorschriften. Ein Unternehmen kann dabei zu Periodenbeginn wählen, ob es die Regelungen für Fair Value Hedges oder für Cashflow Hedges anwendet (und muss dies entsprechend dokumentieren). Eine Ausnahme gilt für einen Makrohedge, der grundsätzlich nur als Fair Value Hedge anerkannt wird.

---

423 Vgl. *Löw/Lorenz*, Ansatz und Bewertung von Finanzinstrumenten, in: Löw (Hrsg.), Rechnungslegung für Banken nach IFRS (2005), S. 415 (S. 568). Zu alternativen Verfahren vgl. etwa *Lantzius-Beninga/Gerdes*, Abbildung von Mikro Fair Value Hedges gemäß IAS 39, KoR 2005, S. 105 (S. 110 f.).

In einem Fair Value Hedge wird der Buchwert von Grundgeschäften, die eigentlich zu fortgeführten Anschaffungskosten oder erfolgsneutral zum Fair Value bewertet werden, erfolgswirksam um die Fair-Value-Änderung angepasst. Im Periodenergebnis erscheinen damit die Fair-Value-Änderungen sowohl von Sicherungs- als auch von Grundgeschäft. In einem Cashflow Hedge hingegen ist der Anteil der Fair-Value-Änderung des derivativen Sicherungsgeschäfts, der die Fair-Value-Änderung des Grundgeschäfts kompensiert, nicht erfolgswirksam zu erfassen, sondern (analog zur Bilanzierung von Available-for-Sale-Instrumenten) erfolgsneutral in einer Eigenkapitalrücklage abzubilden. Im Periodenergebnis erscheinen die sich ausgleichenden Fair-Value-Änderungen von Sicherungs- und Grundgeschäft gar nicht. Die Bewertungsinkonsistenz betrifft dadurch lediglich den Eigenkapitalausweis in der Bilanz.

bb) Anwendung auf den Fall: Bilanzierung eines Fair Value Hedge bei der A-AG

Ein Portfolio, dessen Zinsänderungsrisiko als Makrohedge gesichert wird, ist im vorliegenden Fall nicht erkennbar. Vielmehr wird das Zinsänderungsrisiko der Forderung mit genau einem Zinsswap gesichert. Es können sich daher nach IAS 39 nur die Regelungen zur Bilanzierung von Mikrohedges als einschlägig erweisen. Die A-AG hat dabei am 1. 1. des Geschäftsjahrs 01 das Wahlrecht, die Forderung als Grundgeschäft und den Zinsswap als Sicherungsgeschäft einer Sicherungsbeziehung zu designieren. Dokumentiert sie intern, dass mit dem Abschluss der Swapvereinbarung der Ausgleich eines möglichen Wertverlusts der Forderung beabsichtigt ist, ist im nächsten Schritt prospektiv die Effektivität dieser Sicherungsbeziehung zu schätzen. Hierzu wird es ausreichen, dass die Wertentwicklung beider Instrumente in gleichem Umfang vom identischen Marktzins abhängt.[424] Damit kann die Einschätzung einer hinreichenden Effektivität begründet werden.

Zum Bilanzstichtag am 31. 12. ist die Effektivität zunächst retrospektiv zu berechnen. Da die absolute Fair-Value-Änderung des Zinsswaps mit –3,57 GE gegeben ist, bietet sich die Anwendung des Dollar-Offset-Verfahrens an. Damit die Sicherungsbeziehung als effektiv gilt, muss der Anstieg des Fair Value der Forderung zwischen $0,8 \cdot 3,57 = 2,86$ GE und $1,25 \cdot 3,57 = 4,46$ GE betragen. Wird dies unterstellt, hängt die Bilanzierung davon ab, ob sich die A-AG am 1. 1. für einen Fair Value Hedge oder einen Cashflow Hedge entschieden hat. Im vorliegenden Fall soll offensichtlich der Fair Value der Forderung abgesichert werden. Nach den speziellen Regelungen für Fair Value Hedges ist die Fair-Value-Änderung der Forderung unabhängig von der ursprünglichen Bewertungskategorie erfolgswirksam in der Gewinn- und Verlustrechnung zu erfassen. Im Periodenergebnis wird damit zumindest annähernd der Aufwand aus der Fair-Value-Abschreibung auf den Zins-

---

424 Für die Absicherung einer Forderung mit einem Zinsswap auf einen relevanten Marktzinssatz unterstellt IAS 39.AG108 dies explizit, wenn Nennwert, Zahlungstermine und Endfälligkeit beider Instrumente übereinstimmen.

swap von 3,57 GE ausgeglichen. Genau das gleiche Ergebnis wäre mit ungleich geringerem Dokumentationsaufwand erzielt worden, wenn die A-AG am 1. 1. für die Forderung die Fair-Value-Option genutzt hätte.

5. Ergebnis nach IFRS

Der Zinsswap ist nach IFRS als finanzielle Verbindlichkeit anzusetzen und erfolgswirksam zum Fair Value zu bewerten. Die Forderung kann entweder erfolgsneutral zum Fair Value (in der Available-for-Sale-Kategorie) oder zu fortgeführten Anschaffungskosten (in der Kategorie Kredite und Forderungen) bewertet werden. IAS 39 sieht zwei Alternativen vor, um trotz unterschiedlicher Kategorisierung von zwei Finanzinstrumenten eine kompensierende Bewertung innerhalb einer Sicherungsbeziehung zu ermöglichen. Zum einen kann in diesem Fall für die Forderung die Fair-Value-Option ausgeübt werden. Der Nachweis einer Sicherungsbeziehung ist dabei ungleich einfacher als nach handelsrechtlichen GoB. Eine reine Absichtserklärung wird regelmäßig ausreichen. Zum anderen können die restriktiveren[425] Sonderregelungen zum Hedge Accounting angewandt werden. Die Bilanzierung von Forderung und Zinsswap als Fair Value Hedge führt im vorliegenden Fall ebenfalls dazu, dass der Fair-Value-Anstieg der Forderung im Ergebnis den Fair-Value-Rückgang des Zinsswaps annähernd ausgleicht.

III. Gesamtergebnis

1. Am Bilanzstichtag weisen die Forderung und der Zinsswap der A-AG in Folge eines zurückgegangenen Marktzinsniveaus gegenläufige Wertentwicklungen auf. Während der Zinsswap nun zu einem negativen Marktpreis notiert, ist der Zeitwert der Forderung gestiegen. Fraglich ist, ob sich beide Wertentwicklungen gewissermaßen ausgleichend im Ergebnis der A-AG niederschlagen dürfen.
2. Nach handelsrechtlichen GoB ist die Bildung einer Bewertungseinheit Voraussetzung für eine kompensierende Bewertung von verschiedenen wirtschaftlich selbstständigen Gütern. Eine Bewertungseinheit aus zwei Finanzinstrumenten kann nur zulässig sein, wenn beide Instrumente hinreichend objektivierbar miteinander verknüpft sind. Andernfalls stellt eine kompensierende Bewertung eine unzulässige Beschränkung des Prinzips einzelbewertungsorientierter Vermögensermittlung dar, die zum Ausweis noch nicht realisierter Gewinne führt. Im Sachverhalt fehlen jegliche Hinweise auf eine derartige Verknüpfung etwa durch ein nachweislich funktionierendes Risikoüberwachungssystem. Die Bil-

---

425 Vgl. *Naumann*, Harmonisierung von Financial und Management Accounting im Bankenbereich, in: Lange/Löw (Hrsg.), FS Krumnow (2004), S. 185 (S. 201–204).

dung einer Drohverlustrückstellung für den Zinsswap kann daher nicht unterbleiben.

3. Nach den IFRS erweisen sich die komplexen, in vielerlei Hinsicht kasuistischen und selten regelungsscharfen Vorschriften des IAS 39 als einschlägig. Diese verlangen grundsätzlich eine Kategorisierung von Finanzinstrumenten. Der Zinsswap qualifiziert sich als Derivat nur für die Fair-Value-Kategorie; am Bilanzstichtag ist er als finanzielle Verbindlichkeit daher zwingend zu seinem (negativen) Marktwert zu bewerten. Hinsichtlich der Forderung besteht zunächst ein Wahlrecht zwischen der Available-for-Sale-Kategorie sowie Krediten und Forderungen. In beiden Kategorien darf der Anstieg des Fair Value nicht im Periodenergebnis berücksichtigt werden. Eine kompensierende Bewertung des Sicherungsgeschäfts ist damit nicht ohne Weiteres, sondern nur bei Ausübung der Fair-Value-Option für die Forderung oder des Hedge-Accounting-Wahlrechts möglich.

4. Bei der vorliegenden Sicherungsbeziehung handelt es sich um die leicht identifizierbare Absicherung einer Forderung mit genau einem Derivat. In der Praxis und vornehmlich im Kreditgeschäft von Banken wird dies selten zu beobachten sein. Je komplexer die Sicherungsbeziehungen ausgestaltet sind, als desto unpraktikabler und restriktiver erweist sich die Anwendung der speziellen Hedge-Accounting-Vorschriften. Dieser Mangel an Praktikabilität soll Unternehmen offenbar als Anreiz dienen, als Alternative zum Hedge Accounting die Fair-Value-Option wie vom IASB gewünscht für eine möglichst große Anzahl an Finanzinstrumenten auszuüben.

Weiterführende Literatur

HGB:

Bischof, Jannis,   Makrohedges in Bankbilanzen nach GoB und IFRS, Düsseldorf 2006

Kuhner, Christoph,   in: Jörg Baetge/Hans-Jürgen Kirsch/Stefan Thiele (Hrsg.), Bilanzrecht, Bonn/Berlin 2002 (Loseblatt), Kommentierung zu § 246 HGB (Stand: Sept. 2002)

Löw, Edgar,   Verlustfreie Bewertung antizipativer Sicherungsgeschäfte nach HGB, WPg, 57. Jg. (2004), S. 1109–1122

Naumann, Thomas K.,   Bewertungseinheiten im Gewinnermittlungsrecht der Banken, Düsseldorf 1995

Sittmann-Haury, Caroline,   Forderungsbilanzierung von Kreditinstituten, Wiesbaden 2003

IFRS:

Becker, Klaus/ *Kropp, Matthias,*	Bilanzierung derivativer Finanzinstrumente und Sicherungs-beziehungen nach IFRS, in: Klaus v. Wysocki u. a. (Hrsg.), Handbuch des Jahresabschlusses, Köln 1984 (Loseblatt), Abt. IIIa/4 (Stand: Mai 2009)
Gebhardt, Günther/ *Reichardt, Rolf/* *Wittenbrink, Carsten,*	Accounting for financial instruments in the banking industry: Conclusions from a simulation model, European Accounting Review, Vol. 13 (2004), S. 341–371
Hitz, Jörg-Markus,	The decision-usefulness of fair value accounting – a theoreti-cal perspective, European Accounting Review, Vol. 16 (2007), S. 323–362
Kuhn, Steffen,	Die bilanzielle Abbildung von Finanzinstrumenten in der Rechnungslegung nach IFRS, Düsseldorf 2007
Löw, Edgar/ *Lorenz, Karsten,*	Ansatz und Bewertung von Finanzinstrumenten, in: Edgar Löw (Hrsg.), Rechnungslegung für Banken nach IFRS, 2. Aufl., Wiesbaden 2005, S. 415–604
PwC (Hrsg.),	IFRS für Banken, 4. Aufl., Frankfurt a. M. 2008
Schmidt, Martin,	Rechnungslegung von Finanzinstrumenten, Wiesbaden 2005
Wüstemann, Jens/ *Bischof, Jannis,*	Der Grundsatz der Fair-Value-Bewertung von Schulden nach IFRS: Zweck, Inhalte und Grenzen, ZfB, 76. Jg. (2006), SI 6, S. 77–110

3. Kapitel

Bewertungsnormen

Fall 8: **Anschaffungskosten – Beispiel Rohstoffumladung**

Sachverhalt:

Bei der B-AG handelt es sich um einen weltweit führenden Automobilhersteller. Aus logistischen Gründen befindet sich der Hauptproduktionsstandort in unmittelbarer Nähe zu einem Fluss. Der zur Produktion der Automobile benötigte Rohstoff Stahl wird per Schiff aus Schweden importiert, die Ladung im Hafen gelöscht. Sowohl der Hafen als auch die Kräne zur Verladung der angelieferten Stahlrollen und die zum Transport ins Lager bereitstehenden Eisenbahnwagons zählen zum Eigentum der B-AG. Die im dreistufigen Prozess der Löschung über den Transport bis zur Einlagerung erforderlichen Arbeitsschritte werden von Arbeitern aus drei unterschiedlichen Bereichen vorgenommen. Zur Vermeidung von Eintönigkeit bei der Arbeit erfolgt eine permanente Rotation des eingesetzten Personals zwischen den drei Prozessstufen. Die Löhne werden in Form von Zeitlöhnen gezahlt. Kräne, Lokomotive und Eisenbahnwagons werden planmäßig über ihre betriebsgewöhnliche Nutzungsdauer abgeschrieben.

Aufgabenstellung:

– Welche Anforderungen gelten nach HGB bzw. IFRS für die Erfassung von Anschaffungskosten, und wie ist die Regelungssystematik von Anschaffungskosten nach IFRS?
– Welche Aufwendungen sind als Anschaffungskosten des Rohstoffs Stahl im Jahres- bzw. IFRS-Einzelabschluss zu aktivieren?

I. Lösung nach den Grundsätzen ordnungsmäßiger Bilanzierung

1. Handelsrechtliche Grundlagen

Anschaffungskosten stellen gemäß § 253 Abs. 1 HGB (neben den Herstellungskosten) die obere Grenze des Wertansatzes von Vermögensgegenständen dar. Fand sich im Vorentwurf des BiRiLiG noch eine neutrale Bezeichnung der Anschaffungskosten als „Anschaffungsbetrag", so definiert § 255 Abs. 1 S. 1 HGB die in § 253 Abs. 1 S. 1 HGB angeführten Bewertungsbestimmungen im Falle der Anschaffungskosten als „Aufwendungen, die geleistet werden, um einen Vermögensgegenstand zu erwerben und ihn in einen betriebsbereiten Zustand zu versetzen, soweit sie dem Vermögensgegenstand einzeln zugeordnet werden können. Zu den Anschaffungskosten gehören auch die Nebenkosten sowie die nachträglichen Anschaffungskosten. Anschaffungspreisminderungen sind abzusetzen". Die im Rahmen der Anschaffung erfolgsneutral zu erfassenden Kosten umfassen grundsätzlich sämtliche „tatsächlich geleistete[n] Ausgaben"[426] (pagatorischen Kosten), die (final) den Erwerb und die Versetzung des Vermögensgegenstands in einen betriebsbereiten Zustand ermöglichen.[427] Eingeschränkt wird diese weite Bestimmung des Anschaffungskostenbegriffs durch das Vorsichtsprinzip gemäß § 252 Abs. 1 Nr. 4 HGB.

Die Erfassung der Anschaffungskosten setzt grundsätzlich einen Vermögensgegenstand voraus. Das Ende des Anschaffungsvorgangs – soweit zeitraumbezogen – wird gemäß § 255 Abs. 1 S. 2 HGB mit der Versetzung in einen betriebsbereiten Zustand, d. h. die Möglichkeit, den Vermögensgegenstand seiner Bestimmung gemäß nutzen zu können, markiert.[428] Ab dem Zeitpunkt einer möglichen Nutzung des Vermögensgegenstands werden beispielsweise im Produktionsprozess anfallende Kosten als Herstellungskosten erfasst.

2. Gesetzliche Bestandteile der Anschaffungskosten

a) Anschaffungspreis entsprechend der greifbaren Gegenleistung

aa) Bedeutung des Anschaffungspreises

Wesentlicher Bestandteil der Anschaffungskosten ist der Beschaffungspreis des Vermögensgegenstands, der Anschaffungspreis, der in der Regel mit dem Rechnungsbetrag übereinstimmt.[429] Ist dies der Fall, so kann, wie vom Gesetz gefordert, der Anschaffungspreis dem Vermögensgegenstand problemlos als Gegenleistung einzeln zugeordnet werden.

Im Sinne des Erfolgsneutralitätsprinzips gilt die dem Unternehmen in Rechnung gestellte Mehrwertsteuer (Vorsteuer) grundsätzlich als Bestandteil des Anschaf-

---

426 *Hommel*, Anschaffungskosten, in: Ballwieser/Coenenberg/v. Wysocki (Hrsg.), Handwörterbuch der Rechnungslegung und Prüfung (2002), Sp. 77 (Sp. 78).
427 Vgl. BFH, Urteil v. 13. 9. 1984 – IV R 101/82, BStBl. II 1985, S. 49 (S. 49).
428 Vgl. *Wohlgemuth*, in: v. Wysocki u. a. (Hrsg.), Handbuch des Jahresabschlusses, Die Anschaffungskosten in der Handels- und Steuerbilanz, Abt. I/9, Rn. 6 (Stand: Okt. 1999).
429 Vgl. *Adler/Düring/Schmaltz*, Rechnungslegung und Prüfung der Unternehmen (1995), § 255 HGB, Rn. 19.

fungspreises.[430] Ist der Bilanzierende jedoch zum Vorsteuerabzug berechtigt, entspricht es der h.M., die Mehrwertsteuer als durchlaufenden Posten nicht zu den Anschaffungskosten zu zählen.[431]

Bei der Bestimmung des Anschaffungspreises ist es gemäß dem Erfolgsneutralitätsprinzip unerheblich, inwiefern der Erwerber einen zu niedrigen oder zu hohen Anschaffungspreis vereinbart hat.[432] Jedoch ist i.S.d. Vorsichtsprinzips bezüglich der Behandlung überhöhter Anschaffungspreise grundsätzlich zu unterscheiden zwischen überhöhten Anschaffungskosten ohne eine entsprechende Gegenleistung, beispielsweise aufgrund von Preisabsprachen im Konzern, und überhöhten Anschaffungskosten, beispielsweise am Schwarzmarkt, mit denen eine kürzere Lieferungsfrist, d.h. eine greifbare Gegenleistung, einhergeht. Im Sinne des Vorsichtsprinzips sind überhöhte Anschaffungspreise „nur dann Anschaffungskosten, wenn sie voraussichtlich durch zukünftige (Mehr-)Einnahmen gedeckt werden (z.B. Schwarzmarktpreise auf kontingentierten Märkten)"[433].

Uneingeschränkt gilt das Erfolgsneutralitätsprinzip im Fall von Fremdwährungsbeträgen. Anschaffungspreise in einer ausländischen Währung werden grundsätzlich zum Devisenkassakurs des Erwerbszeitpunkts umgerechnet (§ 256a HGB).[434] Nachträgliche Kursänderungen haben keine Auswirkung auf die Anschaffungskosten.

bb) Anwendung auf den Fall: Bestimmung des Anschaffungspreises der Stahlrollen

Der Anschaffungspreis der Stahlrollen entspricht dem aus dem Kaufvertrag ersichtlichen Rechnungsbetrag. Es wird davon ausgegangen, dass kein überhöhter Anschaffungspreis gezahlt wird. Sollte dieses Importgeschäft in einer ausländischen Währung fakturiert sein, ist der Anschaffungspreis i.S.d. Erfolgsneutralitätsprinzips mit dem zum Zeitpunkt der erstmaligen Einbuchung amtlich notierten Wechselkurs umzurechnen.

---

430 Vgl. *Göbel*, in: Hofbauer u.a. (Hrsg.), Bonner Handbuch der Rechnungslegung, § 255 HGB, Rn. 21 (Stand: Nov. 2001).

431 Vgl. *Adler/Düring/Schmaltz*, Rechnungslegung und Prüfung der Unternehmen (1995), § 255 HGB, Rn. 20; *Ellrott/Brendt*, in: Ellrott u.a. (Hrsg.), Beck'scher Bilanz-Kommentar (2010), § 255 HGB, Rn. 51.

432 Vgl. *Wohlgemuth*, in: v. Wysocki u.a. (Hrsg.), Handbuch des Jahresabschlusses, Die Anschaffungskosten in der Handels- und Steuerbilanz, Abt. I/9, Rn. 12 f. (Stand: Okt. 1999).

433 *Hommel*, Anschaffungskosten, in: Ballwieser/Coenenberg/v. Wysocki (Hrsg.), Handwörterbuch der Rechnungslegung und Prüfung (2002), Sp. 77 (Sp. 78); a.A. *Göbel*, in: Hofbauer u.a. (Hrsg.), Bonner Handbuch der Rechnungslegung, § 255 HGB, Rn. 13 (Stand: Nov. 2001).

434 Vgl. *Küting/Mojadadr*, Währungsumrechnung, in: Küting/Pfitzer/Weber (Hrsg.), Das neue Bilanzrecht (2009), S. 473 (S. 473–497).

b) Anschaffungspreisminderungen als Ausdruck des Erfolgsneutralitätsprinzips

aa) Bedeutung von Anschaffungspreisminderungen

Explizit schreibt die gesetzliche Anschaffungskostendefinition des § 255 Abs. 1 HGB in Satz 3 vor, Anschaffungspreisminderungen von den Anschaffungskosten abzusetzen. Die Reduktion der Anschaffungskosten um Anschaffungspreisminderungen ergibt sich zwingend aus dem Erfolgsneutralitätsprinzip, wonach auch Preisminderungen im Anschaffungsvorgang keinen Gewinn begründen.[435] Typische Beispiele für Anschaffungspreisminderungen sind Skonti, Rabatte und Boni sowie zurückgewährte Entgelte.

Ein Skonto stellt eine Kaufpreisreduktion bei Barzahlung innerhalb einer gewissen Frist dar und kann entweder als verdeckter Zins (Fremdkapitalkosten) oder als Komponente der Anschaffungskosten gesehen werden. Wird das Skonto nicht in Anspruch genommen, sind „entsprechend höhere Anschaffungskosten zu bilanzieren"[436].

Im Gegensatz zu Rabatten (Reduktion des Kaufpreises beim Kauf einer bestimmten Menge oder Tätigung eines bestimmten Umsatzes) werden Boni in der Regel erst am Jahresende gewährt, um die Geschäftsbeziehung insgesamt zu honorieren. Da Boni in der Regel durch die Beschaffung häufig verwendeter Vermögensgegenstände, wie die des Umlaufvermögens, anfallen, ist es zudem möglich, dass die Gegenstände zum Zeitpunkt der Gewährung der Boni bereits nicht mehr im Unternehmen vorhanden sind. Überdies sind nachträglich gewährte Boni nur schwer den unterschiedlichen beschafften Vermögensgegenständen zuzuordnen.[437] Trotz dieser Schwierigkeiten gilt gemäß dem Erfolgsneutralitätsprinzip eine mengen- oder umsatzabhängige Aufteilung der Boni als erstrebenswert. Sollte eine Zuordnung nur willkürlich möglich sein, wäre der Bonus als sonstiger betrieblicher Ertrag zu verbuchen.[438]

---

435 Vgl. *Ellrott/Brendt*, in: Ellrott u.a. (Hrsg.), Beck'scher Bilanz-Kommentar (2010), § 255 HGB, Rn. 20; *Kahle*, in: Baetge/Kirsch/Thiele (Hrsg.), Bilanzrecht, § 255 HGB, Rn. 121 (Stand: Nov. 2009).

436 *Kahle*, in: Baetge/Kirsch/Thiele (Hrsg.), Bilanzrecht, § 255 HGB, Rn. 124 (Stand: Dez. 2006).

437 Vgl. *Ellrott/Brendt*, in: Ellrott u.a. (Hrsg.), Beck'scher Bilanz-Kommentar (2010), § 255 HGB, Rn. 62; *Adler/Düring/Schmaltz*, Rechnungslegung und Prüfung der Unternehmen (1995), § 255 HGB, Rn. 53; a.A. *Kahle*, in: Baetge/Kirsch/Thiele (Hrsg.), Bilanzrecht, § 255 HGB, Rn. 122 (Stand: Nov. 2009).

438 Vgl. *Kahle*, in: Baetge/Kirsch/Thiele (Hrsg.), Bilanzrecht, § 255 HGB, Rn. 122 (Stand: Nov. 2009).

bb) Anwendung auf den Fall: Berücksichtigung der Anschaffungspreisminderungen bei den Stahlrollen

Wird der B-AG aufgrund der Abnahme einer großen Menge an Stahlrollen ein Rabatt von 10 % auf den Kaufpreis gewährt, so stellt dem Erfolgsneutralitätsprinzip entsprechend nur der tatsächlich aufgewendete Betrag (pagatorische Kosten) einen Bestandteil der Anschaffungskosten dar. Die Anschaffungspreisminderung durch den Rabatt ist vom Kaufpreis abzuziehen.

Sofern bei der Bezahlung der Stahlrollen ein Skonto in Anspruch genommen wird, ist der als Anschaffungskosten zu verbuchende Kaufpreis aufgrund des Erfolgsneutralitätsprinzips ebenfalls dementsprechend zu vermindern.

c) Anschaffungsnebenkosten

aa) Grenzen der erfolgsneutralen Behandlung des Anschaffungsvorgangs

(1) Bedeutung des Prinzips einzeln zuordenbarer Anschaffungsnebenkosten

Weiterer expliziter Bestandteil der Anschaffungskosten sind gemäß § 255 Abs. 1 S. 2 HGB die Anschaffungsnebenkosten. Hierunter fallen sämtliche dem Erwerbszeitpunkt vor- und nachgelagerten aktivierungsfähigen Ausgaben, die in unmittelbarem Zusammenhang mit dem Erwerb bzw. der Versetzung des Vermögensgegenstands in einen betriebsbereiten Zustand stehen.[439]

Dies sind auf der einen Seite insbesondere Kosten der Anlieferung (Verbringung in die eigene Verfügungsmacht), so beispielsweise Kosten des Transports und der Transportversicherung, Speditionskosten, Wiegegelder, Anfuhr-, Umlade- und Abladekosten und Kosten des Einkaufs, wie etwa Provisionen, Courtage oder Maklergebühren, sowie auf der anderen Seite Kosten der Montage, von Probeläufen etc.[440] Ziel der Aktivierung von Anschaffungsnebenkosten als Bestandteil der dem Anschaffungsvorgang zuordenbaren Kosten ist die erfolgsneutrale Behandlung des zeitraumbezogenen Anschaffungsvorgangs.

Wiederum steht das Erfolgsneutralitätsprinzip in Konflikt mit dem Vorsichtsprinzip. So begrenzt der Gesetzgeber die zu aktivierenden Anschaffungskosten grundsätzlich auf Kosten, die dem Vermögensgegenstand als Einzelkosten einzeln zugerechnet werden können.[441] Bedeutung hat diese Einschränkung insofern, als Gemeinkosten regelmäßig keine Anschaffungskosten darstellen. Eine Überbewertung durch anlässlich der Anschaffung nur für mehrere Vermögensgegenstände ge-

439 Vgl. *Wohlgemuth/Radde*, Anschaffungskosten, in: Castan u. a. (Hrsg.), Beck'sches Handbuch der Rechnungslegung, Abschn. B 162, Rn. 95 (Stand: Okt. 2009); *Kahle*, in: Baetge/Kirsch/Thiele (Hrsg.), Bilanzrecht, § 255 HGB, Rn. 101 (Stand: Nov. 2009).

440 Vgl. *Adler/Düring/Schmaltz*, Rechnungslegung und Prüfung der Unternehmen (1995), § 255 HGB, Rn. 22.

441 Vgl. *Ellrott/Brendt*, in: Ellrott u. a. (Hrsg.), Beck'scher Bilanz-Kommentar (2010), § 255 HGB, Rn. 70.

meinsam anfallende Kosten, wie beispielsweise die Ausgaben der Beschaffungs-abteilung, soll gemäß dem Ausweis einer vorsichtig ermittelten Gewinnanspruchs-grundlage vermieden werden.[442]

Für Finanzierungskosten gilt ein grundsätzliches Aktivierungsverbot, da sie in der Regel der Kapitalnutzung und nicht der Verbringung des Vermögensgegenstands in die eigene Verfügungsmacht dienen.[443]

(2) Anwendung auf den Fall: Erfassung von Einzelkosten

Die Abgrenzung von Einzel- und Gemeinkosten ist vor allem auch bei innerbe-trieblich anfallenden Nebenkosten, die im vorliegenden Fall als dem Erwerbszeit-punkt nachgelagerte Anschaffungskosten beim Löschen, Transport und bei der Einlagerung des Stahls anfallen, relevant.

bb) Finale Erwerbskosten als Anschaffungsnebenkosten

(1) Bedeutung des Prinzips der Erfassung von Erwerbskosten

Dem Erwerbszeitpunkt zeitlich vorgelagerte Erwerbskosten, wie Notariatskosten, dienen final der Verbringung des Vermögensgegenstands in die Verfügungsmacht des Bilanzierenden.[444] Ausgaben der Entscheidungsvorbereitung bzw. der Ent-scheidungsfindung dürfen nicht aktiviert werden.[445] Diese Ausgaben gelten als nicht einzeln zuordenbar und sind somit nicht dem Anschaffungsvorgang zuzu-rechnen.[446]

Dagegen wird eine Pauschalierung von extern begründeten Einzelkosten, wie bei-spielsweise Eingangsfrachten oder Transportversicherungen, bei Waren und Roh-stoffen als zulässig erachtet, da hier keine Gemeinkosten an sich erfasst werden, sondern lediglich zusammen anfallende typische Einzelkosten aus Vereinfa-chungsgründen pauschaliert zugerechnet werden.[447]

---

442 Vgl. *Moxter*, Bilanzrechtsprechung (2007), S. 186.
443 Vgl. BFH, Urteil v. 19. 4. 1977 – VIII R 44/74, BStBl. II 1977, S. 600 (S. 600); *Ballwieser*, in: Schmidt (Hrsg.), Münchener Kommentar zum Handelsgesetzbuch (2008), § 255 HGB, Rn. 14.
444 Vgl. *Wohlgemuth/Radde*, Anschaffungskosten, in: Castan u. a. (Hrsg.), Beck'sches Handbuch der Rechnungslegung, Abschn. B 162, Rn. 95 (Stand: Okt. 2009).
445 Vgl. *Hommel*, Anschaffungskosten, in: Ballwieser/Coenenberg/v. Wysocki (Hrsg.), Handwör-terbuch der Rechnungslegung und Prüfung (2002), Sp. 77 (Sp. 80).
446 Vgl. *Kahle*, in: Baetge/Kirsch/Thiele (Hrsg.), Bilanzrecht, § 255 HGB, Rn. 102 (Stand: Nov. 2009).
447 Vgl. *Adler/Düring/Schmaltz*, Rechnungslegung und Prüfung der Unternehmen (1995), § 255 HGB, Rn. 31.

(2) Anwendung auf den Fall: Erfassung aktivierungspflichtiger Erwerbskosten der Stahlrollen

Zeitlich dem Erwerbszeitpunkt vorgelagerte Ausgaben fallen bis zur Verbringung der Stahlrollen in die eigene Verfügungsmacht an.[448]

Wird davon ausgegangen, dass Transport, Versicherung und Zölle vom Käufer zu tragen sind, stellen diese durch eine vertragliche Verbriefung in der Regel pauschaliert zuordenbaren Ausgaben aktivierungspflichtige Erwerbskosten der Stahlrollen dar.

cc) Ausgaben für die Versetzung in den Zustand der Betriebsbereitschaft

(1) Finale Versetzungskosten als Anschaffungsnebenkosten

(a) Bedeutung des Endes des Anschaffungsvorgangs

Dem aus dem Realisationsprinzip abgeleiteten Erfolgsneutralitätsprinzip entspricht es auch, Ausgaben für die Versetzung in einen betriebsbereiten Zustand im Rahmen des Anschaffungsvorgangs als Anschaffungsnebenkosten gemäß § 255 Abs. 1 S. 2 HGB zu erfassen.[449] Hierunter können beispielsweise Transport-, Verladungs-, Umbau- oder Reparaturkosten fallen, „die dazu dienen[,] den Vermögensgegenstand an den vorgesehenen Einsatzort zu bringen"[450] bzw. Einsatzort wie auch Vermögensgegenstand der bestimmungsgemäßen Nutzung zugänglich zu machen. Das Erreichen, nicht das Ausüben derselben markiert das Ende des Anschaffungsvorgangs. In diesem Zusammenhang ist die Abgrenzung von Anschaffungs- und Herstellungsvorgang vor allem aufgrund der „unterschiedlichen Behandlung von Anschaffungs-Gemeinkosten und Herstellungs-Gemeinkosten"[451] relevant.

Im Falle von Maschinen sind folglich sämtliche einzeln zuordenbaren Ausgaben, die nötig sind, um die Maschine an ihren Einsatzort zu bringen, zu montieren und zu testen, aktivierungspflichtig. Handelt es sich um Roh-, Hilfs- und Betriebsstoffe, gilt der Anschaffungsvorgang mit der erstmaligen Einlagerung als abgeschlossen.[452] Bis zu diesem Zeitpunkt müssen sämtliche einzeln zuordenbaren Ausgaben, wie beispielsweise der Materialeingangsprüfung und des Transports, als Anschaffungsnebenkosten erfasst werden.[453]

---

448 Vgl. *Moxter*, Bilanzrechtsprechung (2007), S. 43 f.

449 Vgl. *Wohlgemuth*, in: v. Wysocki u. a. (Hrsg.), Handbuch des Jahresabschlusses, Die Anschaffungskosten in der Handels- und Steuerbilanz, Abt. I/9, Rn. 24 (Stand: Okt. 1999).

450 *Ders.*, in: v. Wysocki u. a. (Hrsg.), Handbuch des Jahresabschlusses, Die Anschaffungskosten in der Handels- und Steuerbilanz, Abt. I/9, Rn. 26 (Stand: Okt. 1999).

451 *Moxter*, Bilanzrechtsprechung (2007), S. 197.

452 Vgl. BFH, Urteil v. 31. 7. 1967 – I 219/63, BStBl. II 1968, S. 22 (S. 23).

453 Vgl. *Ellrott/Brendt*, in: Ellrott u. a. (Hrsg.), Beck'scher Bilanz-Kommentar (2010), § 255 HGB, Rn. 201.

(b) Anwendung auf den Fall: Identifizierung des Endes des Anschaffungsvorgangs der Stahlrollen

Die im Rahmen der Zuführung der Stahlrollen zu ihrer bestimmungsgemäßen Nutzung anfallenden Ausgaben stellen bis zum Abschluss der erstmaligen Einlagerung aktivierungspflichtige Anschaffungsnebenkosten dar, soweit sie einzeln zuordenbar sind. Bei den Stahlrollen gliedert sich der Anschaffungsvorgang bis zur erstmaligen Einlagerung in einen dreistufigen Prozess, der aus den Arbeitsschritten Löschung, Transport und Einlagerung besteht. Fraglich erscheint jedoch die geforderte einzelne Zuordenbarkeit der innerbetrieblichen Leistungen des von Arbeitern und Maschinen der B-AG durchgeführten Prozesses. Deren Zugehörigkeit zu den Anschaffungskosten, also die „Frage, welche Kosten des Anschaffungsbereichs als Gemeinkosten oder als Einzelkosten anzusehen sind"[454], muss gesondert geprüft werden.

(2) Innerbetrieblich anfallende Aufwendungen

(a) Bedeutung der Abgrenzung von innerbetrieblich anfallenden Einzel- und Gemeinkosten

Zu unterscheiden ist sowohl bei Gegenständen des Anlage- als auch des Umlaufvermögens zwischen externen Ausgaben gegenüber Dritten und internen, innerbetrieblichen Aufwendungen.

Objektivierend definiert der BFH Kosten, die „dem Vermögensgegenstand einzeln zugerechnet werden können" (§ 255 Abs. 1 S. 1 HGB), als Kosten, deren „Maßeinheit (Zeit, Menge) für das einzelne Erzeugnis direkt bewertet werden können".[455]

Entscheidend ist der durch die Rechtsprechung konkretisierte Objektivierungsgrad: „Kosten, deren Maßeinheiten nur indirekt, aufgrund einer Annahme bewertet werden können"[456], werden als nicht aktivierungsfähige Gemeinkosten bezeichnet. Gemäß Rechtsprechung – mithin nicht unmittelbar abhängig von der internen Kostenrechnung – gelten beispielsweise beim Transport bis zum erstmaligen Lagereingang anfallende Lohnkosten und Sozialabgaben unternehmenseigener Arbeitskräfte sowie der Kraftstoffverbrauch unternehmenseigener Fahrzeuge als aktivierungspflichtige innerbetriebliche Kosten, sofern die entsprechenden Maßeinheiten (Zeit/Menge) dem zu transportierenden Vermögensgegenstand einzeln zugerechnet werden können.[457] Nicht aktivierungsfähige und somit auch nicht akti-

---

454 BFH, Urteil v. 31. 7. 1967 – I 219/63, BStBl. II 1968, S. 22 (S. 23).
455 BFH, Urteil v. 31. 7. 1967 – I 219/63, BStBl. II 1968, S. 22 (S. 22).
456 BFH, Urteil v. 31. 7. 1967 – I 219/63, BStBl. II 1968, S. 22 (S. 22).
457 Vgl. *Moxter*, Bilanzrechtsprechung (2007), S. 197.

vierungspflichtige Aufwendungen sind mit dem Transport verbunden echte Gemeinkosten, wie beispielsweise Hilfslöhne und Abschreibungen.[458]

(b) Anwendung auf den Fall: Berücksichtigung der aktivierungspflichtigen Einzelkosten der Stahlrollen gemäß dem handelsrechtlichen Objektivierungsprinzip

Sowohl die Kräne zur Verladung der angelieferten Stahlrollen als auch die zum Transport ins Lager bereitstehenden Eisenbahnwagons zählen zum Eigentum der B-AG. Deren Abschreibungen sind nicht aktivierungspflichtig; Betriebsstoffe (z.B. Kraftstoffe) können jedoch grundsätzlich einzeln zugerechnet werden. Die (eigenen) Arbeitnehmer betreffend wird davon ausgegangen, dass trotz Rotation (objektiviert) feststellbar ist, welche Arbeitnehmer mit welchen Zeitstunden bei den einzelnen Anschaffungsvorgängen mitgewirkt haben; entsprechende Lohnkosten und Sozialabgaben stellen aktivierungspflichtige Anschaffungsnebenkosten dar.

d) Nachträgliche Anschaffungskosten

aa) Bedeutung nachträglicher Anschaffungskosten

I.S.d. Prinzips der Erfolgsneutralität des Anschaffungsvorgangs können auch nach Abschluss des oben beschriebenen Anschaffungsvorgangs anfallende Kosten diesem als nachträgliche Anschaffungskosten zugerechnet werden, insoweit sie der Versetzung des Vermögensgegenstands in einen objektiv feststellbaren höherwertigen Zustand dienen. Diese nachträglichen Anschaffungskosten treten beispielsweise bei der Anschaffung eines Grundstücks als zeitlich nachgelagerte Erschließungskosten in Form von Straßen- oder Kanalanschlussgebühren auf.

bb) Anwendung auf den Fall: Prüfung des Vorliegens nachträglicher Anschaffungskosten bei den Stahlrollen

Der Anschaffungsvorgang im Falle von Roh-, Hilfs- und Betriebsstoffen gilt regelmäßig mit der erstmaligen Einlagerung als beendet. Daher liegen keine nachträglichen Anschaffungskosten vor. Lagerkosten bis zum Bilanzstichtag und herstellungsbedingte Aufwendungen für Umlagerungen sind gemäß der Abgrenzung von Anschaffungs- und Herstellungsbereich den Herstellungskosten zuzurechnen.

---

458 Vgl. *Ellrott/Brendt*, in: Ellrott u.a. (Hrsg.), Beck'scher Bilanz-Kommentar (2010), § 255 HGB, Rn. 204.

3. Ergebnis nach den Grundsätzen ordnungsmäßiger Bilanzierung

Nach handelsrechtlichen Grundsätzen ordnungsmäßiger Bilanzierung bemessen sich die aktivierungspflichtigen Anschaffungskosten aus dem Anschaffungspreis abzüglich von Kaufpreisminderungen. Anschaffungsnebenkosten sind bis zum Zeitpunkt der erstmaligen Einlagerung aktivierungspflichtig, soweit „sie dem Vermögensgegenstand einzeln zugeordnet werden können" (§ 255 Abs. 1 S. 1 HGB). Bei extern begründeten Kosten gilt dies als erfüllt; intern begründete Kosten betreffend wird die Zuordenbarkeit durch die Rechtsprechung objektivierend konkretisiert. Es liegen keine nachträglichen Anschaffungskosten vor.

II. Lösung nach IFRS

1. Anzuwendende Vorschriften

a) Rahmenkonzept

Das Rahmenkonzept ist selbst kein Standard und ist diesen auch nicht bei einer Fallprüfung voranzustellen. Entsprechend seiner Nicht-Verbindlichkeit werden dort auch „keine Grundsätze für bestimmte Fragen der Bewertung" (RK.2) definiert.

Es definiert aber grundsätzlich die Bewertung als „das Verfahren zur Bestimmung der Geldbeträge, mit denen die Abschlussposten zu erfassen und in der Bilanz und in der Gewinn- und Verlustrechnung anzusetzen sind" (RK.99).

b) Verbindliche Anwendung einzelner Standards

Im Falle der Zugangsbewertung eines Vermögenswerts gilt uneingeschränkt das Anschaffungskostenkriterium, nach dem „alle assets […] mit ihren Anschaffungs- oder Herstellungskosten zu bewerten"[459] sind (IAS 2.9; IAS 16.15; IAS 38.25 ff.; IAS 39.43; IAS 40.20). Im Gegensatz zu den prinzipienbasierten handelsrechtlichen Grundsätzen ordnungsmäßiger Bilanzierung findet sich in den Bewertungskriterien der IFRS keine für alle Aktiva einheitliche Definition der Anschaffungskosten.[460] Vielmehr erfolgt die Regelung von Art und Umfang der Anschaffungskosten und damit auch der zeitlichen Dimension des Anschaffungsvorgangs in den IFRS in Abhängigkeit von den zugrunde liegenden Vermögenswerten bzw. der zu

---

459 *Streim/Bieker/Leippe*, Anmerkungen zur theoretischen Fundierung der Rechnungslegung nach International Accounting Standards, in: Schmidt (Hrsg.), FS Stützel (2001), S. 177 (S. 196).

460 Vgl. *Kahle/Thiele/Kahling*, in: Baetge/Kirsch/Thiele (Hrsg.), Bilanzrecht, § 255 HGB, Rn. 501 (Stand: Nov. 2009); *Göbel*, in: Hofbauer u. a. (Hrsg.), Bonner Handbuch der Rechnungslegung, § 255 HGB, Rn. 61 (Stand: Nov. 2001).

regelnden Tatbestände. Dementsprechend finden sich jeweils verbindliche Kriterien in IAS 2 (Vorräte), IAS 16 (Sachanlagen), IAS 23 (Fremdkapitalkosten), IAS 38 (Immaterielle Vermögenswerte) und IAS 39 (Finanzinstrumente: Ansatz und Bewertung). Das Fehlen einer systematischen Anschaffungskostendefinition der IFRS ist Ausdruck einer unzureichenden Prinzipienverankerung.[461]

Entsprechend der engen Auslegung des Rahmenkonzepts sind Anschaffungskosten gemäß IAS 16.6 „der zum Erwerb […] eines Vermögenswerts entrichtete Betrag an Zahlungsmitteln oder Zahlungsmitteläquivalenten oder der beizulegende Zeitwert einer anderen Entgeltform zum Zeitpunkt des Erwerbes". Neben dem Kaufpreis umfassen die Anschaffungskosten „alle direkt zurechenbaren Kosten, die anfallen" (IAS 16.16), um den Vermögenswert an seinen Bestimmungsort und in einen, der Intention des Managements entsprechenden, betriebsbereiten Zustand zu versetzen, als Anschaffungsnebenkosten. Anschaffungspreisminderungen sind vom Kaufpreis abzusetzen.[462]

2. Anschaffungskosten von Vorräten

a) Konkretisierung der Anschaffungskosten nach IAS

aa) Bedeutung des Kriteriums der Vorratsdefinition nach IAS 2

Vorräte sind nach IAS 2.6 Vermögenswerte, die zum Verkauf im normalen Geschäftsgang gehalten, sich in der Herstellung für einen solchen Verkauf befinden oder als Roh-, Hilfs- und Betriebsstoffe dazu bestimmt sind, bei der Herstellung oder der Erbringung von Dienstleistungen verbraucht zu werden. Die Abgrenzung der Vorräte stimmt grundsätzlich mit der handelsrechtlichen Einteilung überein. Eine Ausnahme bilden nicht in die Fertigung eingehende Betriebsstoffe. Soweit wesentlich, müssten diese bei der Anpassung eines handelsrechtlichen auf einen nach IFRS aufgestellten Abschluss unter die sonstigen Vermögensgegenstände umgegliedert werden.[463]

bb) Bedeutung des Begriffs der Anschaffungskosten nach IAS 2

IAS 2.11 definiert den Umfang der Anschaffungskosten von Vorräten: Diese „umfassen den Erwerbspreis, Einfuhrzölle und andere Steuern (sofern es sich nicht um solche handelt, die das Unternehmen später von den Steuerbehörden zurückerlangen kann), Transport- und Abwicklungskosten sowie sonstige Kosten, die dem Erwerb von Fertigerzeugnissen, Materialien und Leistungen unmittelbar zugerechnet

---

461 Vgl. *Hommel*, Anschaffungskosten, in: Ballwieser/Coenenberg/v. Wysocki (Hrsg.), Handwörterbuch der Rechnungslegung und Prüfung (2002), Sp. 77 (Sp. 84).

462 Vgl. *Wagenhofer*, Internationale Rechnungslegungsstandards – IAS/IFRS (2009), S. 224 f.

463 Vgl. *Jacobs/Schmitt*, in: Baetge u. a. (Hrsg.), Rechnungslegung nach IFRS, IAS 2, Rn. 22 (Stand: Juli 2009).

werden können. Skonti, Rabatte und andere vergleichbare Beträge werden bei der Ermittlung der Kosten des Erwerbs abgezogen".

Im Unterschied zu den aus dem Handelsrecht bekannten Anschaffungskostenbestandteilen führt die Erfassung von Vollkosten und nicht einzeln zuordenbaren Kosten sowie die Berücksichtigung direkt zurechenbarer Fremdkapitalkosten zu einer höheren Wertobergrenze.

cc) Bedeutung der zeitlichen Dimension des Anschaffungsvorgangs

Das Vorliegen eines aktivierbaren Vermögenswerts (RK.57) markiert, korrespondierend zu den handelsrechtlichen Regelungen, den Beginn der Anschaffung. Dieser entspricht dem Moment der Verbringung des Vermögenswerts in die eigene Verfügungsmacht.[464] Zeitlich vorgelagerte unmittelbar zurechenbare (finale) Verbringungskosten und sonstige Kosten der Beschaffung sind ebenfalls dem aktivierbaren Vermögenswert zuzurechnen. Anhand der Einrechnungspflicht von Anschaffungsnebenkosten zeigt sich, dass auch die IFRS den Anschaffungsvorgang und somit die Anschaffungskosten nicht als auf einen Zeitpunkt bezogen, wie dies dem Wortlaut der Anschaffungskostendefinition des Rahmenkonzepts zu entnehmen ist, sondern als zeitraumbezogenen Vorgang ansehen.

Die einzubeziehenden Kosten fallen bis zur Verbringung an den derzeitigen Ort und der Versetzung in den derzeitigen Zustand an (IAS 2.10). Unklar bleibt mithin das Ende des Anschaffungsvorgangs. Gelöst wird die Frage, ob der Anschaffungsvorgang bereits mit dem reinen Erwerb endet, ob die Einlagerung noch zum Anschaffungsvorgang oder bereits zur Herstellung zählt, bzw. ob eine mehrfache Umlagerung von Vorräten zum Anschaffungs- oder bereits zum Herstellungsvorgang zählt, durch die Abgrenzung von Anschaffungs- und Herstellungskosten. Demzufolge ist der Anschaffungsvorgang der Vorräte dann beendet, wenn mit „der Verarbeitung der Ausgangsstoffe zu Fertigerzeugnissen" (IAS 2.12) begonnen wird.

b) Anwendung auf den Fall: Prüfung der Vorratsdefinition und zeitliche Abgrenzung des Anschaffungsbereichs nach IAS 2 für die Stahlrollen

Die angelieferten Stahlrollen sind dazu bestimmt, in die Herstellung der Automobile einzugehen. Somit sind die angelieferten Stahlrollen als Vorräte i. S. v. IAS 2 anzusehen. Hieraus ergibt sich die Maßgeblichkeit der in IAS 2 aufgeführten Kriterien für die Bemessung der Anschaffungskosten des Vorratsguts Stahl.

In zeitlicher Hinsicht sind sämtliche direkt zurechenbaren Einzel- und Gemeinkosten, die, dem Erwerbszeitpunkt vorgelagert, der Verbringung des Vermögenswerts in die eigene Verfügungsmacht, bzw. nachgelagert, der Versetzung der Stahlrollen

---

464 Vgl. *Adler/Düring/Schmaltz*, Rechnungslegung nach Internationalen Standards, Abschn. 15, Rn. 25 (Stand: Juni 2002).

an ihren derzeitigen Ort dienen, aktivierungspflichtige Bestandteile der Anschaffungsnebenkosten nach IFRS.

3. Umfang der Anschaffungskosten nach IAS 2, IAS 21 und IAS 23

a) Ansatzpflicht

aa) Anschaffungspreis und Anschaffungspreisminderungen

(1) Bedeutung des Kriteriums der Berücksichtigung von Minderungen des Anschaffungspreises

Grundsätzlich vergleichbar mit der Regelung des HGB stellt auch nach IAS 2.11 der Kaufpreis oder der Rechnungsbetrag den Anschaffungspreis dar, wobei erstattungsfähige Vorsteuern als Anschaffungsaufwand zu erfassen sind.[465] Sollte der Anschaffungspreis in einer Fremdwährung fakturiert sein, ist dieser zum Kassakurs im Zeitpunkt des Geschäftsvorfalls in die einheimische Währung umzurechnen (IAS 21.9).[466]

Vom Anschaffungspreis sind beispielsweise Skonti und Rabatte abzuziehen. Dieser ist auch um vergleichbare, ebenfalls zu Kaufpreisvergünstigungen führende Beträge zu vermindern. Eine Kürzung des Anschaffungspreises um „(private oder öffentliche) Zuschüsse"[467] ist nach IAS 20 möglich.

(2) Anwendung auf den Fall: Bestimmung des Anschaffungspreises der Stahlrollen

Der Anschaffungspreis der Stahlrollen entspricht dem aus dem Kaufvertrag ersichtlichen Rechnungsbetrag. Eine Umrechnung muss gegebenenfalls mit dem zum Zeitpunkt der erstmaligen Einbuchung amtlich notierten Wechselkurs erfolgen.

Rabatte stellen eine Anschaffungspreisminderung dar. Da nur der tatsächlich aufgewendete Betrag (pagatorische Kosten) zu den Bestandteilen der Anschaffungskosten zu zählen ist, müssen Anschaffungspreisminderungen, wie beispielsweise Rabatte und Skonti, vom Anschaffungspreis abgezogen werden.

---

465 Vgl. *Kahle*, in: Baetge/Kirsch/Thiele (Hrsg.), Bilanzrecht, § 255 HGB, Rn. 531 (Stand: Nov. 2009).

466 Vgl. *Ellrott/Pastor*, in: Ellrott u. a. (Hrsg.), Beck'scher Bilanz-Kommentar (2010), § 255 HGB, Rn. 577.

467 *Jacobs/Schmitt*, in: Baetge u. a. (Hrsg.), Rechnungslegung nach IFRS, IAS 2, Rn. 38 (Stand: Juli 2009).

bb) Anschaffungsnebenkosten

(1) Allgemeine Grundlagen zu den direkt zurechenbaren Einzel- und Gemeinkosten

Den Anschaffungs- und Herstellungskostenbegriff im Falle von Vorräten konkretisierend, sind in die Anschaffungs- oder Herstellungskosten „alle Kosten des Erwerbes und der Be- und Verarbeitung sowie sonstige Kosten einzubeziehen, die angefallen sind, um die Vorräte an ihren derzeitigen Ort und in ihren derzeitigen Zustand zu versetzen" (IAS 2.10).

Vergleichbar mit der handelsrechtlichen Regelung ist die für Anschaffungskosten vorausgesetzte finale Beziehung von Leistung und Gegenleistung (Prinzip der Maßgeblichkeit der Gegenleistung) entsprechend der dem Anschaffungsvorgang unmittelbar zurechenbaren Kosten.[468] Allerdings werden der grundsätzlichen Definition der Anschaffungskosten folgend, gemäß der auf einen Vollkostenansatz hinweisenden Terminologie („alle Kosten"), sowohl Einzel- als auch – mit § 255 Abs. 1 S. 1 HGB unvereinbar – Gemeinkosten zugerechnet, soweit diese direkt zurechenbar sind und kein Aktivierungsverbot besteht. Im Gegensatz zu den handelsrechtlichen GoB deutet die Anschaffungskostendefinition (IAS 2.10 und 2.11) auf eine weniger objektivierte Konkretisierung (potenziell) aktivierungspflichtiger Kosten hin. Sie orientiert sich vielmehr am System der internen Kostenrechnung.

Bezugnehmend auf die Ausführungen zur zeitlichen Dimension des Anschaffungsvorgangs, scheint eine genaue Abgrenzung von Anschaffungs- und Herstellungsvorgang aufgrund der maßgeblich erfolgsneutralen Erfassung der Vollkosten auch des Anschaffungsvorgangs weniger bedeutsam. Umstritten ist jedoch, ob die entobjektivierte und damit ermessensbehaftete Erfassung von Vollkosten tatsächlich geeignet ist, dem Zweck der Informationsvermittlung zu dienen.

(2) Erwerbskosten als Anschaffungsnebenkosten

(a) Bedeutung des Kriteriums: Problem der Abgrenzung von Beschaffungs- und Verwaltungsbereich

Explizit in IAS 2.11 genannte Erwerbskosten als Nebenkosten des Anschaffungsvorgangs sind Transport- und Abwicklungskosten sowie final der Verbringung des Vermögenswerts in die eigene Verfügungsmacht dienende Ausgaben. Die Einrechnungsfähigkeit von sonstigen Kosten in die Anschaffungskosten, „die dem Erwerb von Fertigerzeugnissen, Materialien und Leistungen unmittelbar zugerechnet werden können" (IAS 2.11), wird, für Anschaffungs- und Herstellungskosten pauschalisierend, auf angefallene (pagatorische) Kosten beschränkt.

Allerdings erscheint auch hier eine sinnvolle Abgrenzung zwischen der Beschaffung und dem Bereich der allgemeinen Verwaltung unklar. Eine Problematisierung durch die IFRS unterbleibt. Stattdessen gilt für „Verwaltungsgemeinkosten, die

---

468 Vgl. *Achleitner/Behr/Schäfer*, International Accounting Standards (2009), S. 154.

nicht dazu beitragen, die Vorräte an ihren derzeitigen Ort und in ihren derzeitigen Zustand zu versetzen", gemäß IAS 2.16 (c) ein (pauschales) Aktivierungsverbot, ohne dass die Abgrenzung von Kosten der Beschaffungsabteilung und der allgemeinen Verwaltung, wie im Falle der BFH-Entscheidung zu den Reisekosten, problematisiert werden würde.

(b) Anwendung auf den Fall: Bestimmung der aktivierungspflichtigen Anschaffungsnebenkosten der Stahlrollen

Zeitlich dem Erwerbszeitpunkt vorgelagerte Ausgaben fallen bis zur Verbringung der Stahlrollen in die eigene Verfügungsmacht an. Wird davon ausgegangen, dass Transport, Versicherung und Zölle vom Käufer zu tragen sind, stellen diese durch eine entsprechende vertragliche Verbriefung in der Regel pauschaliert zuordenbaren Ausgaben aktivierungspflichtige Erwerbskosten dar.

(3) Kosten der Versetzung der Vermögenswerte an ihren derzeitigen Ort als Anschaffungsnebenkosten

(a) Bedeutung des Kriteriums der sonstigen direkt zurechenbaren Kosten

Die unspezifiziert weite Einbeziehung sonstiger Kosten gemäß IAS 2.10 wird, wie oben angeführt, durch das Kriterium der unmittelbaren (direkten) Zurechenbarkeit in IAS 2.11 kaum konkretisiert. Weiter konkretisiert IAS 2.15 sonstige Kosten, die „angefallen sind, um die Vorräte an ihren derzeitigen Ort und in ihren derzeitigen Zustand zu versetzen". Somit stellen sämtliche direkt zurechenbaren Einzel- und Gemeinkosten, die im Rahmen des Anschaffungsvorgangs anfallen, dem Erwerbszeitpunkt zeitlich nachgelagerte Anschaffungsnebenkosten dar.

(b) Anwendung auf den Fall: Erfassung direkt zurechenbarer Einzel- und Gemeinkosten der Stahlrollen

Sowohl die Kräne zur Verladung der angelieferten Stahlrollen als auch die zum Transport ins Lager bereitstehenden Eisenbahnwagons zählen zum Eigentum der B-AG. Als aktivierungspflichtige Anschaffungsnebenkosten i.S.v. IAS 2 gelten sämtliche direkt zurechenbaren Einzel- und Gemeinkosten.

Sowohl Lohnkosten und Sozialabgaben als auch die verbrauchten Betriebsstoffe werden annahmegemäß als unechte Gemeinkosten in der betrieblichen Leistungsrechnung erfasst und stellen zusammen mit Betriebsstoffen aktivierungspflichtige Anschaffungsnebenkosten dar. Dasselbe gilt für die als Gemeinkosten direkt zurechenbaren Abschreibungen des zum Transport benutzten Anlagevermögens.

cc) Fremdkapitalkosten als sonstige berücksichtigungspflichtige Kosten

(1) Aktivierungspflicht für direkt zurechenbare Fremdkapitalkosten bei Vorliegen eines qualifizierten Vermögenswerts

Bei Vorräten sind Fremdkapitalkosten gemäß IAS 2.15 i.V.m. IAS 23.8 in die Anschaffungskosten einzubeziehen, wenn es sich um einen qualifizierten Vermögenswert handelt und die Fremdkapitalkosten seiner Anschaffung (direkt) zugeordnet werden können.[469] Ein qualifizierter Vermögenswert wird nach IAS 23.5 definiert als „ein Vermögenswert, für den ein beträchtlicher Zeitraum erforderlich ist, um ihn in seinen beabsichtigten gebrauchs- oder verkaufsfähigen Zustand zu versetzen".[470] Zwar gelten „Vermögenswerte, die bereits bei Erwerb in ihrem beabsichtigten gebrauchs- oder verkaufsfähigen Zustand sind" nicht als qualifiziert, Vorräte sind aber nicht per se ausgeschlossen (IAS 23.7). Gemeinsames Merkmal qualifizierter Vermögenswerte ist ein längerer Zeitraum, in dem sie keinen Beitrag zum betrieblichen Erfolg leisten.[471]

Wird ein qualifizierter Vermögenswert extern angeschafft, sind direkt zurechenbare Fremdkapitalkosten Teil der Anschaffungskosten, sofern die Ansatzvoraussetzungen des Rahmenkonzepts erfüllt sind (IAS 23.9). Ein Wahlrecht (bezüglich der Anwendung von IAS 23) besteht u.a. für Vorräte, die in großen Mengen wiederholt gefertigt oder auf andere Weise hergestellt werden (IAS 23.4).[472] Ein Ausschluss vom Anwendungsbereich für Letztere führt zu einer Erfassung als Aufwand (IAS 2.17, IAS 23.BC5 und BC6).

(2) Anwendung auf den Fall: Prüfung der Stahlrollen hinsichtlich des Kriteriums „qualifizierter Vermögenswert" als Aktivierungsvoraussetzung

Im vorliegenden Fall sind keine Fremdkapitalkosten ersichtlich. Des Weiteren ist nicht davon auszugehen, dass der Zeitraum bis zum Ende des Anschaffungsvorgangs als beträchtlich gilt; folglich wären anfallende Fremdkapitalkosten sofort aufwandswirksam zu erfassen, ansonsten verbliebe dem Rechnungslegenden ein Wahlrecht.

---

469 Fremdkapitalkosten gelten als direkt zurechenbar, falls sie „vermieden worden wären, wenn die Ausgaben für den qualifizierten Vermögenswert nicht getätigt worden" wären (IAS 23.11).

470 Vgl. *Kaliebe*, Die Aktivierung von Fremdkapitalkosten nach IAS 23 (überarbeitet 2007) im Vergleich zu den Grundsätzen ordnungsmäßiger Bilanzierung, DK 2008, S. 560 (S. 561 f.).

471 Vgl. *Schönbrunn*, in: Baetge u.a. (Hrsg.), Rechnungslegung nach IFRS, IAS 23, Rn. 7 (Stand: Aug. 2008).

472 Der Standard nennt zwar nur den Herstellungsvorgang, indes ist den BC zu entnehmen, dass die Nichterfassung aus der zugangsunabhängigen Abwägung von Nutzen und Kosten (RK.44) resultiert.

b) Ansatzverbot

aa) Bedeutung des Aktivierungsverbots für bestimmte Aufwendungen

Explizit ausgeschlossen von der im Rahmen der „sonstigen Kosten" weiten Aktivierung von Aufwendungen als Anschaffungs- oder Herstellungskosten sind:

„(a) anomale Beträge für Materialabfälle, Fertigungslöhne oder andere Produktionskosten, (b) Lagerkosten, soweit diese nicht im Produktionsprozess vor einer weiteren Produktionsstufe erforderlich sind, (c) Verwaltungsgemeinkosten, die nicht dazu beitragen, die Vorräte an ihren derzeitigen Ort und in ihren derzeitigen Zustand zu versetzen; und (d) Vertriebskosten" (IAS 2.16).

bb) Anwendung auf den Fall: Prüfung der Ansatzverbote für bestimmte Aufwendungen bei den Stahlrollen

Die dem Erwerbszeitpunkt nachgelagerten Anschaffungskosten, bestehend aus den Kosten von Löschung, Transport und erstmaliger Einlagerung, fallen nicht unter die vom IASB formulierten Aktivierungsverbote. Die Anschaffungsnebenkosten sind wie oben ermittelt zu erfassen.

c) Nachträgliche Anschaffungskosten

aa) Bedeutung des Kriteriums der Verbesserung der ursprünglichen Ertragskraft

Mit Ausnahme der Aktivierung im Falle von Fremdwährungsverlusten sahen die IASB-Vorschriften keine nachträglich zu aktivierenden Anschaffungskosten im Fall der Zugangsbewertung von Vorräten vor. Im Falle von Sachanlagen und immateriellen Vermögenswerten ist die Aktivierungspflicht unter anderem auch an Ausgaben geknüpft, die zu zusätzlichem künftigen wirtschaftlichen Nutzen führen (IAS 16.12 i.V.m. IAS 16.7).[473]

bb) Anwendung auf den Fall: Identifizierung nachträglicher Anschaffungskosten bei den Stahlrollen

Aufgrund des Fehlens des Kriteriums der „nachträglichen Anschaffungskosten" im für die Bewertung von Vorräten maßgeblichen IAS 2 sind keine nachträglichen Anschaffungskosten zu aktivieren.

---

473 Vgl. *Kahle*, in: Baetge/Kirsch/Thiele (Hrsg.), Bilanzrecht, § 255 HGB, Rn. 576 (Stand: Nov. 2009); vgl. weiterhin bezüglich nachträglicher Anschaffungskosten von Sachanlagen: *Scheinpflug*, in: Bohl/Riese/Schlüter (Hrsg.), Beck'sches IFRS-Handbuch (2009), § 5, Rn. 82–91.

4. Ergebnis nach IFRS

Sämtliche direkt zuordenbaren Einzel- und Gemeinkosten des Beschaffungsbereichs stellen Anschaffungsnebenkosten dar, soweit kein explizites Aktivierungsverbot vorliegt. Die im Rahmen der Versetzung der Vorräte an ihren derzeitigen Ort anfallenden Löhne, Sozialabgaben und Betriebsstoffe sind aktivierungspflichtig. Dasselbe gilt für direkt zurechenbare Gemeinkosten, wie beispielsweise Abschreibungen. Deutlich wurde bei Anwendung der fallspezifischen Kriterien der IFRS deren im Vergleich zu den handelsrechtlichen Grundsätzen ordnungsmäßiger Bilanzierung relative Regelungsunschärfe, speziell bezüglich der zeitlichen Dimension des Anschaffungsvorgangs und der Einbeziehung direkt zurechenbarer Gemeinkosten.

III. Gesamtergebnis

1. Anschaffungskosten fallen grundsätzlich bei der Verbringung des Vermögensgegenstands in die Verfügungsmacht des Bilanzierenden an. Anschaffungspreis abzüglich Anschaffungspreisminderungen zuzüglich Anschaffungsnebenkosten (Erwerbskosten und Kosten der Versetzung in einen betriebsbereiten Zustand) und nachträgliche Anschaffungskosten stellen Bestandteile der Anschaffungskosten dar.
2. Für den Anschaffungskostenbegriff nach den Grundsätzen ordnungsmäßiger Bilanzierung gilt, dass, dem Vorsichtsprinzip entsprechend, lediglich greifbar werthaltige und einzeln dem Vermögensgegenstand final zuordenbare Bestandteile der Anschaffungskosten aktivierungsfähig sind. Aufgrund der unterschiedlichen Behandlung von Anschaffungs- und Herstellungsgemeinkosten begrenzt der Gesetzgeber den Anschaffungsvorgang auf den Zeitpunkt der Möglichkeit der bestimmungsgemäßen Nutzung des Vermögensgegenstands. Im Falle von Vorräten entspricht dies laut Rechtsprechung des BFH dem Zeitpunkt der erstmaligen Einlagerung.
3. Kosten des dreiteiligen Prozesses der dem Erwerbszeitpunkt nachgelagerten erstmaligen Einlagerung sind grundsätzlich nur dann Bestandteil der Anschaffungskosten, wenn sie einzeln zuordenbar sind. Abschreibungen der benutzten Anlagen sind als Gemeinkosten nicht aktivierungsfähig. Damit Lohnkosten, Sozialabgaben und Betriebsstoffe aktivierungsfähig sind, muss deren Maßeinheit (Zeit/Menge) separat erfasst werden können und auf die spezifische Lieferung von Stahlrollen umlegbar sein. Gemäß BFH ist dies bei innerbetrieblicher Leistungserbringung entsprechend der im Herstellungsbereich üblicherweise vorgenommenen Abgrenzung von Einzel- und Gemeinkosten der Fall.
4. Das IASB schränkt die erfolgsneutrale Verrechnung durch explizite Ansatzverbote bestimmter Kosten ein. Grundsätzlich ist die Anschaffungskosteneigenschaft der Ausgaben anhand von Kriterien, die den einzelnen, dem Sachverhalt

entsprechenden Standards zu entnehmen sind, zu überprüfen. Stahlrollen stellen für den Bilanzierenden Vorräte im Sinne des IAS 2 dar. Der Anschaffungsvorgang entspricht grundsätzlich den handelsrechtlichen Regelungen, wobei jedoch (regelungsunscharf) der Beginn des Herstellungsvorgangs das Ende des Anschaffungsvorgangs markiert.

5. Sowohl direkt dem Vermögenswert zurechenbare, im Rahmen des Anschaffungsvorgangs anfallende Einzel- als auch Gemeinkosten stellen aktivierungspflichtige Bestandteile der Anschaffungskosten dar. Als unechte Gemeinkosten erfasste Einzelkosten, wie sie im Rahmen des dreistufigen Prozesses der Einlagerung anfallen, können entsprechend der Anzahl der angelieferten Schiffsladungen direkt zugeschlüsselt werden und stellen somit aktivierungspflichtige Anschaffungsnebenkosten dar. Abschreibungen sind als direkt zurechenbare Produktionsgemeinkosten ebenfalls Bestandteil der Anschaffungsnebenkosten. Direkt zurechenbare Fremdkapitalkosten sind gemäß IAS 23 bei Vorliegen eines qualifizierten Vermögenswerts zu aktivieren, jedoch besteht für routinemäßig zugegangene Vorräte ein Wahlrecht.

6. Aufgrund der breiten Einrechnungspflicht direkt zurechenbarer Gemeinkosten in die Anschaffungskosten führt die Aktivierung der Vermögenswerte nach IFRS zu einem höheren Wert als nach handelsrechtlichen Regelungen.

Weiterführende Literatur

HGB:

Ballwieser, Wolfgang,	in: Karsten Schmidt (Hrsg.), Münchener Kommentar zum Handelsgesetzbuch, Bd. 4, 2. Aufl., München 2008, Kommentierung zu § 255 HGB
Döllerer, Georg,	Handelsbilanz und Steuerbilanz nach den Vorschriften des Bilanzrichtlinien-Gesetzes, BB, 42. Jg. (1987), Beil. 12, S. 1–16
Ellrott, Helmut/ Brendt, Peter,	in: Helmut Ellrott u. a. (Hrsg.), Beck'scher Bilanz-Kommentar, 7. Aufl., München 2010, Kommentierung zu § 255 HGB
Knop, Wolfgang/ Küting, Karlheinz,	in: Karlheinz Küting/Claus-Peter Weber (Hrsg.), Handbuch der Rechnungslegung, Einzelabschluss, 5. Aufl., Stuttgart 2002 (Loseblatt), Kommentierung zu § 255 HGB (Stand: Nov. 2009)
Moxter, Adolf,	Bilanzrechtsprechung, 6. Aufl., Tübingen 2007, S. 183–207
Wohlgemuth, Michael/ Radde, Jens,	in: Edgar Castan u. a. (Hrsg.), Beck'sches Handbuch der Rechnungslegung, München 1986 (Loseblatt), Anschaffungskosten, Abschn. B 162 (Stand: Okt. 2009)

IFRS:

Ernst & Young (Hrsg.),   International GAAP 2010, Chichester (West Sussex) 2010, Chapter 20: Inventories

Jacobs, Otto H./
Schmitt, Gregor A.,   in: Jörg Baetge u.a. (Hrsg.), Rechnungslegung nach IFRS, 2. Aufl., Stuttgart 2003 (Loseblatt), Kommentierung zu IAS 2 (Stand: Juli 2009)

Kahle, Holger,   in: Jörg Baetge/Hans-Jürgen Kirsch/Stefan Thiele (Hrsg.), Bilanzrecht, Bonn/Berlin 2002 (Loseblatt), Teilkommentierung zu § 255 HGB (Stand: Nov. 2009)

Schmidt, Matthias/
Labrenz, Helfried,   in: Edgar Castan u.a. (Hrsg.), Beck'sches Handbuch der Rechnungslegung, München 1986 (Loseblatt), Vorräte, Abschn. B 214 (Stand: Jan. 2009)

Schönbrunn, Norbert,   in: Jörg Baetge u.a. (Hrsg.), Rechnungslegung nach IFRS, 2. Aufl., Stuttgart 2003 (Loseblatt), Kommentierung zu IAS 23 (Stand: Aug. 2008)

Fall 9: Herstellungskosten – Beispiel Büroeinrichtungen

Sachverhalt:

Die A-AG ist ein führender internationaler Hersteller von Bürostühlen. Das Sortiment beschränkt sich auf die drei Produktarten X, Y und Z. Neben den durch die Produktion der einzelnen Produktarten verursachten Kosten für Material, Löhne und Gehälter fallen im Geschäftsjahr Kosten für die gemeinsame Herstellung aller drei Produktarten an. Zur Erfassung dieser Aufwendungen wurde eine Kostenstellenrechnung eingerichtet. Diese ermittelt für die Funktionsbereiche Material, Fertigung, Verwaltung und Vertrieb die dort angefallenen aufwandsgleichen Gesamtkosten und die Zuschlagsätze für die Produktkalkulation. Inbegriffen in der Kostenstellenrechnung ist auch die Umlage der Aufwendungen für einen Betriebskindergarten und von der A-AG organisierte Betriebsausflüge. Das Geschäftsjahr entwickelte sich nicht nach den Vorstellungen des Vorstands. Insbesondere konnte die Kapazität der Anlagen nur zu knapp 60% ausgelastet werden; erfahrungsgemäß schwankt die Kapazitätsauslastung im Durchschnitt zwischen 90% und 94%.

Aufgabenstellung:

Welche bilanzrechtlichen Konsequenzen ergeben sich für die Herstellungskosten pro Produktart nach HGB und IFRS?

I. Lösung nach den Grundsätzen ordnungsmäßiger Bilanzierung

1. Konfliktäres Verhältnis von Erfolgsneutralitätsprinzip sowie Objektivierungs- und Vorsichtsprinzip

a) Erfolgsneutralitätsprinzip bei Herstellungskosten

aa) Bedeutung des Prinzips der Erfolgsneutralität

Vermögensgegenstände sind gemäß § 253 Abs. 1 S. 1 HGB höchstens zu ihren (fortgeführten) Anschaffungs- oder Herstellungskosten anzusetzen. Während der Bewertungsmaßstab Anschaffungskosten[474] auf von unternehmensfremden Dritten bezogene Vermögensgegenstände Anwendung findet, sind die am Bilanzstichtag noch nicht veräußerten selbst erstellten Vermögensgegenstände des Anlage- und Umlaufvermögens mit Herstellungskosten zu bewerten. Diese werden in § 255

---

474 Für die ausführliche Behandlung von Anschaffungskosten sowie begleitende Literatur vgl. Fall 8, Anschaffungskosten – Beispiel Rohstoffumladung.

Abs. 2 S. 1 HGB definiert als „die Aufwendungen, die durch den Verbrauch von Gütern und die Inanspruchnahme von Diensten für die Herstellung eines Vermögensgegenstands, seine Erweiterung oder für eine über seinen ursprünglichen Zustand hinausgehende wesentliche Verbesserung entstehen".

Der Sinn und Zweck der Aktivierung von Herstellungskosten besteht in der Umsatzgebundenheit: Diese gewährleistet im Sinne des Erfolgsneutralitätsprinzips als eine Konkretisierung des Realisationsprinzips, dass der Herstellungsvorgang eines Vermögensgegenstands „als erfolgsneutrale Vermögensumschichtung"[475] dergestalt ausgewiesen wird, dass die mit der Herstellung in Zusammenhang stehenden Ausgaben bis zum gewinnwirksamen Umsatzzeitpunkt grundsätzlich als Aktivum erfolgsneutral erfasst werden[476] und kein Ausweis unrealisierter Gewinne durch Überschreiten der Herstellungskosten als absolute Wertobergrenze stattfindet.[477] Das Prinzip umsatzabhängiger Aufwandsperiodisierung sorgt als weitere Ausprägung des (Netto-)Realisationsprinzips für die umsatzabhängige Periodisierung der zugehörigen Aufwendungen.[478]

bb) Ausprägungen des Prinzips der Erfolgsneutralität

(1) Weit verstandener Herstellungskostenbegriff

(a) Bedeutung des weit verstandenen Herstellungskostenbegriffs

Als grundlegender Tatbestand umfasst die Herstellung i.S.d. § 255 Abs. 2 S. 1 HGB die Frage, ob ein noch nicht existenter Vermögensgegenstand neu geschaffen wird (Herstellung im engeren Sinne).[479]

Als Tatbestand einer i.S.d. Erfolgsneutralität denkbaren nachträglichen Herstellung gemäß § 255 Abs. 2 S. 1 HGB liegt die Erweiterung eines vorhandenen Vermögensgegenstands vor, wenn dessen Substanz erhöht wird, wobei diese Steigerung jedoch den gesamten Gegenstand und nicht nur einzelne Bestandteile betreffen muss;[480] verbunden ist hiermit im Allgemeinen eine Erhöhung seines Nut-

---

475 BFH, Urteil v. 15. 2. 1966 – I 103/63, BStBl. III 1966, S. 468 (S. 470).

476 Vgl. *Moxter*, Das Realisationsprinzip – 1884 und heute, BB 1984, S. 1780 (S. 1783); *Mellwig*, Herstellungskosten und Realisationsprinzip, in: Förschle/Kaiser/Moxter (Hrsg.), FS Budde (1995), S. 397 (S. 404).

477 Vgl. z.B. *Knop/Küting*, in: Küting/Weber (Hrsg.), Handbuch der Rechnungslegung, Einzelabschluss, § 255 HGB, Rn. 3 (Stand: März 2010).

478 Vgl. *Moxter*, Wirtschaftliche Gewinnermittlung und Bilanzsteuerrecht, StuW 1983, S. 300 (S. 304 f.); *ders.*, Das „matching principle": Zur Integration eines internationalen Rechnungslegungs-Grundsatzes in das deutsche Recht, in: Lanfermann (Hrsg.), FS Havermann (1995), S. 487 (S. 497).

479 Vgl. *Göbel*, in: Hofbauer u. a. (Hrsg.), Bonner Handbuch der Rechnungslegung, § 255 HGB, Rn. 108 (Stand: Nov. 2001).

480 Vgl. *Ellrott/Brendt*, in: Ellrott u. a. (Hrsg.), Beck'scher Bilanz-Kommentar (2010), § 255 HGB, Rn. 380.

zenpotenzials.[481] Eine über den „ursprünglichen Zustand hinausgehende wesentliche Verbesserung" als zweite gesetzliche Form nachträglicher Herstellung kommt nach der Rechtsprechung dann in Betracht, „wenn die Maßnahmen in ihrer Gesamtheit über die zeitgemäße substanzerhaltende Bestandteilserneuerung hinaus den Gebrauchswert [...] insgesamt deutlich erhöhen"; der ursprüngliche Zustand meint grundsätzlich den Zustand zum Zeitpunkt der erstmaligen Bilanzierung des Vermögensgegenstands.[482] Als unkodifizierter dritter Tatbestand liegen nachträgliche Herstellungskosten vor, „wenn das Wirtschaftsgut in [...] seinem Wesen verändert [...] wird"[483], sodass sein bisheriger Zweck oder seine Funktion eine Modifikation erfährt.[484] Die mangelnde Kodifizierung der Wesensänderung ist dabei auf ihre große Übereinstimmung mit der Erweiterung und der wesentlichen Verbesserung zurückzuführen.[485]

(b) Anwendung auf den Fall: Beurteilung des Herstellungsvorgangs der Bürostühle

Im vorliegenden Fall ist von einer Herstellung im engeren Sinne auszugehen; die Bürostühle werden allesamt neu hergestellt. Formen nachträglicher Herstellung sind nicht ersichtlich.

(2) Pagatorischer (Ist-)Herstellungskostenbegriff

(a) Bedeutung des pagatorischen (Ist-)Herstellungskostenbegriffs

Zur Gewährleistung der Erfolgsneutralität des Herstellungsvorgangs ist von einem pagatorischen Herstellungskostenbegriff auszugehen: Eine Einrechnung von nicht aufwandsgleichen, sog. kalkulatorischen Kosten, wie Unternehmerlohn oder Zinsen auf das Eigenkapital, ist mithin ausgeschlossen.[486] Um einen Ausweis unrealisierter Gewinne durch eine Aktivierung von derartigen Kosten, denen kein Aufwand gegenübersteht, zu verhindern, dürfen nur die tatsächlich angefallenen Ausgaben (sog. pagatorische Kosten) als Herstellungskosten angesetzt werden.[487] Im Sinne des Erfolgsneutralitätsprinzips sind „alle tatsächlich für die Herstellung aufgewendeten Kosten als Herstellungskosten anzusetzen", was „auch überhöhte Kosten, die sich z.B. durch unrationelle Betriebsorganisation oder überteuerte An-

---

481 Vgl. *Adler/Düring/Schmaltz*, Rechnungslegung und Prüfung der Unternehmen (1995), § 255 HGB, Rn. 122.

482 BFH, Urteil v. 9. 5. 1995 – IX R 116/92, BStBl. II 1996, S. 632 (S. 632–634, Zitat auf S. 632).

483 BFH, Urteil v. 13. 9. 1984 – IV R 101/82, BStBl. II 1985, S. 49 (S. 50).

484 Vgl. *Pezzer*, Die Instandsetzung und Modernisierung von Gebäuden nach der jüngsten Rechtsprechung des BFH, DB 1996, S. 849 (S. 850).

485 Vgl. *Ellrott/Brendt*, in: Ellrott u. a. (Hrsg.), Beck'scher Bilanz-Kommentar (2010), § 255 HGB, Rn. 379.

486 Vgl. *Oestreicher*, in: Castan u. a. (Hrsg.), Beck'sches Handbuch der Rechnungslegung, Herstellungskosten, Abschn. B 163, Rn. 21 (Stand: Febr. 2003).

487 Vgl. *Wohlgemuth*, in: v. Wysocki u. a. (Hrsg.), Handbuch des Jahresabschlusses, Die Herstellungskosten in der Handels- und Steuerbilanz, Abt. I/10, Rn. 6 (Stand: Sept. 2001).

schaffung von Materialien ergeben"[488], zwingend mit einschließt. Als Herstellungskosten im Sinne des Bilanzrechts gelten daher Ist-Kosten; es würde sich eine herstellungsbedingte Vermögensminderung einstellen, wenn man bei Orientierung an Plan- oder Sollkosten im Falle von überhöhten Kosten nur einen Teil davon als Herstellungskosten ansetzte.[489]

(b) Anwendung auf den Fall: pagatorische (Ist-)Herstellungskosten der Bürostühle

Im vorliegenden Fall ist explizit von pagatorischen (aufwandsgleichen) Kosten auszugehen. In Ausprägung des Erfolgsneutralitätsprinzips müssten gegebenenfalls auch die überhöhten (Ist-)Stückkosten, die sich durch die geringere Kapazitätsauslastung ergeben, in die Herstellungskosten eingerechnet werden.

(3) Finaler Herstellungskostenbegriff

(a) Bedeutung des finalen Herstellungskostenbegriffs

Mit der Erfolgsneutralität des Herstellungsvorgangs eng verbunden ist ein finaler Herstellungskostenbegriff, der nicht auf die durch den Herstellungsprozess verursachten Aufwendungen im Sinne der Kausalität beschränkt bleibt, sondern auf den Zweck der Herstellung ausgerichtet ist.[490] Die Finalität impliziert eine breite Einrechnung von Herstellungskosten: Diese umfassen danach „nicht nur die Kosten […], die unmittelbar der Herstellung dienen, sondern auch solche, die zwangsläufig im Zusammenhang mit der Herstellung des Wirtschaftsguts anfallen" oder mit ihr in „eine[m] engen wirtschaftliche[n] Zusammenhang"[491] stehen; entscheidend für die Qualifizierung von Aufwendungen als Herstellungskosten ist die „Zweckrichtung der Aufwendungen als finales Element"[492].

(b) Anwendung auf den Fall: finale Herstellungskosten der Bürostühle

Die Finalität der Herstellungskosten bedeutet in Bezug auf die Büromöbel, dass neben den durch die Herstellung der jeweiligen Produktart direkt verursachten Kosten, wie Material sowie Löhne und Gehälter, auch bestimmte Teile derjenigen Kosten als Herstellungskosten anzusehen sind, die für die Produktion der drei Produktarten gemeinsam angefallen sind und deshalb in der Kostenstellenrechnung erfasst werden.

---

488 BFH, Urteil v. 15. 2. 1966 – I 103/63, BStBl. III 1966, S. 468 (S. 470, beide Zitate).

489 Vgl. *Moxter*, Bilanzrechtsprechung (2007), S. 208 f.

490 Vgl. *Döllerer*, Anschaffungskosten und Herstellungskosten nach neuem Aktienrecht unter Berücksichtigung des Steuerrechts, BB 1966, S. 1405 (S. 1408).

491 BFH, Beschluss v. 12. 6. 1978 – GrS 1/77, BStBl. II 1978, S. 620 (S. 624, beide Zitate). Vgl. BFH, Urteil v. 13. 10. 1983 – IV R 160/78, BStBl. II 1984, S. 101 (S. 102) unter Verweis auf BFH, Urteil v. 22. 4. 1980 – VIII R 149/75, BStBl. II 1980, S. 441.

492 BFH, Urteil v. 13. 10. 1983 – IV R 160/78, BStBl. II 1984, S. 101 (S. 102 f.).

b) Objektivierungsprinzip und allgemeines Vorsichtsprinzip

aa) Bedeutung von Objektivierungsprinzip und allgemeinem Vorsichtsprinzip

Begrenzt wird die Erfolgsneutralität des Herstellungsvorgangs durch das konflik-tär zum Erfolgsneutralitätsprinzip stehende allgemeine Vorsichtsprinzip des § 252 Abs. 1 Nr. 4 HGB: Damit soll der Gefahr begegnet werden, die Vermögensgegen-stände zu hoch anzusetzen, welche bei einem zu weit gehenden Verständnis des Herstellungsprozesses oder bei Aktivierung von Kostenbestandteilen, denen die Werthaltigkeit fehlt, besteht.[493] Diese Beschränkung des Erfolgsneutralitätsprin-zips geht mit der im Bilanzrecht unabdingbaren Objektivierung einher.[494]

Als Konkretisierung der vorsichts- und objektivierungsbedingten Einschränkung des Erfolgsneutralitätsprinzips gilt, dass nach der Rechtsprechung ein Ansatz von Herstellungskosten einerseits „erst dann in Betracht kommt, wenn der durch die Herstellungskosten verkörperte Wert sich als ein Wirtschaftsgut darstellt"[495] und andererseits auf „solche Kostenbestandteile" begrenzt bleibt, „durch die der Wert der hergestellten Güter erhöht wird"[496]. Aus Vorsichts- und Objektivierungsgrün-den wird ferner die der Erfolgsneutralität folgende Aktivierung von nachträglichen Herstellungskosten eingeschränkt: Liegen die gesetzlichen Voraussetzungen der Ansatzpflicht nicht vor, ist nicht aktivierungsfähiger Erhaltungsaufwand anzuneh-men;[497] im Zweifel ist von derartigen instandsetzenden oder bloß modernisieren-den – mithin häufig lediglich werterhaltenden – Maßnahmen vorsichtsbedingt aus-zugehen.[498] Diese können z.B. beim Ersatz einer Ofen- durch eine Zentralhei-zung[499] oder bei erheblicher Vergrößerung der Raumhöhe von Gebäuden anfallen, wenn „[d]ie nutzbare Fläche [...] nicht vermehrt [wurde]"[500]. Schließlich wird für den Herstellungskostenansatz nach typisierender Rechtsprechung aus Vorsichts- und Objektivierungsgründen auf das Vorhandensein einer Herstellungsleistung ab-gestellt.[501]

---

493 Vgl. *Moxter*, Bilanzrechtsprechung (2007), S. 209.

494 Vgl. *Moxter*, Zur wirtschaftlichen Betrachtungsweise im Bilanzrecht, StuW 1989, S. 232 (S. 234); *ders.*, Grundsätze ordnungsgemäßer Rechnungslegung (2003), S. 171.

495 BFH, Urteil v. 2. 6. 1978 – III R 8/75, BStBl. II 1979, S. 235 (S. 236).

496 BFH, Urteil v. 3. 3. 1978 – III R 30/76, BStBl. II 1978, S. 412 (S. 413, beide Zitate).

497 Vgl. *Kahle*, in: Baetge/Kirsch/Thiele (Hrsg.), Bilanzrecht, § 255 HGB, Rn. 144 (Stand: Nov. 2009).

498 Vgl. *Moxter*, Grundsätze ordnungsgemäßer Rechnungslegung (2003), S. 176–178.

499 Vgl. BFH, Urteil v. 24. 7. 1979 – VIII R 162/78, BStBl. II 1980, S. 7 (S. 8).

500 BFH, Urteil v. 13. 12. 1984 – VIII R 273/81, BStBl. II 1985, S. 394 (S. 395).

501 Vgl. BFH, Beschluss v. 4. 7. 1990 – GrS 1/89, BStBl. II 1990, S. 830 (S. 833); *Moxter*, Bilanz-rechtsprechung (2007), S. 209 f.

bb) Anwendung auf den Fall: Objektivierungsprinzip und allgemeines Vorsichtsprinzip bei den Herstellungskosten der Bürostühle

Im vorliegenden Fall ist an der Vermögensgegenstandseigenschaft der Bürostühle nicht zu zweifeln. Mangels nachträglicher Herstellungstatbestände muss keine Abgrenzung zum nicht ansatzfähigen Erhaltungsaufwand vorgenommen werden. Es kann von erbrachten Leistungen der Stuhlproduktion ausgegangen werden.

2. Zeitraum der Herstellung

a) Bedeutung des Zeitraums der Herstellung

Als Herstellungskosten dürfen nur auf den Herstellungszeitraum entfallende Aufwendungen aktiviert werden. Obwohl die Herstellung regelmäßig mit der Aufnahme des technischen Produktionsprozesses beginnt, ist eine Aktivierung nur möglich, wenn „der durch die Herstellungskosten verkörperte Wert sich als ein Wirtschaftsgut darstellt"[502]. Entgegen älterer Rechtsprechung, wonach der zu schaffende Vermögensgegenstand dabei „teilweise mit dem Fertigprodukt identisch sein"[503] muss, kann schon der Anfall von „umfangreiche[n] Vorbereitungs- und Planungsarbeiten" den Herstellungsbeginn markieren, wenn diese „zwangsläufig in unmittelbarem sachlichen Zusammenhang" zur Herstellung des Endprodukts anfallen und sich selbst „noch nicht in äußerlich erkennbaren und körperlichen Gegenständen niederschlagen"[504]. Daher gelten als Herstellungskosten eines Gebäudes grundsätzlich auch Kosten für dessen Planung selbst dann, wenn diese zwar verworfen wird, es aber „doch noch […] zur Erreichung des mit den Planungen insgesamt erstrebten Ziels"[505] kommt und lediglich „Erfahrungen für die Planung und Errichtung des Gebäudes gewonnen werden"[506]. Bedenklich erscheint die Werthaltigkeit von Aufwendungen für die Planung sowohl bei Unsicherheit über deren Realisierung als auch bei deren später festgestellter Vergeblichkeit aufgrund einer davon weitgehend abweichenden Herstellung.[507]

Das Herstellungsende ist erreicht, wenn der Vermögensgegenstand fertiggestellt ist und er durch Veränderungen keine Werterhöhung mehr erfährt.[508] Während dies bei zum Gebrauch eingesetzten Vermögensgegenständen den Zeitpunkt darstellt, an dem diese erstmals betriebs- oder nutzungsbereit sind,[509] ist bei zur Veräußerung

---

502 BFH, Urteil v. 2. 6. 1978 – III R 8/75, BStBl. II 1978, S. 235 (S. 236).

503 BFH, Urteil v. 18. 6. 1975 – I R 24/73, BStBl. II 1975, S. 809 (S. 811).

504 BFH, Urteil v. 23. 11. 1978 – IV R 20/75, BStBl. II 1979, S. 143 (S. 145, alle Zitate).

505 BFH, Urteil v. 6. 3. 1975 – IV R 146/70, BStBl. II 1975, S. 574 (S. 575).

506 BFH, Urteil v. 29. 11. 1983 – VIII R 96/81, BStBl. II 1984, S. 303 (S. 305).

507 Vgl. *Moxter*, Grundsätze ordnungsgemäßer Rechnungslegung (2003), S. 172.

508 Vgl. *Wohlgemuth*, Zeitraum der Herstellung, in: Leffson/Rückle/Großfeld (Hrsg.), Handwörterbuch unbestimmter Rechtsbegriffe im Bilanzrecht des HGB (1986), S. 470 (S. 474).

509 Vgl. BFH, Urteil v. 1. 4. 1981 – I R 27/79, BStBl. II 1981, S. 660 (S. 661).

vorgesehenen Gegenständen darauf abzustellen, wann diese „auslieferungs- und [...] verkaufsfähig"[510] sind. Die Grenzziehung zu den vom Ansatz ausgeschlossenen Lager- und Vertriebskosten[511] ist schwierig: Herstellungskosten liegen z. B. dann noch vor, wenn Verpackungen, wie bei Bierflaschen, für die Auslieferungs- und Verkaufsfähigkeit notwendig sind;[512] von Vertriebskosten ist auszugehen, wenn diese erforderlich sind, um „das Produkt versandfähig zu machen"[513].

b) Anwendung auf den Fall: Bestimmung des Zeitraums der Herstellung der Bürostühle

Der Herstellungsbeginn ist im vorliegenden Fall mit der Aufnahme der Produktion des einzelnen Stuhls gleichzusetzen. Als etwaigen Produktionsbeginn zu betrachtende Vorbereitungsmaßnahmen sind nicht ersichtlich. Da die Bürostühle zum Verkauf bestimmt sind, fällt das Herstellungsende mit der Auslieferungs- und Verkaufsfähigkeit des einzelnen Stuhls zusammen. Vorsichtsbedingt besteht sowohl für Vertriebskosten, die u. a. in der Kostenstelle „Vertrieb" auftreten, als auch für eventuelle Kosten der Lagerung nach Fertigstellung der Stühle ein Einbeziehungsverbot.

3. Umfang der einzubeziehenden Kostenbestandteile

a) Einrechnungspflichten

aa) Ansatzpflicht für Einzelkosten und fertigungsbezogene Gemeinkosten i. S. d. § 255 Abs. 2 S. 2 HGB

Im Zuge des Bilanzrechtsmodernisierungsgesetzes wurde die handelsrechtliche Wertuntergrenze der Herstellungskosten erhöht: Während vor der Gesetzesänderung lediglich Materialeinzel- und Fertigungseinzelkosten sowie Sondereinzelkosten der Fertigung aktivierungspflichtig waren (§ 255 Abs. 2 S. 2 HGB a. F.), sind gemäß § 255 Abs. 2 S. 2 HGB nunmehr zusätzlich angemessene Teile der Materialgemein- und Fertigungsgemeinkosten sowie des fertigungsveranlassten Wertverzehrs des Anlagevermögens zwingend in die Herstellungskosten einzurechnen. Ziel der Neufassung des Gesetzes ist neben der Annäherung an den produktionsbezogenen Vollkostenbegriff der IFRS die Angleichung der handelsrechtlichen Herstellungskostenuntergrenze an die steuerrechtliche Wertuntergrenze.[514] So lässt

---

510 BFH, Urteil v. 26. 2. 1975 – I R 72/73, BStBl. II 1976, S. 13 (S. 15).

511 Vgl. BFH, Urteil v. 3. 3. 1978 – III R 30/76, BStBl. II 1978, S. 412 (S. 413).

512 Vgl. BFH, Urteil v. 26. 2. 1975 – I R 72/73, BStBl. II 1976, S. 13 (S. 15).

513 BFH, Urteil v. 3. 3. 1978 – III R 30/76, BStBl. II 1978, S. 412 (S. 413).

514 Vgl. Regierungsentwurf eines Gesetzes zur Modernisierung des Bilanzrechts (Bilanzrechtsmodernisierungsgesetz – BilMoG), BT-Drs. 16/10067, S. 59. Vgl. hierzu *Küting*, Das deutsche Bilanzrecht im Spiegel der Zeiten, DStR 2009, S. 288 (S. 291).

das Steuerrecht zwar die Bestandteile der gemäß § 6 Abs. 1 Nr. 1 und 2 EStG zu aktivierenden Herstellungskosten offen. Aus der Maßgabe des BFH, Wirtschaftsgüter wegen des Erfolgsneutralitätsprinzips „grundsätzlich mit den vollen Herstellungskosten" zu bewerten, um den „vollen Periodengewinn [...] zu erfassen und zu besteuern", ergibt sich indes die entsprechende steuerrechtliche Aktivierungspflicht für die in § 255 Abs. 2 S. 2 HGB genannten Einzel- und Gemeinkosten.[515]

Einzelkosten bilden die „Kosten, deren Maßeinheiten (Zeit, Menge) für das einzelne Erzeugnis direkt bewertet werden können"[516]; sie stellen mithin die diesem „aufgrund eines eindeutigen und nachweisbaren quantitativen Zusammenhangs"[517] unmittelbar zuzuordnenden Kosten dar. Das Gesetz stellt bei den Einzelkosten darauf ab, „[w]as meßtechnisch unmittelbar zurechenbar, also bei der Herstellung eines einzelnen Erzeugnisses direkt erfaßbar ist"[518], womit eine kausale Kostenverursachung im Sinne bei Herstellungsverzicht abbaubarer Kosten ausgeschlossen ist. Dementsprechend müssen auch Fertigungslöhne als Einzelkosten gelten: Nach Auffassung des BFH können nämlich „[d]ie auf das einzelne Erzeugnis entfallenden Lohnstunden [...] genau festgestellt werden"[519].

Gemeinkosten fallen für mehrere Erzeugnisse zusammen an, können diesen aber nicht in stichhaltiger Weise zugeordnet werden.[520] Der unbestimmte Rechtsbegriff „angemessen" verfolgt daher i. S. d. Gesetzes den Zweck, Überbewertungen durch willkürliche Zuordnungen im Material- und Fertigungsbereich vorsichtsbedingt zu vermeiden. Angemessenheit liegt nach der Rechtsprechung nur vor, wenn der nach „vernünftigen betriebswirtschaftlichen Kriterien" auf die Herstellung des Erzeugnisses entfallende Gemeinkostenanteil verrechnet wird.[521] Da derartige Kriterien einer willkürfreien Schlüsselung (echter) Gemeinkosten aber nicht existieren, verbleibt zwangsläufig ein Ermessensspielraum bei der Umlage auf die Erzeugnisse.

---

515 BFH, Urteil v. 21. 10. 1993 – IV R 87/92, BStBl. II 1994, S. 176 (S. 177 f., erstes Zitat auf S. 177, zweites Zitat auf S. 178).

516 BFH, Urteil v. 31. 7. 1967 – I 219/63, BStBl. II 1968, S. 22 (S. 23).

517 BFH, Urteil v. 21. 10. 1993 – IV R 87/92, BStBl. II 1994, S. 176 (S. 177) mit Verweis auf IDW, Stellungnahme HFA 5/1991: Zur Aktivierung von Herstellungskosten, WPg 1992, S. 94 (S. 95).

518 *Moxter*, Grundsätze ordnungsgemäßer Rechnungslegung (2003), S. 183.

519 BFH, Urteil v. 31. 7. 1967 – I 219/63, BStBl. II 1968, S. 22 (S. 23). Der Einzelkostencharakter von Fertigungslöhnen wird teilweise mangels einer kausalen Verursachung durch das Fertigprodukt, insbesondere bei Zeitlöhnen, bestritten (vgl. *Küting*, Aktuelle Probleme bei der Ermittlung der handelsrechtlichen Herstellungskosten, BB 1989, S. 587 [S. 592]).

520 Vgl. *Leffson*, Die Grundsätze ordnungsmäßiger Buchführung (1987), S. 315 f.

521 BFH, Urteil v. 21. 10. 1993 – IV R 87/92, BStBl. II 1994, S. 176 (S. 177).

bb) Anwendung auf den Fall: Prüfung der Ansatzpflicht für Einzelkosten und fertigungsbezogene Gemeinkosten i. S. d. § 255 Abs. 2 S. 2 HGB bei der Herstellung der Bürostühle

Im vorliegenden Fall sind die durch die Produktion der einzelnen Produktart verursachten Aufwendungen für Material als Materialeinzelkosten und für Löhne und Gehälter als Fertigungseinzelkosten als bilanzielle Einzelkosten handels- und steuerrechtlich zwingend zu aktivieren. Ebenso bestünde eine Ansatzpflicht für eventuell angefallene Sondereinzelkosten der Fertigung, z. B. für Modelle der jeweiligen Stuhlart.

Darüber hinaus sind – neben eventuellen fertigungsveranlassten Abschreibungen auf das Anlagevermögen – sowohl Material- als auch Fertigungsgemeinkosten in angemessenem Umfang handels- und steuerrechtlich einrechnungspflichtig. Beide Gemeinkostenarten ergeben sich hier im Rahmen einer Zuschlagskalkulation als prozentualer Zuschlag auf die Einzelkosten, welcher sich wiederum aus der Kostenstellenrechnung durch das Verhältnis der Kosten der jeweiligen Funktionsbereiche zu den Gesamtherstellkosten ermittelt.

b) Einrechnungswahlrechte

aa) Verwaltungs- und Sozialkosten i. S. d. § 255 Abs. 2 S. 3 HGB

(1) Bedeutung des Einrechnungswahlrechts für Verwaltungs- und Sozialkosten

Gemäß § 255 Abs. 2 S. 3 HGB dürfen angemessene Teile der Kosten der allgemeinen Verwaltung, der sozialen Einrichtungen, der freiwilligen sozialen Leistungen und der betrieblichen Altersversorgung in die Herstellungskosten eingerechnet werden.

Das handelsrechtliche Einrechnungswahlrecht für Kosten der allgemeinen Verwaltung und bestimmte Sozialkosten wird auch von der Rechtsprechung betont: Sie verneinte die (steuerrechtliche) Ansatzpflicht für Verwaltungsgemeinkosten entgegen den davon abzugrenzenden Fertigungsgemeinkosten;[522] in einem neueren Urteil[523] bleibt diese Rechtsfrage, nun auch Sozialkosten betreffend, unentschieden. Aufgrund ihres nur finalen Charakters ist indes bei allgemeinen Verwaltungskosten und bestimmten Sozialkosten von einer gesetzlichen Bewertungshilfe auszugehen.[524]

---

522 Vgl. BFH, Gutachten v. 26. 1. 1960 – I D/58 S, BStBl. III 1960, S. 191 (S. 192).

523 Vgl. BFH, Urteil v. 21. 10. 1993 – IV R 87/92, BStBl. II 1994, S. 176 (S. 178).

524 Vgl. *Moxter*, Kosten der allgemeinen Verwaltung als Bestandteil der steuerrechtlich einrechnungspflichtigen Herstellungskosten?, in: Elschen/Siegel/Wagner (Hrsg.), FS Schneider (1995), S. 445 (S. 452 f.). Voraussetzung für die Berücksichtigung von Verwaltungs- und Sozialkosten als Teil der steuerrechtlichen Herstellungskosten ist nach der Finanzverwaltung ein analoges Vorgehen in der Handelsbilanz (vgl. R 6.3 Abs. 4 S. 1 EStR [2008]).

(2) Anwendung auf den Fall: Einrechnungswahlrecht für Verwaltungs- und Sozialkosten bei der Herstellung der Büromöbel

Im Fall des Büromöbelherstellers besteht sowohl handels- als auch steuerrechtlich ein Einbeziehungswahlrecht für die allgemeinen Verwaltungsgemeinkosten pro Produktart. Sie ergeben sich als prozentualer Zuschlag auf die Einzelkosten, welcher sich wiederum aus der Kostenstellenrechnung durch das Verhältnis der Kosten des Funktionsbereichs Verwaltung zu den Gesamtherstellkosten ermittelt. Aufwendungen für den Betriebskindergarten stellen Kosten für soziale Einrichtungen des Betriebs und die Aufwendungen für die Betriebsausflüge Kosten für freiwillige soziale Leistungen dar, für die jeweils ein handelsrechtliches Aktivierungswahlrecht besteht; dieses muss wohl trotz fehlender expliziter Klärung durch die Rechtsprechung auch steuerlich gelten.

bb) Fremdkapitalzinsen

(1) Bedeutung der Fremdkapitalzinsen

Fremdkapitalzinsen sind zwar grundsätzlich keine Herstellungskosten; sie können jedoch ausnahmsweise als fiktive Herstellungskosten eingerechnet werden, wenn sie „zur Finanzierung der Herstellung eines Vermögensgegenstands verwendet" werden und „auf den Zeitraum der Herstellung entfallen" (§ 255 Abs. 3 S. 1 und 2 HGB). Dieses handelsrechtliche Einbeziehungswahlrecht wird auch im Steuerrecht gewährt, so dass bei entsprechender Ausübung in der Steuerbilanz Fremdkapitalzinsen auch steuerrechtlich als Teil der Herstellungskosten behandelt werden.[525] Eine Abgrenzung der Fremdkapitalzinsen zu den nicht aktivierungsfähigen Eigenkapitalzinsen ist indes häufig nicht willkürfrei möglich.[526]

(2) Anwendung auf den Fall: Prüfung des Vorliegens von Fremdkapitalzinsen bei der Herstellung der Büromöbel

Im vorliegenden Fall sind keine Fremdkapitalzinsen ersichtlich.

c) Einrechnungsverbote

aa) Vertriebskosten

(1) Bedeutung des Einrechnungsverbots für Vertriebskosten

Für Vertriebskosten herrscht nach § 255 Abs. 2 S. 4 HGB ein explizites Aktivierungsverbot. Aufgrund ihrer häufig bedenklichen Werthaltigkeit gelten sie nicht

---

525 Vgl. BFH, Urteil v. 19. 10. 2006 – III R 73/05, BStBl. II 2007, S. 331 (S. 332). Vgl. ferner R 6.3 Abs. 4 S. 1 EStR (2008); *Biener/Berneke*, Bilanzrichtlinien-Gesetz (1986), S. 120. Kritisch zum steuerlichen Einbeziehungswahlrecht vgl. *Kaliebe*, Die Aktivierung von Fremdkapitalkosten nach IAS 23 (überarbeitet 2007) im Vergleich zu den Grundsätzen ordnungsmäßiger Bilanzierung, DK 2008, S. 560 (S. 571).

526 Vgl. *Moxter*, Bilanzlehre, Bd. II (1986), S. 52.

als Herstellungskosten, was als vorsichtsbedingte Typisierung des Gesetzgebers verstanden werden muss.[527] Das Einrechnungsverbot gilt dabei sowohl für dem einzelnen Produkt zuzuordnende Einzelkosten als auch für Gemeinkosten des Vertriebs.[528]

(2) Anwendung auf den Fall: Prüfung des Einrechnungsverbots für Vertriebskosten bei der Herstellung der Bürostühle

Im Fall des Bürostühleherstellers dürfen handels- und steuerrechtlich weder Vertriebseinzelkosten noch die in der Kostenstelle Vertrieb angefallenen Vertriebsgemeinkosten in die Herstellungskosten eingerechnet werden.

bb) Forschungskosten

(1) Bedeutung des Einrechnungsverbots für Forschungskosten

Seit dem Bilanzrechtsmodernisierungsgesetz besteht ein explizites Aktivierungsverbot für Forschungskosten (§ 255 Abs. 2 S. 4 HGB). Als Forschung gilt dabei gemäß § 255 Abs. 2a S. 3 HGB „die eigenständige und planmäßige Suche nach neuen wissenschaftlichen oder technischen Erkenntnissen oder Erfahrungen allgemeiner Art, über deren technische Verwertbarkeit und wirtschaftliche Erfolgsaussichten grundsätzlich keine Aussagen gemacht werden können". Von Forschungskosten zu unterscheiden sind die einem Aktivierungswahlrecht unterliegenden, bei der Entwicklung eines selbst geschaffenen immateriellen Vermögensgegenstands des Anlagevermögens anfallenden Herstellungskosten (§ 255 Abs. 2a S. 1 HGB); Entwicklung umfasst dabei gemäß § 255 Abs. 2a S. 2 HGB die „Anwendung von Forschungsergebnissen oder von anderem Wissen für die Neuentwicklung von Gütern oder Verfahren oder die Weiterentwicklung von Gütern oder Verfahren mittels wesentlicher Änderungen". Sofern „Forschung und Entwicklung nicht verlässlich voneinander unterschieden werden" können, besteht gemäß § 255 Abs. 2a S. 4 HGB für die angefallenen Aufwendungen vorsichtsbedingt ein Aktivierungsverbot.

(2) Anwendung auf den Fall: Prüfung des Einrechnungsverbots für Forschungskosten bei der Herstellung der Bürostühle

Im vorliegenden Fall sind weder Forschungs- noch Entwicklungskosten ersichtlich.

---

527 Vgl. *Moxter*, Bilanzrechtsprechung (2007), S. 213; *Ballwieser*, in: Schmidt (Hrsg.), Münchener Kommentar zum Handelsgesetzbuch (2008), § 255 HGB, Rn. 88.

528 Vgl. *Adler/Düring/Schmaltz*, Rechnungslegung und Prüfung der Unternehmen (1995), § 255 HGB, Rn. 211.

cc) Unterbeschäftigungskosten

(1) Bedeutung des Einrechnungsverbots für Unterbeschäftigungskosten

Die Einschränkung auf angemessene Teile der Gemeinkosten findet vor allem Anwendung bei sog. Unterbeschäftigungs- oder Leerkosten: Darunter werden zusätzliche Stückkosten bei Unterauslastung der Kapazität verstanden, da sich die bestehenden fixen Gemeinkosten nun auf eine kleinere Produktionsmenge verteilen.[529] Auch der RFH betonte die Begrenzung auf notwendige Kosten: „Wird ein Betrieb infolge teilweiser Stillegung oder mangelnder Aufträge nicht voll ausgenutzt, so sind die dadurch verursachten Kosten bei der Berechnung der anteiligen Herstellungskosten auszuscheiden."[530] In einem älteren Urteil äußerte sich der BFH zu Leerkosten in einem allerdings wenig allgemein gültigen Sonderfall: Während er die Aktivierung von witterungsbedingten Unterbeschäftigungskosten bei einer Zuckerfabrik grundsätzlich bejaht, gelte dies nicht bei einer Unterauslastung, die sich „aus anderen als naturabhängigen Gründen" ergibt; ferner stellt er für eine Unterbeschäftigung auf das „Unterschreiten einer bestimmten Schwankungsbreite"[531] ab. Vorsichtsbedingt dürfen Leerkosten aufgrund ihrer fehlenden Angemessenheit indes nicht eingerechnet werden, da vermutet werden muss, dass sie nicht von künftigen Erlösen kompensiert werden können.[532] Die hinter Unterbeschäftigungskosten stehende Problematik ist die nicht willkürfreie Zurechenbarkeit dieser fixen Kosten auf die jeweiligen Geschäftsjahre.[533]

Ein Einrechnungsverbot für Leerkosten liegt nach Auffassung im Schrifttum unter Bezugnahme auf die Rechtsprechung des BFH nur vor, wenn die tatsächliche Kapazität ein bestimmtes Schwankungsintervall unterschreitet.[534] Die als Referenzmaßstab zur Bestimmung einer Unterauslastung festzulegende Normalkapazität stellt allgemein die um etwaige erforderliche Ausfallzeiten gekürzte potenzielle Vollbeschäftigung dar.[535] Der in Teilen des Schrifttums zugelassene Verzicht auf eine Aussonderungspflicht für Leerkosten, „wenn die tatsächliche Beschäftigung

---

529 Vgl. *v. Wysocki*, Zur Ermittlung der Untergrenze der Herstellungskosten von Vorräten aus betriebswirtschaftlicher Sicht, in: Beisse/Lutter/Närger (Hrsg.), FS Beusch (1993), S. 929 (S. 937).

530 RFH, Urteil v. 5. 3. 1940 – I 67/39, RStBl. 1940, S. 683 (S. 684).

531 BFH, Urteil v. 15. 2. 1966 – I 103/63, BStBl. III 1966, S. 468 (S. 470, beide Zitate).

532 Vgl. *Moxter*, Bilanzlehre, Bd. II (1986), S. 50 f.

533 Vgl. *ders.*, Bilanzrechtsprechung (2007), S. 220.

534 Vgl. *Döllerer*, Anschaffungskosten und Herstellungskosten nach neuem Aktienrecht unter Berücksichtigung des Steuerrechts, BB 1966, S. 1405 (S. 1409); *ders.*, Handelsbilanz und Steuerbilanz nach den Vorschriften des Bilanzrichtlinien-Gesetzes, BB 1987, Beil. 12, S. 1 (S. 8).

535 Vgl. *Ellrott/Brendt*, in: Ellrott u. a. (Hrsg.), Beck'scher Bilanz-Kommentar (2010), § 255 HGB, Rn. 438.

70% der normalerweise erreichbaren Kapazität übersteigt"[536], ist als allgemein gültige Regel wenig befriedigend: Die Bestimmung der Normalkapazität ist nämlich ermessensbehaftet, da hierfür stichhaltige übergeordnete Grundsätze fehlen.

(2) Anwendung auf den Fall: Prüfung des Einrechnungsverbots für Unterbeschäftigungskosten bei der Herstellung der Büromöbel

Im vorliegenden Fall liegen handels- und steuerrechtlich nicht einrechnungsfähige Unterbeschäftigungskosten vor. Die Normalkapazität beträgt als Durchschnittswert der unter normalen Verhältnissen erzielbaren Auslastung annahmegemäß 92%. Diese wird von der Kapazitätsauslastung von 60% im Geschäftsjahr deutlich unterschritten. Für die sich aufgrund der geringeren Produktionsmenge ergebenden erhöhten fixen Gemeinkosten pro Produktart (Unterbeschäftigungskosten) besteht daher ein Einrechnungsverbot. Die Geschäftsjahresauslastung würde selbst das im Schrifttum angeführte Toleranzintervall unterschreiten, das im Sachverhalt bei 64,4% (70% der Normalkapazität von 92%) liegt.

4. Ergebnis nach den Grundsätzen ordnungsmäßiger Bilanzierung

Nach den Grundsätzen ordnungsmäßiger Bilanzierung besteht im vorliegenden Fall ein Einrechnungsgebot für Material- und Fertigungseinzelkosten sowie fertigungsbezogene Gemeinkosten und ein Einrechnungsverbot für Forschungs-, Vertriebs- und Unterbeschäftigungskosten. Für die Verwaltungs- und Sozialkosten gilt in Handels- und Steuerbilanz übereinstimmend ein Ansatzwahlrecht.

II. Lösung nach IFRS

1. Herstellungskosten für Vorräte gemäß IAS 2 und IAS 23

a) Vorratsdefinition

aa) Bedeutung der Vorratsdefinition

Im vorliegenden Fall der Produktion von Büroeinrichtungen könnten für den Ansatz von Herstellungskosten neben IAS 23 (Fremdkapitalkosten) insbesondere die Regelungen des IAS 2 (Vorräte) für Vorräte, des IAS 16 (Sachanlagen) für selbst erstellte Sachanlagen und des IAS 38 (Immaterielle Vermögenswerte) für selbst erstellte immaterielle Vermögenswerte einschlägig sein.

---

536 *Küting*, Aktuelle Probleme bei der Ermittlung der handelsrechtlichen Herstellungskosten, BB 1989, S. 587 (S. 595).

IAS 2.6 definiert Vorräte als „Vermögenswerte, (a) die zum Verkauf im normalen Geschäftsgang gehalten werden; (b) die sich in der Herstellung für einen solchen befinden; oder (c) die als Roh-, Hilfs- und Betriebsstoffe dazu bestimmt sind, bei der Herstellung oder der Erbringung von Dienstleistungen verbraucht zu werden". Vorräte umfassen nach IAS 2.8 dabei „zum Weiterverkauf erworbene Waren, wie beispielsweise […] Handelswaren", „hergestellte Fertigerzeugnisse und unfertige Erzeugnisse sowie Roh-, Hilfs- und Betriebsstoffe vor Eingang in den Herstellungsprozess". Damit bestehen hinsichtlich der Vorratsdefinition grundsätzlich keine Abweichungen zu den handelsrechtlichen GoB.[537]

bb) Anwendung auf den Fall: Prüfung der Erfüllung der Vorratsdefinition bei den Bürostühlen

Im vorliegenden Fall erfüllen die Bürostühle die Vorratsdefinition in IAS 2.6. Trotz ihrer unstrittigen Vermögenswerteigenschaft ist der Fertigstellungsgrad der zu bewertenden Stühle nicht eindeutig ersichtlich. Im Falle bereits fertiger Erzeugnisse ist das Definitionskriterium des IAS 2.6(a) sicherlich erfüllt, da die Stühle zum Verkauf im normalen Geschäftsgang des Büroeinrichters gehalten werden. Handelte es sich noch um unfertige Erzeugnisse, kann das Kriterium des IAS 2.6(b) als erfüllt betrachtet werden, da sich die Stühle in der Herstellung für eine derartige Veräußerung befinden.

b) Begriff der Herstellungskosten

aa) Bedeutung des Begriffs der Herstellungskosten

Der Sinn und Zweck der Aktivierung von Herstellungskosten nach IFRS folgt der übergeordneten Informationsfunktion. Dementsprechend bezweckt das Matching Principle, den Herstellungsvorgang im Konzept der historischen Kosten durch einen relativ breiten Ansatz der für die Herstellung insgesamt notwendigen Kosten erfolgsneutral zu halten und die Herstellungsaufwendungen erst im Verkaufszeitpunkt erfolgswirksam zu berücksichtigen.[538] Diese Vorgehensweise wird auch explizit in IAS 2.34 betont. Aufgrund des zurückgedrängten Vorsichtsprinzips in der Rechnungslegung nach IFRS kann es indes zu Konflikten mit der Erfolgsneutralität kommen, wenn nicht werthaltige Kostenbestandteile einbezogen werden.

Der Herstellungskostenbegriff wird in IAS 2.10 konkretisiert. Danach sind in die Herstellungskosten „alle Kosten […] der Herstellung sowie sonstige Kosten einzubeziehen, die angefallen sind, um die Vorräte an ihren derzeitigen Ort und in ihren derzeitigen Zustand zu versetzen". Darüber hinaus werden einzelne konkrete Herstellungskostenbestandteile in IAS 2.12 exemplarisch aufgeführt. IAS 2.10 stellt

---

537 Vgl. *Busse von Colbe/Seeberg* (Hrsg.), Vereinbarkeit internationaler Konzernrechnungslegung mit handelsrechtlichen Grundsätzen, zfbf-Sonderheft 43 (1999), S. 70.

538 Vgl. *Siegel/Schmidt*, in: Castan u. a. (Hrsg.), Beck'sches Handbuch der Rechnungslegung, Allgemeine Bewertungsgrundsätze, Abschn. B 161, Rn. 168 (Stand: Dez. 2005).

auf einen symmetrischen Anschaffungs- und Herstellungskostenbegriff ab, der keine explizite Unterscheidung zwischen beiden Kostenarten vornimmt. Dabei deutet der geforderte Einbezug „aller Kosten" auf einen weiten Herstellungskostenbegriff und insoweit auf einen Vollkostenansatz hin.

bb) Anwendung auf den Fall: Bestimmung des Begriffs der Herstellungskosten im Fall der Bürostühle

Im vorliegenden Fall könnte infolge der Definition des IAS 2.10 ein vollständiger Ansatz aller Kosten des Sachverhalts, d. h. einschließlich der gesamten Kosten für den Betriebskindergarten und die Betriebsausflüge sowie der erhöhten Stückkosten für die jeweilige Produktart aufgrund der Unterbeschäftigung, gerechtfertigt werden.

c) Ansatzpflicht

aa) Einzelkosten

(1) Bedeutung der Ansatzpflicht für Einzelkosten

Gemäß IAS 2.12 umfassen Herstellungskosten von Vorräten „die Kosten, die den Produktionseinheiten direkt zuzurechnen sind", womit eine Aktivierungspflicht für Einzelkosten besteht. Beispielhaft werden zwar nur Fertigungslöhne angeführt, dem Wortlaut entsprechend sind aber analog zum HGB auch Materialeinzelkosten und Sondereinzelkosten der Fertigung einzurechnen, da sie ebenfalls dem Erzeugnis direkt zurechenbare Kosten darstellen.[539]

(2) Anwendung auf den Fall: Prüfung der Ansatzpflicht für Einzelkosten bei der Herstellung der Bürostühle

Im vorliegenden Fall sind als Einzelkosten der jeweiligen Erzeugnisart die durch ihre Produktion verursachten Materialaufwendungen als Materialeinzelkosten und die Löhne und Gehälter der dafür eingesetzten Belegschaft als Fertigungslöhne ansatzpflichtig. Ferner müssten eventuelle Sondereinzelkosten der Fertigung aktiviert werden.

bb) Produktionsgemeinkosten und sonstige Kosten

(1) Bedeutung der Ansatzpflicht für Produktionsgemeinkosten und bestimmte sonstige Kosten

Einer Ansatzpflicht unterliegen gemäß IAS 2.12 ferner „systematisch zugerechnete fixe und variable Produktionsgemeinkosten". Variable Produktionsgemeinkosten werden danach als „solche nicht direkt der Produktion zurechenbaren Kosten,

---

539 Vgl. *Küting/Harth*, Herstellungskosten von Inventories und Self-Constructed Assets nach IAS und US-GAAP (Teil I), BB 1999, S. 2343 (S. 2344).

die unmittelbar oder nahezu unmittelbar mit dem Produktionsvolumen variieren", bezeichnet. Beispielhaft führt IAS 2.12 Material- und Fertigungsgemeinkosten an. Nach Auffassung im Schrifttum sind darunter auch unechte Gemeinkosten zu subsumieren;[540] ein Hinweis auf diese Kosten fehlt indes in IAS 2. Als fixe Produktionsgemeinkosten werden nach IAS 2.12 „solche nicht direkt der Produktion zurechenbaren Kosten" bezeichnet, „die unabhängig vom Produktionsvolumen relativ konstant anfallen"; es handelt sich mithin um Kosten der Betriebsbereitschaft. Dazu gehören nach IAS 2.12 u. a. Abschreibungen auf Sachanlagen, Instandhaltungsaufwendungen für Betriebsgebäude und Betriebseinrichtungen sowie die Kosten der Betriebsleitung und Verwaltung.

Die Formel in der Definition des IAS 2.10, dass sonstige Kosten nur insoweit aktivierungspflichtig sind, als sie „angefallen sind, um die Vorräte an ihren derzeitigen Ort und in ihren derzeitigen Zustand zu versetzen", wird in IAS 2.15 wiederholt. Für Verwaltungsgemeinkosten als eine Ausprägung von sonstigen Kosten ergibt sich diese beschränkte Einrechnungspflicht nur indirekt aus IAS 2.16(c), der eine Aufwandsverrechnung für solche Verwaltungsgemeinkosten fordert, die diese Eigenschaft nicht aufweisen.[541] Während nur diejenigen Bestandteile, die sich auf den Funktionsbereich Produktion, mithin Material und Fertigung, beziehen, ansatzpflichtig sind, besteht ein Einbeziehungsverbot für Verwaltungsgemeinkosten, die den übrigen Bereichen zuzuordnen sind.[542]

Die Behandlung von Aufwendungen für freiwillige soziale Leistungen, für soziale Einrichtungen sowie für betriebliche Altersversorgung als weitere Form sonstiger Kosten ist in IAS 2 nicht explizit angesprochen. Wegen des für ein Ansatzgebot von sonstigen Kosten geforderten Anfalls zur Versetzung der Vorräte an ihren derzeitigen Ort und in ihren derzeitigen Zustand wird im Schrifttum analog zu Verwaltungsgemeinkosten eine zwingende Einrechnungspflicht nur der produktionsbezogenen, d. h. der im Fertigungsbereich angefallenen, sozialen Kosten gefordert.[543] Zu bedenken ist indes, dass diese Kosten nur in geringem Maße durch die Herstellung verursacht sind und ihre Schlüsselung auf den Fertigungsbereich stark willkürbehaftet ist.[544]

---

540 Vgl. *Jacobs/Schmitt*, in: Baetge u. a. (Hrsg.), Rechnungslegung nach IFRS, IAS 2, Rn. 47 (Stand: Juli 2009).

541 Vgl. *Ellrott/Pastor*, in: Ellrott u. a. (Hrsg.), Beck'scher Bilanz-Kommentar (2010), § 255 HGB, Rn. 586.

542 Vgl. *Küting/Harth*, Herstellungskosten von Inventories und Self-Constructed Assets nach IAS und US-GAAP (Teil II), BB 1999, S. 2393 (S. 2393); *Wohlgemuth/Ständer*, Der Bewertungsmaßstab „Herstellungskosten" nach HGB und IAS, WPg 2003, S. 203 (S. 209).

543 Vgl. *Adler/Düring/Schmaltz*, Rechnungslegung nach Internationalen Standards, Abschn. 15, Rn. 78 (Stand: Juni 2002); *Schmidt/Labrenz*, in: Castan u. a. (Hrsg.), Beck'sches Handbuch der Rechnungslegung, Vorräte, Abschn. B 214, Rn. 64 (Stand: Jan. 2009).

544 Vgl. *Küting/Harth*, Herstellungskosten von Inventories und Self-Constructed Assets nach IAS und US-GAAP (Teil II), BB 1999, S. 2393 (S. 2394) und bereits oben I. 3. b) aa) (1).

Unter der Voraussetzung des Anfalls der Kosten zur Versetzung der Vorräte an ihren derzeitigen Ort und in ihren derzeitigen Zustand kann es gemäß IAS 2.15 „[b]eispielsweise [...] sachgerecht sein, nicht produktionsbezogene Gemeinkosten" oder „Kosten der Produktentwicklung für bestimmte Kunden", z.B. für Prototypen, „in die Herstellungskosten [...] einzubeziehen". Kosten der Neu- oder der Weiterentwicklung sind gemäß IAS 38.57 unter bestimmten Voraussetzungen als eigenständige selbst erstellte immaterielle Vermögenswerte zwingend zu aktivieren und planmäßige Abschreibungen auf Letztere bei Produktionsbezug anteilig in die Herstellungskosten der Vorräte einzurechnen.[545] Ferner können diejenigen Kosten der Weiterentwicklung der bestehenden Produkte, welche gemäß IAS 38 nicht aktiviert werden dürfen, unter Umständen den Erzeugnissen als Fertigungsgemeinkosten zuzurechnen sein.[546] Zu beachten ist allerdings, dass IAS 2.15 als Sondervorschrift auf ganz bestimmte Entwicklungskosten beschränkt bleibt und keineswegs die Aktivierung sämtlicher Entwicklungskosten gebietet.[547] Gegen eine Aktivierung von Kosten der Neuentwicklung spricht neben dem mangelnden Produktionsbezug insbesondere, dass noch kein Vorratsgut vorliegt.

(2) Anwendung auf den Fall: Prüfung der Ansatzpflicht für Produktionsgemeinkosten und bestimmte sonstige Kosten bei der Herstellung der Bürostühle

Als variable Produktionsgemeinkosten sind im vorliegenden Fall die sich als Zuschlag auf die Einzelkosten ergebenden Material- und Fertigungsgemeinkosten zwingend in die Herstellungskosten einzurechnen. Ferner wären als fixe Produktionsgemeinkosten u.a. Verwaltungsgemeinkosten, die ebenso den Einzelkosten des Erzeugnisses prozentual zugeschlagen werden, in noch zu bestimmender Höhe zwingend zu aktivieren.

In die Herstellungskosten ist hinsichtlich der Verwaltungsgemeinkosten nur der Teil zwingend einzurechnen, der auf die Kostenstellen Material und Fertigung entfällt; die Verwaltungskosten in den übrigen Funktionsbereichen Verwaltung und Vertrieb sind als Aufwand zu verrechnen. Darüber hinaus liegen im vorliegenden Fall mit den Aufwendungen für den Betriebskindergarten als Kosten für soziale Einrichtungen des Betriebs und den Ausgaben für die Betriebsausflüge als freiwillige soziale Leistungen weitere sonstige Kosten vor. Schließt man sich der Literaturmeinung an, die für soziale Kosten auf einen Produktionsbezug abstellt, sind nur die in den Kostenstellen Fertigung und Material verrechneten Aufwendungen ansatzpflichtig; die auf die verbleibenden Kostenstellen entfallenden Kosten wären

---

545 Vgl. *Jacobs/Schmitt*, in: Baetge u.a. (Hrsg.), Rechnungslegung nach IFRS, IAS 2, Rn. 57 (Stand: Juli 2009). Gemäß IAS 38.99 sind beispielsweise Abschreibungen auf aktivierte Entwicklungskosten den Erzeugnissen anteilig zuzurechnen.

546 Vgl. *Küting/Harth*, Herstellungskosten von Inventories und Self-Constructed Assets nach IAS und US-GAAP (Teil II), BB 1999, S. 2393 (S. 2398).

547 Vgl. *Epstein/Jermakowicz*, Wiley IFRS 2010 (2010), S. 252.

als Periodenaufwand zu verrechnen. Eine derartige Schlüsselung ist allerdings auch im Fall der Bürostühle mangels zwingender Zurechnungskriterien nicht willkürfrei möglich.

Im vorliegenden Fall sind zwar keine selbstständig aktivierbaren Entwicklungskosten für die Bürostühle ersichtlich, die für die Weiterentwicklung der bestehenden Stuhlarten angefallenen Kosten könnten aber eventuell als Fertigungsgemeinkosten zwingend in die Herstellungskosten der Stühle einzurechnen sein.

d) Ansatzverbote

aa) Unterbeschäftigungskosten

(1) Bedeutung des Ansatzverbots für Unterbeschäftigungskosten

Nach IAS 2 dürfen Leer- oder Unterbeschäftigungskosten grundsätzlich nicht in die Herstellungskosten eingerechnet werden. Bei der Verrechnung der fixen Produktionsgemeinkosten ist gemäß IAS 2.13 von einer Normalauslastung der Kapazitäten der vorhandenen Produktionsanlagen auszugehen; Normalkapazität wird hierbei definiert als das erwartete Produktionsvolumen, das im Durchschnitt über mehrere Perioden „unter normalen Umständen und unter Berücksichtigung von Ausfällen auf Grund planmäßiger Instandhaltungen" erreicht wird. Durch den Ansatz der Normalauslastung soll gemäß IAS 2.13 bei niedrigerer aktueller Auslastung verhindert werden, dass erhöhte fixe Gemeinkosten, die durch das geringere Produktionsvolumen oder durch einen Betriebsstillstand entstehen, auf die einzelne Produkteinheit zugerechnet werden; derartige Unterbeschäftigungskosten sind als Aufwand zu erfassen.

Statt der Normalkapazität kann (wohl vereinfachungsbedingt) auch auf das aktuelle Produktionsvolumen abgestellt werden; die Anwendungsvoraussetzung in IAS 2.13, dass dieses der Normalauslastung nahe kommen muss, soll ebenso den Ansatz von Leerkosten ausschließen. In Perioden mit „ungewöhnlich hohem", die Normalkapazität übersteigendem Produktionsvolumen ist gemäß IAS 2.13 der auf jede Einheit zu verrechnende Betrag der fixen Gemeinkosten zu vermindern; variable Produktgemeinkosten sind indes stets anhand der aktuellen Auslastung zu verrechnen. Durch beide Regelungen soll erreicht werden, dass im Sinne des Matching Principle maximal nur die tatsächlich angefallenen Istkosten angesetzt werden.[548]

---

548 Vgl. *Kahle*, in: Baetge/Kirsch/Thiele (Hrsg.), Bilanzrecht, § 255 HGB, Rn. 609 und Rn. 611 (Stand: Dez. 2006); *Jacobs/Schmitt*, in: Baetge u.a. (Hrsg.), Rechnungslegung nach IFRS, IAS 2, Rn. 71 (Stand: Juli 2009).

(2) Anwendung auf den Fall: Prüfung des Ansatzverbots für Unterbeschäftigungskosten bei der Herstellung der Bürostühle

Im vorliegenden Fall kann als Normalkapazität die (auch künftig) unter normalen Verhältnissen erzielbare Auslastung von durchschnittlich 92 % unterstellt werden. Analog zur Lösung nach den Grundsätzen ordnungsmäßiger Bilanzierung stellen die erhöhten fixen Gemeinkosten pro Erzeugnisart, die sich aus der Verteilung der gesamten fixen Gemeinkosten auf die kleinere Produktionsmenge ergeben, nicht zurechenbare Gemeinkosten dar und müssen als Aufwand verrechnet werden. Die tatsächliche Auslastung, die die Normalkapazität absolut um 32 % unterschreitet, kann sicherlich nicht mehr als dieser „nahe kommend" bezeichnet werden, weswegen ein Rückgriff auf die Geschäftsjahrsauslastung abzulehnen ist.

bb) Sonstige Kosten

(1) Bedeutung des Ansatzverbots für bestimmte sonstige Kosten

In IAS 2.16 werden Beispiele für sonstige Kosten angeführt, die die Aktivierungsvoraussetzung des Anfalls zur Versetzung der Vorräte an ihren derzeitigen Ort und in ihren derzeitigen Zustand nicht erfüllen und deshalb als Periodenaufwand zu verrechnen sind. Allerdings wird hier nicht abschließend geregelt, welche Kosten keinen Bestandteil der Herstellungskosten bilden.

Neben dem nicht produktionsbezogenen Teil der Verwaltungsgemeinkosten verbietet IAS 2.16 die Aktivierung von „anormale[n] Beträge[n] für Materialabfälle, Fertigungslöhne oder andere Produktionskosten" sowie von Lagerkosten, sofern diese nicht „im Produktionsprozess vor einer weiteren Produktionsstufe erforderlich sind". Vertriebskosten werden in IAS 2.16(d) explizit vom Ansatz ausgenommen. Dies muss sowohl für Vertriebseinzel- als auch für -gemeinkosten gelten.[549]

(2) Anwendung auf den Fall: Überprüfung des Ansatzverbots für bestimmte sonstige Kosten bei der Herstellung der Bürostühle

Im vorliegenden Fall liegen – abgesehen von Unterbeschäftigungskosten – keine überhöhten Kosten vor. Lagerkosten sind infolge ihrer bereits erfolgten Erfassung in der Kostenstellenrechnung zwar nicht unmittelbar ersichtlich, ansatzpflichtig wären aber nur Kosten für die Zwischenlagerung der Stühle. Vertriebseinzelkosten sowie die in der Kostenstelle Vertrieb erfassten Vertriebsgemeinkosten sind als Aufwand zu erfassen.

---

549 Vgl. *Coenenberg/Haller/Schultze*, Jahresabschluss und Jahresabschlussanalyse (2009), S. 561, die aus IAS 2.16(d) ein Ansatzverbot auch für Vertriebseinzelkosten folgern.

e) Faktisches Ansatzwahlrecht für Fremdkapitalkosten bei bestimmten Vorräten gemäß IAS 23

aa) Bedeutung des faktischen Ansatzwahlrechts für Fremdkapitalkosten

Bei Vorräten sind Fremdkapitalkosten gemäß IAS 2.15 i.V.m. IAS 23.8 in die Herstellungskosten einzubeziehen, wenn es sich um einen qualifizierten Vermögenswert handelt und die Fremdkapitalkosten seiner Herstellung zugeordnet werden können. Als qualifizierter Vermögenswert gilt nach IAS 23.5 „ein Vermögenswert, für den ein beträchtlicher Zeitraum erforderlich ist, um ihn in seinen beabsichtigten gebrauchs- oder verkaufsfähigen Zustand zu versetzen".[550] Zwar sind „Vorräte, die über einen kurzen Zeitraum [...] hergestellt werden", explizit keine qualifizierten Vermögenswerte (IAS 23.7), indes wird eine Aktivierung von Fremdkapitalkosten bei Vorräten, die (routinemäßig) gefertigt oder auf andere Weise in großen Mengen wiederholt hergestellt werden, gemäß IAS 23.4(b) explizit nicht gefordert. Im Umkehrschluss wird damit aber grundsätzlich die Möglichkeit gewährt, die Regelung des IAS 23 auch auf derartige Vorräte anzuwenden, sofern das Vorliegen eines qualifizierten Vermögenswerts im Sinne des IAS 23.5 nachgewiesen werden kann: Dem Bilanzierenden wird insoweit ein faktisches Wahlrecht zur Aktivierung von Fremdkapitalkosten eingeräumt. Generell von der Aktivierungspflicht des IAS 23 erfasst werden jedoch beispielsweise über einen längeren Zeitraum standardmäßig hergestellte Vorräte, wie Flugzeuge, und längerfristig reifende Nahrungsmittel, wie Käse.[551]

bb) Anwendung auf den Fall: Prüfung des faktischen Ansatzwahlrechts für Fremdkapitalkosten bei der Herstellung der Bürostühle

Im vorliegenden Fall sind keine Fremdkapitalkosten ersichtlich. Zudem stellen die Bürostühle zwar in großen Mengen wiederholt gefertigte Vorräte im Sinne von IAS 23.4(b) dar, indes wird der Zeitraum der Herstellung der Bürostühle nicht hinreichend sein, um das Vorliegen eines qualifizierten Vermögenswerts zu bejahen; folglich wären eventuell anfallende Fremdkapitalkosten sofort als Aufwand zu erfassen.

2. Nachträgliche Herstellungskosten gemäß IAS 16

a) Bedeutung von nachträglichen Herstellungskosten gemäß IAS 16

Die Abgrenzung der aktivierungspflichtigen nachträglichen Herstellungskosten von Erhaltungsaufwendungen bei Sachanlagen richtet sich gemäß IAS 16.12 nach der allgemeinen Regelung des IAS 16.7: Danach dürfen nachträgliche Herstel-

---

550 Zum Begriff des qualifizierten Vermögenswerts nach IAS 23 vgl. *Kaliebe*, Die Aktivierung von Fremdkapitalkosten nach IAS 23 (überarbeitet 2007) im Vergleich zu den Grundsätzen ordnungsmäßiger Bilanzierung, DK 2008, S. 560 (S. 561 f.).
551 Vgl. Ernst & Young (Hrsg.), International GAAP 2010 (2010), S. 1326 f.

lungskosten eines aktivierten Vermögenswerts nur dann angesetzt werden, wenn „es wahrscheinlich ist, dass [dem Bilanzierenden] ein mit der Sachanlage verbundener künftiger wirtschaftlicher Nutzen […] zufließen wird" und deren „Anschaffungs- oder Herstellungskosten […] verlässlich bewertet werden können". Kosten für die laufende Wartung, die insbesondere getätigt werden, um künftigen wirtschaftlichen Nutzen wiederherzustellen oder zu bewahren, wie z.B. Instandhaltungs- oder Reparaturaufwendungen, sind als Periodenaufwand zu erfassen (IAS 16.12). Entscheidend für die Aktivierung ist mithin eine Erhöhung des künftigen Nutzenpotenzials, was aber nicht konsequent umgesetzt wird. Als nachträgliche Herstellungskosten gelten nämlich sowohl Ersatzinvestitionen im Sinne derjenigen Kosten, die durch den turnusgemäßen Austausch wesentlicher Komponenten einer Anlage entstehen (IAS 16.13), als auch Kosten einer Generalinspektion, die zum Weiterbetrieb der Sachanlage erforderlich sind, und zwar unabhängig davon, ob dabei fehlerhafte Teile ausgetauscht werden oder nicht (IAS 16.14). Die dargestellten Kriterien des IAS 16 weichen mithin grundsätzlich von den nach handelsrechtlichen GoB für Gebäude geltenden Prinzipien zur Abgrenzung einer wesentlichen Verbesserung von bloßen Erhaltungsmaßnahmen ab.[552]

b) Anwendung auf den Fall: Prüfung des Vorliegens von nachträglichen Herstellungskosten gemäß IAS 16 bei der Herstellung der Bürostühle

Die Bürostühle im vorliegenden Fall stellen Vorräte dar. Abgesehen von der Tatsache, dass die für Sachanlagen geltenden Regelungen zur nachträglichen Herstellung bei diesen ohnehin keine Anwendung finden, ergeben sich bei Vorräten aus der Natur der Sache selten Tatbestände nachträglicher Herstellung.

3. Ergebnis nach IFRS

Als Ergebnis bleibt festzuhalten, dass nach IAS 2 hinsichtlich der Herstellungskosten der Bürostühle eine Ansatzpflicht für die Material- und Fertigungseinzelkosten, die systematisch zugerechneten fixen und variablen Produktionsgemeinkosten und die produktionsbezogenen Bestandteile der Verwaltungs- und Sozialkosten besteht. Dagegen dürfen neben den Vertriebskosten auch die Unterbeschäftigungskosten nicht eingerechnet werden.

III. Gesamtergebnis

1. Durch die Aktivierung von Herstellungskosten soll sich die Herstellung i.S.d. Erfolgsneutralitätsprinzips lediglich als Vermögensumschichtung darstellen

---

552 Vgl. *Ballwieser*, in: Baetge u.a. (Hrsg.), Rechnungslegung nach IFRS (2006), IAS 16, Rn. 28a (Stand: Juli 2009).

und ein Gewinn erst im Umsatzzeitpunkt ausgewiesen werden. Indes kommt entgegen dem daraus resultierenden finalen Herstellungskostenbegriff aus Vorsichts- und Objektivierungsgründen ein Herstellungskostenansatz, z. B. bei bloßem Erhaltungsaufwand oder Fehlen eines Vermögensgegenstands, nach den Grundsätzen ordnungsmäßiger Bilanzierung nicht in Betracht.

2. Im Zuge des Bilanzrechtsmodernisierungsgesetzes wurde die handelsrechtliche Einbeziehungspflicht, die bisher nur für Materialeinzelkosten, Fertigungslöhne und Sondereinzelkosten der Fertigung bestand, um nicht willkürfrei zurechenbare angemessene Teile der Material- und Fertigungsgemeinkosten und der fertigungsveranlassten Abschreibungen des Anlagevermögens erhöht und damit den steuerrechtlichen Regelungen angeglichen. Übereinstimmend besteht handels- und steuerrechtlich sowohl ein Ansatzwahlrecht für Verwaltungsgemeinkosten und soziale Aufwendungen als auch ein Aktivierungsverbot für Forschungs-, Vertriebs- und Unterbeschäftigungskosten.

3. Nach den Grundsätzen ordnungsmäßiger Bilanzierung sind im Fall der Bürostühle die durch die jeweilige Produktart verursachten Material- und Lohnkosten als Einzelkosten anzusetzen. Die daneben handels- und steuerrechtlich zu aktivierenden Material- und Fertigungsgemeinkosten errechnen sich als aus der Kostenstellenrechnung abgeleiteter Zuschlag auf die Einzelkosten. Übereinstimmend besteht in Handels- und Steuerbilanz sowohl ein Einrechnungswahlrecht für die Aufwendungen des Betriebskindergartens und der Betriebsausflüge als soziale Kosten als auch ein Aktivierungsverbot für die Unterbeschäftigungskosten.

4. Bei Vorräten besteht gemäß IAS 2 eine Ansatzpflicht für Einzelkosten und systematisch zugerechnete fixe und variable Produktionsgemeinkosten. Dem Vorsichtsprinzip widerstreitend gilt dieses Gebot auch bei sonstigen Kosten, wie Verwaltungs- oder Sozialkosten, in interpretationsbedürftigem Umfang. Ansatzverbote bestehen vor allem für Vertriebskosten, unangemessen überhöhte Kosten sowie Unterbeschäftigungskosten. Fremdkapitalkosten sind gemäß IAS 23 grundsätzlich bei Vorliegen eines qualifizierten Vermögenswerts einrechnungspflichtig; für (routinemäßig) gefertigte oder auf andere Weise in großen Mengen wiederholt hergestellte Vorräte besteht indes ein faktisches Aktivierungswahlrecht.

5. Im Fall der Bürostühle sind nach IFRS die durch die jeweilige Produktart verursachten Material- und Fertigungseinzel- und -gemeinkosten ansatzpflichtig. Abweichend von den GoB ergibt sich ein Einrechnungsgebot für die Verwaltungskosten und die Kosten des Betriebskindergartens sowie der Betriebsausflüge in Höhe ihres Produktionsbezugs. Neben den Vertriebskosten dürfen die sich in – verglichen mit GoB – grundsätzlich gleicher Höhe ergebenden Unterbeschäftigungskosten nicht angesetzt werden.

6. In beiden Regelungssystemen ergibt sich übereinstimmend sowohl eine Ansatzpflicht für Materialeinzel- und -gemeinkosten sowie Fertigungseinzel- und -gemeinkosten als auch ein Aktivierungsverbot für Forschungs-, Vertriebs- und

Leerkosten. Dagegen weicht vor allem das Einrechnungsgebot für Verwaltungs- und Sozialkosten in Höhe ihres Produktionsbezugs nach IFRS vom Wahlrecht für diese Kosten nach GoB ab. Insgesamt ist seit der Verabschiedung des Bilanzrechtsmodernisierungsgesetzes eine Annäherung des Herstellungskostenbegriffs der GoB an den Herstellungskostenbegriff der IFRS zu konstatieren.

Weiterführende Literatur

HGB:

Ellrott, Helmut/ Brendt, Peter,	in: Helmut Ellrott u.a. (Hrsg.), Beck'scher Bilanz-Kommentar, 7. Aufl., München 2010, Teilkommentierung zu § 255 HGB
Kahle, Holger,	in: Jörg Baetge/Hans-Jürgen Kirsch/Stefan Thiele (Hrsg.), Bilanzrecht, Bonn/Berlin 2002 (Loseblatt), Teilkommentierung zu § 255 HGB (Stand: Nov. 2009)
Knop, Wolfgang/ Küting, Karlheinz,	in: Karlheinz Küting/Claus-Peter Weber (Hrsg.), Handbuch der Rechnungslegung, Einzelabschluss, 5. Aufl., Stuttgart 2002 (Loseblatt), Kommentierung zu § 255 HGB (Stand: März 2010)
Moxter, Adolf,	Bilanzrechtsprechung, 6. Aufl., Tübingen 2007, S. 208–229
Moxter, Adolf,	Grundsätze ordnungsgemäßer Rechnungslegung, Düsseldorf 2003, S. 171–194
Wohlgemuth, Michael,	in: Klaus v. Wysocki u.a. (Hrsg.), Handbuch des Jahresabschlusses, Köln 1986 (Loseblatt), Die Herstellungskosten in der Handels- und Steuerbilanz, Abt. I/10 (Stand: Sept. 2001)

IFRS:

Ernst & Young (Hrsg.),	International GAAP 2010, Chichester (West Sussex) 2010, Chapter 20: Inventories
Jacobs, Otto H./ Schmitt, Gregor A.,	in: Jörg Baetge u.a. (Hrsg.), Rechnungslegung nach IFRS, 2. Aufl., Stuttgart 2003 (Loseblatt), Kommentierung zu IAS 2 (Stand: Juli 2009)
Kahle, Holger,	in: Jörg Baetge/Hans-Jürgen Kirsch/Stefan Thiele (Hrsg.), Bilanzrecht, Bonn/Berlin 2002 (Loseblatt), Teilkommentierung zu § 255 HGB (Stand: Nov. 2009)
Kümpel, Thomas,	Vorratsbewertung und Auftragsfertigung nach IFRS, München 2005, S. 25–57
Küting, Karlheinz/ Harth, Hans-Jörg,	Herstellungskosten von Inventories und Self-Constructed Assets nach IAS und US-GAAP, BB, 54. Jg. (1999), S. 2343–2347 (Teil I) und S. 2393–2399 (Teil II)

Fall 10: Bewertung von Rückstellungen –
Beispiel Rückbauverpflichtung

Sachverhalt:

Ein Stromerzeuger entschließt sich zur endgültigen Stilllegung eines technisch veralteten Windparks mit 20 Windenergieanlagen. Die Stromerzeugung der Anlagen ist zu diesem Zeitpunkt bereits eingestellt. Das Grundstück samt Aufbauten konnte an eine Gebietskörperschaft übertragen werden; im Kaufvertrag wurde allerdings vereinbart, dass der Stromerzeuger die Windenergieanlagen binnen zwei Jahren vollständig entfernt. Das Unternehmen nimmt an, dass hierbei im Folgejahr interne Planungskosten in Höhe von 0,1 Mio. GE anfallen werden. Für die eigentliche Demontage der Windenergieanlagen soll im zweiten Jahr ein Abrissunternehmen beauftragt werden; auf Basis eines aktuellen Angebots ist mit Kosten in Höhe von 6 Mio. GE zu rechnen. Mögliche gegenläufige Erlöse aus der Verwertung der Anlage fallen laut Kaufvertrag zu gleichen Teilen dem Stromerzeuger und dem neuen Eigentümer des Grundstücks (der Gebietskörperschaft) zu. Den Stahltürmen wird derzeit ein Schrottwert von 0,3 Mio. GE beigemessen.

Aufgabenstellung:

Wie ist die beschriebene Rückbauverpflichtung nach Grundsätzen ordnungsmäßiger Bilanzierung und nach IFRS zu bewerten?

I. Lösung nach den Grundsätzen ordnungsmäßiger Bilanzierung

1. Grundlagen der Bewertung

a) Erfüllungsbetrag

aa) Erfüllungsbetragsprinzip

Verbindlichkeiten sind nach geltendem Handelsrecht zu ihrem Erfüllungsbetrag anzusetzen.[553] Passiviert werden soll jener Betrag, den ein Schuldner zur Erfüllung einer Verpflichtung voraussichtlich aufbringen muss. Dass Rückstellungen nur in Höhe des Betrags zu bilden sind, der „nach vernünftiger kaufmännischer Beurtei-

---

553 Vgl. *Moxter*, Bilanzrechtsprechung (2007), S. 230; vgl. auch *Küting/Cassel/Metz*, Ansatz und Bewertung von Rückstellungen, in: Küting/Pfitzer/Weber, Das neue deutsche Bilanzrecht (2009), S. 321 (S. 326). Der bisher in § 253 HGB als Bewertungsmaßstab genannte Begriff des Rückzahlungsbetrags wurde im Zuge des BilMoG durch den bereits in Rechtsprechung und Forschung unumstrittenen Begriff des Erfüllungsbetrags ersetzt.

lung notwendig" ist (§ 253 Abs. 1 S. 2 HGB), sollte nicht als eine Einschränkung des Erfüllungsbetragsprinzips verstanden werden. Als zentrales Gewinnermittlungsprinzip gebietet das Realisationsprinzip die bilanzielle Berücksichtigung sämtlicher Aufwendungen, die bereits realisierten Erträgen zuzurechnen sind;[554] subsidiär erzwingt das Imparitätsprinzip (soweit aus schwebenden Geschäften die Realisation von Aufwandsüberschüssen droht) die Berücksichtigung entstandener Vermögensminderungen.[555]

Bei dem Grunde oder der Höhe nach ungewissen Verpflichtungen kann der Erfüllungsbetrag gleichwohl nur geschätzt werden. Der vom Gesetzgeber geforderten vernünftigen kaufmännischen Beurteilung entspricht diese Schätzung, wenn sie einer durch die allgemeine Verkehrsauffassung geprägten Wahrscheinlichkeitseinschätzung folgt und nicht allein auf den subjektiven Wertungen des Bilanzierenden aufbaut.[556] Die Berücksichtigung aller bei der Bilanzaufstellung vorhandenen Informationen führt in der Regel zunächst zu einer Bandbreite möglicher Werte; der zu wählende Rückstellungsbetrag muss innerhalb dieser Wahrscheinlichkeitsverteilung liegen. Allein auf den Betrag mit der höchsten Eintrittswahrscheinlichkeit abzustellen, wäre allerdings nicht ausreichend: Nach § 252 Abs. 1 Nr. 4 HGB ist vorsichtig zu bewerten; die Eintrittswahrscheinlichkeit des gewählten Betrags sollte deshalb wesentlich höher sein als die Wahrscheinlichkeit größerer, realistischer Beträge. Im Fall einer Gleichverteilung möglicher Eintrittswahrscheinlichkeiten schließt das Vorsichtsprinzip die Passivierung des niedrigsten Werts sowie des Mittelwerts aus und zwingt zum Ansatz des höchsten Betrags.[557] Für Verpflichtungen, die nur dem Grunde nach unsicher, der Höhe nach aber gewiss sind, ist regelmäßig der volle Verpflichtungsbetrag der Ausgangswert für die Ermittlung des Rückstellungsbetrags.

bb) Erfüllungsbetrag bei Sach- oder Dienstleistungsverpflichtungen

Bei Sach- oder Dienstleistungsverpflichtungen entspricht der Erfüllungsbetrag dem Geldwert der erforderlichen Aufwendungen. Ansatzpflichtig sind die Vollkosten der zu erbringenden Leistung, mithin alle notwendigen Einzel- und Gemeinkosten.[558] Selbst Material- und Fertigungsgemeinkosten, Abschreibungen des Anlagevermögens sowie Verwaltungs- und Sozialkosten sind passivierungspflichtig, sofern eine intersubjektiv nachprüfbare Zuordnung zur jeweiligen Verpflichtung gelingt.[559] Grenzen findet die Einrechnungspflicht zumindest dann in objektivier-

554 Vgl. *Jäger*, Grundsätze ordnungsmäßiger Aufwandsperiodisierung (1996), S. 156–159.
555 Vgl. *Wüstemann*, Funktionale Interpretation des Imparitätsprinzips, zfbf 1995, S. 1029 (S. 1034); *Euler*, Der Ansatz von Rückstellungen für drohende Verluste aus schwebenden Dauerrechtsverhältnissen, zfbf 1990, S. 1036 (S. 1046).
556 Vgl. *Moxter*, Rückstellungen nach IAS: Abweichungen vom geltenden deutschen Bilanzrecht, BB 1999, S. 519 (S. 522).
557 Vgl. *Rüdinger*, Regelungsschärfe bei Rückstellungen (2004), S. 100.
558 Vgl. IDW (Hrsg.), WP-Handbuch, Bd. I (2006), E 96.
559 Vgl. *Moxter*, Bilanzrechtsprechung (2007), S. 232.

ten Drittkosten (also denjenigen Kosten, die „bei Beauftragung eines Externen mit der Leistungserstellung entstünden"), wenn es sich um verpflichtungsferne Gemeinkosten handelt, bspw. um die Kosten der allgemeinen Verwaltung.[560]

b) Anwendung auf den Fall: Ermittlung des Erfüllungsbetrags für die Rückbauverpflichtung

Im vorliegenden Fall gilt es, einen (einwertigen) Rückstellungsbetrag für eine dem Grunde nach sichere Rückbauverpflichtung zu finden. Bewertungsmaßstab ist nach Grundsätzen ordnungsmäßiger Bilanzierung der Erfüllungsbetrag der Schuld. Da eine Sachleistungsverpflichtung bewertet wird, richtet sich das Augenmerk auf die Einbeziehung einzelner Kostenbestandteile: Im Ergebnis sind neben den Einzelkosten (zu denen bei Beauftragung einer Fremdfirma die gesamten Abrisskosten in Höhe von 6 Mio. GE zählen) auch alle willkürfrei zuordenbaren Gemeinkosten (beispielsweise die zurechenbaren Planungskosten in Höhe von 0,1 Mio. GE) passivierungspflichtig.

2. Bedeutung der Verhältnisse am Abschlussstichtag

a) Zeitwert

aa) Zeitwertprinzip

(1) Erwartete Kostenänderungen

Rückstellungen bilden zwar nach Grundsätzen ordnungsmäßiger Bilanzierung stets bereits entstandenen Aufwand ab, gleichzeitig handelt es sich jedoch um Aufwendungen, die erst in der Zukunft geleistet werden müssen. Fraglich ist daher, ob zur Schätzung des Rückstellungsbetrags die am Bilanzstichtag geltenden oder die zum Erfüllungszeitpunkt erwarteten Preisverhältnisse heranzuziehen sind. Ausgehend vom Grundsatz der Passivierung des vollen Erfüllungsbetrags scheint eine Bewertung auf Basis der voraussichtlichen Preisverhältnisse zum Zeitpunkt der Erfüllung der Verpflichtung geboten, wird doch gerade bei langfristigen Rückstellungen die Höhe der erforderlichen Aufwendungen wesentlich von den Preisverhältnissen im Zeitpunkt des Anfalls der Aufwendungen beeinflusst. Besonders bei Sach- oder Dienstleistungsverpflichtungen (d.h. bei Verpflichtungen ohne nominal festlegbaren Erfüllungsbetrag) wären demzufolge absehbare Preissteigerungen bei der Rückstellungsbemessung zu berücksichtigen.[561] Eine solche Vorgehensweise widerspräche auch (anders als etwa eine Abschreibungsbemessung auf Basis höherer Wiederbeschaffungskosten) nicht dem Kongruenzprinzip: Der Totalge-

---

560 Vgl. *Moxter*, Grundsätze ordnungsgemäßer Rechnungslegung (2003), S. 192 (auch Zitat).

561 Teilweise wird hierfür auch das Vorsichtsprinzip bemüht, vgl. etwa *Siegel*, Zur geplanten Neuregelung der Rückstellungen in Handelsbilanz und Steuerbilanz, DStR 2001, S. 1674 (S. 1675).

winn eines Unternehmens wird nicht gekürzt, wenn künftige Preissteigerungen im Rahmen der Rückstellungsbildung frühzeitig antizipiert werden.[562]

Aus Objektivierungsrücksichten verschloss sich die höchstrichterliche Rechtsprechung bisher solchen Argumenten: Nach Grundsätzen ordnungsmäßiger Bilanzierung sei der Betrag passivierungspflichtig, der nach den am Bilanzstichtag „möglichen Erkenntnisquellen die größte Wahrscheinlichkeit der Richtigkeit für sich hat"[563]; für die Schätzung des Erfüllungsbetrags wären deshalb allein die Preisverhältnisse am Abschlussstichtag maßgebend.[564] Preissteigerungen seien erst in dem Jahr wirtschaftlich verursacht, in dem sie tatsächlich eintreten.[565]

Die Konkurrenz zwischen Stichtagsprinzip und Erfüllungsbetragsprinzip vermögen auch die Neuregelungen durch das BilMoG nicht aufzulösen; das HGB bezieht weiterhin zu dieser Frage nicht eindeutig Stellung. In der Begründung zum Regierungsentwurf wird allerdings darauf verwiesen, dass „die Höhe einer Rückstellung von den Preis- und Kostenverhältnissen im Zeitpunkt des tatsächlichen Anfalls der Aufwendungen" abhängig sei; „unter Einschränkung des Stichtagsprinzips" seien „künftige Preis- und Kostensteigerungen zu berücksichtigen".[566] Demnach ist es der erkennbare Wille des Gesetzgebers, dass das Stichtagsprinzip hinter das Erfüllungsbetragsprinzip tritt. Ein Selbstzweck durfte in der Objektivierungsrestriktion des § 252 Abs. 1 Nr. 3 HGB freilich auch bisher nicht gesehen werden:[567] Veränderungen der Preisverhältnisse, die zum Bilanzstichtag so gut wie sicher sind (beispielsweise Kostensteigerungen aufgrund bereits abgeschlossener Tarifverträge), waren bereits vor dem BilMoG zwingend in die Rückstellungsbewertung einzubeziehen.[568]

(2) Abzinsungsgebot

Während als steuerrechtliche Sonderregelung im Jahr 1999 durch § 6 Abs. 1 Nr. 3a EStG eine generelle Abzinsungspflicht (Zinssatz: 5,5 %) für Rückstellungen

562 Vgl. *Kayser*, Ansatz und Bewertung von Rückstellungen nach HGB, US-GAAP und IAS (2002), S. 192.

563 BFH, Urteil v. 19. 2. 1975 – I R 28/73, BStBl. II 1975, S. 480 (S. 482).

564 Vgl. BFH, Urteil v. 7. 10. 1982 – IV R 39/80, BStBl. II 1983, S. 104 (S. 106), BB 1983, S. 154 f. (m. w. N.).

565 Vgl. dazu etwa BFH, Urteil v. 8. 7. 1992 – XI R 50/89, BStBl. II 1992, S. 910 (S. 911 f.), BB 1992, S. 1819 f.; ferner *Kammann*, Stichtagsprinzip und zukunftsorientierte Bilanzierung (1988), S. 131; *Groh*, Verbindlichkeitsrückstellung und Verlustrückstellung: Gemeinsamkeiten und Unterschiede, BB 1988, S. 27 (S. 30).

566 Vgl. Regierungsentwurf eines Gesetzes zur Modernisierung des Bilanzrechts (Bilanzrechtsmodernisierungsgesetz – BilMoG), BT-Drs. 16/10067, S. 52 (beide Zitate).

567 Vgl. *Kozikowski/Roscher/Schramm*, in: Ellrott u. a. (Hrsg.), Beck'scher Bilanz-Kommentar (2010), § 253 HGB, Rn. 161.

568 Vgl. *Moxter*, Bilanzrechtsprechung (2007), S. 236; vgl. etwa auch IDW (Hrsg.), WP-Handbuch, Bd. I (2006), E 90.

eingeführt wurde,[569] galt für die Rückstellungsbemessung nach Grundsätzen ordnungsmäßiger Bilanzierung bisher der volle Erfüllungsbetrag nach den Verhältnissen des Abschlussstichtags als maßgeblich. Begründet wurde dies damit, dass eine Abzinsung – mithin die Passivierung lediglich eines Teilbetrags des Erfüllungsbetrags – dem Realisationsprinzip widerspreche. Eine Diskontierung wurde nur vorgenommen, wenn die der Rückstellung zugrunde liegende Verpflichtung offen oder verdeckt einen Zinsanteil enthielt – die Abzinsung diente dann der Herausrechnung jenes Zinsanteils, der nach dem Realisationsprinzip späteren Perioden zuzurechnen war.[570] Bei Sach- oder Dienstleistungsverpflichtungen, die auf die Erbringung einer bestimmten, unteilbaren Leistung gerichtet sind, hatte der BFH konsequent eine Abzinsung von Rückstellungsbeträgen abgelehnt.[571]

Mit dem BilMoG ändert sich nun die Rechtslage: Rückstellungen mit einer Laufzeit von mehr als einem Jahr müssen mit dem ihrer Laufzeit entsprechenden durchschnittlichen Marktzinssatz der vergangenen sieben Geschäftsjahre abgezinst werden (§ 253 Abs. 2 S. 1 HGB). Der anzuwendende Abzinsungssatz soll von der Deutschen Bundesbank nach Maßgabe einer Rechtsverordnung ermittelt und monatlich bekannt gegeben werden (§ 253 Abs. 2 S. 5 HGB). Die anfallenden Aufwendungen aus der jährlichen Aufzinsung der Rückstellungsbeträge sind in der Gewinn- und Verlustrechnung gesondert unter dem Posten „Zinsen und ähnliche Aufwendungen" zu zeigen. Mit dem Realisationsprinzip lässt sich die geforderte zeitwertorientierte Verpflichtungsbemessung freilich kaum in Einklang bringen: Zwar mag es einigen bilanzierenden Unternehmen gelingen, die Zinslosigkeit des in der Rückstellung gebundenen Kapitals auszuschöpfen und einen Teil der Schuld mit bis zur Erfüllung der Schuld angesammelten Erträgen zu tilgen – sicher ist dies jedoch nicht.[572] Zurecht weist *Küting* darauf hin, dass die „Annahme einer Ertrag bringenden Anlage der an das Unternehmen gebundenen Ausgabengegenwerte die fehlende Realisation dieser Erträge"[573] und somit einen Konflikt mit dem Realisationsprinzip (§ 252 Abs. 1 Nr. 4 HGB) deutlich erkennen lässt.

---

569 Vgl. *Rogall/Spengel*, Abzinsung von Rückstellungen in der Steuerbilanz, BB 2000, S. 1234 (S. 1234–1238).

570 Vgl. BFH, Urteil v. 6. 7. 1973 – VI R 379/70, BStBl. II 1973, S. 868 (S. 868 f.). Ein Zinsanteil wurde allerdings nur angenommen, wenn tatsächlich ein Kreditgeschäft gewollt war, vgl. BFH, Urteil v. 7. 7. 1983 – IV R 47/80, BStBl. II 1983, S. 753 (S. 753–755), BB 1983, S. 2095 f.; vgl. auch *Kupsch*, Neuere Entwicklungen bei der Bilanzierung und Bewertung von Rückstellungen?, DB 1989, S. 53 (S. 61).

571 Vgl. BFH, Urteil v. 19. 2. 1975 – I R 28/73, BStBl. II 1975, S. 480 (S. 482), vgl. ferner *Bartels*, Umweltrisiken im Jahresabschluss (1992), S. 201; *Hommel/J. Wüstemann*, Synopse der Rechnungslegung nach HGB und IFRS (2006), S. 166.

572 Vgl. *Küting/Cassel/Metz*, Die Bewertung von Rückstellungen nach neuem Recht, DB 2008, S. 2317 (S. 2319).

573 *Küting/Cassel/Metz*, Die Bewertung von Rückstellungen nach neuem Recht, DB 2008, S. 2317 (S. 2320).

bb) Anwendung auf den Fall: mögliche Änderungen des Preisniveaus und Diskontierung bei der Rückbauverpflichtung

Die Höhe der erforderlichen Aufwendungen ist im vorliegenden Fall von den Preisverhältnissen in den beiden Folgejahren abhängig. Die Rückstellungsbemessung orientiert sich dementsprechend an den im Zeitraum der Erfüllung zu erwartenden Kostenverhältnissen. Da dem bilanzierenden Unternehmen nur ein aktuelles Angebot für den Abbau vorliegt, sollten bei der Ermittlung des Rückstellungsbetrags zusätzlich die zu erwartenden Kostensteigerungen berücksichtigt werden. Obwohl das Unternehmen seine Verpflichtung zum Rückbau der Windenergieanlagen nicht durch vorgezogene, teilweise Erfüllung ablösen kann und somit kein verdeckt verzinsliches Kreditgeschäft vorliegt, erzwingen die neuen gesetzlichen Vorschriften eine Diskontierung des Erfüllungsbetrags.

b) Berücksichtigung von Ersatzansprüchen und künftigen Vorteilen

aa) Keine Saldierung der Rückstellung mit Hoffnungswerten

Einer ungewissen Verbindlichkeit können Rückgriffsansprüche gegenüber Dritten (beispielsweise aus einem Versicherungsvertrag oder aus gesamtschuldnerischer Haftung) gegenüberstehen. Eine Berücksichtigung solcher Ansprüche bei der Rückstellungsbewertung wäre grundsätzlich ein Verstoß gegen das Saldierungsverbot des § 246 Abs. 2 S. 1 HGB;[574] sie verstieße aber auch gegen Gewinnrealisierungsgrundsätze, weil Rückgriffsansprüche, die nicht so gut wie sicher sind, berücksichtigt würden.[575] Der BFH hat eine rückstellungsmindernde Erfassung von Ersatzansprüchen nur in einem Ausnahmefall zugelassen – dann, wenn die Rückgriffsforderung in einem unmittelbaren Zusammenhang mit der Inanspruchnahme aus der jeweiligen Verpflichtung steht, in rechtlich verbindlicher Weise der Entstehung oder Erfüllung der Verbindlichkeit nachfolgt und „vollwertig" ist, d. h. wenn die Forderung „vom Rückgriffschuldner nicht bestritten" und dieser zugleich „von zweifelsfreier Bonität ist"[576]. Da das Vermögen des Unternehmens nur in Höhe des Nettobetrags belastet ist, würde eine Nichtberücksichtigung der Ansprüche zu einer Überbewertung der Schuld führen.[577] Sobald die Rückgriffsforderung indes

---

574 Vgl. BFH, Urteil v. 4. 10. 1967 – I 257/63, BStBl. II 1968, S. 54 (S. 55 f.). Für Pensionsrückstellungen wurde indes durch das BilMoG eine Ausnahme zum Saldierungsverbot in die §§ 246, 253 HGB eingefügt: Vermögensgegenstände, die dem Zugriff aller übrigen Gläubiger entzogen sind und ausschließlich der Erfüllung von Schulden aus Altersversorgungsverpflichtungen dienen, sollen mit den Rückstellungen für Pensionen verrechnet werden.

575 Vgl. *Moxter*, Bilanzrechtsprechung (2007), S. 240–241.

576 BFH, Urteil v. 17. 2. 1993 – X R 60/89, BStBl. II 1993, S. 437 (S. 440, alle Zitate).

577 Vgl. *Moxter*, Rückstellungen nach IAS: Abweichungen vom geltenden deutschen Bilanzrecht, BB 1999, S. 519 (S. 524).

rechtlich und wirtschaftlich entstanden ist, ist eine (von der Rückstellungsbildung losgelöste) Aktivierung des Anspruchs geboten.[578]

bb) Anwendung auf den Fall: unsichere Verwertungserlöse bei der Rückbauverpflichtung

Künftige Vorteile aus der Verwertung der Stahltürme sind denkbar. Eine Berücksichtigung jenes Teils der Verwertungserlöse, die nicht dem Unternehmen, sondern der Gebietskörperschaft zufallen, scheidet von vornherein aus. Unbeachtet bleiben muss aber auch der dem Unternehmen zustehende Teil der erhofften Einnahmen: In Analogie zur Saldierung mit Ausgleichsansprüchen käme eine Verrechnung mit der zu bildenden Rückstellung nur in Betracht, wenn zwischen der Erfüllung der Verpflichtung und den erwarteten Erlösen eine Kausalverbindung bestünde und gleichzeitig kein Erlösrisiko erkennbar wäre. Tatsächlich sind die erhofften Erlöse jedoch völlig ungewiss, solange es den Beteiligten nicht gelungen ist, einen Verwertungsvertrag mit einem Dritten zu schließen. Die bloße Möglichkeit des Eintritts künftiger wirtschaftlicher Vorteile im Zusammenhang mit der Erfüllung einer Verpflichtung reicht für eine Berücksichtigung dieser Vorteile bei der Rückstellungsbewertung nicht aus.

3. Ergebnis nach den Grundsätzen ordnungsmäßiger Bilanzierung

Im vorliegenden Fall ist nach Grundsätzen ordnungsmäßiger Bilanzierung der Erfüllungsbetrag der Rückbauverpflichtung zu passivieren. Aufgrund der Neuregelungen durch das BilMoG wird dieser Erfüllungsbetrag nicht mehr (aus Objektivierungsgründen) nach den Verhältnissen am Abschlussstichtag bestimmt, sondern er bezieht auch erwartete (ungewisse) Kostenveränderungen bis zum Zeitpunkt der Erfüllung ein. An die Stelle des bisher handelsrechtlich geltenden Abzinsungsverbots bei langfristigen Sachleistungsverpflichtungen tritt ein Abzinsungsgebot.

II. Lösung nach IFRS

1. Anzuwendender Standard

a) Anwendungsbereich von IAS 37 und IFRIC 1

Im vorliegenden Fall einer Rückbauverpflichtung könnten für die Bewertung der Rückstellung neben IAS 37 (Rückstellungen, Eventualschulden und Eventualfor-

---

578 Vgl. *Kozikowski/Roscher/Schramm*, in: Ellrott u. a. (Hrsg.), Beck'scher Bilanz-Kommentar (2010), § 253 HGB, Rn. 157.

derungen) insbesondere die Regelungen des IFRIC 1 (Änderungen bestehender Rückstellungen für Entsorgungs-, Wiederherstellungs- und ähnliche Verpflichtungen) maßgeblich sein. IAS 37 regelt den Ansatz und die Bewertung von Schulden, die bezüglich ihrer Fälligkeit oder ihrer Höhe ungewiss sind (IAS 37.2). Vom Anwendungsbereich des Standards ausgenommen sind lediglich solche Sachverhalte, die durch einen anderen Standard abgedeckt werden – beispielsweise Risiken aus Finanzinstrumenten (IAS 37.1). IFRIC 1 enthält Vorschriften für die Folgebewertung von Stilllegungs- und Rekultivierungsverpflichtungen; die Interpretation regelt insbesondere die bilanzielle Erfassung von Schätzungsänderungen und Änderungen der Bewertungsparameter. Voraussetzung für die Anwendbarkeit von IFRIC 1 ist, dass für die betreffende Rückbauverpflichtung bereits in einem vorhergehenden Geschäftsjahr eine Rückstellung gebildet und gleichzeitig nach Maßgabe des IAS 16 (Sachanlagen) ein zur Rückstellung korrespondierender Vermögenswert angesetzt wurde (IFRIC 1.2).

Soweit sich durch den im Jahr 2005 vorgestellten, im Januar 2010 geringfügig ergänzten, bisher jedoch nicht beschlossenen ED IAS 37 wesentliche Veränderungen in der Rückstellungsbilanzierung nach IFRS ergeben könnten, wird dies bei den einzelnen Bewertungsthemen erläutert. Das IASB plant, den neuen IAS 37 im zweiten Halbjahr 2010 zu veröffentlichen; der Veröffentlichungstermin wurde in der Vergangenheit indes mehrfach verschoben.

b) Anwendung auf den Fall: Bestimmung des einschlägigen Standards bei der Rückbauverpflichtung

Die Rückbauverpflichtung entsteht im vorliegenden Fall erst durch eine vertragliche Vereinbarung des bilanzierenden Unternehmens mit dem Käufer des Grundstücks. Einer Anwendung des IFRIC 1 steht demnach entgegen, dass es sich um eine Zugangsbewertung, nicht um eine Folgebewertung einer Rückstellung handelt. Die zu entfernenden Vermögenswerte wurden zudem bereits abgegeben; somit scheidet auch die Aktivierung eines zur Rückbauverpflichtung korrespondierenden Vermögenswerts nach Maßgabe des IAS 16.16 c aus. Die Rückstellung ist allein nach den Vorschriften des IAS 37 zu bewerten.

2. Rückstellungsbewertung gemäß IAS 37

a) Ansatzpflichtige Kosten

aa) Grundlagen der Bewertung

(1) Bewertungsmaßstab

Gemäß der deutschen Übersetzung des IAS 37.36 ist eine als Rückstellung zu bilanzierende Verpflichtung mit dem Betrag anzusetzen, der die bestmögliche Schätzung der „zur Erfüllung der gegenwärtigen Verpflichtung zum Bilanzstichtag" erforderlichen Ausgaben darstellt.[579] Tatsächlich ist im englischen Wortlaut des Standards genauer von „expenditure required to settle the obligation" die Rede; und IAS 37.37 beschreibt die bestmögliche Schätzung als Betrag, den das Unternehmen entweder zur Begleichung der Schuld zum Bilanzstichtag oder zur Übertragung der Verpflichtung auf einen Dritten am Bilanzstichtag aufwenden müsste. Ob der kleinere dieser beiden (hypothetischen) Beträge zu wählen ist oder ob insofern ein Bewertungswahlrecht besteht, wird nicht näher erläutert.[580] Die Forderung nach „vernünftiger Betrachtung" (IAS 37.37) legt immerhin den Schluss nahe, dass von einem realistischen Szenario (in der Regel also doch von einer Erfüllung der Schuld durch das bilanzierende Unternehmen) auszugehen ist. Gleichwohl lässt die Offenheit des Bewertungsmaßstabs erkennen, dass IAS 37 nicht unbedingt darauf abzielt, im Rückstellungsbetrag den gesamten künftigen Aufwand zu erfassen.[581]

Der bisher nicht als Standard veröffentlichte ED IAS 37 wählt als Bewertungsmaßstab für nicht-finanzielle Verbindlichkeiten ebenfalls jenen Betrag, den das Unternehmen vernünftigerweise am Bilanzstichtag zur Begleichung der Schuld oder zum Transfer der Schuld auf Dritte aufwenden würde (ED IAS 37.29). Den weiteren Erläuterungen in ED IAS 37 folgend entspräche dies allerdings einer Bilanzierung von Rückstellungen zu ihrem beizulegenden Zeitwert („fair value").[582]

(2) Auswahl des Rückstellungsbetrags bei einer Bandbreite möglicher Inanspruchnahme

Durch eine Reihe von Vorgaben soll nach IFRS eine arithmetische Ermittlung des Rückstellungsbetrags erzwungen werden: Bei Rückstellungen, denen eine große Anzahl ähnlicher Posten zugrunde liegt (sog. Massenrisiken), soll die Erwartungswertmethode herangezogen werden; dabei wird der zu passivierende Betrag auf Basis einer Gewichtung der möglichen Verpflichtungsbeträge mit den korrespondierenden Eintrittswahrscheinlichkeiten ermittelt (IAS 37.39). Ergibt sich im Rahmen einer Schätzung der Verpflichtungshöhe eine Bandbreite gleichwahrscheinlicher Beträge, ist demnach der Mittelwert zu wählen.[583]

Bei passivierungspflichtigen Einzelsachverhalten, die etwa aufgrund fehlender Erfahrungswerte nicht statistisch ausgewertet werden können, soll allerdings nicht der Erwartungswert, sondern der durch die Unternehmensleitung ermittelte wahrscheinlichste (Einzel-)Betrag herangezogen werden (IAS 37.40). Die Möglichkeit anderer (realistischer) Ergebnisse muss das Unternehmen dennoch auch hier be-

---

579 Vgl. *Hoffmann*, in: Lüdenbach/Hoffmann, Haufe IFRS-Kommentar (2009), § 21 Rückstellungen, Rn. 109–116.

580 Vgl. *Adler/Düring/Schmaltz*, Rechnungslegung nach Internationalen Standards, Abschn. 18, Rn. 65 (Stand: Sept. 2003).

581 Vgl. zu Einzelheiten *J. Wüstemann/Bischof*, ZfB 2006, SI 6, S. 77 (S. 92 f. und S. 94–97).

582 Vgl. zur Kritik *Bieg u. a.*, Die Saarbrücker Initiative gegen den Fair Value, DB 2008, S. 2549.

583 Vgl. zu Einzelheiten *J. Wüstemann/Bischof*, ZfB 2006, SI 6, S. 77 (S. 93–97).

rücksichtigen: Zeigt die Bandbreitenbetrachtung, dass andere mögliche Verpflichtungsbeträge größtenteils über oder unter dem wahrscheinlichsten Betrag liegen, sind gemäß IAS 37.40 Zu- oder Abschläge auf den Rückstellungsbetrag vorzunehmen. Wann und in welcher Höhe eine Wertkorrektur stattfinden soll, legt der Standard nicht fest. Im Ergebnis schränkt die (Schein-)Quantifizierung der Rückstellungsbewertung den Ermessensspielraum des Bilanzierenden somit kaum ein.[584]

ED IAS 37 schlägt für nicht-finanzielle Verpflichtungen bei einer Bandbreite möglicher Werte einen Expected Cash Flow Approach vor: Der Rückstellungsbetrag entspräche dann dem abgezinsten Erwartungswert zukünftiger Zahlungsströme; eine mehrwertige, für jede Periode erneut durchzuführende Szenarioanalyse wäre Voraussetzung für die ordnungsgemäße Rückstellungsberechnung (ED IAS 37.31). Anders als nach bisher geltenden Regeln wäre zudem die Wahrscheinlichkeit des Eintritts einer Inanspruchnahme unmittelbar in die Ermittlung des Rückstellungsbetrags einzubeziehen (ED IAS 37.33). Bisher stellt die Wahrscheinlichkeit der Inanspruchnahme in erster Linie ein Ansatzkriterium dar.

(3) Einzubeziehende Kosten

IAS 37 regelt nicht explizit, ob neben den Einzelkosten auch Gemeinkosten bei der Passivierung von Dienst- oder Sachleistungsverpflichtungen zu berücksichtigen sind. Die speziellen Bewertungsvorschriften für Restrukturierungsrückstellungen sprechen zunächst gegen eine breite Einrechnung von Gemeinkosten, sind doch gemäß IAS 37.80 lediglich die durch eine Restrukturierung zusätzlich entstehenden Ausgaben passivierungsfähig. Der in den IAS 37.36–37 formulierte Grundsatz zur Passivierung sämtlicher zur Begleichung oder Übertragung einer Verpflichtung erforderlichen Ausgaben wird dagegen so interpretiert, dass – analog zur Bewertung des Vorratsvermögens (IAS 2.10–12) – alle der Herstellung oder Leistungserbringung zuzurechnenden Einzel- und Gemeinkosten in die Ermittlung des Rückstellungsbetrags einzubeziehen sind.[585] Als nicht ansatzfähig gelten nach herrschender Meinung dagegen allgemeine Verwaltungs- und Vertriebskosten, jedenfalls wenn diese in Bezug auf die jeweilige Verpflichtung Fixkosten darstellen.[586]

584 Vgl. *Pilhofer*, Rückstellungen im internationalen Vergleich (1997), S. 157.
585 Vgl. *Hayn/Pilhofer*, Die neuen Rückstellungsregeln des IASC im Vergleich zu den korrespondierenden Regeln der US GAAP (Teil II), DStR 1998, S. 1765 (S. 1766); *Kayser*, Ansatz und Bewertung von Rückstellungen nach HGB, US-GAAP und IAS (2002), S. 189; *von Torklus*, Rückstellungen nach internationalen Normen (2007), S. 42–43.
586 Vgl. IDW (Hrsg.), WP-Handbuch, Bd. I (2006), N 396; *von Keitz u. a.*, in: Baetge u. a. (Hrsg.), Rechnungslegung nach IFRS, IAS 37, Rn. 124 (Stand: Juli 2009).

bb) Anwendung auf den Fall: ansatzpflichtige Kosten bei der Rückbauverpflichtung

Für den komplexen Einzelsachverhalt einer Rückbauverpflichtung stellt der von der Unternehmensleitung ermittelte wahrscheinlichste Verpflichtungsbetrag die bestmögliche Schätzung im Sinne von IAS 37.36 dar. Im vorliegenden Fall wird die Demontage der Anlagen durch ein Abrissunternehmen als einzige Möglichkeit zur Begleichung oder Übertragung der Schuld diskutiert, die aus dem Abriss erwarteten Kosten sind demnach unbedingt passivierungspflichtig. Die im Vorfeld der Demontage entstehenden internen Planungskosten sind nur dann zu berücksichtigen, wenn die Aufwendungen bei Nichtbestehen der Schuld entfallen.

b) Konfliktäres Verhältnis zwischen zeitwertorientierter Rückstellungsbewertung und Objektivierung der Verhältnisse am Abschlussstichtag

aa) Berücksichtigung künftiger Entwicklungen

(1) Veränderungen des erforderlichen Betrags durch künftige Ereignisse

Gemäß IAS 37.48 sind künftige Ereignisse, die den zur Erfüllung einer Verpflichtung erforderlichen Betrag beeinflussen können, nur dann bei der Rückstellungsbemessung zu berücksichtigen, wenn es „ausreichende objektive substantielle Hinweise auf deren Eintritt gibt". Zu den künftigen Ereignissen, die grundsätzlich zu einem höheren oder niedrigeren Rückstellungsbetrag führen können, zählt der Standard ausdrücklich wirtschaftliche und technische Entwicklung (beispielsweise den Einsatz neuer Technologien, IAS 37.49) sowie Veränderungen der Rechtslage (beispielsweise Gesetzesänderungen, IAS 37.50).

In der Literatur werden die Chancen für eine willkürfreie Einbeziehung solcher künftigen Ereignisse überwiegend skeptisch beurteilt: Mögliche technologische Neuerungen seien erst dann zu berücksichtigen, wenn sie „durch einen neutralen und technisch qualifizierten Begutachter bestätigt" wurden und dessen Aussage durch „Beweismaterial"[587] unterstützt wird, Gesetzesänderungen sollen sogar erst nach ihrer Verabschiedung in den zuständigen Gremien einbezogen werden.[588] Schließlich gelten auch Preisänderungen als schwer vorhersehbar: Lohnsteigerungen aus einem neuen Tarifvertrag sollen beispielsweise erst dann Beachtung finden, wenn der Inhalt der Vereinbarungen bekannt und der Abschluss des Vertrags so gut wie sicher ist.[589]

---

587 *Schmidbauer*, Bilanzierung umweltschutzbedingter Aufwendungen im Handels- und Steuerrecht sowie nach IAS, BB 2000, S. 1130 (S. 1133), beide Zitate.

588 Vgl. *Hebestreit/Schrimpf-Dörges*, in: Bohl/Riese/Schlüter (Hrsg.), Beck'sches IFRS-Handbuch (2009), § 13, Rn. 65.

589 Vgl. *Hachmeister*, Verbindlichkeiten nach IFRS (2006), S. 134.

ED IAS 37 sieht vor, dass künftige, erwartete Ereignisse bei der Bewertung stets zu berücksichtigen sind, soweit sie den Verpflichtungsbetrag (nicht aber den Charakter der Verbindlichkeit) ändern können (ED IAS 37.41–42). Dies würde bedeuten, dass die Szenarioanalyse künftiger Zahlungsströme (ohne Objektivierungsrestriktionen[590]) die Annahmen der Geschäftsleitung über künftige Ereignisse – beispielsweise über Technologiewechsel – enthält.

(2) Anwendung auf den Fall: Berücksichtigung zukünftiger Entwicklungen bei der Bilanzierung der Rückbauverpflichtung

Bestünden Anhaltspunkte dafür, dass die Kosten für die Demontage der Windenergieanlagen bis zum geplanten Rückbaudatum etwa durch den Einsatz neuer Technologien reduziert werden könnten, müsste der Rückstellungsbetrag dies reflektieren. Im vorliegenden Fall gibt es jedoch keine Hinweise auf den Eintritt solcher Entwicklungen; ebenso wenig gibt es konkrete Anhaltspunkte dafür, dass Änderungen des Preisniveaus die Rückbaukosten in eine bestimmte Richtung beeinflussen werden. Nach den Regelungen des IAS 37 sind daher weder künftige Ereignisse noch mögliche Preisänderungen in die Rückstellungsbewertung einzubeziehen.

Nach ED IAS 37 wäre dagegen (auch ohne Vorliegen konkreter Anhaltspunkte zum Bilanzstichtag[591]) zu prüfen, in wieweit künftige Ereignisse den Verpflichtungsbetrag ändern könnten. Die Ergebnisse dieser Überlegungen wären in die Ermittlung des Erwartungswerts künftiger Auszahlungen einzubeziehen.

bb) Berücksichtigung erwarteter Vorteile

(1) Erhoffte kompensierende Erlöse

(a) Rückgriffs- und Erstattungsansprüche

Rückstellungen nach IAS 37 dürfen grundsätzlich nicht mit Rückgriffsforderungen verrechnet werden.[592] Wenn es „so gut wie sicher" erscheint, dass die zur Erfüllung einer Verpflichtung erforderlichen Ausgaben ganz oder teilweise von einer anderen Partei erstattet werden, ist aber eine Rückgriffsforderung als separater Vermögenswert in die Bilanz aufzunehmen (IAS 37.53). Von dem (weniger strengen) Mindestwahrscheinlichkeitskriterium des IAS 37.15 (mehr Gründe müssen für als gegen das Bestehen einer gegenwärtigen Verpflichtung sprechen) weicht die Wahrscheinlichkeitsschwelle für die Aktivierung von Erstattungsansprüchen somit erkennbar ab. Daneben darf der für die Erstattung angesetzte Betrag nicht die Höhe des Rückstellungsbetrags übersteigen (IAS 37.53).

---

590 Kritisch auch *Bieg u. a.*, Die Saarbrücker Initiative gegen den Fair Value, DB 2008, S. 2549 (S. 2552).

591 Vgl. zu Einzelheiten ED IAS 37, BC.86–87.

592 Vgl. bereits IAS 1.33. In der Gewinn- und Verlustrechnung darf jedoch der Aufwand zur Bildung einer Rückstellung um die Höhe des aktivierten Erstattungsanspruchs vermindert dargestellt werden (IAS 37.54).

(b) Zukünftiger Abgang von Vermögenswerten

Neben Rückgriffsforderungen sind auch erwartete künftige Erträge aus dem Abgang eines Vermögenswerts nicht bei der Rückstellungsbewertung zu berücksichtigen; dies gilt selbst dann, wenn der Abgang des Vermögenswerts in zeitlicher und wirtschaftlicher Hinsicht eng mit der Erfüllung der Verpflichtung verbunden ist, für die die Rückstellung gebildet wurde (IAS 37.52). Begründet wird dies damit, dass ein noch nicht realisierter Veräußerungserfolg mit hoher Unsicherheit behaftet ist;[593] darüber hinaus dürften die Unsicherheiten und Risiken aus der der Rückstellung zugrunde liegenden Verpflichtung tatsächlich selten mit der Unsicherheit über die Erträge aus der Veräußerung des Vermögenswerts zusammenhängen.

(2) Anwendung auf den Fall: erhoffte Verwertungserlöse bei der Rückbauverpflichtung

Die (ungewissen) Erlöse aus der Verwertung der Stahltürme stellen keinen quasisicheren Rückgriffsanspruch gegenüber einer anderen Partei dar; die Aktivierung einer Forderung kommt daher nicht in Betracht. Da das betreffende Grundstück samt Aufbauten bereits veräußert wurde, sind darüber hinaus auch die Vorschriften zum zukünftigen Abgang von Vermögenswerten nicht anwendbar. Obwohl ein direkter Zusammenhang zwischen dem Rückbau der Anlage und möglichen Verwertungserlösen besteht, können die erhofften Erträge im vorliegenden Fall nicht bilanziell erfasst werden.

cc) Abzinsung

(1) Diskontierungsgebot

IAS 37.45 schreibt vor, dass eine Rückstellung zu diskontieren und mit dem Barwert anzusetzen ist, sofern der aus der Abzinsung resultierende Zinseffekt (mithin der Unterschiedsbetrag zwischen Erfüllungsbetrag und Barwert der Verpflichtung) als wesentlich erachtet wird. Es soll damit dem Umstand Rechnung getragen werden, dass in naher Zukunft anfallende Mittelabflüsse im Allgemeinen als wirtschaftlich belastender eingestuft werden als gleich hohe Mittelabflüsse in ferner Zukunft. Nach welchen Kriterien die Wesentlichkeit des Zinseffekts zu bestimmen ist, wird allerdings nicht explizit bestimmt. Nach herrschender Meinung sollte eine Abzinsung in Betracht gezogen werden, wenn der erwartete Erfüllungszeitpunkt mehr als ein Jahr nach dem Bilanzstichtag liegt.[594]

Für die Ermittlung des Diskontierungsfaktors ist gemäß IAS 37.47 ein fristadäquater Zinssatz vor Steuern zu wählen, der auch schuldspezifische Risiken widerspiegelt. Risiken, an die die Schätzungen künftiger Auszahlungen (etwa durch Verwen-

---

593 Vgl. *Hachmeister*, Verbindlichkeiten nach IFRS (2006), S. 140.

594 Vgl. *Hoffmann*, in: Lüdenbach/Hoffmann, Haufe IFRS-Kommentar (2009), § 21 Rückstellungen, Rn. 122; *Hebestreit/Schrimpf-Dörges*, in: Bohl/Riese/Schlüter (Hrsg.), Beck'sches IFRS-Handbuch (2009), § 13, Rn. 74.

dung von Sicherheitsäquivalenten) bereits angepasst wurden, bleiben bei der Bestimmung des Diskontierungsfaktors indes unbeachtet (IAS 37.47). Aus Vereinfachungsgründen wird in der Praxis regelmäßig angenommen, dass die (ohnehin schwer greifbaren) schuldspezifischen Risiken bei der Schätzung künftiger Auszahlungen berücksichtigt wurden; die Diskontierung des erwarteten Zahlungsstroms kann dann mit dem sog. „risikofreien Marktzins" erfolgen.[595] IAS 19.78 enthält eine für die Rückstellungsbewertung nach IAS 37 analog anwendbare Regelung zur Bestimmung dieses risikofreien Marktzinssatzes; demnach ist auf die am Bilanzstichtag ermittelte Rendite erstrangiger, festverzinslicher Industrieanleihen (in Ausnahmefällen auch Staatsanleihen) abzustellen.[596] Bei Sach- oder Dienstleistungsverpflichtungen ist es darüber hinaus geboten, Zahlungsgrößen und Zinssatz im Hinblick auf Preisniveauänderungen in Einklang zu bringen: Wurden in die Schätzung des Erfüllungsbetrags erwartete Preissteigerungen einbezogen, ist für die Diskontierung ein Nominalzinssatz zu verwenden. Wurde der Erfüllungsbetrag dagegen auf der Basis von inflationsbereinigten Zahlungsströmen (also zum gegenwärtigen Preisniveau) ermittelt, sollte ein Realzinssatz gewählt werden.[597]

(2) Anwendung auf den Fall: Abzinsung der Rückstellung für die Rückbauverpflichtung

Die für den Abriss der Windenergieanlagen anzusetzende Rückstellung ist mit einem fristadäquaten, nach den Maßgaben des IAS 37 auszuwählenden Zinssatz abzuzinsen, da die auf 6 Mio. GE geschätzten Demontagekosten erst im zweiten Jahr nach dem Berichtsjahr anfallen sollen. Auf eine Diskontierung der bereits das Folgejahr treffenden Planungskosten kann dagegen aus Wesentlichkeitsüberlegungen verzichtet werden.

3. Ergebnis nach IFRS

Die dargestellte Rückbauverpflichtung ist gemäß IAS 37 mit dem Betrag anzusetzen, den das Unternehmen zur Begleichung oder Übertragung der Verpflichtung zum Bilanzstichtag aufwenden müsste. Passivierungspflichtig sind alle durch die Verpflichtung zusätzlich entstehenden Einzel- und Gemeinkosten. Ungewisse Kostensteigerungen bleiben ebenso unberücksichtigt wie erwartete, jedoch nicht näher konkretisierte künftige Vorteile aus der Verwertung der Anlagen. Die Rück-

---

595 Vgl. *Adler/Düring/Schmaltz*, Rechnungslegung nach Internationalen Standards, Abschnitt 18, Rn. 83 (Stand: Sept. 2003).

596 Vgl. *Ernsting/von Keitz*, Bilanzierung von Rückstellungen nach IAS 37, DB 1998, S. 2477 (S. 2481).

597 Vgl. zu Einzelheiten *Kaiser*, Rückstellungsbilanzierung (2009), S. 125–131.

stellung für die Rückbauverpflichtung unterliegt dem Abzinsungsgebot des IAS 37.

Nach ED IAS 37 hingegen soll der Rückstellungsbetrag dem abgezinsten Erwartungswert zukünftiger Zahlungsströme entsprechen. Da die Inanspruchnahme aus der Entfernungsverpflichtung im vorliegenden Fall so gut wie sicher ist, würden Wahrscheinlichkeitsüberlegungen nicht in die Bemessung des zu passivierenden Betrags einbezogen.

III. Gesamtergebnis

1. Einheitlicher Bewertungsmaßstab für Schulden und somit auch maßgeblich für die Rückstellungsbewertung ist nach Grundsätzen ordnungsmäßiger Buchführung der Erfüllungsbetrag.
2. Für die Reduktion einer Bandbreite realistischer Schätzwerte auf den konkreten Wertansatz sind das Vorsichtsprinzip und das Prinzip vernünftiger kaufmännischer Beurteilung heranzuziehen. Im vorliegenden Fall einer (dem Grunde nach sicheren) Rückbauverpflichtung muss der Rückstellungsbetrag sämtliche erwarteten, zur Erfüllung der Verpflichtung notwendigen Aufwendungen abbilden.
3. Aus Objektivierungsrücksichten wurde nach Grundsätzen ordnungsmäßiger Bilanzierung bisher auf eine Einbeziehung ungewisser künftiger Kostensteigerungen wie auch unsicherer künftiger Vorteile verzichtet. Durch das BilMoG rückt nun das Erfüllungsbetragsprinzip gegenüber dem Stichtagsprinzip stärker in den Vordergrund; auch mit Unsicherheit behaftete Kostenveränderungen sind bei der Rückstellungsbemessung zu berücksichtigen.
4. Gemäß IAS 37 sind Rückstellungen mit dem Betrag zu bewerten, den das bilanzierende Unternehmen zur Begleichung oder Übertragung der Schuld am Bilanzstichtag aufwenden muss. Im Fall der Rückbauverpflichtung bedeutet dies die Passivierung aller unmittelbar durch die Verpflichtung entstehenden Einzel- und Gemeinkosten. Eine Saldierung des Rückstellungsbetrags mit unsicheren künftigen Vorteilen (etwa Verwertungserträgen) oder eine Einbeziehung nicht hinreichend konkretisierter künftiger Preisentwicklungen ist unzulässig. Nach ED IAS 37 stellt der Erwartungswert zukünftiger Zahlungsströme die Grundlage der Rückstellungsbemessung dar. Annahmen der Unternehmensleitung über die Wahrscheinlichkeit der Inanspruchnahme sowie über künftige, den Verpflichtungsbetrag ändernde Ereignisse sollen (weitgehend ohne Objektivierungsrestriktionen) in die Bewertung einbezogen werden. Eine Verrechnung des Rückstellungsbetrags mit künftigen Erträgen etwa aus Rückerstattungsansprüchen soll auch nach ED IAS 37 nicht erfolgen.
5. Langfristige Rückstellungen sind gemäß IAS 37 abzuzinsen – aufgrund der Neuregelungen durch das BilMoG gilt dies nun auch für die handelsrechtliche Rechnungslegung. Im vorliegenden Fall der Rückbauverpflichtung ist nicht vor

Ablauf eines Jahres nach dem Bilanzstichtag mit der Erfüllung der Verpflichtung zu rechnen; insofern entspricht eine Diskontierung der Rückstellung diesem Abzinsungsgebot. Ob die Abzinsung tatsächlich zum adäquaten Zeitwert der Rückbauverpflichtung am Bilanzstichtag geführt hat, kann erst im zweiten Folgejahr aus der (sicheren) Rückschau beantwortet werden. Keine Ungewissheit besteht darüber, dass künftige Ergebnisbelastungen nicht in voller Höhe antizipiert werden.

Weiterführende Literatur

HGB:

Binger, Marc,	Der Ansatz von Rückstellungen nach HGB und IFRS im Vergleich, Wiesbaden 2009, S. 6–116
Kozikowski, Michael/ Roscher, Klaus/ Schramm, Marianne,	in: Helmut Ellrott u.a. (Hrsg.), Beck'scher Bilanz-Kommentar, 7. Aufl., München 2010, Kommentierung zu § 253 HGB
Kaiser, Stephan,	Rückstellungsbilanzierung, Wiesbaden 2009, S. 112–152
Küting, Karlheinz/ Cassel, Jochen/ Metz, Christian,	Die Bewertung von Rückstellungen nach neuem Recht, DB, 61. Jg. (2008), S. 2317–2324
Moxter, Adolf,	Bilanzrechtsprechung, 6. Aufl., Tübingen 2007, S. 230–245
Rüdinger, Andreas,	Regelungsschärfe bei Rückstellungen. Normkonkretisierung und Anwendungsermessen nach GoB, IAS/IFRS und US-GAAP, Wiesbaden 2004, S. 97–120

IFRS:

Hoffmann, Wolf-Dieter,	in: Norbert Lüdenbach/Wolf-Dieter Hoffmann (Hrsg.), Haufe IFRS-Kommentar, 7. Aufl., Freiburg i.Br. u.a. 2009, § 21 Rückstellungen, Rn. 109–152
Kaiser, Stephan,	Rückstellungsbilanzierung, Wiesbaden 2009, S. 112–152
KPMG (Hrsg.),	Insights into IFRS, 6. Aufl., London 2009, S. 721–772
Schrimpf-Dörges, Claudia,	Umweltschutzverpflichtungen in der Rechnungslegung nach HGB und IFRS, Wiesbaden 2007, S. 224–229
Wüstemann, Jens/ Bischof, Jannis,	Der Grundsatz der Fair-Value-Bewertung von Schulden nach IFRS: Zweck, Inhalte und Grenzen, ZfB, 76. Jg. (2006), Special Issue 6, S. 77–110

Fall 11: **Planmäßige Abschreibungen – Beispiel Abschreibung von Gebäudekomplexen**

Sachverhalt:

Eine bundesweit tätige Textilhandelskette erwirbt zu Beginn des Geschäftsjahrs 01 in der Mannheimer Innenstadt ein zweistöckiges Gebäude eines etablierten Textilkaufhauses, das aufgrund rückläufiger Umsätze in den letzten Jahren geschlossen werden musste. Das Gebäude, das seit seiner Errichtung vor 25 Jahren im Grunde unverändert blieb, besitzt weder einen Fahrstuhl noch eine Rolltreppe. Deshalb entschließt sich die Handelskette, im Interesse ihrer Kunden eine Rolltreppe einzubauen, die beide Etagen verbindet. Die betriebsgewöhnliche Nutzungsdauer des Gebäudes wird von der Handelskette auf insgesamt 45 Jahre geschätzt. Aufgrund des sich schnell wandelnden technischen Fortschritts wird erwartet, dass die Rolltreppe technisch nur 15 Jahre nutzbar ist.[598]

Aufgabenstellung:

Wie stellt sich die Absetzung für Abnutzung für den Gebäudekomplex im Geschäftsjahr 01 nach GoB bzw. nach IFRS dar?

I. Lösung nach den Grundsätzen ordnungsmäßiger Bilanzierung

1. Gesetzliche Grundlagen

Die Bewertung von Vermögensgegenständen erfolgt nach § 253 Abs. 1 S. 1 HGB „höchstens mit den Anschaffungs- oder Herstellungskosten, vermindert um die Abschreibungen".

Die Reduktion der Anschaffungs- oder Herstellungskosten um Abschreibungen kann entweder planmäßig oder außerplanmäßig erfolgen. Planmäßige Abschreibungen mindern nach § 253 Abs. 3 S. 1 HGB „[b]ei Vermögensgegenständen des Anlagevermögens, deren Nutzung zeitlich begrenzt ist, […] die Anschaffungs- oder Herstellungskosten". Im Rahmen des Plans müssen die Anschaffungs- oder Herstellungskosten gemäß § 253 Abs. 3 S. 2 HGB auf die Geschäftsjahre verteilt werden, „in denen der Vermögensgegenstand voraussichtlich genutzt werden kann".

---

598 Der Sachverhalt lehnt sich an folgende Entscheidungen des BFH an: BFH, Urteil v. 12. 1. 1983 – I R 70/79, BStBl. II 1983, S. 223.

Bei der Bestimmung der Abschreibung muss die Rechtsprechung einen Kompromiss zwischen Vereinfachung und periodengerechter Ermittlung eines Gewinns eingehen.[599] Planmäßige Abschreibungen sollen den jährlichen Nutzungsverbrauch darstellen.[600] Dieser ist „den zugehörigen Geschäftsjahresumsätzen als Geschäftsjahresaufwand zu belasten";[601] demgegenüber sind die Abschreibungsregelungen durch vereinfachungsbedingte Typisierungen, wie die Richtlinien für die Nutzungsdauerbestimmung mittels steuerlicher AfA-Tabellen, gekennzeichnet. In der Regel dominieren bei der Bemessung von Abschreibungen Vereinfachungsprinzipien.[602]

2. Determinanten der Bemessung des Abschreibungsbetrags

a) Zugehörigkeit abnutzbarer Vermögensgegenstände zum Anlagevermögen

aa) Bedeutung der Zuordnung von Vermögensgegenständen zum Anlagevermögen nach handelsrechtlichen Grundsätzen

Eine planmäßige Abschreibung nach § 253 Abs. 3 HGB ist nur auf zeitlich begrenzt nutzbares Anlagevermögen anwendbar. Nach § 247 Abs. 2 HGB umfasst das Anlagevermögen, im Gegensatz zum Umlaufvermögen,[603] nur Gegenstände, „die dazu bestimmt sind, dauernd dem Geschäftsbetrieb zu dienen". Bei der Bestimmung der Zugehörigkeit des Vermögensgegenstands zum Anlagevermögen ist von objektiven Kriterien, bspw. der Art und Natur des Gegenstands, der Branche des Unternehmens und der tatsächlichen Nutzung auszugehen.[604] Zusätzlich ist durch die beabsichtigte Nutzung des Gegenstands der subjektive Wille des Kaufmanns zu berücksichtigen.[605]

bb) Anwendung auf den Fall: Prüfung der Zugehörigkeit des Gebäudes und der Rolltreppe zum Anlagevermögen

Sowohl das Gebäude als auch die Rolltreppe sind unzweifelhaft als Anlagevermögen einzustufen.

---

599 Vgl. zu Einzelheiten *Moxter*, Bilanzrechtsprechung (2007), S. 247 f.

600 Vgl. *Breidert*, Grundsätze ordnungsmäßiger Abschreibungen auf abnutzbare Anlagegegenstände (1994), S. 10.

601 *Moxter*, Grundsätze ordnungsgemäßer Rechnungslegung (2003), S. 201; vgl. *Kühnberger*, Planmäßige Abschreibungen auf das Anlagevermögen, BB 1997, S. 87 (S. 88).

602 Vgl. *Moxter*, Grundsätze ordnungsgemäßer Rechnungslegung (2003), S. 208 f.

603 Vgl. *ders.*, Grundsätze ordnungsgemäßer Rechnungslegung (2003), S. 202 f.

604 Vgl. *Adler/Düring/Schmaltz*, Rechnungslegung und Prüfung der Unternehmen (1995), § 253 HGB, Rn. 110 f.

605 Vgl. *dies.*, Rechnungslegung und Prüfung der Unternehmen (1995), § 253 HGB, Rn. 113.

Die beschränkte Nutzungsdauer der Sachanlagen wird entweder durch technische Abnutzung, d.h. in der Regel eine gebrauchsbedingte Abnutzung der Leistungsfähigkeit,[606] oder durch die betriebswirtschaftlich, rechtlich oder einen Wandel von Mode und Geschmack verursachte wirtschaftliche Nutzungsdauer bestimmt.[607] Da die Nutzungsmöglichkeit abnutzbarer Anlagen ab einem bestimmten Zeitpunkt als beendet angesehen werden kann, wenn dies bei dem Gebäude auch erst in weiter Zukunft (laut Fallstudie 45 Jahre) sein wird, sind sowohl die Rolltreppe als auch das Gebäude als abnutzbar einzustufen. Dies gilt, obwohl das Gebäude zivilrechtlich nur zusammen mit dem Grundstück erworben werden kann, das in der Regel eine unbeschränkte Nutzungsdauer hat und somit einer planmäßigen Abschreibung nicht zugänglich ist.[608]

b) Bewertungseinheit

aa) Grundsatz der Einzelbewertung

(1) Bedeutung des Prinzips der Einzelbewertung

Nach § 252 Abs. 1 Nr. 3 HGB sind Vermögensgegenstände einzeln zu bewerten. Gegebenenfalls stellt sich jedoch die Frage der Bewertungseinheit – so beispielsweise bei abnutzbarem Anlagevermögen wie Schrauben und Leitungen in einer Maschine, die in der Regel derart miteinander verbunden sind, dass technisch eine Einheit entsteht und eine Identifizierung von einzelnen Gütern nicht möglich ist. Weitere Ausnahmen von der Einzelbewertung entstehen durch eine unwirtschaftliche Preisfeststellung bzw. Bewertung oder wenn ein aussagefähiger Bilanzansatz erst durch die Zusammenfassung einzelner Positionen gleicher Art möglich werden.[609]

(2) Anwendung auf den Fall: Beurteilung der Möglichkeit zur Kostenbestimmung der Rolltreppe

Eine Einhaltung des Einzelbewertungsprinzips kann nicht daran scheitern, dass es unmöglich bzw. wirtschaftlich nicht vertretbar ist, die Rolltreppe separat zu bewerten. Sie war nicht bereits im Gebäude vorhanden, sondern wurde erst nachträglich eingebaut. Somit lassen sich die Kosten der Rolltreppe auch feststellen.

---

606 Vgl. *Adler/Düring/Schmaltz*, Rechnungslegung und Prüfung der Unternehmen (1995), § 253 HGB, Rn. 367.

607 Vgl. *dies.*, Rechnungslegung und Prüfung der Unternehmen (1995), § 253 HGB, Rn. 368.

608 Vgl. *dies.*, Rechnungslegung und Prüfung der Unternehmen (1995), § 253 HGB, Rn. 357.

609 Vgl. *Naumann/Breker*, in: v. Wysocki u. a. (Hrsg.), Handbuch des Jahresabschlusses, Bewertungsprinzipien für die Rechnungslegung nach HGB, Bilanzsteuerrecht und IAS/IFRS, Abt. I/7, Rn. 150 f. (Stand: Mai 2003).

bb) Einzelbewertung und Bilanzausweis

(1) Handelsrechtliche Ausweisvorschriften und Bilanzgliederung

Eine separate Bewertung von Teilen des Gebäudes könnte auch aufgrund handelsrechtlicher Ausweisvorschriften geboten sein. Die in § 266 Abs. 2 HGB vorgesehene Bilanzgliederung sieht eine Aufspaltung der Aktivseite zumindest in Anlage- und Umlaufvermögen sowie weitere Untergliederungen vor. Unter Sachanlagen werden nach § 266 Abs. 2 Abschn. A. II. HGB „Grundstücke, grundstücksgleiche Rechte und Bauten einschließlich der Bauten auf fremden Grundstücken" als eine Position getrennt von „technische[n] Anlagen und Maschinen", „andere[n] Anlagen und der Betriebs- und Geschäftsausstattung" sowie „geleistete[n] Anzahlungen und Anlagen im Bau" ausgewiesen.

(2) Anwendung auf den Fall: Prüfung der Rolltreppe auf Zurechnung zur Betriebs- und Geschäftsausstattung

Das Kaufhaus ist den Bauten, obwohl es zivilrechtlich ein Bestandteil des Grundstücks ist und von ihm nicht getrennt werden kann, als selbstständiger Vermögensgegenstand zuzurechnen.[610] Eine von der Bewertung des Gebäudes separierte Bewertung der Rolltreppe könnte geboten sein, wenn man die Rolltreppe zu der Betriebs- und Geschäftsausstattung der Textilkette zählen würde.

cc) Exkurs: selbstständige Gebäudeteile im Steuerrecht

Der handelsrechtliche Begriff der einheitlichen Bewertung ist auslegungsbedürftig. Die handelsrechtliche Auslegung und damit die Zuordnung der Anlagegüter zwischen Anlagen und Gebäude- oder Grundstücksbestandteilen orientiert sich grundsätzlich an der steuerlichen Abgrenzung.[611] Als selbstständig zu bewertende Gebäudeteile werden Betriebsvorrichtungen angesehen,[612] auch wenn sie fest mit dem Gebäude oder Grundstück verbunden sind. Betriebsvorrichtungen stehen in einer engen Beziehung zu den ausgeübten Aktivitäten des Gewerbebetriebs.

Die Abgrenzung von Betriebsvorrichtungen ergibt sich aus § 68 Abs. 2 S. 1 Nr. 2 BewG[613] sowie aus einem koordinierten Ländererlass der Finanzminister[614]. Betriebsvorrichtungen sind als bewegliche Wirtschaftsgüter anzusehen. Beispiele für

---

610 Vgl. *Kozikowski/Roscher/Schramm*, in: Ellrott u. a. (Hrsg.), Beck'scher Bilanz-Kommentar (2010), § 253 HGB, Rn. 394.

611 Vgl. *dies.*, in: Ellrott u. a. (Hrsg.), Beck'scher Bilanz-Kommentar (2010), § 253 HGB, Rn. 414; zum Problemkreis der Gebäudeabschreibung in der Handels- und Steuerbilanz vgl. *Wilhelm*, Gebäudebilanzierung und -abschreibung in der Handels- und Steuerbilanz, BB 1996, S. 1319 (S. 1319).

612 Vgl. *Glanegger*, in: Schmidt (Hrsg.), Einkommensteuergesetz (2009), § 6 EStG, Rn. 283; *Körner*, Das Prinzip der Einzelbewertung, WPg 1976, S. 430 (S. 435).

613 § 68 Abs. 2 S. 1 BewG: „In das Grundvermögen sind nicht einzubeziehen 1. Bodenschätze, 2. die Maschinen und sonstigen Vorrichtungen aller Art, die zu einer Betriebsanlage gehören (Betriebsvorrichtungen), auch wenn sie wesentliche Bestandteile sind. Einzubeziehen sind je-

diese „mit einer eigenständigen betrieblichen Sonderfunktion ausgestatteten und daher separat zu bilanzierenden Betriebsvorrichtungen sind fundamentierte Maschinen und Anlagen, produktionstechnisch notwendige Klimaanlagen in Chemiefaser- oder Tabakfabriken, Arbeits-, Bedienungs-, Beschickungsbühnen und Galerien aller Art, die ausschließlich zur Bedienung und Wartung der Maschinen, Apparate und maschinellen Anlagen bestimmt und geeignet sind, Lastenaufzüge, die unmittelbar dem innerbetrieblichen Transport der Rohstoffe und Erzeugnisse dienen, Be- oder Entwässerungsanlagen in Färbereien, Zellstofffabriken, Brauereien, Molkereien sowie Autowaschanlagen, Kinobestuhlungen, Rohrleitungsnetze, Kraftstromanlagen oder Kühlzelleneinrichtungen."[615]

Als besondere Form der Betriebsvorrichtung können auch Ladeneinbauten, wie Schaufensteranlagen, Gaststätteneinbauten oder Bäckereitheken, angesehen werden. Diese Gebäudebestandteile können ausnahmsweise selbstständig aktiviert und abgeschrieben werden, da sie eine vom Gebäude separierbare Funktion sowie eine wesentlich kürzere Nutzungsdauer haben und für den Gewerbebetrieb genutzt werden.[616]

dd) Einheitlicher Nutzungs- und Funktionszusammenhang

(1) Bedeutung des Kriteriums des einheitlichen Nutzungs- und Funktionszusammenhangs

Das entscheidende von der Rechtsprechung entwickelte Kriterium, das für die Abgrenzung zwischen Anlagen und Gebäude- oder Grundstücksbestandteilen herangezogen wird, ist das Kriterium des einheitlichen Nutzungs- und Funktionszusammenhangs.[617]

Abhängig von dem jeweiligen Einsatz- und Verwendungszweck im konkreten Betrieb hat sich eine umfangreiche konkretisierende Steuerrechtsprechung zum einheitlichen Nutzungs- und Funktionszusammenhang gebildet. Eine bestimmte Sachanlage kann so in einem produzierenden Betrieb als Betriebsvorrichtung an-

---

doch die Verstärkungen von Decken und die nicht ausschließlich zu einer Betriebsanlage gehörenden Stützen und sonstigen Bauteile, wie Mauervorlagen und Verstrebungen."

614 Vgl. Erlass betr. Hauptfeststellung der Einheitswerte des Grundbesitzes auf den 1. Januar 1964 vom 31. 3. 1967, BStBl. II 1967, S. 127 (S. 129): „Die Entscheidung der Frage, ob die einzelnen Bestandteile […] Teile von Gebäuden oder Betriebsvorrichtungen sind, hängt davon ab, ob sie der Benutzung des Gebäudes ohne Rücksicht auf den gegenwärtig ausgeübten Betrieb dienen oder ob sie in einer besonderen Beziehung zu diesem Betrieb stehen."

615 *Funnemann*, Herstellungs- und Erhaltungsaufwendungen im Lichte nationaler und internationaler Rechnungslegungsgrundsätze (2002), S. 147 f.

616 Vgl. *Kozikowski/Roscher/Schramm*, in: Ellrott u. a. (Hrsg.), Beck'scher Bilanz-Kommentar (2010), § 253 HGB, Rn. 398.

617 Vgl. *dies.*, in: Ellrott u. a. (Hrsg.), Beck'scher Bilanz-Kommentar (2010), § 253 HGB, Rn. 414; *Glanegger*, in: Schmidt (Hrsg.), Einkommensteuergesetz (2009), § 6 EStG, Rn. 282; *Kupsch*, Zum Verhältnis von Einzelbewertungsprinzip und Imparitätsprinzip, in: Moxter u. a. (Hrsg.), FS Forster (1992), S. 339 (S. 343).

gesehen werden, in einem Handelsbetrieb jedoch als Gebäudebestandteil.[618] So ist die mit einer Beleuchtungsanlage versehene Kassettendecke ein Gebäudebestandteil, während eine Wand- oder Deckenverkleidung als Betriebsvorrichtung anzusehen ist, sofern Nutzung und Funktion der Decke als Ladenausstattung im Vordergrund stehen.

Für die Einstufung als selbstständige Betriebsvorrichtung ist nicht schon ausreichend, dass eine Anlage zu einem gewerblichen Betrieb gehört oder sie für die Ausübung des Gewerbebetriebs nützlich, notwendig oder vorgeschrieben ist. Eine Anlage ist dann als Gebäudebestandteil zu klassifizieren, wenn sie ihrem Wesen nach in einem Nutzungs- und Funktionszusammenhang mit dem Gebäude steht, wie das bei Be- und Entlüftungs- oder Sprinkleranlagen der Fall ist.[619]

Durch das Kriterium des einheitlichen Nutzungs- und Funktionszusammenhangs wird insofern die mögliche Annahme korrigiert, dass Gegenstände aufgrund ihrer technischen, funktionalen oder dauerhaften Verbundenheit mit dem Gebäude immer als einheitlicher Vermögensgegenstand einzustufen seien.[620]

Obwohl sich einzelne Bestandteile eines Gebäudes verschieden schnell abnutzen, ist das Gebäude und das gesamte mit ihm in einem einheitlichen Nutzungs- und Funktionszusammenhang stehende Anlagevermögen einheitlich abzuschreiben. Die korrekte „Zuordnung von verbrauchten Nutzleistungen zu einzelnen Perioden"[621] wird hier durch Vereinfachungserwägungen zurückgedrängt. „Wollte man die einzelnen Gebäudeteile je nach ihrer unterschiedlichen Nutzungsdauer abschreiben, so ergäbe sich ein Abschreibungschaos."[622]

Durch die einheitliche Abschreibung von Gebäuden und Gebäudebestandteilen reduziert sich zwar die jährliche Abschreibung, jedoch kann es als vorteilhaft angesehen werden, „daß Aufwendungen zur Erneuerung unselbständiger Gebäudeteile als Erhaltungsaufwand sofort abzusetzen sind,[623] während sie nach der früheren

---

618 Vgl. *Kozikowski/Roscher/Schramm*, in: Ellrott u.a. (Hrsg.), Beck'scher Bilanz-Kommentar (2010), § 253 HGB, Rn. 418.

619 Vgl. *dies.*, in: Ellrott u.a. (Hrsg.), Beck'scher Bilanz-Kommentar (2010), § 253 HGB, Rn. 421.

620 Vgl. *Baetge/Ziesemer*, in: Baetge/Kirsch/Thiele (Hrsg.), Bilanzrecht, § 252 HGB, Rn. 120 (Stand: Juli 2003).

621 *Jüttner*, GoB-System, Einzelbewertungsgrundsatz und Imparitätsprinzip (1993), S. 127 f.

622 *Döllerer*, Die Rechtsprechung des Bundesfinanzhofes zum Steuerrecht der Unternehmen, ZGR 1975, S. 294 (S. 298). Eine Aufteilung des Gebäudes im Interesse einer periodengerechten Gewinnermittlung wurde jedoch von der Rechtsprechung bis zum Beschluss des Großen Senats 1971 vertreten. Vgl. BFH, Beschluss v. 16. 11. 1973 – GrS 5/71, BFHE 111, 242, BStBl. II 1974, S. 132 (S. 134): „Gesonderte AfA von Gebäudeteilen ist grundsätzlich auch bei Gebäuden des Betriebsvermögens nicht mehr anzuerkennen."

623 Vgl. Fall 9, Herstellungskosten – Beispiel Büroeinrichtungen, I.1.a).

Rechtsprechung, soweit eine gesonderte AfA zugelassen wurde, als Herstellungs-aufwand zu aktivieren waren"[624].

(2) Anwendung auf den Fall: Prüfung des Gebäudes und der Rolltreppe hinsichtlich eines einheitlichen Nutzungs- und Funktionszusammenhangs

Bei „Gebäudebestandteilen ist davon auszugehen, dass der einheitliche Nutzungs- und Funktionszusammenhang mit dem Gebäude der Regelfall und die selbständige Bewertung der Ausnahmefall ist"[625].

Sowohl für die Behandlung der nachträglich eingebauten Rolltreppe als vom Gebäude separat zu bewertender Anlagenbestand als auch für die Einrechnung als Gebäudebestandteil können Gründe angeführt werden. Auf der einen Seite könnte man die Rolltreppe hier als Betriebsvorrichtung ansehen, da sie in einer unmittelbaren Beziehung zu dem im Gebäude ausgeübten Gewerbebetrieb (Textilhandel) steht. Das Gebäude ist auch ohne Rolltreppe über die vorhandenen Treppen begehbar. Rolltreppen erleichtern den Kunden des Textilkaufhauses lediglich den Besuch der oberen Stockwerke des Gebäudes.

Das dem Anlagevermögen zuzuordnende abnutzbare Gebäude und die Rolltreppe sind jedoch als Bewertungseinheit anzusehen, obwohl eine separate Bewertung durchaus möglich ist und sich die Nutzungsdauer der Rolltreppe von der des Gebäudes erheblich unterscheidet. Für die Einstufung als Funktionseinheit der Rolltreppe mit dem Gebäude ist „ausschlaggebend […], daß die Rolltreppen – wie auch Personenaufzüge – nicht dem Angebot und dem Verkauf der Waren an den Kunden dienen".[626] Die Abschreibung der Rolltreppe unterliegt somit den Grundsätzen der Abschreibung des Gebäudes.[627] Zur Bewertungseinheit „Gebäude" werden neben der Rolltreppe unter anderem folgende Bestandteile gezählt: „Fahrstuhl-anlagen, Heizungsanlagen sowie Be- und Entlüftungsanlagen, welche nur der Nutzung des Gebäudes dienen".[628]

Die Vereinfachung der Gebäudeabschreibung drängt insoweit die periodengerechte Gewinnermittlung zurück. Rolltreppen haben in Warenhäusern oder sonstigen Einzelhandelsgeschäften die Funktion, das Gebäude nutzbar zu machen, und stehen somit in einem einheitlichen Nutzungs- und Funktionszusammenhang mit dem Gebäude. „Sie sollen dem kaufenden Publikum den Besuch der oberen Stockwerke erleichtern. Sie dienen ganz allgemein der rascheren Abwicklung des Personenverkehrs zwischen den einzelnen Stockwerken."[629]

---

624 *Döllerer*, Die Rechtsprechung des Bundesfinanzhofes zum Steuerrecht der Unternehmen, ZGR 1975, S. 294 (S. 299).

625 *Kozikowski/Roscher/Schramm*, in: Ellrott u. a. (Hrsg.), Beck'scher Bilanz-Kommentar (2010), § 253 HGB, Rn. 398.

626 BFH, Urteil v. 12. 1. 1983 – I R 70/79, BStBl. II 1983, S. 223 (S. 224).

627 Vgl. BFH, Urteil v. 12. 1. 1983 – I R 70/79, BStBl. II 1983, S. 223 (S. 223).

628 BFH, Urteil v. 12. 1. 1983 – I R 70/79, BStBl. II 1983, S. 223 (S. 223).

629 BFH, Urteil v. 12. 1. 1983 – I R 70/79, BStBl. II 1983, S. 223 (S. 223 f.).

Da die einzelnen Stockwerke jedoch auch ohne die Rolltreppe über Treppen erreichbar sind, könnte auch die oben angeführte Argumentation greifen, dass die Rolltreppen als Betriebsvorrichtungen des Gewerbebetriebes anzusehen und separat abzuschreiben sind. Dieser Auffassung kann man jedoch entgegenhalten, dass „nicht alle Bestandteile des Grundstücks, die für den Betrieb zweckmäßig und unter Berücksichtigung des Verhaltens und der Ansprüche des Publikums notwendig sind, selbständig bewertbare und für sich abschreibbare Wirtschaftsgüter (Betriebsvorrichtungen) [sind], sondern nur diejenigen, durch die das Gewerbe ausgeübt wird"[630].

c) Abschreibungsmethode

aa) Bestimmung der Abschreibungsmethode gemäß handelsrechtlicher GoB

Während steuerlich für Gebäude, die zum Betriebsvermögen gehören, nach § 7 Abs. 4 S. 1 EStG eine lineare Absetzung für Abnutzung vorgeschrieben ist, ist handelsrechtlich lediglich eine planmäßige Abschreibung anzuwenden, ohne dass explizit eine Methode vorgegeben wird. Das handelsrechtliche Gebot der Planmäßigkeit der Abschreibung dient zum einen der Nachprüfbarkeit der Abschreibungsbeträge und zum anderen der Vergleichbarkeit der Jahresabschlüsse aufgrund einer stetigen Bewertung.[631]

bb) Anwendung auf den Fall: Bestimmung der Abschreibungsmethode für die Gebäudebestandteile

Die Gebäudebestandteile sind nach handelsrechtlichen GoB planmäßig abzuschreiben, wobei auch andere Methoden als die steuerrechtlich vorgeschriebene lineare Abschreibung zulässig sind. Der Nutzenverlauf der Rolltreppe ist aufgrund des einheitlichen Nutzungs- und Funktionszusammenhangs unerheblich. Da die Textilhandelskette von einer gleichmäßigen Abnutzung ausgeht, schreibt sie das Gebäude linear ab.

d) Nutzungsdauer

aa) Bedeutung der Nutzungsdauer bei beweglichem Anlagevermögen

Da die Schätzung der Nutzungsdauer mit erheblichen Unsicherheitsfaktoren behaftet ist, hat sie aufgrund § 252 Abs. 1 Nr. 4 HGB vorsichtig zu erfolgen.[632] Steuerlich werden in der Regel die von der Finanzverwaltung für bewegliches Anlagevermögen erarbeiteten AfA-Tabellen zur Nutzungsdauerbestimmung herangezo-

---

630 BFH, Urteil v. 12. 1. 1983 – I R 70/79, BStBl II 1983, S. 223 (S. 224).
631 Vgl. *Ballwieser*, Abschreibungen, in: Leffson/Rückle/Großfeld (Hrsg.), Handwörterbuch unbestimmter Rechtsbegriffe im Bilanzrecht des HGB (1986), S. 29 (S. 31).
632 Vgl. *Adler/Düring/Schmaltz*, Rechnungslegung und Prüfung der Unternehmen (1995), § 253 HGB, Rn. 378.

gen, was jedoch nicht bedeutet, dass diese zwingend anzuwenden sind.[633] Auch tatsächlich kürzere Nutzungsdauern können gerechtfertigt sein.[634]

bb) Anwendung auf den Fall: Bestimmung der Nutzungsdauer des Gebäudes

In der Fallstudie wird von einer geschätzten Nutzungsdauer von 45 Jahren ausgegangen.

Aufgrund des oben festgestellten Nutzungs- und Funktionszusammenhangs ist die Rolltreppe zusammen mit dem Gebäude über die verbleibenden 20 Jahre abzuschreiben. Die Nutzungsdauer ist aufgrund der Einheitlichkeit des Abschreibungsbetrags deshalb auch nicht als durchschnittliche Nutzungsdauer aller Teile, sondern als Nutzungsdauer des Teils, welches der Anlage nach der Verkehrsauffassung das Gepräge gibt, zu bestimmen.[635]

3. Ergebnis nach den Grundsätzen ordnungsmäßiger Bilanzierung

Die Rolltreppe steht in einem einheitlichen Nutzungs- und Funktionszusammenhang mit dem Gebäude; sie ist deshalb als Einheit zusammen mit dem Gebäude zu betrachten und auch gemeinsam mit diesem abzuschreiben.

II. Lösung nach IFRS

1. Anzuwendende Vorschriften

a) Abschreibungen in den IFRS

Nach dem Rahmenkonzept wird durch Abschreibungen der Verbrauch des Nutzens von Vermögenswerten erfasst. Nicht spezifiziert wird, wie dieser Nutzenverbrauch zu bestimmen ist (z.B. hinsichtlich Abschreibungsbetrag, -methode oder Nutzungsdauer). Das Rahmenkonzept ist mithin ungeeignet, für eine Lösung herangezogen zu werden.

Analog zur Festlegung der Anschaffungskosten werden Abschreibungen nicht in einem Standard für alle Vermögenswerte, sondern in Abhängigkeit des jeweils zu-

---

633 Vgl. *Thiele/Breithaupt*, in: Baetge/Kirsch/Thiele (Hrsg.), Bilanzrecht, § 253 HGB, Rn. 233 (Stand: Sept. 2002).

634 Vgl. *Adler/Düring/Schmaltz*, Rechnungslegung und Prüfung der Unternehmen (1995), § 253 HGB, Rn. 379.

635 *Kahle/Heinstein/Dahlke*, in: v. Wysocki u.a. (Hrsg.), Handbuch des Jahresabschlusses, Das Sachanlagevermögen, Abt. II/2, Rn. 139 (Stand: Okt. 2007).

grunde liegenden Vermögenswerts bzw. Sachverhalts beschrieben.[636] So werden Abschreibungen u. a. in IAS 16 (Sachanlagen), IAS 36 (Wertminderung von Vermögenswerten) und IAS 38 (Immaterielle Vermögenswerte) näher erläutert. Die planmäßigen Abschreibungen in IAS 16.6 und die Abschreibung bzw. Amortisation in IAS 36.6 wird als „systematische Verteilung des Abschreibungsvolumens eines Vermögenswerts über dessen Nutzungsdauer" verstanden. Für immaterielle Vermögenswerte wird nach IAS 38.8 explizit die Verteilung des „gesamten Abschreibungsbetrags" auf dessen Nutzungsdauer gefordert. Anhand der einschlägigen Standards soll nun der Umfang der Abschreibungen nach den IFRS bestimmt werden.

b) Abschreibungen von Sachanlagen

aa) Kriterien der Definition von Sachanlagen

IAS 16 behandelt die Bilanzierung von Sachanlagen. Dabei werden in IAS 16.6 Sachanlagen als „materielle Vermögenswerte, (a) die für Zwecke der Herstellung oder der Lieferung von Gütern und Dienstleistungen, zur Vermietung an Dritte oder für Verwaltungszwecke gehalten werden; und die (b) erwartungsgemäß länger als eine Periode genutzt werden", definiert.

bb) Anwendung auf den Fall: Prüfung auf Anwendbarkeit des IAS 16 in Bezug auf das Gebäude und die Rolltreppe

Sowohl das Gebäude als auch die Rolltreppe der Textilhandelskette in der Fallstudie sind materielle Werte. Die im Gebäude eingebaute Rolltreppe dient wie das Gebäude selbst dem Verkauf von Waren über eine Periode hinaus, deshalb ist IAS 16 für diese Fallstudie einschlägig.

2. Umfang der Abschreibungen nach IAS 16

a) Konkretisierung der Abschreibung von Sachanlagen

aa) Folgebewertung von Sachanlagen gemäß IAS 16

Abschreibungen sind für die fortgeführte Bewertung von Sachanlagen maßgeblich. Nach IAS 16.30 sind Sachanlagen nach dem erstmaligen Ansatz „zu ihren Anschaffungskosten abzüglich der kumulierten Abschreibungen und kumulierten Wertminderungsaufwendungen anzusetzen". Auch die alternativ zulässige Methode des IAS 16.31, die den Ansatz von Sachanlagen zu einem Neubewertungsbetrag

---

636 *Hoffmann* (in: Lüdenbach/Hoffmann [Hrsg.], Haufe IFRS-Kommentar [2009], § 10 Planmäßige Abschreibungen, Rn. 3 [auch Zitat]) verweist zu Recht darauf, dass dadurch die „elegante Lösung des HGB zu positionenübergreifenden Lösungen" von den IFRS nicht geleistet werden kann.

ermöglicht, erfordert die Berücksichtigung „nachfolgender kumulierter planmäßiger Abschreibungen und nachfolgender kumulierter Wertminderungsaufwendungen".

bb) Abgrenzung der Abschreibungseinheiten

(1) Einzelbewertung und Bilanzausweis

Auch nach IFRS wird das Sachanlagevermögen nicht insgesamt bilanziert, sondern aufgeteilt, was sich schon aus der rudimentären Bilanzgliederung in IAS 1.54 ergibt; jedoch ist „[d]er Grundsatz der Einzelbewertung [...] in den Vorschriften des IASB nicht explizit verankert"[637]. Ein Hinweis auf die Abgrenzung von Sachanlagen findet sich in IAS 16.37, der die folgenden eigenständigen Gruppen festlegt: Im Einzelnen sind dies unbebaute Grundstücke, Grundstücke und Gebäude, Maschinen und technische Anlagen, Schiffe, Flugzeuge, Kraftfahrzeuge, Betriebs- sowie Büroausstattungen.

Neben der Einteilung der Vermögenswerte in Gruppen für die alternativ zulässige Neubewertungsmethode sollte diese Aufteilung auch für den Ausweis herangezogen werden.[638] Jedoch ist diese Unterteilung noch nicht detailliert genug, da die unter Punkt (b) ausgewiesenen Grundstücke und Gebäude nach IAS 16.58 für Rechnungslegungszwecke als getrennte Vermögenswerte zu behandeln sind, auch wenn sie zusammen erworben wurden. Da die IFRS (wie im Handelsrecht auch) hier davon ausgehen, dass Grundstücke in der Regel eine unbegrenzte, Gebäude jedoch eine begrenzte Nutzungsdauer haben, unterliegen nach IFRS nur Letztere einer planmäßigen Abschreibung.

Die Abgrenzung von Sachanlagen gegeneinander ist nach IAS 16.9 in Abhängigkeit von speziellen Umständen oder der Art des Unternehmens vorzunehmen und folgt dem Erfüllen der Ansatzkriterien.[639] So sind in dieser Vorschrift beispielsweise bedeutende Ersatzteile und Bereitschaftsausrüstungen von Sachanlagen, die länger als eine Periode genutzt werden, als Beispiele für Sachanlagen genannt, auch sind einzeln unbedeutende Gegenstände, wie Press- oder Gussformen, bei Angemessenheit zusammen als ein Vermögenswert abzuschreiben.[640]

(2) Komponentenansatz gemäß IAS 16

Der Zusammenfassung von „unbedeutenden Gegenständen" (IAS 16.9) steht die (bewertungstechnische) Aufteilung der gesamten Ausgaben für einen Vermögens-

---

637 *Baetge/Ziesemer*, in: Baetge/Kirsch/Thiele (Hrsg.), Bilanzrecht, § 252 HGB, Rn. 531 (Stand: Juli 2003).

638 Vgl. *Ballwieser*, in: Baetge u. a. (Hrsg.), Rechnungslegung nach IFRS, IAS 16, Rn. 70 (Stand: Juli 2009).

639 Vgl. *Pellens/Füllbier/Gassen*, Internationale Rechnungslegung (2008), S. 312.

640 Vgl. *Ballwieser*, in: Baetge u. a. (Hrsg.), Rechnungslegung nach IFRS, IAS 16, Rn. 15 (Stand: Juli 2009).

wert auf seine Bestandteile nach IAS 16.43 gegenüber. Als Beispiel für die Aufgliederung eines Vermögenswerts in unterschiedliche Bewertungseinheiten ist in IAS 16.44 ein Flugzeug angegeben. Danach seien Triebwerke als eigenständige abschreibungsfähige Komponente (sog. bedeutsame Teile) zu behandeln, wenn es den Umständen entsprechend erscheint.[641] Eine Aufteilung führt aber nicht zu einem Ansatz getrennter Vermögenswerte, diese dient lediglich der genaueren Bewertung durch eine komponentenspezifische Nutzenverlaufserfassung; die einzelnen Bewertungseinheiten müssen die Ansatzkriterien nicht erfüllen.[642] Einzeln nicht bedeutsame Teile können als Rest zusammengefasst und gemeinsam abgeschrieben werden (IAS 16.46 f.); ebenso ist es gestattet, Komponenten mit einem gemeinsamen Nutzenverlauf zusammenzufassen (IAS 16.45).

cc) Abschreibungsmethode

Das nach IAS 16.6 durch den Abzug des Restwerts ermittelte Abschreibungsvolumen eines Vermögenswerts ist nach IAS 16.50 auf systematischer Grundlage über dessen Nutzungsdauer zu verteilen.

Auch die IFRS sehen keine verbindliche Abschreibungsmethode für Sachanlagevermögen vor. Nach IAS 16.60 hat die Abschreibungsmethode lediglich dem Verbrauch des wirtschaftlichen Nutzens des Vermögenswerts durch das Unternehmen zu entsprechen. Die Abschreibungen für jede Periode sind als Aufwand zu erfassen, soweit sie nicht in die Buchwerte anderer Vermögenswerte einzurechnen sind (IAS 16.48). Als mögliche Methoden werden in IAS 16.62 explizit (aber nicht abschließend[643]) die lineare, die degressive oder die leistungsabhängige Abschreibung erwähnt.

dd) Nutzungsdauer

In der Regel wird nach IAS 16 von einem Verbrauch von Vermögenswerten aufgrund der Nutzung im Unternehmen ausgegangen, wobei jedoch auch technische Veralterung oder Verschleiß zu einer Nutzenminderung führen. Bei der Schätzung der Nutzungsdauer des Sachanlagevermögens nach IAS 16.56 sind Faktoren wie „(a) die erwartete Nutzung des Vermögenswerts […]; (b) der erwartete physische Verschleiß […]; (c) die technische oder gewerbliche Überholung […]; (d) rechtliche und ähnliche Nutzungsbeschränkungen des Vermögenswerts", ebenso wie betriebsindividuelle Gegebenheiten (IAS 16.57) zu berücksichtigen.

---

641 Vgl. *Andrejewski/Böckem*, Praktische Fragestellungen der Implementierung des Komponentenansatzes nach IAS 16, Sachanlagen (Property, Plant and Equipment), KoR 2005, S. 75 (S. 77).

642 Vgl. *Wagenhofer*, Internationale Rechnungslegungsstandards (2009), S. 200 f.; *Tanski*, Sachanlagen nach IFRS (2005), S. 56 f.

643 Vgl. *Hoffmann*, in: Lüdenbach/Hoffmann (Hrsg.), Haufe IFRS-Kommentar (2009), § 10 Planmäßige Abschreibungen, Rn. 27.

b) Anwendung auf den Fall: Festlegung der Abschreibung der Gebäudebestandteile

Die Rolltreppe wird von der Textilkette nicht als eigener Vermögenswert angesetzt, sondern mit dem Gebäude aktiviert, da ihr Nutzenfluss nicht unabhängig von diesem ist. Die Ausgaben für die Beschaffung der Rolltreppe sind dem Gebäude als Anschaffungskosten zuzurechnen.

Obwohl sich der Nutzenverlauf der Rolltreppe signifikant von dem des Gebäudes unterscheidet, verbleibt dem Rechnungslegenden aufgrund der allgemeinen Regelungen des Standards ein Ermessensspielraum. So ist der Begriff „bedeutsame[r] Anschaffungswert im Verhältnis zum gesamten Wert des Gegenstands" nicht näher bestimmt; Konkretisierungen seitens der Literatur reichen von 5%[644] bis zur einer Spanne von 15 bis 20%[645]. Vor dem Hintergrund einer möglichst großen Deckungsgleichheit zwischen Jahres- und IFRS-Einzelabschluss aus Kostengründen, argumentiert die Textilkette, dass der Anschaffungswert der Rolltreppe (ebenso wie der anderer Bestandteile) nicht bedeutsam ist. Folglich schreibt sie die Rolltreppe mitsamt dem Gebäude über die verbleibenden 20 Jahre ab. Hätte sie bedeutsame Teile identifiziert, müsste sie die Rolltreppe mit den restlichen nicht bedeutsamen Komponenten zusammen abschreiben. Ein eventuell späterer Ersatz ist gemäß IAS 16.13 zu berücksichtigen.

Da eine gegenteilige Beurteilung durchaus denkbar wäre, muss die Bilanzierung der Rolltreppe nach IFRS nicht zwingend den handelsrechtlichen Regelungen, die auf einen einheitlichen Nutzungs- und Funktionszusammenhang der Rolltreppe mit dem Gebäude abstellen, entsprechen. Die IFRS fordern hingegen (tendenziell) eine Dekomposition der Anlagengüter, d.h. eine gedankliche Aufgliederung des Guts in wesentliche Einheiten, die jeweils homogenen Verzehrsbedingungen unterliegen:[646] „Die Tendenz in den IAS geht also in Richtung *Atomisierung'* eines Vermögenswertes – ganz im Gegensatz zu der durch die BFH-Rechtsprechung vorgegebenen deutschen Rechnungslegungspraxis."[647]

---

644 Vgl. *Andrejewski/Böckem*, Praktische Fragestellungen der Implementierung des Komponentenansatzes nach IAS 16, Sachanlagen (Property, Plant and Equipment), KoR (2005), S. 75 (S. 78).

645 Vgl. *Hoffmann*, in: Lüdenbach/Hoffmann (Hrsg.), Haufe IFRS-Kommentar (2009), § 10 Planmäßige Abschreibungen, Rn. 7.

646 Vgl. *Funnemann*, Herstellungs- und Erhaltungsaufwendungen im Lichte nationaler und internationaler Rechnungslegungsgrundsätze (2002), S. 112 f.

647 *Lüdenbach/Hoffmann*, Vergleichende Darstellung von Bilanzierungsproblemen des Sach- und immateriellen Anlagevermögens nach IAS und HGB, StuB 2003, S. 145 (S. 147, Hervorhebung im Original).

3. Ergebnis nach IFRS

Die Ausgaben für den Erwerb der Rolltreppe sind unter dem Vermögenswert Gebäude zu aktivieren. Verneint man die Bedeutsamkeit der Aufwendungen, ist die Rolltreppe mit den restlichen nicht bedeutsamen Teilen abzuschreiben oder (falls keine Bewertungseinheiten identifiziert wurden) mit dem Gebäude. Ansonsten stellt sie eine eigene Bewertungseinheit dar, die entsprechend ihrem Nutzenverlauf abgeschrieben wird.

III. Gesamtergebnis

1. Einer planmäßigen Abschreibung unterliegen nur abnutzbare Vermögensgegenstände des Anlagevermögens, wozu sowohl das Gebäude selbst als auch die darin nachträglich eingebaute Rolltreppe der Fallstudie zählt. Bei der Bemessung der Höhe der periodischen Abschreibung sind die Abschreibungseinheit, die Abschreibungsmethode und die Nutzungsdauer festzulegen.
2. Die Aktivierung von Vermögensgegenständen unterliegt dem Grundsatz der Einzelbewertung, der jedoch auslegungsbedürftig ist. Für die Beurteilung der Zurechenbarkeit eines Anlageguts zu einem anderen ist nach GoB das von der höchstrichterlichen Rechtsprechung herausgebildete Kriterium des einheitlichen Nutzungs- und Funktionszusammenhangs heranzuziehen, das im vorliegenden Fall einschlägig ist, da die Rolltreppe das Gebäude nutzbar macht.
3. Jedoch sind nach GoB nicht alle mit einem Gebäude fest verbundenen Anlagen als Gebäudebestandteile einzuordnen. Dem ausgeübten Gewerbebetrieb zuzuordnende Betriebsvorrichtungen, wie z. B. Lastenaufzüge oder Ladeneinbauten, sind separat zu bewerten und abzuschreiben.
4. Für die Lösung der Fallstudie zu den Abschreibungen des Gebäudekomplexes nach IFRS muss auf IAS 16 (Sachanlagen) zurückgegriffen werden; die Höhe des Abschreibungsbetrags ist von der Abschreibungseinheit, der Abschreibungsmethode und der Nutzungsdauer abhängig. Der Standard strebt entgegen den GoB eine getrennte Abschreibung einzelner Bestandteile an, um den Nutzenverlust besser abbilden zu können.
5. Relevante Faktoren für die Bestimmung der Abschreibungseinheit sind spezielle Umstände oder die Art des Unternehmens. Voraussetzung für eine separate Erfassung als Bewertungseinheit ist ein bedeutsamer Wert im Vergleich zum Gesamtwert, indes ist der Begriff nicht konkretisiert. Die getrennte Erfassung der planmäßigen Abschreibung der Bewertungseinheit hat nicht die separate Aktivierung eines eigenen Vermögenswerts zur Folge.
6. Die Textilhandelskette schreibt die Rolltreppe trotz des signifikanten Unterschieds in der Nutzungsdauer nicht separat ab, sondern zusammen mit dem Gebäude. Bei einer entgegengesetzten Beurteilung der Bedeutsamkeit hätte sie die Rolltreppe als eigene Bewertungseinheit entsprechend ihrem Nutzenverlauf abschreiben können.

Weiterführende Literatur

HGB:

Ballwieser, Wolfgang,	in: Karsten Schmidt (Hrsg.), Münchener Kommentar zum Handelsgesetzbuch, Bd. 4, 2. Aufl., München 2008, Kommentierung zu § 253 HGB
Breidert, Ulrike,	Grundsätze ordnungsmäßiger Abschreibungen auf abnutzbare Anlagegegenstände, Düsseldorf 1994
Frank, Manfred,	Bewertung und Abschreibung, 6. Aufl., Stuttgart u. a. 2001
Kozikowski, Michael/ Roscher, Klaus/ Schramm, Marianne,	in: Helmut Ellrott u. a. (Hrsg.), Beck'scher Bilanz-Kommentar, 7. Aufl., München 2010, Teilkommentierung zu § 253 HGB
Moxter, Adolf,	Bilanzrechtsprechung, 6. Aufl., Tübingen 2007, S. 246–266

IFRS:

Ballwieser, Wolfgang,	in: Jörg Baetge u. a. (Hrsg.), Rechnungslegung nach IFRS (IAS), 2. Aufl., Stuttgart 2003 (Loseblatt), Kommentierung zu IAS 16 (Stand: Juli 2009)
Ernst & Young (Hrsg.),	International GAAP 2010, Chichester (West Sussex) 2010, Chapter 16: Property, plant and equipment
Schmidt, Matthias,	Die Folgebewertung des Sachanlagevermögens nach den International Accounting Standards, WPg, 51. Jg. (1998), S. 808–816
Tanski, Joachim S.,	Sachanlagen nach IFRS, München 2005, S. 55–143

Fall 12: Außerplanmäßige Abschreibungen im Umlaufvermögen – Beispiel ungängige Waren

> *Sachverhalt:*
>
> Ein Uhrmacher betreibt ein exquisites Uhrengeschäft von internationalem Rang und Namen. Für seine überwiegend betuchte Klientel bietet er nur auserlesene Stücke an, die er in Einzelarbeit anfertigt. Sein Geschäftserfolg beruht dabei auf der Idee, die Kreation seiner Uhren weitgehend der jeweils vorherrschenden Mode anzupassen. Aufgrund des schnellen Geschmackswandels seiner Kundschaft ist ein Teil der speziell angefertigten Uhren zwangsläufig über Jahre hinweg nicht abzusetzen oder sogar komplett unverkäuflich. Ein großes Angebot durch bewusste Beibehaltung der Ladenhüter im Sortiment ist aber gerade Teil der Geschäftsidee, da die Kunden bei deren Vorlage eher geneigt sind, die modernen Stücke zu kaufen. Die Tatsache der Unverkäuflichkeit einiger Uhren ist darüber hinaus bei der Produktkalkulation bereits berücksichtigt.
>
> Strittig ist insbesondere der Wertansatz von zwanzig Uhren, die seit mehreren Jahren nicht mehr zu verkaufen sind; diese Uhren sind zzt. (in Summe) mit 10 000 Euro in der Bilanz des Uhrmachers aktiviert. Grund für die Unverkäuflichkeit ist, dass die Verkaufspreise, die kumuliert 20 000 Euro betragen, aus geschäftspolitischen Gründen beibehalten wurden, obwohl nur ein Gesamtwert von 8 500 Euro objektiv erzielbar wäre. Der durchschnittliche Unternehmergewinn beträgt 50 %.[648]
>
> *Aufgabenstellung:*
>
> Welche Konsequenzen ergeben sich in Bezug auf die bilanzielle Bewertung der zwanzig Uhren nach HGB und IFRS?

I. Lösung nach den Grundsätzen ordnungsmäßiger Bilanzierung

1. Niedrigerer beizulegender Wert bzw. Teilwert im geltenden Bilanzrecht

a) Sinn und Zweck der Verlustantizipation

Gemäß § 252 Abs. 1 Nr. 4 HGB „ist vorsichtig zu bewerten, namentlich sind alle vorhersehbaren Risiken und Verluste, die bis zum Abschlußstichtag entstanden

---

648 Der Sachverhalt lehnt sich an folgende Entscheidungen des BFH an: BFH, Urteil v. 13. 10. 1976 – I R 79/74, BStBl. II 1977, S. 540; BFH, Urteil v. 22. 8. 1968 – IV R 234/67, BStBl. II 1968, S. 801, und BFH, Urteil v. 27. 10. 1983 – IV R 143/80, BStBl. II 1984, S. 35.

sind, zu berücksichtigen". Dieses für Handels- und Steuerbilanz geltende Imparitätsprinzip ergänzt das für die Gewinnermittlung dominierende Realisationsprinzip: Während nach letzterem Grundsatz positiven Wertänderungen erst im Umsatzzeitpunkt Rechnung zu tragen ist, fordert das Imparitätsprinzip, negative Wertänderungen i.S.v. am Bilanzstichtag entstandenen, noch nicht durch einen Umsatzakt realisierten Verlusten als Aufwand vorwegzunehmen.[649] Das Imparitätsprinzip bezweckt als Verlustantizipationsprinzip, solche Risiken und Verluste bei am Bilanzstichtag vorhandenen Vermögensgegenständen, Schulden und schwebenden Geschäften vorwegzunehmen, die künftig zu Aufwandsüberschüssen führen werden.[650] Ein Verlust, der in diesem Sinne künftige Gewinn- und Verlustrechnungen belastet, liegt dabei nur vor, wenn der Wert des Bilanzpostens zum künftigen Abgangszeitpunkt den bilanzierten Buchwert bei Aktiva unterschreitet bzw. bei Passiva übersteigt; es muss sich folglich um einen Abgangsverlust handeln.[651]

Das Imparitätsprinzip erfährt im Niederstwertprinzip eine handelsrechtliche Ausprägung: Gegenstände des Umlaufvermögens sind dabei zwingend außerplanmäßig auf denjenigen niedrigeren Wert abzuschreiben, „der sich aus einem Börsen- oder Marktpreis am Abschlussstichtag ergibt"; ist ein solcher nicht festzustellen, ist auf den niedrigeren beizulegenden Wert abzuschreiben (§ 253 Abs. 4 S. 1 und 2 HGB). Dieses strenge, unabhängig von der Dauer der Wertminderung geltende Abschreibungsgebot ist dadurch zu begründen, dass Umlaufvermögensgegenstände im Vergleich zu Anlagegegenständen zum alsbaldigen Abgang vorgesehen sind, weshalb eine höhere Gefahr besteht, dass eine Werterholung nicht bis zu diesem Abgangszeitpunkt eintritt.[652] In der Steuerbilanz dürfen Wirtschaftsgüter des Umlaufvermögens nur bei einer voraussichtlich dauernden Wertminderung (§ 6 Abs. 1 Nr. 2 S. 2 EStG) auf den niedrigeren Teilwert abgeschrieben werden. Das Verlustantizipationsprinzip wird hier konkretisiert durch das Prinzip des Teilwerts. Dieser ist definiert als der „Betrag, den ein Erwerber des ganzen Betriebs im Rahmen des Gesamtkaufpreises für das einzelne Wirtschaftsgut ansetzen würde; dabei ist davon auszugehen, dass der Erwerber den Betrieb fortführt" (§ 6 Abs. 1 Nr. 1 S. 3 EStG).

In funktionaler, dem Sinn und Zweck entsprechender Auslegung verfolgt der Ansatz von Vermögensgegenständen zum Teilwert im Steuerrecht den gleichen Zweck der Antizipation aller bis zum Abschlussstichtag entstandenen Risiken und Verluste i.S.d. Imparitätsprinzips wie deren Bewertung zum niedrigeren beizu-

---

649 Vgl. *Moxter*, Ulrich Leffson und die Bilanzrechtsprechung, WPg 1986, S. 173 (S. 174).

650 Vgl. *Moxter*, Beschränkung der gesetzlichen Verlustantizipation auf die Wertverhältnisse des Abschlußstichtags?, in: Herzig (Hrsg.), FS Rose (1991), S. 165 (S. 167 f.); *Böcking*, Bilanzrechtstheorie und Verzinslichkeit (1988), S. 128.

651 Vgl. *J. Wüstemann*, Funktionale Interpretation des Imparitätsprinzips, zfbf 1995, S. 1029 (S. 1032).

652 Vgl. *Moxter*, Fremdkapitalbewertung nach neuem Bilanzrecht, WPg 1984, S. 397 (S. 405); *Wiedmann*, Bilanzrecht (2003), § 253 HGB, Rn. 91.

legenden Wert im Handelsrecht.[653] Demzufolge entsprechen sich grundsätzlich die beiden Verlustmaßstäbe des handelsrechtlichen niedrigeren beizulegenden Werts und des Teilwerts als sein steuerrechtliches Gegenstück.[654]

b) Problematik der Legaldefinition des Teilwerts

Dem Wortlaut der Legaldefinition zufolge könnte man den Teilwert als den Anteil eines Wirtschaftsguts am Effektivvermögen interpretieren, wobei der vom fiktiven Erwerber gezahlte Unternehmenskaufpreis das Effektivvermögen und der Teilwert des Wirtschaftsguts folglich den entsprechenden Beitrag zu diesem bildet.[655] Problematisch an einem als Effektivvermögensanteil verstandenen Teilwert ist, dass nicht willkürfrei lösbare Zuordnungsschwierigkeiten bei der Aufteilung des nur im Rahmen einer Unternehmensbewertung ermittelbaren Unternehmenskaufpreises auf die einzelnen Vermögensgegenstände und Schulden bestehen.[656] Ferner würden aus der Kombination der Einzelgüter resultierende Verbundeffekte auf diese verteilt, was einen Verstoß gegen das Einzelbewertungsprinzip bedeutete.[657] Eine derartige effektivlagenentsprechende Einzelbewertung zur Bestimmung des gesuchten Unternehmenswerts erscheint ohne Sinn, da auf Effektivvermögensbeiträge zurückgegriffen würde, welche durch eine Aufteilung des schon bekannten Unternehmenswerts zu ermitteln wären.[658]

c) Konkretisierung durch die Rechtsprechung

aa) Grundsatz der Orientierung an Wiederbeschaffungskosten

Die Rechtsprechung sieht den Teilwert in ihrer Substitutionsthese als den Wert an, „den ein Käufer des ganzen Unternehmens vermutlich [...] weniger für das Unternehmen geben würde, wenn der betreffende Gegenstand nicht zu dem Unternehmen gehörte" und bemisst ihn demzufolge nach den Wiederbeschaffungskosten.[659] Deren Ansatz als Teilwertobergrenze wird durch die Annahme begründet, dass ein fik-

---

653 Vgl. *Moxter*, Zur Klärung der Teilwertkonzeption, in: Kirchhof/Offerhaus/Schöberle (Hrsg.), FS Klein (1994), S. 827 (S. 831 f.).

654 Vgl. *Mellwig*, in: Castan u. a. (Hrsg.), Beck'sches Handbuch der Rechnungslegung, Niedrigere Tageswerte, Abschn. B 164, Rn. 169 und Rn. 173 (Stand: Juni 2003); *Moxter*, Künftige Verluste in der Handels- und Steuerbilanz, DStR 1998, S. 509 (S. 511). Im Folgenden werden daher außerplanmäßige Abschreibungen auf den niedrigeren beizulegenden Wert und Teilwertabschreibungen als grundsätzlich identisch angesehen.

655 Vgl. *Moxter*, Funktionales Teilwertverständnis, in: Rückle (Hrsg.), FS Loitlsberger (1991), S. 473 (S. 474).

656 Vgl. *Siepe*, Darf ein ertragsteuerlicher Teilwertansatz den handelsrechtlich gebotenen Wertansatz überschreiten?, in: Moxter u. a. (Hrsg.), FS Forster (1992), S. 607 (S. 611).

657 Vgl. *Moxter*, Bilanzrechtsprechung (2007), S. 271.

658 Vgl. *J. Wüstemann*, Institutionenökonomik und internationale Rechnungslegungsordnungen (2002), S. 61.

659 RFH, Urteil v. 14. 12. 1926 – VI A 575/26, RFHE Bd. 20, S. 87 (S. 89).

tiver Unternehmenserwerber nicht mehr als den Betrag für den Vermögensgegen-stand bezahlen würde, den er für einen Ersatz aufwenden müsste.[660] Die Rechtspre-chung versteht unter den Wiederbeschaffungskosten nicht allgemeine, sondern auf den jeweiligen Betrieb bezogene, die persönlichen Verhältnisse des Bilanzierenden berücksichtigende Beschaffungsmarktpreise.[661] Bei fehlender Rentierlichkeit des Unternehmens oder des betreffenden Vermögensgegenstands kann der Teilwert da-gegen auch zwischen den Wiederbeschaffungskosten und dem niedrigeren Netto-veräußerungspreis liegen; letzterer Wertmaßstab ist bei nicht mehr betrieblich not-wendigen Wirtschaftsgütern heranzuziehen.[662] Bei der Teilwertbestimmung ist fer-ner der Grundsatz der Einzelbewertung zu beachten, der es ausschließt, „solche Umstände, die nur bei der Bemessung des Geschäfts- oder Firmenwerts berücksich-tigt werden können, in die Ermittlung des Teilwerts […] einzubeziehen"[663].

Das Abstellen auf Wiederbeschaffungskosten, die zwar im Gegensatz zu gemeinen Werten i. S. allgemein gültiger objektiver Veräußerungspreise das Effektivvermö-gen eher annähern, kann indes die angeführten Zurechnungsprobleme ebenso we-nig auflösen; auch die von der Rechtsprechung propagierte Maßgeblichkeit des Einzelbewertungsprinzips wird durch die im Ergebnis am Ertragswert orientierte Teilwertermittlung bei Unrentierlichkeit teilweise konterkariert.[664]

bb) Teilwertvermutungen

Die Teilwertbemessungsproblematik wird von der Rechtsprechung mit Teilwert-vermutungen angegangen, nach denen der Teilwert grundsätzlich „im Zeitpunkt des Erwerbs den Anschaffungskosten entspricht und sich zu einem späteren Zeit-punkt mit den Wiederbeschaffungskosten deckt"[665]. Zur Inanspruchnahme einer Teilwertabschreibung sind diese Vermutungen aus Objektivierungs- und Verein-fachungsgründen vom Bilanzierenden zu entkräften.[666]

Die Vermutung, dass der Teilwert zum Zugangszeitpunkt den Anschaffungs- oder Herstellungskosten entspricht, kann beispielsweise widerlegt werden, wenn sich die Anschaffung oder Herstellung als eine Fehlmaßnahme dergestalt erweist, dass „ihr wirtschaftlicher Nutzen bei objektiver Betrachtung deutlich hinter dem für den Erwerb oder die Herstellung getätigten Aufwand zurückbleibt"[667]. Zum Bi-

---

660 Vgl. RFH, Urteil v. 14. 12. 1927 – VI A 802/27, RFHE 22, S. 309 (S. 310); *Moxter*, Zur Klä-rung der Teilwertkonzeption, in: Kirchhof/Offerhaus/Schöberle (Hrsg.), FS Klein (1994), S. 827 (S. 830).

661 Vgl. *Moxter*, Funktionales Teilwertverständnis, in: Rückle (Hrsg.), FS Loitlsberger (1991), S. 473 (S. 474).

662 Vgl. *Mellwig*, Für ein bilanzzweckadäquates Teilwertverständnis, in: Ballwieser u. a. (Hrsg.), FS Moxter (1994), S. 1069 (S. 1073).

663 BFH, Urteil v. 13. 10. 1976 – I R 79/74, BStBl. II 1977, S. 540 (S. 543).

664 Vgl. *Moxter*, Bilanzrechtsprechung (2007), S. 269–272.

665 BFH, Urteil v. 20. 5. 1988 – III R 151/86, BStBl. II 1989, S. 269 (S. 270).

666 Vgl. z. B. BFH, Urteil v. 12. 4. 1989 – II R 213/85, BStBl. II 1989, S. 545 (S. 546).

667 BFH, Urteil v. 17. 9. 1987 – III R 201-202/84, BStBl. II 1988, S. 488 (S. 489).

lanzstichtag der Folgeperioden gilt die Vermutung, dass der Teilwert beim Umlaufvermögen grundsätzlich den Wiederbeschaffungskosten entspricht.[668]

2. Verlustmaßstab von ungängigen Waren

a) Orientierung an Börsen- oder Marktpreisen

aa) Bedeutung der Orientierung an Börsen- oder Marktpreisen

Zur Bestimmung des Verlustmaßstabs im Umlaufvermögen und mithin von Vorräten stellt § 253 Abs. 4 S. 1 HGB in erster Linie auf den niedrigeren Wert ab, „der sich aus einem Börsen- oder Marktpreis am Abschlussstichtag ergibt". Aus der Konzeption des Niederstwertprinzips als Ausprägung des Imparitätsprinzips kann es sich dabei nur um die zum Abgangszeitpunkt herrschenden niedrigeren Erlöse aus dem Abgang des Vermögensgegenstands handeln.[669] Diese bestimmen sich objektivierungsbedingt aus dem Börsen- oder Marktpreis des Bilanzstichtags.[670] Da das Gesetz von einem aus diesem Ausgangswert abgeleiteten niedrigeren Wert spricht, ist dieser folglich noch um Nebenkosten, insbesondere Verkaufsspesen, zu bereinigen, da eine Veräußerung nur unter deren Berücksichtigung möglich ist.[671]

Zur Bestimmung des Teilwerts von Vorräten besteht die Vermutung des BFH, dass dieser sich zum Zugangszeitpunkt mit den Anschaffungs- oder Herstellungskosten deckt und in Folgeperioden den Wiederbeschaffungskosten entspricht, was jedoch vom Bilanzierenden nachgewiesen werden muss; dies gilt selbst dann, „wenn mit einem entsprechenden Rückgang der Verkaufspreise nicht gerechnet zu werden braucht".[672] Für eine Teilwertabschreibung wird eine nachhaltige Minderung der Wiederbeschaffungskosten am Markt, „deren Ursache im Rückgang des allgemeinen Preisniveaus für diese Waren liegt", verlangt, wobei Börsen- oder Marktpreisen des Beschaffungsmarkts eine objektivierende Funktion zur Bestimmung der Wiederbeschaffungskosten zukommt.[673] Die vom BFH geforderte Nachhaltigkeit der Wertminderung kommt der einkommensteuerrechtlich für eine Abschreibung vorgeschriebenen Dauerhaftigkeit der Wertminderung gleich, die aber wegen des für Umlaufvermögen charakteristischen früheren Abgangs fragwürdig er-

---

668 Vgl. zu Waren BFH, Urteil v. 13. 10. 1976 – I R 79/74, BStBl. II 1977, S. 540 (S. 541).
669 Vgl. *Moxter*, Bilanzlehre, Bd. II (1986), S. 57; *Döllerer*, Die Grenzen des Imparitätsprinzips, StbJb 1977/1978, S. 129 (S. 139 f.).
670 Vgl. *Hommel/Berndt*, Wertaufhellung und funktionales Abschlussstichtagsprinzip, DStR 2000, S. 1745 (S. 1751).
671 Vgl. *Mellwig*, in: Castan u. a. (Hrsg.), Beck'sches Handbuch der Rechnungslegung, Niedrigere Tageswerte, Abschn. B 164, Rn. 60 (Stand: Juni 2003); *Ballwieser*, in: Schmidt (Hrsg.), Münchener Kommentar zum Handelsgesetzbuch (2008), § 253 HGB, Rn. 57.
672 BFH, Urteil v. 13. 3. 1964 – IV 236/63 S, BStBl. III 1964, S. 426 (S. 427).
673 BFH, Urteil v. 13. 3. 1964 – IV 236/63 S, BStBl. III 1964, S. 426 (S. 427).

scheint.[674] Bei der Ermittlung der Wiederbeschaffungskosten sind ebenfalls Nebenkosten zu berücksichtigen.[675]

Die Entkräftung der Teilwertvermutung durch niedrigere Wiederbeschaffungskosten am Bilanzstichtag gelingt in der Regel nicht bei sog. ungängigen Waren, wie Saisonwaren oder Waren, die aufgrund langer Lagerung oder sonstiger Einflüsse nur noch schwer verkäuflich sind. Für diese Vorräte ist charakteristisch, dass weder eine erneute Beschaffung von einem fiktiven Erwerber vorgenommen würde, noch Beschaffungsmarktwerte mangels allgemeinen Handels mit diesen Gegenständen existieren.[676]

bb) Anwendung auf den Fall: Bestimmung der Bedeutung der Orientierung an Börsen- oder Marktpreisen bei der Bewertung der Uhren

Die Uhren bilden aufgrund ihrer Verkaufsbestimmung unstrittig Umlaufvermögen. Da sie seit einigen Jahren unverkäuflich sind, stellen sie ungängige Waren dar. Daher kann auch der als Verlustmaßstab relevante Abgangswert der Uhren nicht aus objektivierenden Börsen- oder Marktpreisen abgeleitet werden; es existieren weder derartige Notierungen auf dem Beschaffungs- noch auf dem Absatzmarkt. Ferner erfüllen weder die ausgezeichneten Verkaufspreise noch die objektiv geschätzten Veräußerungserlöse für die Einzelstücke die Anforderungen von Börsen- oder Marktpreisen.

b) Niedrigerer beizulegender Wert bzw. Teilwert von ungängigen Waren

aa) Niedrigerer beizulegender Wert bzw. Teilwert als Verlustmaßstab

(1) Bedeutung des niedrigeren beizulegenden Werts bzw. Teilwerts als Verlustmaßstab

Fehlen am Abschlussstichtag Börsen- oder Marktpreise, ist im Umlaufvermögen und damit auch bei Vorräten handelsrechtlich auf den niedrigeren beizulegenden Wert i.S.d. § 253 Abs. 4 S. 2 HGB abzustellen. Zur Sicherstellung einer verlustfreien Bewertung i.S.d. Verlustantizipationsgrundsatzes ist der Abgangserlös in Gestalt des niedrigeren beizulegenden Werts im Handelsrecht bzw. des funktionalen Teilwerts im Steuerrecht in der Regel vom Absatzmarkt abzuleiten.[677] Bei Fertigerzeugnissen ist der Nettoveräußerungserlös um die voraussichtlich bis zur Veräußerung anfallenden (bei unfertigen Erzeugnissen zusätzlich um die bis zur

---

674 Vgl. *Groh,* Steuerentlastungsgesetz 1999/2000/2002: Imparitätsprinzip und Teilwertabschreibung, DB 1999, S. 978 (S. 982).

675 Vgl. BFH, Urteil v. 22. 3. 1972 – I R 199/69, BStBl. II 1972, S. 489 (S. 489).

676 Vgl. BFH, Urteil v. 13. 3. 1964 – IV 236/63 S, BStBl. III 1964, S. 426 (S. 428).

677 Vgl. *Moxter,* Grundsätze ordnungsgemäßer Rechnungslegung (2003), S. 210–212; *J. Wüstemann,* Funktionale Interpretation des Imparitätsprinzips, zfbf 1995, S. 1029 (S. 1038).

Fertigstellung erwarteten) Kosten zu verringern; dagegen ist bei Roh-, Hilfs- und Betriebsstoffen objektivierungsbedingt auf Wiederbeschaffungskosten abzustellen.[678]

Fehlen bei Waren Börsen- oder Marktpreise am Abschlussstichtag, deutet nach Auffassung des BFH eine Minderung des allgemeinen Preisniveaus für derartige Güter oder der Preise von einzelnen bedeutenden Bestandteilen dieser Vorräte auf nachhaltig gesunkene Wiederbeschaffungskosten, die zu einer Teilwertabschreibung berechtigen.[679]

Die Orientierung an Wiederbeschaffungskosten als Verlustmaßstab führt indes häufig zur Antizipation von entgehenden Gewinnen statt von drohenden Verlusten i. S. künftiger Aufwandsüberschüsse; dies gilt insbesondere, wenn sich am Bilanzstichtag gegenüber dem Anschaffungswert gesunkene Wiederbeschaffungskosten ergeben, aber gleichzeitig mit einem Abfallen der Nettoveräußerungserlöse unter den Zugangswert nicht zu rechnen ist.[680] Verminderte Wiederbeschaffungskosten bilden dabei lediglich nicht ausgenutzte Möglichkeiten einer günstigeren Alternativbeschaffung und gelten nicht als adäquater Verlustmaßstab;[681] ihre Maßgeblichkeit führte zu einer der Teilwertnorm zweckinadäquaten, verglichen mit Handelsrecht höheren steuerrechtlichen Vorwegnahme von Verlusten.[682]

(2) Anwendung auf den Fall: grundsätzliche Bestimmung des niedrigeren beizulegenden Werts bzw. Teilwerts der Uhren

Im vorliegenden Fall liegen keine Wiederbeschaffungskosten für die Uhren vor. Zur Bestimmung ihres funktionalen niedrigeren beizulegenden Werts bzw. Teilwerts ist auf Absatzmarktwerte zurückzugreifen: Während unstrittig – im Streitfall nicht ersichtliche – bis zum Verkauf der Uhren noch anfallende Kosten berücksichtigt werden müssen, bedarf es einer Klärung, ob sich die als Ausgangspunkt der Wertermittlung heranzuziehenden Veräußerungserlöse aus den beibehaltenen Verkaufspreisen von 20 000 Euro oder den objektiv erzielbaren Verkaufserlösen von 8 500 Euro ergeben.

---

678 Vgl. *Ellrott/Roscher*, in: Ellrott u. a. (Hrsg.), Beck'scher Bilanz-Kommentar (2010), § 253 HGB, Rn. 521–524 und Rn. 542.

679 Vgl. BFH, Urteil v. 13. 3. 1964 – IV 236/63 S, BStBl. III 1964, S. 426 (S. 427).

680 Vgl. *Moxter*, Künftige Verluste in der Handels- und Steuerbilanz, DStR 1998, S. 509 (S. 511); *Mellwig*, in: Castan u. a. (Hrsg.), Beck'sches Handbuch der Rechnungslegung, Niedrigere Tageswerte, Abschn. B 164, Rn. 121 (Stand: Juni 2003); *Koch*, Die Problematik des Niederstwertprinzips, WPg 1957, S. 1, S. 31 und S. 60 (S. 60).

681 Vgl. *Ballwieser*, in: Schmidt (Hrsg.), Münchener Kommentar zum Handelsgesetzbuch (2008), § 253 HGB, Rn. 61.

682 Vgl. *Moxter*, Funktionales Teilwertverständnis, in: Rückle (Hrsg.), FS Loitlsberger (1991), S. 473 (S. 479).

bb) Fiktive Wiederbeschaffungskosten als Verlustmaßstab ungängiger Waren
(1) Konzeption der fiktiven Wiederbeschaffungskosten
(a) Gesunkene Veräußerungserlöse
(aa) Bedeutung der gesunkenen Veräußerungserlöse

Da bei ungängigen Waren in der Regel keine Börsen- oder Marktpreise vorliegen, muss zur Bemessung des niedrigeren Teilwerts nach der Rechtsprechung auf „fiktive Wiederbeschaffungskosten"[683] abgestellt werden: Diese ergeben sich, wenn im Falle von gesunkenen künftigen Verkaufserlösen Abschläge von den Anschaffungskosten vorgenommen werden.[684]

Ein im Wert geminderter Teilwert könnte vorliegen, wenn „die nach den Verhältnissen am Bilanzstichtag voraussichtlich erzielbaren Veräußerungserlöse"[685] gesunken sind. In einem älteren Urteil wird von der Rechtsprechung indes eine Teilwertabschreibung verneint, wenn bei Vorräten trotz langer Lagerzeit keine Herabsetzung des herkömmlichen Angebotspreises erfolgt oder diese Gegenstände „ohne ins Gewicht fallende Preisabschläge" angeboten und verkauft werden; wenn dieses „Festhalten an den ursprünglichen Preisen zum Geschäftsprinzip" erhoben wurde, liegen danach keine gesunkenen Veräußerungserlöse vor.[686] Indes ist nach revidierter Auffassung des BFH eine Teilwertabschreibung auch dann zulässig, wenn eine Preissenkung „aus zwingenden betrieblichen Gründen" nicht möglich ist; dabei kann die Vermutung einer fehlenden Wertminderung der Ware wegen beibehaltener Preise „durch den Nachweis widerlegt werden, dass wichtige Gründe, die nicht mit dem tatsächlichen Wert der Ware zusammenhängen, ein Festhalten an den ursprünglichen Preisen gebieten"[687]. Derartige wichtige Gründe liegen dann vor, wenn ein fiktiver Unternehmenserwerber bei „in der Saison unverkauft gebliebenen Sonderanfertigungen" das diesen Waren „anhaftende Risiko der erschwerten Verkäuflichkeit [...] bei der Bewertung" berücksichtigen würde; dieses sei dabei „um so höher einzuschätzen, je geringer der Materialwert [...] ist und je länger sich ein Stück bereits auf Lager befindet und sich damit als schwerverkäuflich erwiesen hat"[688]. Aufgrund des Einzelbewertungsprinzips ist ferner eine Teilwertabschreibung von im Wert gesunkenen Waren dann nicht ausgeschlossen, wenn aus anderen Waren erhebliche Gewinne erwartet werden, da die „Rentabilität eines ganzen Warenbestandes [...] zu den geschäftswertbildenden Faktoren gehört" und nicht für den Teilwert einzelner Vermögensgegenstände heranzuziehen ist.[689]

---

683 *Moxter*, Bilanzrechtsprechung (2007), S. 310 f.
684 Vgl. BFH, Urteil v. 29. 11. 1960 – I 137/59, BStBl. III 1961, S. 154 (S. 154).
685 BFH, Urteil v. 13. 10. 1976 – I R 79/74, BStBl. II 1977, S. 540 (S. 541).
686 BFH, Urteil v. 22. 8. 1968 – IV R 234/67, BStBl. II 1968, S. 801 (S. 802, beide Zitate).
687 BFH, Urteil v. 13. 10. 1976 – I R 79/74, BStBl. II 1977, S. 540 (S. 541, beide Zitate).
688 BFH, Urteil v. 13. 10. 1976 – I R 79/74, BStBl. II 1977, S. 540 (S. 542, alle Zitate).
689 BFH, Urteil v. 13. 10. 1976 – I R 79/74, BStBl. II 1977, S. 540 (S. 543).

(bb) Anwendung auf den Fall: Prüfung der Existenz von gesunkenen Veräußerungserlösen bei der Bewertung der Uhren

Im vorliegenden Fall wird eine Herabsetzung der ausgezeichneten Verkaufspreise der Uhren aus geschäftspolitischen Gründen bewusst unterlassen, um mit der einkalkulierten Unverkäuflichkeit der ungängigen Stücke die Verkaufsfähigkeit der modernen, wohl mit höheren Deckungsbeiträgen ausgestatteten Uhren zu fördern. Der Zugangswert der Uhren von kumuliert 10 000 Euro wird dabei von den ausgezeichneten Verkaufspreisen von insgesamt 20 000 Euro weit überschritten; die objektiv erzielbaren Veräußerungserlöse liegen dagegen mit 8 500 Euro darunter. Während nach der älteren Rechtsprechung ein Teilwertabschlag trotz der mehrjährigen Lagerung der Uhren aufgrund des bewussten Festhaltens an den herkömmlichen Angebotspreisen nicht in Frage kommt, könnte dem Uhrmacher der für eine Abschreibung notwendige Nachweis von wichtigen Gründen einer fehlenden Preisherabsetzung trotz geminderten Warenwerts gelingen: Bei den Uhren handelt es sich eindeutig um nicht zu verkaufende Einzelstücke; das hohe Risiko der Unverkäuflichkeit der Uhren, die durch ihre bereits mehrjährige Lagerung als nachgewiesen betrachtet werden muss, würde vom gedachten Unternehmenserwerber als Teilwertabschlag berücksichtigt. Damit kann auch die einkommensteuerrechtliche Abschreibungsvoraussetzung einer voraussichtlich dauernden Wertminderung als erfüllt angesehen werden. Als niedrigerer beizulegender Wert bzw. Teilwert gelten folglich die objektiv geschätzten erzielbaren Veräußerungspreise von 8 500 Euro; unter diesen Voraussetzungen würde sich ein Abschlag von 1 500 Euro ergeben.

(b) Berücksichtigung von künftigen Aufwendungen

(aa) Prinzip der vollen zurechenbaren Kosten nach GoB

Während im Rahmen der verlustfreien Bewertung noch bis zum Abgang des Vorratsguts anfallende Kosten handelsrechtlich zu berücksichtigen sind,[690] ist es fraglich, ob bzw. welchen künftigen Aufwendungen bei der Bestimmung des Verlustmaßstabs von ungängigen Waren Rechnung zu tragen ist. Nach älterer Rechtsprechung berechtigen infolge des Einzelbewertungsprinzips die für ungängige, vor allem lange lagernde Waren entstandenen Kosten, wie künftige Zinsaufwendungen und „Kosten für Lagerung, Kontrolle, Reinigung und Versicherung", als gemeinsam anfallende „allgemeine Betriebsunkosten" mangels gesunkenen Teilwerts des einzelnen Vorratsguts nicht zu einer Abschreibung;[691] gemäß jüngerer Rechtsprechung ist bei der retrograden Bewertung „Vollkosten" Rechnung zu tragen.[692] Für die Berechnung der zu berücksichtigenden künftigen Aufwendungen wird dagegen im Schrifttum z. T. auf variable Kosten abgestellt, da diese gerade

---

690 Vgl. *Adler/Düring/Schmaltz,* Rechnungslegung und Prüfung der Unternehmen (1995), § 253 HGB, Rn. 525–528; *Döring/Buchholz,* in: Küting/Weber (Hrsg.), Handbuch der Rechnungslegung, Einzelabschluss, § 253 HGB, Rn. 182 (Stand: Juli 2003).

691 BFH, Urteil v. 22. 8. 1968 – IV R 234/67, BStBl. II 1968, S. 801 (S. 802 f., erstes Zitat auf S. 802, zweites Zitat auf S. 803).

692 BFH, Urteil v. 7. 9. 2005 – VIII R 1/03, BStBl. II 2006, S. 298 (S. 304).

„durch das Vorhandensein und den Verkauf bestimmter Vorräte" verursacht seien.[693] Gemäß dem Prinzip der vollen zurechenbaren Kosten[694] muss indes gelten, dass Gemeinkosten die willkürfreie Schlüsselbarkeit auf einzelne Vorräte fehlt, die im Falle von Waren für hinreichend objektivierte Teilwertabschläge erforderlich ist.[695]

(bb) Anwendung auf den Fall: Prüfung der Berücksichtigung von künftigen Aufwendungen bei der Bewertung der Uhren

Im vorliegenden Fall könnten eventuell noch anfallende künftige Aufwendungen für die längere Lagerung, in jedem Fall sofern diese als variabel zum einzelnen Vorratsgut gelten, bei der Ermittlung des niedrigeren beizulegenden Werts bzw. Teilwerts zu berücksichtigen sein.

(c) Fragwürdige Berücksichtigung einer Gewinnspanne

(aa) Zweckinadäquater Gewinnspannenabzug nach der Rechtsprechung

Bei der Frage eines Gewinnspannenabzugs befand sich die ältere Rechtsprechung in Übereinstimmung mit der funktionalen und damit handelsrechtlich zwingenden Interpretation des Imparitäts- und des Niederstwertprinzips: Danach konnte eine Teilwertabschreibung nur dann gerechtfertigt werden, wenn bei ungängigen Waren der künftig erzielbare Verkaufspreis die Selbstkosten unterschreitet; der gedachte Unternehmenserwerber würde auf die Erzielung eines „Reingewinn[s]" verzichten, „wenn er die Waren zusammen mit dem Erwerb des rentablen Unternehmens übernehmen kann".[696] Die neuere Rechtsprechung geht abweichend hierzu davon aus, dass der fiktive Erwerber, der neben dem gut gehenden Unternehmen auch aus der Übernahme der ungängigen Waren einen Gewinn erzielen will, den Teilwert dieser Vorräte – um einen durchschnittlichen Gewinnzuschlag gemindert – dergestalt unter den Selbstkosten bemisst, dass dieser „ihm noch einen Unternehmergewinn zu erzielen gestattet"[697]; eine Teilwertabschreibung käme folglich erst in Betracht, wenn die voraussichtlichen Veräußerungserlöse nicht mehr die Selbstkosten und einen durchschnittlichen Unternehmergewinn decken.

Eine aus einem Gewinnspannenabzug resultierende Teilwertabschreibung unter die Selbstkosten ist mit dem Verlustantizipationsprinzip nicht vereinbar; diese würde statt drohender Verluste des Umlaufgegenstands aus seinem Abgang ledig-

---

693 *Döllerer*, Die Rechtsprechung des Bundesfinanzhofs zum Steuerrecht der Unternehmen, ZGR 1979, S. 355 (S. 361).

694 Vgl. *Weindel*, Grundsätze ordnungsmäßiger Verlustabschreibungen (2008), S. 114 f.

695 Vgl. *Breidert*, Keine Teilwertabschreibung bei so genannten Verlustprodukten?, BB 2001, S. 979 (S. 984).

696 BFH, Urteil v. 13. 3. 1964 – IV 236/63 S, BStBl. III 1964, S. 426 (S. 427, beide Zitate).

697 BFH, Urteil v. 5. 5. 1966 – IV 252/60, BStBl. III 1966, S. 370 (S. 371).

lich entgehende Gewinne vorwegnehmen.[698] Ferner stellte sich damit auch eine systeminadäquate, verglichen mit Handelsrecht niedrigere steuerrechtliche Bewertung der Vermögensgegenstände ein.[699]

(bb) Anwendung auf den Fall: Prüfung der Berücksichtigung einer Gewinnspanne bei der Bewertung der Uhren

Im vorliegenden Fall der Uhren würde ein Gewinnspannenabzug bei der Teilwertermittlung in Höhe des durchschnittlichen Unternehmergewinns von 50 % gegen das handels- und steuerrechtlich zu beachtende Imparitätsprinzip verstoßen, da dadurch keine drohenden Verluste, sondern entgehende Gewinne vorweggenommen würden. Eine derartige Berücksichtigung von Gewinnen ist aus diesem Grund weder im Handelsrecht zulässig noch im Steuerrecht entgegen der Auffassung des BFH in funktionaler Hinsicht zweckadäquat.

(2) Fragwürdige Kalkulation des Verlustmaßstabs durch die Rechtsprechung

(a) Darstellung der Kalkulation des Verlustmaßstabs durch die Rechtsprechung

Für die Teilwertberechnung sind nach Auffassung des BFH die Selbstkosten ungängiger Waren, die „ihre Anschaffungskosten und ein[en] Aufschlag für ihren Anteil am betrieblichen Aufwand" bilden, mit den erwarteten künftigen Veräußerungserlösen zu vergleichen.[700] Ein derartiger sog. „tatsächlicher Rohgewinnaufschlag" auf die Anschaffungskosten umfasst neben dem „betrieblichen Aufwand" auch einen „durchschnittlichen Unternehmergewinn"; er kann „dem Jahresabschluß entnommen und […] zum Wareneinsatz in Beziehung gesetzt werden".[701] Von diesem durchschnittlichen, für das gesamte Unternehmen geltenden Rohgewinnaufschlag sind sog. Einzelrohgewinnaufschläge für die betreffende ungängige Ware, mithin die „vom Kaufmann zur Berechnung der Verkaufspreise der einzelnen Waren kalkulierten Aufschläge", abzugrenzen; Letztere können nach Auffassung des BFH „von dem erwähnten Rohgewinnaufschlag abweichen", da sie die jeweilige Absatzfähigkeit der Ware berücksichtigten.[702]

Für die Teilwertberechnung ist davon auszugehen, dass der fiktive Unternehmenskäufer aus der Übernahme der ungängigen Waren stets einen Gewinn in Höhe des

698 Vgl. *Schildbach*, Niedrigerer Zeitwert versus Teilwert und das Verhältnis von Handels- und Steuerbilanz, StbJb 1990/1991, S. 31 (S. 40); *Wohlgemuth*, in: Hofbauer u. a. (Hrsg.), Bonner Handbuch der Rechnungslegung, § 253 HGB, Rn. 329 (Stand: Jan. 2005).
699 Vgl. *Groh*, Steuerentlastungsgesetz 1999/2000/2002: Imparitätsprinzip und Teilwertabschreibung, DB 1999, S. 978 (S. 979 und S. 983).
700 BFH, Urteil v. 27. 10. 1983 – IV R 143/80, BStBl. II 1984, S. 35 (S. 36).
701 BFH, Urteil v. 27. 10. 1983 – IV R 143/80, BStBl. II 1984, S. 35 (drittes Zitat auf S. 35, alle anderen Zitate auf S. 36).
702 BFH, Urteil v. 27. 10. 1983 – IV R 143/80, BStBl. II 1984, S. 35 (S. 36, beide Zitate).

durchschnittlichen Unternehmergewinns erzielen will, weswegen für die Waren nur Teilwerte in Betracht kommen, die dem Erwerber „den im Unternehmen üblichen Deckungsbeitrag zu den allgemeinen betrieblichen Aufwendungen und zum Unternehmergewinn" einbringen;[703] die Einzelrohgewinnaufschläge spiegeln daher nicht den vom Unternehmenskäufer im Rahmen der Teilwertermittlung geforderten Deckungsbeitrag wider. Sind diese niedriger oder gleich dem durchschnittlichen Rohgewinnaufschlag, führt jegliche Verkaufspreissenkung zu einer Teilwertabschreibung; liegen diese dagegen über dem Rohgewinnaufschlag, muss in einer „gesonderten Berechnung" festgestellt werden, „inwieweit der ermäßigte Preis die Anschaffungskosten und den Rohgewinnaufschlag deckt"[704]: Dabei vermindert die positive Differenz von höherem Einzelaufschlag und durchschnittlichem Rohgewinnaufschlag die durch die Preisherabsetzung verursachte Teilwertabschreibung in entsprechendem Maße;[705] bei einer hinreichend großen positiven Abweichung liegt trotz Verkaufspreisminderung kein gesunkener Teilwert mehr vor.[706]

Zur Entkräftung der Teilwertvermutung fordert die Rechtsprechung einen Nachweis der Veräußerungswertverminderung mittels unternehmensindividueller Unterlagen, die „ausreichende und repräsentative Aufzeichnungen über die tatsächlichen Preisherabsetzungen auf die Waren" zu beinhalten haben; diese können entweder auf vergangenen Geschäftsjahren oder zur Bestätigung der kaufmännischen Beurteilung auf den „nach dem Bilanzstichtag tatsächlich vorgenommenen Herabsetzungen" beruhen.[707] Ferner sind die von den Minderungen betroffenen Waren, die Kalkulation ihrer ursprünglichen Preise sowie die gemäß dem erzielten Rohgewinnaufschlag ermittelte Höhe ihrer Selbstkosten einschließlich des Unternehmergewinns darzulegen.[708]

(b) Anwendung auf den Fall: Prüfung der Kalkulation des Verlustmaßstabs bei der Bewertung der Uhren

Im vorliegenden Fall, bei dem davon ausgegangen wird, dass der Uhrmacher die geforderten Nachweise erbracht hat, bildet der Bilanzwert der Uhren von insgesamt 10 000 Euro die Anschaffungskosten i. S. d. Rechtsprechung. Da die nicht herabgesetzten Verkaufspreise in Höhe von 20 000 Euro die Anschaffungskosten um 10 000 Euro übersteigen, liegt der Einzelrohgewinnaufschlag als der für die Waren individuell kalkulierte Aufschlag bei 100 %; er übertrifft damit den unternehmensweit geltenden Rohgewinnaufschlag, der im Sachverhalt nur aus dem durchschnittlichen Unternehmergewinn von 50 % besteht.

---

703 *Moxter*, Bilanzrechtsprechung (2007), S. 312.
704 BFH, Urteil v. 27. 10. 1983 – IV R 143/80, BStBl. II 1984, S. 35 (S. 36, beide Zitate).
705 Vgl. *Groh*, Wertabschläge im Warenlager, DB 1985, S. 1245 (S. 1247).
706 Vgl. *Moxter*, Bilanzrechtsprechung (2007), S. 312.
707 BFH, Urteil v. 27. 10. 1983 – IV R 143/80, BStBl. II 1984, S. 35 (S. 36, beide Zitate).
708 Vgl. BFH, Urteil v. 27. 10. 1983 – IV R 143/80, BStBl. II 1984, S. 35 (S. 36).

I. S. d. Rechtsprechung sind die Selbstkosten von insgesamt 15 000 Euro, die sich aus den Anschaffungskosten von 10 000 Euro und dem 50%igen Rohgewinnaufschlag ergeben, mit den niedrigeren objektiv erzielbaren Veräußerungserlösen von 8 500 Euro zu vergleichen. Eine aus der Differenz resultierende Teilwertabschreibung von 6 500 Euro vermindert die Anschaffungskosten auf den steuerlichen Teilwert von 3 500 Euro. In funktionaler Interpretation der Niederstwert- und Teilwertvorschrift kann nur eine Abschreibung von insgesamt 1 500 Euro, die die Differenz von Anschaffungskosten und geschätztem Abgangserlös in Gestalt der objektiv erzielbaren Veräußerungserlöse bildet, infrage kommen; der handelsrechtlich niedrigere beizulegende Wert bzw. der funktionale steuerliche Teilwert muss dementsprechend bei 8 500 Euro liegen. Die Differenz zum Teilwert nach der Rechtsprechung stellt gerade die entgehenden Gewinne in Höhe des durchschnittlichen Unternehmergewinns dar.

3. Ergebnis nach den Grundsätzen ordnungsmäßiger Bilanzierung

Nach den Grundsätzen ordnungsmäßiger Bilanzierung muss bei einem funktionalen Verständnis von Niederstwert- bzw. Teilwertprinzip handels- und steuerrechtlich eine außerplanmäßige Abschreibung auf den niedrigeren beizulegenden Wert bzw. Teilwert i. S. d. künftigen Abgangswerts vorgenommen werden; dieser ergibt sich im vorliegenden Fall durch die erzielbaren Veräußerungserlöse in Höhe von 8 500 Euro. Demgegenüber hat nach der Rechtsprechung des BFH die Teilwertabschreibung im Steuerrecht zusätzlich noch eine Gewinnspanne zu beinhalten; im Fall der unverkäuflichen Uhren beträgt danach der steuerliche Teilwert – um den Unternehmergewinn gemindert – lediglich 3 500 Euro.

II. Lösung nach IFRS

1. Außerplanmäßige Abschreibungen für Vorräte nach IAS 2

a) Vorratsdefinition

aa) Bedeutung der Vorratsdefinition

Im Fall von ungängigen Waren wäre hinsichtlich ihrer Folgebewertung der grundlegende Standard für Wertminderungen, IAS 36 (Wertminderung von Vermögenswerten), u. a. dann nicht einschlägig, falls es sich um Wertminderungen von Vorräten handelt, die von seiner Anwendung ausgenommen sind und stattdessen nach IAS 2 (Vorräte) geregelt werden.

IAS 2.6 definiert Vorräte als „Vermögenswerte, (a) die zum Verkauf im normalen Geschäftsgang gehalten werden; (b) die sich in der Herstellung für einen solchen befinden; oder (c) die als Roh-, Hilfs- und Betriebsstoffe dazu bestimmt sind, bei der Herstellung oder der Erbringung von Dienstleistungen verbraucht zu werden". Vorräte umfassen nach IAS 2.8 dabei „zum Weiterverkauf erworbene Waren, wie beispielsweise […] Handelswaren", „hergestellte Fertigerzeugnisse und unfertige Erzeugnisse sowie Roh-, Hilfs- und Betriebsstoffe vor Eingang in den Herstellungsprozess".

bb) Anwendung auf den Fall: Bestimmung der Bedeutung der Vorratsdefinition bei der Bewertung der Uhren

Im vorliegenden Fall erfüllen die Uhren, die unstrittig Vermögenswerte darstellen, die Vorratsdefinition in IAS 2.6. Es handelt sich um fertige Erzeugnisse i. S. d. Definitionskriteriums des IAS 2.6(a), da die Uhren für den Verkauf im normalen Geschäftsgang eines Uhrenherstellers gehalten werden. Die Frage ihrer aus geschäftspolitischen Gründen bewusst eingegangenen Unverkäuflichkeit ändert indes nichts an der grundsätzlich bestehenden Veräußerungsabsicht.

b) Konzeption der außerplanmäßigen Abschreibungen bei Vorräten

aa) Gründe für außerplanmäßige Abschreibungen

(1) Darstellung der Gründe für außerplanmäßige Abschreibungen

Vorräte werden grundsätzlich mit den historischen Anschaffungs- oder Herstellungskosten bewertet. Ist der Nutzen eines Vorratsvermögenswerts am Abschlussstichtag unter die Anschaffungs- oder Herstellungskosten bzw. den Buchwert gesunken, ist dieser außerplanmäßig abzuschreiben, womit eine verlustfreie Bewertung erreicht werden soll.[709] Vor dem Hintergrund des übergeordneten Zwecks der Entscheidungsnützlichkeit (IAS 1.9; RK.12) ist damit die Information der Abschlussadressaten über den tatsächlichen Wert des betreffenden Vermögenswerts beabsichtigt.

Die Vornahme von außerplanmäßigen Abschreibungen folgt gemäß IAS 2.28 der Konzeption, dass Vorratsvermögenswerte ihrem jeweiligen Unternehmenszweck entsprechend nicht mit höheren Werten „angesetzt werden dürfen, als bei ihrem Verkauf oder Gebrauch voraussichtlich zu realisieren sind". Ursächlich für eine außerplanmäßige Abschreibung können Beschädigungen, die teilweise oder vollständige Veralterung sowie Preisrückgänge sein; die Anschaffungs- oder Herstellungskosten gelten dann „unter Umständen" als nicht mehr werthaltig (IAS 2.28). Ferner kann gemäß IAS 2.28 außerplanmäßig abzuschreiben sein, wenn die „geschätzten Kosten der Fertigstellung oder die geschätzten, bis zum Verkauf anfallenden Kosten gestiegen sind", was ebenfalls die Vermutung nährt, dass die Anschaffungs- oder Herstellungskosten nicht mehr „zu erzielen sein" werden.

---

709 Vgl. *Epstein/Jermakowicz*, Wiley IFRS 2010 (2010), S. 256 f.

(2) Anwendung auf den Fall: Prüfung des Vorliegens von Gründen für außerplanmäßige Abschreibungen bei der Bewertung der Uhren

Im vorliegenden Fall scheiden Beschädigungen als Ursache außerplanmäßiger Abschreibungen aus; die Uhren sind noch in einwandfreiem Zustand. Strittig ist, ob von Preisrückgängen gesprochen werden kann, da die Uhren einerseits immer noch zu ihren ausgezeichneten Verkaufspreisen von insgesamt 20 000 Euro angeboten werden, ihr objektiv erzielbarer Gesamtwert indes nur 8 500 Euro beträgt. Dagegen kann eine teilweise Veralterung aufgrund des schnellen Geschmacks- und Modewandels der Kundschaft bejaht werden, was den eigentlichen Grund für die Unverkäuflichkeit bildet; den Uhren fehlt mithin ein Teil ihrer Werthaltigkeit.

bb) Nettoveräußerungswert als Verlustmaßstab

(1) Bedeutung des Nettoveräußerungswerts als Verlustmaßstab

Der Verlustmaßstab für Vorräte ergibt sich aus IAS 2.9, nach dem diese „mit dem niedrigeren Wert aus Anschaffungs- oder Herstellungskosten und Nettoveräußerungswert zu bewerten" sind; die höchstens zu Anschaffungs- oder Herstellungskosten anzusetzenden Vorräte sind folglich am Bilanzstichtag auf einen niedrigeren Nettoveräußerungswert erfolgswirksam abzuschreiben, wenn dieser den Buchwert unterschreitet. IAS 2.9 normiert mithin sowohl die Anschaffungs- oder Herstellungskosten als Wertobergrenze als auch ein Abschreibungsgebot auf einen verminderten Nettoveräußerungswert am Abschlussstichtag.[710] Letzteres gilt unabhängig von der Dauer der Wertminderung: Es herrscht somit ein strenges Niederstwertprinzip vor.[711] Dabei sind gemäß IAS 2.34 „[a]lle Wertminderungen von Vorräten auf den Nettoveräußerungswert sowie alle Verluste bei den Vorräten […] in der Periode als Aufwand zu erfassen, in der die Wertminderungen vorgenommen wurden oder die Verluste eingetreten sind".

Eine Ausnahme vom Abschreibungsgebot auf einen niedrigeren Nettoveräußerungswert besteht bei Roh-, Hilfs- und Betriebsstoffen in besonderen Fällen: Diese dürfen gemäß IAS 2.32 nicht abgewertet werden, wenn das Fertigerzeugnis, in welches diese Materialien eingehen, voraussichtlich mindestens zu dessen Herstellungskosten abgesetzt werden kann und insofern verlustfrei bleibt. In diesem Fall werden die Roh-, Hilfs- und Betriebsstoffe mit ihren Anschaffungs- oder Herstellungskosten fortgeführt. Für die Bewertung von Materialien ist mithin ihr Unternehmenszweck maßgebend: Da ihre Veräußerung im Allgemeinen nicht beabsichtigt ist, ist für die verlustfreie Bewertung nicht auf ihren Wertverlauf, sondern auf denjenigen der daraus entstehenden Fertigprodukte abzustellen; indes konfligiert

---

710 Vgl. *Jacobs/Schmitt*, in: Baetge u. a. (Hrsg.), Rechnungslegung nach IFRS, IAS 2, Rn. 91 (Stand: Juli 2009).

711 Vgl. *Wagenhofer*, Internationale Rechnungslegungsstandards – IAS/IFRS (2009), S. 262.

eine derartige Bindung einzelner Vermögenswerte an die Wertentwicklung anderer Vermögenswerte bei der Verlustbestimmung mit dem Einzelbewertungsprinzip.[712]

(2) Anwendung auf den Fall: Bestimmung des Nettoveräußerungswerts als Verlustmaßstab der Uhren

Im vorliegenden Fall lassen sich aus IAS 2.9 noch keine konkreten Rückschlüsse auf eine außerplanmäßige Abschreibung und den anzuwendenden Verlustmaßstab ziehen. Wären die ausgezeichneten Verkaufpreise von insgesamt 20000 Euro als Nettoveräußerungswert anzusehen, käme aufgrund des niedrigeren Buchwerts von 10000 Euro eine außerplanmäßige Abschreibung nicht in Betracht. Wenn dagegen der objektiv erzielbare Gesamtwert von 8500 Euro den Nettoveräußerungswert darstellte, wäre auf diesen Betrag außerplanmäßig abzuschreiben, unabhängig davon, ob eine künftige Werterholung zu erwarten ist. Die Frage der Zulässigkeit eines Gewinnspannenabzugs lässt sich aus IAS 2.9 nicht beantworten.

cc) Bestimmung des Nettoveräußerungswerts

(1) Grundsätzliche Ableitung des Nettoveräußerungswerts vom Absatzmarkt

(a) Absatzmarktorientierte Bestimmung des Nettoveräußerungswerts

Der Nettoveräußerungswert wird definiert als „der geschätzte, im normalen Geschäftsgang erzielbare Verkaufserlös abzüglich der geschätzten Kosten bis zur Fertigstellung und der geschätzten notwendigen Vertriebskosten" (IAS 2.6). Die Vorräte sollen damit grundsätzlich nach den Verhältnissen des Absatzmarkts verlustfrei bewertet werden.[713]

Der geschätzte Verkaufspreis als ein Bestandteil des Nettoveräußerungswerts am Bilanzstichtag gilt als der aus der Veräußerung zu erzielende Erlös abzüglich Vorsteuer; davon sind etwaige Erlösschmälerungen, die geschätzten, bis zur Herstellung des Vorratsguts voraussichtlich noch anfallenden Produktionskosten sowie die geschätzten, bis zur Veräußerung noch anfallenden Vertriebskosten abzusetzen.[714] Das Kriterium der Erzielbarkeit des Verkaufserlöses im normalen Geschäftsgang verhindert bei der Erlösschätzung ein Abstellen sowohl auf fiktive Zwangsveräußerungen als auch auf die Unabhängigkeit der Vertragspartner.[715] Die notwendigen Vertriebskosten umfassen nach Auffassung des Schrifttums die dem

---

712 Vgl. *Jacobs/Schmitt*, in: Baetge u. a. (Hrsg.), Rechnungslegung nach IFRS, IAS 2, Rn. 100 f. (Stand: Juli 2009).

713 Vgl. *Marten/Köhler*, Einfluss der Marktstruktur auf die Bewertung von Vermögensgegenständen, BB 2001, S. 2520 (S. 2524); *Schmidt/Labrenz*, in: Castan u. a. (Hrsg.), Beck'sches Handbuch der Rechnungslegung, Vorräte, Abschn. B 214, Rn. 152 (Stand: Jan. 2009).

714 Vgl. *Jacobs/Schmitt*, in: Baetge u. a. (Hrsg.), Rechnungslegung nach IFRS, IAS 2, Rn. 98 (Stand: Juli 2009); *Wagenhofer*, Internationale Rechnungslegungsstandards – IAS/IFRS (2009), S. 202.

715 Vgl. *Adler/Düring/Schmaltz*, Rechnungslegung nach Internationalen Standards, Abschn. 15, Rn. 123 (Stand: Juni 2002).

Vorratsgut zurechenbaren Verkaufsaufwendungen, wie Verpackungskosten.[716] Der Abzug einer Gewinnspanne wird in IAS 2 nicht problematisiert: Er erscheint mithin wohl unzulässig.[717]

(b) Anwendung auf den Fall: Ableitung des Nettoveräußerungswerts der Uhren vom Absatzmarkt

Im vorliegenden Fall stellt der objektiv erzielbare Gesamtwert der Uhren von 8 500 Euro die geschätzten, im normalen Geschäftsgang erzielbaren Verkaufserlöse dar. Die Angebotspreise von insgesamt 20 000 Euro sind dagegen nicht erzielbar. Kosten der Fertigstellung und des notwendigen Vertriebs sind nicht ersichtlich. Ein Abzug des Unternehmergewinns von 50 % ist nicht gestattet. Da der Nettoveräußerungswert mit 8 500 Euro unter dem Bilanzansatz von 10 000 Euro liegt, ist mithin eine außerplanmäßige Abschreibung in Höhe von 1 500 Euro unabhängig von der Dauer der Wertminderung zwingend vorzunehmen.

(2) Ableitung des Nettoveräußerungswerts vom Beschaffungsmarkt

(a) Schätzung des Nettoveräußerungswerts mittels Wiederbeschaffungskosten

Abweichend vom Grundsatz der Ableitung des Nettoveräußerungswerts vom Absatzmarkt muss unter bestimmten Umständen eine objektivierungsbedingte Schätzung über den Beschaffungsmarkt erfolgen. Die Verwendung von Wiederbeschaffungskosten ist im Falle von Roh-, Hilfs- und Betriebsstoffen dann denkbar, wenn diese gemäß IAS 2.32 auf eine eventuell erforderliche außerplanmäßige Abschreibung zu prüfen sind, da das Fertigerzeugnis, in welches diese eingehen, nur unter dessen Herstellungskosten am Markt veräußert werden kann. Scheint dabei die Ursache für die mangelnde Kostendeckung des Fertigprodukts in einem Preisverfall für die in seine Produktion eingehenden Materialien zu liegen, müssen diese gemäß IAS 2.32 auf ihren niedrigeren Nettoveräußerungswert abgeschrieben werden. In diesen Fällen werden die Wiederbeschaffungskosten als „beste verfügbare Bemessungsgrundlage" zur Schätzung des Nettoveräußerungswerts angesehen (IAS 2.32).

(b) Anwendung auf den Fall: Ableitung des Nettoveräußerungswerts der Uhren vom Beschaffungsmarkt

Im vorliegenden Fall stellen die Uhren keine Roh-, Hilfs- oder Betriebsstoffe dar, weswegen ein Heranziehen von Wiederbeschaffungskosten zur Bestimmung des Nettoveräußerungswerts im vorliegenden Fall ausscheidet.

---

716 Vgl. *Kümpel*, Vorratsbewertung und Auftragsfertigung nach IFRS (2005), S. 77.
717 Vgl. *Jacobs/Schmitt*, in: Baetge u. a. (Hrsg.), Rechnungslegung nach IFRS, IAS 2, Rn. 98 (Stand: Juli 2009).

(3) Schätzung des Nettoveräußerungswerts

(a) Darstellung der Schätzung des Nettoveräußerungswerts

Die Schätzung des Nettoveräußerungswerts hat gemäß IAS 2.30 „auf den verlässlichsten substanziellen Hinweisen" zu basieren, die zum Zeitpunkt der Schätzungen im Hinblick auf den für die Vorräte voraussichtlich erzielbaren Betrag verfügbar sind. Sie hat gemäß IAS 2.30 Preis- oder Kostenschwankungen, „die in unmittelbarem Zusammenhang mit Vorgängen" nach dem Bilanzstichtag stehen, insoweit zu berücksichtigen, „als diese [...] Verhältnisse aufhellen", die bereits am Bilanzstichtag bestanden haben; dementsprechend ist wertaufhellenden Ereignissen Rechnung zu tragen.

Die Konkretisierung der verlässlichsten substanziellen Hinweise räumt dem Bilanzierenden Ermessensspielräume ein.[718] Für die Schätzung des Nettoveräußerungswerts zieht das Schrifttum primär vorhandene Börsen- und Marktpreise heran und sieht darin eine Übereinstimmung der IFRS-Regelung mit der entsprechenden Vorschrift zur Bestimmung des Verlustmaßstabs für Umlaufvermögen im Handelsrecht.[719]

(b) Anwendung auf den Fall: Schätzung des Nettoveräußerungswerts der Uhren

Da der Absatzmarktwert der Uhren von insgesamt 8 500 Euro im vorliegenden Fall als objektiv erzielbar gilt, muss er als verlässlichster Hinweis für den am Bilanzstichtag zu schätzenden Nettoveräußerungswert angesehen werden. Die Uhren können zu den überhöhten Angebotspreisen von 20 000 Euro indes nicht abgesetzt werden, weswegen diese als Nettoveräußerungswert ausscheiden. Wertaufhellende Tatsachen liegen nicht vor.

(4) Festpreisverträge

(a) Vertraglich vereinbarter Preis als Nettoveräußerungswert bei Festpreisverträgen

Gemäß IAS 2.31 ist der Zweck der zu bewertenden Güter in die Schätzung mit einzubeziehen, was sich insbesondere bei Vorräten auswirkt, die Gegenstand von Festpreisvereinbarungen sind: Bei solchen fest abgeschlossenen Lieferungs- und Leistungskontrakten gilt der vertraglich vereinbarte Preis als Nettoveräußerungswert. Das Abstellen auf den individuellen Kontraktpreis wird dabei dem Ziel der verlustfreien Bewertung der aus dem Vertrag resultierenden Vorräte eher gerecht als der Rekurs auf allgemeine Absatzmarktpreise.[720] Für die über die vertraglich

---

718 Vgl. *Weindel*, Grundsätze ordnungsmäßiger Verlustabschreibungen (2008), S. 121 f. und S. 123–125.

719 Vgl. *Jacobs/Schmitt*, in: Baetge u. a. (Hrsg.), Rechnungslegung nach IFRS, IAS 2, Rn. 103 (Stand: Juli 2009).

720 Vgl. *Wagenhofer*, Internationale Rechnungslegungsstandards – IAS/IFRS (2009), S. 202 f.

vereinbarte Menge hinausgehende Vorratsmenge auf Lager hat der Nettoveräuße-rungswert gemäß IAS 2.31 dagegen auf „allgemeinen Verkaufspreisen" zu beru-hen, d. h. es gelten hierfür die bekannten Grundsätze der Bestimmung des Netto-veräußerungswerts.

(b) Anwendung auf den Fall: Bestimmung des Nettoveräußerungswerts der Uhren bei Festpreisverträgen

Die zwanzig Uhren im vorliegenden Fall sind nicht Teil von vertraglich fest abge-schlossenen Lieferungs- und Leistungsverträgen, sondern sie werden für die ge-samte Kundschaft zum Verkauf im Uhrengeschäft angeboten. Da auch kein ver-traglich vereinbarter Festpreis vorliegt, gelten die allgemeinen Vorschriften zur Er-mittlung des Nettoveräußerungswerts.

(5) Verfahren der Bemessung des Nettoveräußerungswerts

(a) Grundsätzliche Einzelbewertung

Außerplanmäßige Abschreibungen werden gemäß IAS 2.29 grundsätzlich im Wege der Einzelbewertung vorgenommen; in einigen Fällen ist es jedoch zulässig, ähnliche oder zusammengehörige Produkte zu einer Gruppe zusammenzufassen, d. h. eine Werthaltigkeitsprüfung kann unter bestimmten Umständen auch für Be-wertungseinheiten erfolgen. Beispielhaft wird dafür in IAS 2.29 die kumulativ zu erfüllende Vorraussetzung angeführt, dass die Vorräte „derselben Produktlinie an-gehören und damit einen ähnlichen Zweck oder Endverbleib haben, in demselben geografischen Gebiet produziert und vermarktet werden und praktisch nicht unab-hängig von anderen Gegenständen aus dieser Produktlinie bewertet werden kön-nen". Dagegen ist es unzulässig, eine zu grobe Vorratsunterteilung, z. B. aus-schließlich nach Geschäftssegmenten oder in der Klassifikation Fertigerzeugnisse, vorzunehmen und diese pauschal abzuwerten (IAS 2.29). Die Ermittlung einer Wertminderung anhand von Gruppen- oder Gesamtbeständen lässt aber trotz die-ser Einschränkung Spielraum zur Verschleierung eines Abschreibungsbedarfs durch Saldierung von Verlusten einzelner Vorräte mit unrealisierten Gewinnen an-derer Gegenstände.[721]

(b) Anwendung auf den Fall: Bestimmung des Verfahrens der Bemessung des Nettoveräußerungswerts der Uhren

Im vorliegenden Fall muss eine Gruppenbewertung für die zwanzig Uhren aus-scheiden; diese sind allesamt speziell angefertigte Einzelstücke, womit die bei-spielhaft genannten Anwendungskriterien für die Zusammenfassung ähnlicher oder zusammengehöriger Produkte nicht erfüllt sind. Die einzelnen Uhren sind mithin einzeln zu bewerten.

---

721 Vgl. *Epstein/Jermakowicz*, Wiley IFRS 2010 (2010), S. 257.

2. Ergebnis nach IFRS

Nach IAS 2 ist eine außerplanmäßige Abschreibung in Höhe von 1 500 Euro auf den gesunkenen Nettoveräußerungswert in Gestalt der objektiv erzielbaren Veräußerungserlöse von 8 500 Euro vorzunehmen; ein Abzug des 50%igen Unternehmergewinns ist nicht zulässig.

III. Gesamtergebnis

1. Das Imparitätsprinzip in seiner Ausprägung als Niederstwert- bzw. Teilwertprinzip fordert die Vorwegnahme aller am Bilanzstichtag entstandenen Risiken und Verluste; zu antizipieren sind in bilanzzweckadäquater Auslegung grundsätzlich lediglich Abgangsverluste i. S. v. künftigen Ausschüttungsbelastungen. Die Rechtsprechung stellt im Rahmen ihrer entkräftbaren Teilwertvermutungen zunächst auf Wiederbeschaffungskosten ab.
2. Während im Umlaufvermögen ein handelsrechtlich strenges Niederstwertprinzip gilt, darf eine Teilwertabschreibung steuerrechtlich nur bei einer dauernden Wertminderung vorgenommen werden. Mangels vorliegender Wiederbeschaffungskosten ist bei ungängigen Waren in der Regel sowohl im Handels- als auch im Steuerrecht auf die gesunkenen zukünftigen Veräußerungserlöse als Verlustmaßstab abzustellen. Trotz beibehaltener Verkaufspreise können für diese Gegenstände nach der Rechtsprechung grundsätzlich Teilwertabschreibungen gerechtfertigt werden; entgegen einem funktionalen Teilwertverständnis fordert der BFH auch die Berücksichtigung eines durchschnittlichen Unternehmergewinns.
3. Nach den Grundsätzen ordnungsmäßiger Bilanzierung sind die ungängigen Uhren sowohl handels- als auch steuerrechtlich infolge des Nachweises einer dauernden Wertminderung außerplanmäßig abzuschreiben. Während die beibehaltenen Verkaufspreise von insgesamt 20 000 Euro als Verlustmaßstab ausscheiden, bilden die objektiv erzielbaren Veräußerungserlöse von 8 500 Euro in bilanzzweckadäquater Auslegung den niedrigeren beizulegenden Wert bzw. Teilwert; indes ist nach Auffassung des BFH bei der Teilwertabschreibung noch dem durchschnittlichen Unternehmergewinn in Höhe von 50% der Anschaffungskosten Rechnung zu tragen, was zu einem Teilwert von 3 500 Euro führte. Bei einem funktionalen Teilwertverständnis ergibt sich mithin eine Abschreibung von 1 500 Euro; die Differenz zum überhöhten Teilwertabschlag gemäß der Rechtsprechung, welcher 6 500 Euro beträgt, bildet der entgehende Unternehmergewinn von 5 000 Euro.
4. Bei Vorräten besteht gemäß IAS 2 bei einem gesunkenen Nettoveräußerungswert unabhängig von der Wertminderungsdauer eine Pflicht zur außerplanmäßigen Abschreibung. Dieser bildet den geschätzten, im normalen Geschäftsgang erzielbaren Verkaufserlös abzüglich geschätzter Fertigstellungs- und Ver-

kaufskosten. Roh-, Hilfs- und Betriebsstoffe, bei denen Wiederbeschaffungskosten als Verlustmaßstab denkbar sind, dürfen nicht abgeschrieben werden, wenn das daraus hergestellte Fertigprodukt verlustfrei ist. Die Werthaltigkeitsprüfung von Vorräten darf unter bestimmten Voraussetzungen auch für Bewertungseinheiten erfolgen.

5. Während nach IFRS die nicht am Markt erlösbaren Angebotspreise in Höhe von 20 000 Euro als Verlustmaßstab der ungängigen Uhren ausscheiden, stellt der am Absatzmarkt objektiv erzielbare Betrag von 8 500 Euro den Nettoveräußerungswert dar. Da dieser die Anschaffungs- oder Herstellungskosten von 10 000 Euro unterschreitet, ist eine außerplanmäßige Abschreibung von 1 500 Euro vorzunehmen; ein Abzug des Unternehmergewinns von 50 % ist unzulässig.

6. Übereinstimmung herrscht nach den Grundsätzen ordnungsmäßiger Bilanzierung und den IFRS dahingehend, dass sowohl die vom Absatzmarkt abgeleiteten erzielbaren Veräußerungserlöse als Verlustmaßstab von ungängigen Waren heranzuziehen sind als auch der vom BFH geforderte Gewinnspannenabzug unzulässig ist.

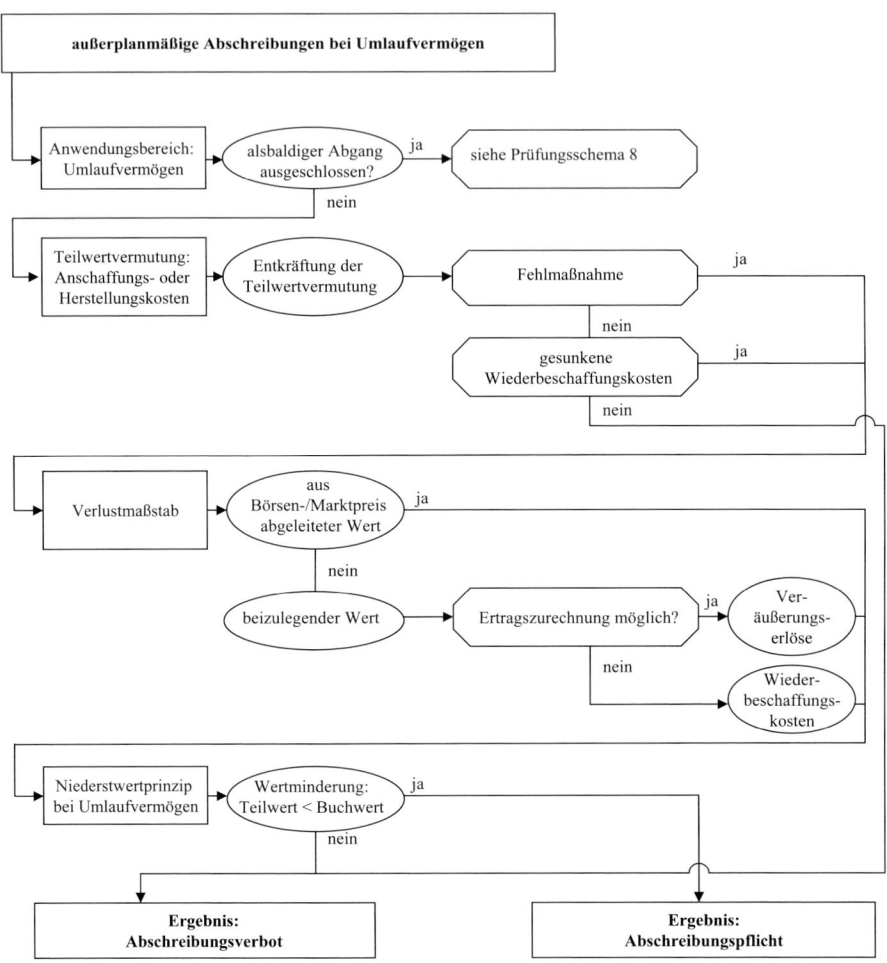

Prüfungsschema 6: Bestimmung von außerplanmäßigen Abschreibungen bei Vermögensgegenständen des Umlaufvermögens nach den Grundsätzen ordnungsmäßiger Bilanzierung

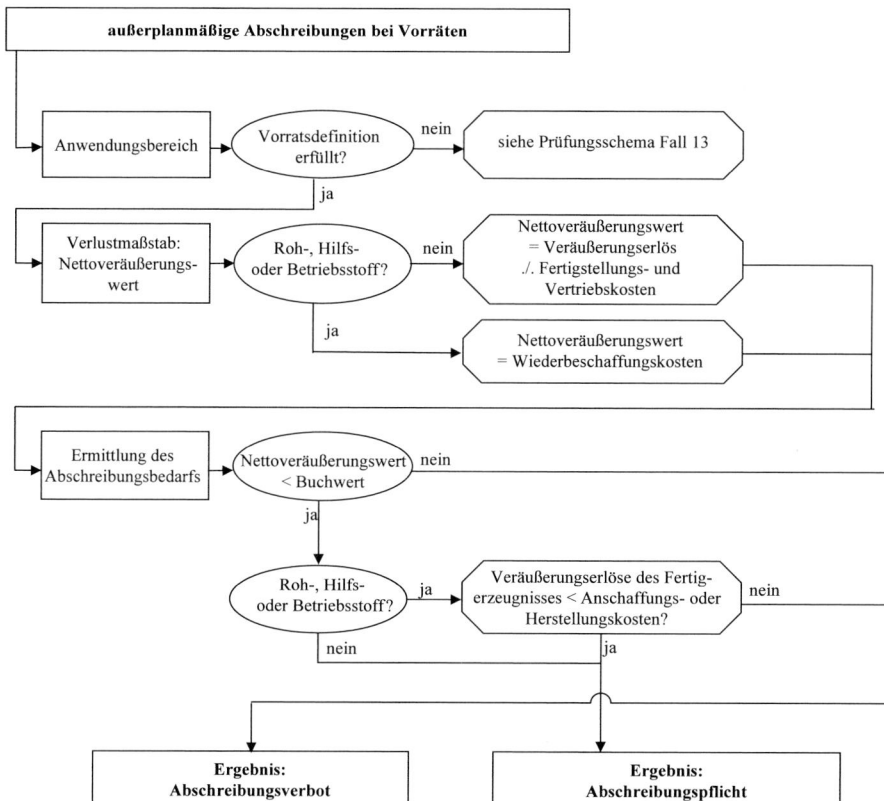

Prüfungsschema 7: Bestimmung von außerplanmäßigen Abschreibungen bei Vorräten nach IFRS

Weiterführende Literatur

HGB:

Mellwig, Winfried,	in: Edgar Castan u. a. (Hrsg.), Beck'sches Handbuch der Rechnungslegung, München 1986 (Loseblatt), Niedrigere Tageswerte, Abschn. B 164 (Stand: Juni 2003)
Moxter, Adolf,	Bilanzrechtsprechung, 6. Aufl., Tübingen 2007, S. 267–283 und S. 307–324
ders.,	Grundsätze ordnungsgemäßer Rechnungslegung, Düsseldorf 2003, S. 195–200 und S. 209–215
Weindel, Marc,	Grundsätze ordnungsmäßiger Verlustabschreibungen, Wiesbaden 2008, S. 70–152 und S. 232–241
Wüstemann, Jens,	Funktionale Interpretation des Imparitätsprinzips, zfbf, 47. Jg. (1995), S. 1029–1043

IFRS:

Adler, Hans/ Düring, Walther/ Schmaltz, Kurt,	Rechnungslegung nach Internationalen Standards, Stuttgart 2002 (Loseblatt), Abschn. 15 (Stand: Juni 2002)
Ernst & Young (Hrsg.),	International GAAP 2010, Chichester (West Sussex) 2010, Chapter 20: Inventories
Jacobs, Otto H./ Schmitt, Gregor A.,	in: Jörg Baetge u. a. (Hrsg.), Rechnungslegung nach IFRS, 2. Aufl., Stuttgart 2003 (Loseblatt), Kommentierung zu IAS 2 (Stand: Juli 2009)
Kümpel, Thomas,	Vorratsbewertung und Auftragsfertigung nach IFRS, München 2005, S. 75–100
Weindel, Marc,	Grundsätze ordnungsmäßiger Verlustabschreibungen, Wiesbaden 2008, S. 70–152 und S. 232–241

Fall 13: Außerplanmäßige Abschreibungen im Anlagevermögen – Beispiel Grundstücke

Sachverhalt:

Ein Schokoladenfabrikant plante im Geschäftsjahr 01 die Erweiterung seiner Fertigungshalle durch den Zukauf eines an das Firmengelände angrenzenden, 100 Hektar großen Grundstücks. Um den Zuschlag gegenüber einem Anlagenbauer, der eine Niederlassung in diesem Industriegebiet gründen wollte, zu erhalten, und aufgrund der strategisch günstigen Lage des Grundstücks zahlte er einen bewusst überhöhten Quadratmeterpreis von 5 Euro. Der Gutachterausschuss der Kommune ermittelte zu diesem Zeitpunkt lediglich einen Verkehrswert von 4,50 Euro/qm für Grundstücke in dieser Gegend. Zum 31.12.05 errechneten dieselben Gutachter weiter gesunkene ortsübliche Grundstückskaufpreise in Höhe von 3,50 Euro/qm.[722]

Aufgabenstellung:

Welche Konsequenzen ergeben sich in Bezug auf die bilanzielle Bewertung des Grundstücks zum 31.12.05 nach HGB und nach IFRS?

I. Lösung nach den Grundsätzen ordnungsmäßiger Bilanzierung

1. Niedrigerer beizulegender Wert und Teilwert im geltenden Bilanzrecht

a) Sinn und Zweck der Verlustantizipation

Der Sinn und Zweck der niedrigeren Bewertung in Handels- und Steuerbilanz besteht in der als Ausfluss des Vorsichtsprinzips zu verstehenden Antizipation „alle[r] vorhersehbaren Risiken und Verluste, die bis zum Abschlußstichtag entstanden sind" (§ 252 Abs. 1 Nr. 4 HGB). Dieses als Verlustantizipationsgrundsatz zu charakterisierende Imparitätsprinzip erfordert die Vorwegnahme solcher noch nicht durch einen Umsatzakt realisierten Risiken und Verluste bei am Bilanzstichtag vorhandenen Vermögensgegenständen, Schulden und schwebenden Geschäften, die künftig zu Aufwandsüberschüssen führen werden.[723] Ein Verlust, der in

---

722 Der Sachverhalt lehnt sich an folgende Entscheidung des BFH an: BFH, Urteil v. 7. 2. 2002 – IV R 87/99, BStBl. II 2002, S. 294, BB 2002, S. 1361 (mit BB-Kommentar *J. Wüstemann*).

723 Vgl. *Moxter*, Beschränkung der gesetzlichen Verlustantizipation auf die Wertverhältnisse des Abschlußstichtags?, in: Herzig (Hrsg.), FS Rose (1991), S. 165 (S. 167 f.); *Böcking*, Bilanzrechtstheorie und Verzinslichkeit (1988), S. 128.

diesem Sinne künftige Gewinn- und Verlustrechnungen belastet, liegt dabei nur vor, wenn der Wert des Bilanzpostens zum künftigen Abgangszeitpunkt den bilanzierten Buchwert bei Aktiva unterschreitet bzw. bei Passiva übersteigt; für die Antizipation muss folglich ein Abgangsverlust vorliegen.[724]

Das Niederstwertprinzip als Ausprägung des Imparitätsprinzips schreibt im Handelsrecht bei Anlagegegenständen eine außerplanmäßige Abschreibung auf den gegenüber den (fortgeführten) Anschaffungs- oder Herstellungskosten niedrigeren beizulegenden Wert am Abschlussstichtag nur bei einer voraussichtlich dauernden Wertminderung vor (§ 253 Abs. 3 S. 3 HGB). In der Steuerbilanz dürfen Wirtschaftsgüter des Anlagevermögens nur bei einer voraussichtlich dauernden Wertminderung auf den niedrigeren Teilwert abgeschrieben werden (§ 6 Abs. 1 Nr. 1 S. 2 und Nr. 2 S. 2 EStG). Das Imparitätsprinzip erfährt hier seinen Ausfluss im Prinzip des Teilwerts, welcher in § 6 Abs. 1 Nr. 1 S. 3 EStG als derjenige Betrag definiert ist, „den ein Erwerber des ganzen Betriebs im Rahmen des Gesamtkaufpreises für das einzelne Wirtschaftsgut ansetzen würde; dabei ist davon auszugehen, dass der Erwerber den Betrieb fortführt".

In funktionaler Interpretation verfolgt der Ansatz von Vermögensgegenständen zum Teilwert im Steuerrecht den gleichen Zweck der Antizipation aller bis zum Abschlussstichtag entstandenen Risiken und Verluste i. S. d. Imparitätsprinzips wie deren Bewertung zum niedrigeren beizulegenden Wert im Handelsrecht.[725] Demzufolge entsprechen sich grundsätzlich die beiden Verlustmaßstäbe des handelsrechtlichen niedrigeren beizulegenden Werts und des Teilwerts als sein steuerrechtliches Gegenstück.[726]

b) Konkretisierung durch die Rechtsprechung

Die Rechtsprechung sieht den Teilwert als den Wert an, „den ein Käufer des ganzen Unternehmens vermutlich […] weniger für das Unternehmen geben würde, wenn der betreffende Gegenstand nicht zu dem Unternehmen gehörte" und bemisst ihn

---

724 Vgl. *J. Wüstemann*, Funktionale Interpretation des Imparitätsprinzips, zfbf 1995, S. 1029 (S. 1032).

725 Vgl. *Moxter*, Zur Klärung der Teilwertkonzeption, in: Kirchhof/Offerhaus/Schöberle (Hrsg.), FS Klein (1994), S. 827 (S. 831 f.).

726 Vgl. *Mellwig*, Niedrigere Tageswerte, in: Castan u. a. (Hrsg.), Beck'sches Handbuch der Rechnungslegung, Abschn. B 164, Rn. 169 und Rn. 173 (Stand: Juni 2003); *Moxter*, Künftige Verluste in der Handels- und Steuerbilanz, DStR 1998, S. 509 (S. 511); *Kozikowski/Roscher/ Schramm*, in: Ellrott u. a. (Hrsg.), Beck'scher Bilanz-Kommentar (2010), § 253 HGB, Rn. 317. Im Folgenden werden daher außerplanmäßige Abschreibungen auf den niedrigeren beizulegenden Wert und Teilwertabschreibungen als grundsätzlich identisch angesehen. Vgl. zur Problematik der Legaldefinition des Teilwerts Fall 12, Außerplanmäßige Abschreibungen im Umlaufvermögen – Beispiel ungängige Waren.

demzufolge grundsätzlich an den Wiederbeschaffungskosten.[727] Deren Ansatz als Teilwertobergrenze wird durch die Annahme begründet, dass ein fiktiver Unternehmenserwerber nicht mehr als den Betrag für den Vermögensgegenstand bezahlen würde, den er für dessen Ersatz aufwenden müsste.[728] In einer typisierenden Betrachtung behilft sich die Rechtsprechung mit entkräftbaren Teilwertvermutungen:[729] Während der Teilwert im Zugangszeitpunkt annahmegemäß den Anschaffungs- oder Herstellungskosten entspricht, wird an Folgestichtagen vermutet, dass er beim nicht abnutzbaren Anlagevermögen mit den Anschaffungs- oder Herstellungskosten und beim abnutzbaren Anlagevermögen mit den um die AfA geminderten Anschaffungs- oder Herstellungskosten übereinstimmt.[730]

2. Außerplanmäßige Abschreibungen von Grundstücken

a) Fehlmaßnahme i. S. eines gesunkenen Nettoeinnahmenpotenzials

aa) Bedeutung von Fehlmaßnahmen

Ein Verlust i. S. d. Bilanzrechts ergibt sich im Anlagevermögen als Differenz aus Buchwert und gesunkenen Nettoeinnahmen eines Vermögensgegenstands.[731] Die Bestimmung von Abgangsverlusten erweist sich hier aber insbesondere aufgrund des definitionsgemäß fehlenden Abgangs und der bestehenden Zurechnungsprobleme von Umsatzerlösen auf die sie erwirtschaftenden Anlagegegenstände als äußerst schwierig.[732] Ein Vermögensgegenstand des Anlagevermögens ist mangels Werthaltigkeit dann außerplanmäßig abzuschreiben, wenn seine (fortgeführten) Anschaffungs- oder Herstellungskosten als Träger der mindestens aus ihm erwarteten Mindesteinnahmen nicht mehr von den tatsächlichen Erlösen gedeckt sind.[733]

Zur Bestimmung des Teilwerts von nicht abnutzbaren Anlagegegenständen besteht die Vermutung der Rechtsprechung, dass sich dieser zum Zugangszeitpunkt sowie

---

727 RFH, Urteil v. 14. 12. 1926 – VI A 575/26, RFHE Bd. 20, S. 87 (S. 89).

728 Vgl. RFH, Urteil v. 14. 12. 1927 – VI A 802/27, RFHE Bd. 22, S. 309 (S. 310); *Moxter*, Zur Klärung der Teilwertkonzeption, in: Kirchhof/Offerhaus/Schöberle (Hrsg.), FS Klein (1994), S. 827 (S. 830).

729 Vgl. z. B. BFH, Urteil v. 12. 4. 1989 – II R 213/85, BStBl. II 1989, S. 545 (S. 546).

730 Vgl. zum nicht abnutzbaren Anlagevermögen BFH, Urteil v. 20. 4. 1977 – I R 234/75, BStBl. II 1977, S. 607 (S. 608) und zum abnutzbaren Anlagevermögen BFH, Urteil v. 22. 3. 1973 – IV R 46/69, BStBl. II 1973, S. 581 (S. 582).

731 Vgl. *Moxter*, Künftige Verluste in der Handels- und Steuerbilanz, DStR 1998, S. 509 (S. 511).

732 Vgl. *Euler*, Zur Verlustantizipation mittels des niedrigeren beizulegenden Wertes und des Teilwertes, zfbf 1991, S. 191 (S. 196); *Wiedmann*, Bilanzrecht (2003), § 253 HGB, Rn. 81.

733 Vgl. *Breidert*, Grundsätze ordnungsmäßiger Abschreibungen auf abnutzbare Anlagegegenstände (1994), S. 155 f.; *Moxter*, Grundsätze ordnungsgemäßer Rechnungslegung (2003), S. 213.

in Folgeperioden „mit den tatsächlichen Anschaffungskosten deckt"[734]. Die Teilwertvermutung beruht dabei zwar auf der Annahme, „daß dem Kaufmann die erworbenen Wirtschaftsgüter tatsächlich das wert sind, was er für ihren Erwerb aufgewendet hat"[735], diese kann jedoch zur Inanspruchnahme einer Teilwertabschreibung vom Steuerpflichtigen u. a. mit dem Nachweis einer von Anfang an bestehenden Fehlmaßnahme entkräftet werden: Die Anschaffung oder Herstellung eines Vermögensgegenstands des Anlagevermögens ist insbesondere dann als Fehlmaßnahme zu beurteilen, „wenn ihr wirtschaftlicher Nutzen bei objektiver Betrachtung deutlich hinter dem für den Erwerb oder die Herstellung getätigten Aufwand zurückbleibt und demgemäß so unwirtschaftlich war, daß er von einem gedachten Erwerber des gesamten Betriebs im Kaufpreis nicht honoriert würde"[736]. Die Anforderungen an den Nachweis einer objektiv bestehenden Fehlmaßnahme dürfen dabei nicht unverhältnismäßig hoch sein.[737]

Im Falle von einen vorhandenen Marktwert übersteigenden, ungewöhnlich hohen gezahlten Anschaffungspreisen (sog. Überpreisen) ist nach Auffassung der Rechtsprechung keine Fehlmaßnahme angezeigt, wenn „es gerade kaufmännische Erwägungen", mithin betriebliche Gründe, waren, die dem Kaufmann „bei Abwägung der Bedeutung" des Wirtschaftsguts „für seinen Betrieb einerseits, der hohen Anschaffungskosten andererseits, diesen Preis vom Standpunkt einer sachgemäßen Betriebsführung aus nicht als zu hoch erscheinen ließen"[738]; die überhöhten Anschaffungs- oder Herstellungskosten deuten dann auf grundsätzlich erhöhte erhoffte Einnahmenüberschüsse hin, die etwa infolge von sich realisierenden Verbundeffekten aus dem Anlagegegenstand erwartet werden.[739]

bb) Anwendung auf den Fall: Prüfung des Vorliegens einer Fehlmaßnahme in Bezug auf das Grundstück

Im vorliegenden Fall liegt keine zur außerplanmäßigen Abschreibung berechtigende Fehlmaßnahme i. S. eines gesunkenen Nettoeinnahmenpotenzials vor. Der wegen der günstigen Lage in der Expansionsmöglichkeit bestehende wirtschaftliche Nutzen des Grundstückserwerbs, für den gerade der überhöhte Kaufpreis gezahlt wurde, bleibt auch am betrachteten Bilanzstichtag weiterhin bestehen; auch ein fiktiver Unternehmenserwerber würde diesen Nutzenzuwachs in seinem Kauf-

---

734 BFH, Urteil v. 28. 10. 1976 – IV R 76/72, BStBl. II 1977, S. 73 (S. 74); BFH, Urteil v. 9. 2. 1977 – I R 130/74, BStBl. II 1977, S. 412 (S. 413); BFH, Urteil v. 20. 4. 1977 – I R 234/75, BStBl. II 1977, S. 607 (S. 608).

735 BFH, Urteil v. 25. 1. 1979 – IV R 21/75, BStBl. II 1979, S. 369 (S. 371).

736 BFH, Urteil v. 17. 9. 1987 – III R 201-202/84, BStBl. II 1988, S. 488 (S. 489).

737 Vgl. *Moxter*, Bilanzrechtsprechung (2007), S. 284 f.; *Kozikowski/Roscher/Schramm*, in: Ellrott u. a. (Hrsg.), Beck'scher Bilanz-Kommentar (2010), § 253 HGB, Rn. 330.

738 RFH, Urteil v. 26. 6. 1935 – VI A 475/35, RStBl. 1935, S. 1496 (S. 1497, alle Zitate). Vgl. auch BFH, Urteil v. 26. 8. 1958 – I 80/57 U, BStBl. III 1958, S. 420 (S. 422).

739 Vgl. *Breidert*, Grundsätze ordnungsmäßiger Abschreibungen auf abnutzbare Anlagegegenstände (1994), S. 156.

preiskalkül berücksichtigen. Der gezahlte Überpreis beruht insoweit auf den kaufmännischen Überlegungen des Schokoladenfabrikanten, der aus dem Grundstück entsprechend erhöhte Nettoeinnahmen erwartet.

b) Objektivierte Hilfswerte als Verlustmaßstab im Anlagevermögen

aa) Bedeutung von objektivierten Hilfswerten als Verlustmaßstab

Im Anlagevermögen muss zur Bestimmung des niedrigeren beizulegenden Werts bzw. Teilwerts als Verlustmaßstab aufgrund der Ertragszurechnungsprobleme und des fehlenden Abgangs häufig auf Hilfswerte zurückgegriffen werden. Das Schrifttum rekurriert dazu vorzugsweise auf Beschaffungsmarktpreise.[740] Nach der Rechtsprechung sind die bestehenden Teilwertvermutungen für Anlagegegenstände auch bei gesunkenen Wiederbeschaffungskosten entkräftbar;[741] dabei dürfen die Anforderungen an den Nachweis einer objektiv wahrscheinlichen Wertminderung analog zu Fehlmaßnahmen aus Vorsichtsgründen nicht unverhältnismäßig hoch sein.[742]

In funktionaler Auslegung sind Beschaffungsmarktpreise aufgrund der Gefahr der Antizipation von nur entgangenen Gewinnen indes nicht als genereller Verlustmaßstab, sondern allenfalls als objektivierender Hilfsmaßstab geeignet.[743] Allerdings scheitert im Anlagevermögen auch die grundsätzliche Orientierung des Verlusts an Nettoveräußerungserlösen: Sind diese gemeinen, für beliebige Dritte geltenden marktüblichen Werte als potenzielle Abgangserlöse gesunken, ist zwar ein drohender Verlust entstanden, „aber dieser kann kompensiert (oder überkompensiert) werden durch andere dem Anlagegegenstand zurechenbare Erträge"; diese auch dem fiktiven Verkäufer bekannten spezifischen Vorteile eines Vermögensgegenstands für den Kaufmann zeigen sich in – verglichen mit den gemeinen Werten – höheren, bei einem erneuten Erwerb aufzuwendenden fiktiven Wiederbeschaffungskosten und repräsentieren in Höhe dieser Differenz „einen grundsätzlich berechenbaren Anteil an dem betriebsspezifischen Mehrwert" eines Anlagegegenstands für den Bilanzierenden.[744] Außerplanmäßige Abschreibungen auf für beliebige Dritte geltende Beschaffungsmarktpreise sind daher bei objektivem Fortbestand der individuellen Vorteile mangels künftiger Ausschüttungsbelastung nicht

740 Vgl. *Adler/Düring/Schmaltz*, Rechnungslegung und Prüfung der Unternehmen (1995), § 253 HGB, Rn. 457; *Kozikowski/Roscher/Schramm*, in: Ellrott u. a. (Hrsg.), Beck'scher Bilanz-Kommentar (2010), § 253 HGB, Rn. 308; *Döring/Buchholz*, in: Küting/Weber (Hrsg.), Handbuch der Rechnungslegung, Einzelabschluss, § 253 HGB, Rn. 159 (Stand: Juli 2003).

741 Vgl. BFH, Urteil v. 28. 10. 1976 – IV R 76/72, BStBl. II 1977, S. 73 (S. 74); BFH, Urteil v. 17. 9. 1987 – III R 201-202/84, BStBl. II 1988, S. 488 (S. 489).

742 Vgl. *Moxter*, Bilanzrechtsprechung (2007), S. 288–290.

743 Vgl. *Mellwig*, Für ein bilanzzweckadäquates Teilwertverständnis, in: Ballwieser u. a. (Hrsg.), FS Moxter (1994), S. 1069 (S. 1086 f.).

744 *Moxter*, Bilanzrechtsprechung (2007), S. 270 und S. 275 (erstes Zitat auf S. 275; zweites Zitat auf S. 270).

gefordert.[745] Bei nicht zeitlich begrenzten Anlagegegenständen wird man auf unternehmensspezifische Wiederbeschaffungskosten ohnehin „nur in dem Maße" abstellen können, „wie sie aufgrund der […] typischerweise unlösbaren Zurechnungsprobleme […] als Hilfsmaßstab auch sinnvoll sind"[746]. Im abnutzbaren Anlagevermögen ergeben sich außerplanmäßige Abschreibungen bei negativer Veränderung der Abschreibungsplandeterminanten, wie z.B. einer Nutzungsdauerverkürzung, grundsätzlich als Abschreibungsnachholung.[747]

bb) Anwendung auf den Fall: Bestimmung des objektivierten Hilfswerts bei der Niederstbewertung des Grundstücks

Im vorliegenden Fall liegt der niedrigere beizulegende Wert bzw. Teilwert des Grundstücks am Bilanzstichtag unter dessen fortgeführten Anschaffungskosten, die sich aus dem zum Erwerbszeitpunkt bestehenden Verkehrswert von 4,5 Mio. Euro und dem gezahlten Überpreis von 0,5 Mio. Euro zusammensetzen. Infolge des zum Bilanzstichtag von unabhängigen Gutachtern ermittelten Verkehrswerts von 3,50 Euro/qm für vergleichbare Grundstücke gelingt dem Schokoladenfabrikanten der Nachweis von zu diesem Zeitpunkt gesunkenen Wiederbeschaffungskosten. Dieser Verkehrswert bildet als gemeiner, für beliebige Dritte geltender Marktpreis mangels Berücksichtigung des in den Expansionsmöglichkeiten bestehenden betriebsbezogenen Mehrwerts des Grundstücks für den Fabrikanten indes nicht den korrekten Verlustmaßstab; er kann aber aufgrund der bestehenden Ertragszurechnungsprobleme als Ausgangspunkt zur Bestimmung des betriebsspezifischen Wiederbeschaffungswerts fungieren. Vorbehaltlich einer noch zu prüfenden zusätzlichen Berücksichtigung des Überpreises ergibt sich zunächst eine handels- und steuerrechtliche Wertminderung in Höhe von 1 Mio. Euro, die aus der Verkehrswertverminderung zwischen Anschaffungszeitpunkt (4,5 Mio. Euro) und Bilanzstichtag (3,5 Mio. Euro) resultiert.

c) Typisierende Absetzung von Überpreisen

aa) Proportionale Verminderung von Überpreisen

In der älteren Rechtsprechung durfte bei einem erworbenen betriebsnotwendigen Grundstück keine Teilwertabschreibung des Überpreises auf den Verkehrswert vorgenommen werden, wenn der Erwerber den überhöhten Kaufpreis in Kauf

---

745 Vgl. *Moxter*, Künftige Verluste in der Handels- und Steuerbilanz, DStR 1998, S. 509 (S. 511).
746 *Wüstemann*, Teilwertabschreibung: Proportionale Minderung gezahlter Überpreise bei gesunkenen Vergleichswerten, BB-Kommentar (zu BFH, Urteil v. 7. 2. 2002 – IV R 87/99), BB 2002, S. 1363 (beide Zitate).
747 Vgl. *Ballwieser*, in: Schmidt (Hrsg.), Münchener Kommentar zum Handelsgesetzbuch (2008), § 253 HGB, Rn. 45; *Euler*, Zur Verlustantizipation mittels des niedrigeren beizulegenden Wertes und des Teilwertes, zfbf 1991, S. 191 (S. 195); *Mellwig*, in: Castan u.a. (Hrsg.), Beck'sches Handbuch der Rechnungslegung, Niedrigere Tageswerte, Abschn. B 164, Rn. 24 f. (Stand: Juni 2003).

nimmt, um neben „dem unmittelbaren Interesse an dem Eigentum des […] Grundstücks" noch weitere individuelle Interessen, wie die „Beseitigung von Belästigungen durch den Besitzer des Nachbargrundstücks", zu verfolgen.[748] Nach einem jüngeren Urteil „bleibt der Überpreis […] nicht in vollem Umfang bestehen, sondern nimmt an der Teilwertabschreibung in dem Verhältnis teil, das dem gegenüber dem Anschaffungszeitpunkt gesunkenen Vergleichswert entspricht"[749]. Da Überpreise „[n]ach der Lebenserfahrung" bezahlt würden, „weil Mitbewerber zu überbieten oder ein zurückhaltender Veräußerer erst eines Anreizes bedarf", orientiere sich der Bilanzierende „in aller Regel nicht an konkreten Beträgen […], die die Zahlung eines Überpreises rechtfertigen könnten, wie etwa die Einsparung von Wegekosten auf Grund arrondierter Flächen"; als Überpreis sei daher „ein prozentualer Aufschlag auf den marktüblichen Preis maßgebend", welcher sich im Rahmen der Teilwertermittlung bei gesunkenen „aktuellen Marktpreisen […] gleichermaßen" reduziert.[750] Eine stärkere Senkung des Überpreises erfordert aber besondere Anhaltspunkte, beispielsweise durch ein „Überangebot auf dem Grundstücksmarkt" verursachte verminderte Marktpreise.[751]

Die proportionale Verminderung des Überpreises muss wohl als klare Typisierung des BFH verstanden werden. Der Grund für die gerade anteilsmäßige Senkung bleibt jedoch ungeklärt.[752] In funktionaler Hinsicht muss indes bei einem Wegfall der im Überpreis abgegoltenen spezifischen Vorteile ohne Rücksicht auf die Marktwerte „die fehlende greifbare Werthaltigkeit der getätigten Aufwendungen den Grund für die Minderung darstellen".[753]

bb) Anwendung auf den Fall: proportionale Überpreisminderung bei der Niederstbewertung des Grundstücks

Im vorliegenden Fall kann der gezahlte Überpreis nicht in voller Höhe, sondern nur in dem Verhältnis außerplanmäßig abgeschrieben werden, wie sich der Verkehrswert des Grundstücks am Bilanzstichtag (3,5 Mio. Euro) zum Verkehrswert im Anschaffungszeitpunkt (4,5 Mio. Euro) vermindert hat. Vom gesamten Überpreis in Höhe von 0,5 Mio. Euro sind nach der Rechtsprechung proportional zur Senkung der Marktpreise lediglich 22,2 % ((4,5 Mio.–3,5 Mio.)/4,5 Mio.) einer Teilwertabschreibung zugänglich: Addiert man diese Wertverminderung des Überpreises in Höhe von 111 111,11 Euro zur Wertminderung des Verkehrswerts von

---

748 BFH, Urteil v. 4. 1. 1962 – I 22/61 U, BStBl. III 1962, S. 186 (S. 187, beide Zitate).

749 BFH, Urteil v. 7. 2. 2002 – IV R 87/99, BStBl. II 2002, S. 294 (S. 296).

750 BFH, Urteil v. 7. 2. 2002 – IV R 87/99, BStBl. II 2002, S. 294 (S. 296, alle Zitate).

751 BFH, Urteil v. 7. 2. 2002 – IV R 87/99, BStBl. II 2002, S. 294 (S. 296).

752 Vgl. *Paus*, Schätzung des Teilwerts nach Zahlung eines Überpreises, DStZ 2002, S. 567 (S. 567).

753 *J. Wüstemann*, Teilwertabschreibung: Proportionale Minderung gezahlter Überpreise bei gesunkenen Vergleichswerten, BB-Kommentar (zu BFH, Urteil v. 7. 2. 2002 – IV R 87/99), BB 2002, S. 1363. Vgl. *Weindel*, Grundsätze ordnungsmäßiger Verlustabschreibungen (2008), S. 213 f.

1 Mio. Euro, so ergibt sich typisierend ein Abschreibungsbedarf in Handels- und Steuerbilanz von insgesamt 1 111 111,11 Euro. Da keine anderen Gründe für eine fehlende greifbare Werthaltigkeit des Grundstücks ersichtlich sind, erscheint eine volle Reduktion des Überpreises im vorliegenden Fall nicht möglich.

d) Voraussichtlich dauernde Wertminderung

aa) Dauerhaftigkeit i. S. v. künftigen Ausschüttungsbelastungen

Für Anlagevermögen, das dazu bestimmt ist, „dauernd dem Geschäftsbetrieb zu dienen" (§ 247 Abs. 2 S. 1 HGB), besteht das handelsrechtliche Gebot bzw. das steuerrechtliche Wahlrecht zur außerplanmäßigen Abschreibung nur bei einer voraussichtlich dauernden Wertminderung (§ 253 Abs. 3 S. 3 HGB, § 6 Abs. 1 Nr. 1 S. 2 und Nr. 2 S. 2 EStG); die nur im Handelsrecht bestehende Abschreibungsmöglichkeit bei voraussichtlich vorübergehenden Wertminderungen gilt nur für Finanzanlagen (§ 253 Abs. 3 S. 4 HGB). Der BFH und Teile der Literatur sehen eine Dauerhaftigkeit der Wertminderung, wenn der beizulegende Wert bzw. Teilwert zum Abschlussstichtag nachhaltig unter den Buchwert gesunken ist.[754] In bilanzzweckadäquater Auslegung kann eine voraussichtlich dauernde Wertminderung indes nur dann vorliegen, wenn zum Abgangszeitpunkt des Vermögensgegenstands die Gefahr eines Verlusts i. S. einer Belastung künftiger Gewinn- und Verlustrechnungen besteht und der gegenwärtige Bilanzansatz insoweit den erwarteten Abgangswert übersteigt; da bei einer vorübergehenden Wertminderung eine Werterholung bis zu diesem Zeitpunkt wieder eingetreten sein wird, besteht als Ausfluss allgemeiner Vorsicht mangels Abgangsverlusts nur ein Abschreibungswahlrecht.[755] „[A]us Gründen der Vorsicht [ist] im Zweifel von einer dauernden Wertminderung auszugehen"[756].

bb) Anwendung auf den Fall: Prüfung des Vorliegens einer voraussichtlich dauernden Wertminderung des Grundstücks

Im vorliegenden Fall besteht eine voraussichtlich dauernde Wertminderung: Obwohl aufgrund der Zurechnungsprobleme ein Abgangsverlust nicht zweifelsfrei nachweisbar ist, muss aufgrund des Vorsichtsprinzips angenommen werden, dass das Grundstück im Zweifel dauernd wertgemindert ist. Demzufolge ist sowohl handelsrechtlich als auch aufgrund des Maßgeblichkeitsprinzips steuerrechtlich eine außerplanmäßige Abschreibung in Höhe von 1 111 111,11 Euro vorzunehmen; der niedrigere beizulegende Wert bzw. Teilwert beträgt mithin 3 888 888,89 Euro.

---

754 Vgl. BFH, Urteil v. 26. 9. 2007 – I R 58/06, BStBl. II 2009, S. 294 (S. 295); *Adler/Düring/Schmaltz*, Rechnungslegung und Prüfung der Unternehmen (1995), § 253 HGB, Rn. 476.

755 Vgl. *J. Wüstemann*, Funktionale Interpretation des Imparitätsprinzips, zfbf 1995, S. 1029 (S. 1037 f.); *Burkhardt*, Grundsätze ordnungsmäßiger Bilanzierung für Fremdwährungsgeschäfte (1988), S. 53 f.; *Hommel/Berndt*, Voraussichtlich dauernde Wertminderung bei der Teilwertabschreibung und Abschlussstichtagsprinzip, FR 2000, S. 1305 (S. 1308).

756 BFH, Urteil v. 9. 9. 1986 – VIII R 20/85, BFH/NV 1987, S. 442 (S. 443).

3. Ergebnis nach den Grundsätzen ordnungsmäßiger Bilanzierung

Nach den Grundsätzen ordnungsmäßiger Bilanzierung muss bei einem funktionalen Verständnis von Niederstwert- bzw. Teilwertprinzip handels- und steuerrechtlich eine außerplanmäßige Abschreibung auf den niedrigeren beizulegenden Wert bzw. Teilwert im Sinne des künftigen Abgangswerts vorgenommen werden; dieser stellt sich im abnutzbaren Anlagevermögen häufig objektivierungsbedingt als die gesunkenen betriebsspezifischen Wiederbeschaffungskosten dar. Im vorliegenden Fall ergeben sich diese in Höhe von insgesamt 3 888 888,89 Euro nach typisierender Rechtsprechung als die Summe aus aktuellem gemeinem Wert und dem im Verhältnis der Grundstücksverkehrswerte geminderten Überpreis.

II. Lösung nach IFRS

1. Definition von Sachanlagen

a) Bedeutung der Definition von Sachanlagen

Im vorliegenden Fall von Grundstücken sind die hinsichtlich der Folgebewertung von Sachanlagen geltenden Regelungen des IAS 16 (Sachanlagen) und IAS 36 (Wertminderung von Vermögenswerten) einschlägig; dabei gilt Letzterer als grundlegender Standard für Wertminderungen.

Sachanlagen umfassen gemäß IAS 16.6 „materielle Vermögenswerte", die ein Unternehmen „für Zwecke der Herstellung oder der Lieferung von Gütern und Dienstleistungen, zur Vermietung an Dritte oder für Verwaltungszwecke" besitzt und die „erwartungsgemäß länger als eine Periode genutzt werden". Als materielle Vermögenswerte fehlt es ihnen im Umkehrschluss aus IAS 38.8 nicht an physischer Substanz. Ihre Zweckbestimmung schließt auch die nach IAS 40 zu behandelnden, als Finanzinvestitionen gehaltenen Immobilien (Grundstücke bzw. Gebäude) grundsätzlich aus. Gemäß dem Schrifttum ist hinsichtlich der Dauer der Periode eine erwartungsgemäß kürzer als zwölfmonatige Nutzung über den Abschlussstichtag hinaus bereits hinreichend.[757]

b) Anwendung auf den Fall: Prüfung des Vorliegens einer Sachanlage bei dem Grundstück

Im vorliegenden Fall erfüllt das Grundstück die Definition von Sachanlagen gemäß IAS 16.6: Es handelt sich um einen materiellen Vermögenswert mit unzwei-

---

757 Vgl. *Ballwieser*, in: Baetge u. a. (Hrsg.), Rechnungslegung nach IFRS, IAS 16, Rn. 10 (Stand: Juli 2009).

felhafter physischer Substanz. Der Schokoladenfabrikant besitzt das Grundstück wegen der geplanten Erweiterung der Fertigungshalle für die Zwecke der Herstellung von Schokolade, weswegen auch keine als Finanzinvestition gehaltene Immobilie vorliegt. Aus demselben Grund wird er das Grundstück erwartungsgemäß auch länger als eine Periode nutzen.

2. Überpreis als Bestandteil der Anschaffungskosten von Sachanlagen

a) Weiter Anschaffungskostenbegriff umfasst gezahlten Überpreis

Sachanlagen sind gemäß IAS 16.15 im Zugangszeitpunkt mit den Anschaffungs- oder Herstellungskosten zu bewerten. Diese umfassen u. a. „den Kaufpreis einschließlich Einfuhrzölle und nicht erstattungsfähiger Umsatzsteuern", und „alle direkt zurechenbaren Kosten, die anfallen, um den Vermögenswert zu dem Standort und in den erforderlichen, vom Management beabsichtigten, betriebsbereiten Zustand zu bringen"; Anschaffungskostenminderungen sind abzusetzen (IAS 16.16). Infolge des explizit auf den Kaufpreis abstellenden Wortlauts des IAS 16.16 ist eine Berichtigung dieses Ausgangswerts im Rahmen der Ermittlung der Anschaffungskosten, selbst bei Überteuerung i. S. eines Übersteigens des gegenwärtigen Zeitwerts der Sachanlage, nicht durchzuführen.[758] Aufgrund des insofern weit auszulegenden Anschaffungskostenbegriffs muss der Kaufpreis auch einen sowohl bewusst als auch unbewusst gezahlten Überpreis mit einschließen.

b) Anwendung auf den Fall: Prüfung der Einbeziehung des Überpreises in die Anschaffungskosten des Grundstücks

Im vorliegenden Fall betragen die Anschaffungskosten des Grundstücks im Geschäftsjahr 01 bei einem gezahlten Quadratmeterpreis von 5 Euro insgesamt 5 Mio. Euro. Aufgrund des weit zu verstehenden Wortlauts des IAS 16.16 schließen die Anschaffungskosten auch den infolge der geplanten Fabrikhallenerweiterung bewusst gezahlten Überpreis in Höhe von 0,5 Mio. Euro mit ein, der sich durch Vergleich des gezahlten Kaufpreises mit dem um 0,50 Euro/qm niedrigeren ortsüblichen Verkehrswert ergibt.

---

758 Vgl. *Adler/Düring/Schmaltz*, Rechnungslegung nach Internationalen Standards, Abschn. 9, Rn. 21 (Stand: Juni 2002).

3. Planmäßige Abschreibungen von Sachanlagen

a) Bedeutung von planmäßigen Abschreibungen

Im Rahmen der Folgebewertung sind Sachanlagen nach dem Anschaffungskosten-modell des IAS 16.30 „zu ihren Anschaffungskosten abzüglich der kumulierten Abschreibungen und kumulierten Wertminderungsaufwendungen anzusetzen". Planmäßige Abschreibungen werden als „systematische Verteilung des Abschrei-bungsvolumens eines Vermögenswertes über dessen Nutzungsdauer" verstanden (IAS 16.6); sie sind insoweit vorzunehmen, wie der künftige wirtschaftliche Nut-zen eines Vermögenswerts vom Unternehmen verbraucht wird (IAS 16.56; IAS 16.BC31). Die Abschreibungsmethode hat hierbei lediglich „dem erwarteten Verlauf des Verbrauchs des künftigen wirtschaftlichen Nutzens des Vermögens-wertes […] zu entsprechen" (IAS 16.60).

b) Anwendung auf den Fall: Prüfung der Vornahme von planmäßigen Abschreibungen auf das Grundstück

Im vorliegenden Fall ist das Grundstück zum Folgebewertungsstichtag 31.12.05 un-strittig nicht planmäßig abzuschreiben: Der wirtschaftliche Nutzen des Grundstücks unterliegt keinem Verbrauch i. S. d. IAS 16.

4. Niedrigere Folgebewertung von Sachanlagen

a) Niedrigere Folgebewertung bei Neubewertung

aa) Bedeutung der niedrigeren Folgebewertung bei Neubewertung

Für die Folgebewertung von Sachanlagen räumt IAS 16.31 – alternativ zum An-schaffungskostenmodell – das Wahlrecht ein, den Vermögenswert in regelmäßigen Abständen zu einem Betrag anzusetzen, „der seinem beizulegenden Zeitwert am Tage der Neubewertung abzüglich nachfolgender kumulierter planmäßiger Ab-schreibungen und nachfolgender kumulierter Wertminderungsaufwendungen ent-spricht". Der Sinn und Zweck dieser Neubewertung wird vor allem in der Vermitt-lung eines besseren Einblicks in die Vermögenslage gesehen, da die fortgeführten Buchwerte der Sachanlagen häufig von ihren aktuellen Zeitwerten abweichen.[759]

Der beizulegende Zeitwert von Grundstücken und Gebäuden ist „in der Regel" an-hand marktorientierter Anhaltspunkte, gewöhnlich unter Rückgriff auf „Berech-nungen hauptamtlicher Gutachter", zu ermitteln (IAS 16.32). Für technische Anla-gen sowie Betriebs- und Geschäftsausstattung ergibt sich dieser regelmäßig als ge-schätzter Marktwert und subsidiär als Ertragswert oder fortgeführte Wiederbeschaf-

---

759 Vgl. *Adler/Düring/Schmaltz*, Rechnungslegung nach Internationalen Standards, Abschn. 9, Rn. 142 (Stand: Juni 2002); *Epstein/Jermakowicz*, Wiley IFRS 2010 (2010), S. 321.

fungskosten (IAS 16.32 f.). Die Bestimmung des beizulegenden Zeitwerts erweist sich indes als materielles Problem: Einerseits existieren Marktpreise bzw. adäquate absatzmarktbezogene Schätzwerte für viele Sachanlagen nur selten,[760] andererseits ist offen, ob markttypische oder individuelle Wiederbeschaffungskosten heranzuziehen sind.

Übersteigt der beizulegende Zeitwert den Buchwert zum Neubewertungsstichtag, ist der überschießende Betrag gemäß IAS 16.39 erfolgsneutral in eine Neubewertungsrücklage im Eigenkapital einzustellen. Ist der beizulegende Zeitwert kleiner als der Buchwert, ist für die Erfassung der entsprechenden Verminderung zuerst eine bestehende Neubewertungsrücklage aufzulösen, bevor ein dann noch existierender Minderungsbedarf als aufwandswirksame Abschreibung zu behandeln ist (IAS 16.40 i. V. m. IAS 36.60).[761]

bb) Anwendung auf den Fall: Neubewertung des Grundstücks

Im vorliegenden Fall ist aufgrund der Eigenschaft der Grundstücke als Sachanlagen die Neubewertungsmethode grundsätzlich anwendbar. Zum 31.12.05 beträgt der beizulegende Zeitwert 3,5 Mio. Euro: Der Marktpreis des Grundstücks ergibt sich dabei aus dem vorliegenden Gutachten des hauptamtlichen kommunalen Gutachterausschusses und liegt bei einem Quadratmeterpreis von 3,50 Euro; dieser Preis würde auch den Wiederbeschaffungskosten entsprechen. Da der beizulegende Zeitwert den aktuellen Buchwert von 5 Mio. Euro unterschreitet, wäre im Falle einer durchzuführenden Neubewertung eine – mangels bestehender Rücklage – aufwandswirksame Abwertung des Grundstücks in Höhe von 1,5 Mio. Euro (1,50 Euro/qm) auf den gesunkenen Neubewertungsbetrag vorzunehmen.

b) Wertminderung von Vermögenswerten gemäß IAS 36

aa) Anhaltspunkte für das Vorliegen einer Wertminderung

(1) Externe und interne Indikatoren einer Wertminderung

Eine Wertminderung von Sachanlagen ermittelt sich über die Verweisnorm des IAS 16.63 gemäß IAS 36. Diese ist gemäß IAS 36.8 dann eingetreten, wenn der Buchwert des Vermögenswertes „seinen erzielbaren Betrag übersteigt".

Die Ermittlung einer Wertminderung vollzieht sich dabei in einem zweistufigen Werthaltigkeitstestverfahren. Gemäß IAS 36.9 ist an jedem Bilanzstichtag zu prüfen, ob Anhaltspunkte für ihr Vorliegen bestehen. Dabei ist mindestens der nicht abschließende Katalog der in IAS 36.12 genannten Indikatoren zu berücksich-

---

760 Vgl. *Telkamp/Bruns*, Wertminderungen von Vermögenswerten nach IAS 36: Erfahrungen aus der Praxis, FB 2000, Beil. 1, S. 24 (S. 27); *Adler/Düring/Schmaltz*, Rechnungslegung nach Internationalen Standards, Abschn. 9, Rn. 151 (Stand: Juni 2002).

761 Vgl. auch *Hoffmann/Lüdenbach*, Praxisprobleme der Neubewertungskonzeption nach IAS, DStR 2003, S. 565 (S. 567).

tigen: Als „[e]xterne Informationsquellen" gelten ein deutlicher Marktwert-rückgang, wesentliche negative Umfeld- oder Absatzmarktänderungen, Erhöhungen von Marktzins und Marktrenditen sowie ein unter die Marktkapitalisierung gesunkenes Unternehmenseigenkapital; „substanzielle Hinweise" auf „eine Über-alterung", „einen physischen Schaden" und eine geringere „wirtschaftliche Er-tragskraft" des Vermögenswertes sowie eingetretene oder erwartete Veränderungen mit negativen Folgen für seine geplante Nutzung werden als „[i]nterne Informationsquellen" angeführt (IAS 36.12).

(2) Anwendung auf den Fall: Prüfung des Vorliegens von Indikatoren einer Wertminderung des Grundstücks

Im vorliegenden Fall liegt ein externer Indikator einer Wertminderung in Gestalt eines deutlichen Sinkens des Marktwerts vor, der zur Fortführung des Werthaltig-keitstests zwingt: Die als Marktwert zum 31. 12. 05 anzusehenden, im Rahmen des Gutachtens ermittelten gesunkenen Grundstückskaufpreise von 3,5 Mio. Euro sind gegenüber dem Buchwert von 5 Mio. Euro signifikant gemindert.

bb) Ermittlung des erzielbaren Betrags

(1) Erzielbarer Betrag als Verlustmaßstab

Nur bei Vorliegen von Indikatoren einer Wertminderung ist auf zweiter Teststufe der erzielbare Betrag zu bestimmen; unterschreitet er den Buchwert, handelt es sich um eine Wertminderung. Der erzielbare Betrag eines Vermögenswerts wird gemäß IAS 36.6 definiert als „der höhere der beiden Beträge aus beizulegendem Zeitwert abzüglich der Verkaufskosten und Nutzungswert". Hintergrund dieser Konzeption ist ein rationaler Unternehmensleiter, der sich für die günstigere der beiden Ver-wendungsmöglichkeiten, Veräußerung oder Weiternutzung des betreffenden Ver-mögenswerts, entscheidet (IAS 36.BCZ9).[762] Ohne formale Rücksicht auf die Wertminderungsdauer[763] ist ein Wertminderungsaufwand „[d]ann, und nur dann" zu erfassen, „wenn der erzielbare Betrag eines Vermögenswertes geringer ist als sein Buchwert" (IAS 36.59).

(2) Ermittlung des beizulegenden Zeitwerts abzüglich der Verkaufskosten

(a) Abgestufte Ermittlung des beizulegenden Zeitwerts abzüglich der Verkaufskosten

Der beizulegende Zeitwert abzüglich der Verkaufskosten als eine Komponente des erzielbaren Betrags wird definiert als „der Betrag, der durch den Verkauf eines

---

762 Vgl. auch *Epstein/Jermakowicz*, Wiley IFRS 2010 (2010), S. 328; *Wagenhofer*, Internationale Rechnungslegungsstandards – IAS/IFRS (2009), S. 203.

763 Vgl. *Weindel*, Grundsätze ordnungsmäßiger Verlustabschreibungen (2008), S. 163–166; *Telkamp/Bruns*, Wertminderungen von Vermögenswerten nach IAS 36: Erfahrungen aus der Praxis, FB 2000, Beil. 1, S. 24 (S. 30).

Vermögenswertes [...] in einer Transaktion zu Marktbedingungen zwischen sachverständigen, vertragswilligen Parteien nach Abzug der Veräußerungskosten erzielt werden könnte"; letztere Aufwendungen bilden solche „zusätzliche[n] Kosten, die dem Verkauf eines Vermögenswertes [...] direkt zugeordnet werden können, mit Ausnahme von Finanzierungskosten und des Ertragsteueraufwands" (IAS 36.6). Der beizulegende Zeitwert abzüglich der Verkaufskosten sollte gemäß IAS 36.25 vorzugsweise aus Preisen von bindenden Kaufverträgen als bestem substanziellen Hinweis abgeleitet werden. Während bei fehlendem verbindlichen Kaufvertrag gemäß IAS 36.26 möglichst der um Veräußerungskosten bereinigte, an einem aktiven Markt gehandelte Marktpreis heranzuziehen ist, ist der beizulegende Zeitwert abzüglich der Verkaufskosten im Falle der Abwesenheit auch eines aktiven Markts gemäß IAS 36.27 „auf der Grundlage der besten verfügbaren Informationen" so zu schätzen, wie er im Rahmen einer Veräußerung „zu Marktbedingungen zwischen sachverständigen, vertragswilligen und [...] unabhängigen Geschäftspartnern nach [...] Abzug der Veräußerungskosten" erzielbar wäre. Aufgrund der ähnlichen Definitionen unterscheidet sich der absatzmarktbezogene beizulegende Zeitwert abzüglich der Verkaufskosten eines Vermögenswerts grundsätzlich nur in Höhe der häufig unbedeutend geringen Veräußerungskosten von dessen beizulegendem Zeitwert im Sinne von IAS 16.6.[764]

(b) Anwendung auf den Fall: Ermittlung des beizulegenden Zeitwerts des Grundstücks abzüglich der Verkaufskosten

Im vorliegenden Fall beträgt der beizulegende Zeitwert abzüglich der Verkaufskosten des Grundstücks bei einem Quadratmeterpreis von 3,50 Euro insgesamt 3,5 Mio. Euro. Obwohl zum 31.12.05 weder ein bindender Kaufvertrag über das Grundstück abgeschlossen wurde, noch ein aktiver Markt für derartige Vermögenswerte vorliegt, kann der vom Gutachterausschuss festgelegte Preis als beste verfügbare Schätzgrundlage für den beizulegenden Zeitwert abzüglich der Verkaufskosten gelten. Etwaige Veräußerungskosten, wie z.B. Spesen, liegen nicht vor.

(3) Ermittlung des Nutzungswerts

(a) Bestimmung des Nutzungswerts mittels Einzelbewertung

(aa) Nutzungswert als Barwert der Zahlungsströme eines Vermögenswerts

Der Nutzungswert als zweite Komponente des erzielbaren Betrags bildet den Barwert der erwarteten künftigen Cashflows aus einem Vermögenswert (IAS 36.6); er entspricht mithin methodisch einem im Rahmen einer Unternehmensbewertung er-

---

764 Vgl. *Schmidt*, Die Folgebewertung des Sachanlagevermögens nach den International Accounting Standards, WPg 1998, S. 808 (S. 812 f.); IAS 36.5(a).

mittelten Ertragswert für den betreffenden Vermögenswert:[765] Zuerst erfolgt die „Schätzung der künftigen Cashflows aus der fortgesetzten Nutzung des Vermögenswertes und [...] seiner letztendlichen Veräußerung" und danach deren Abzinsung mit einem angemessenen Diskontierungssatz (IAS 36.31).

Gemäß IAS 36.33 haben die Prognosen im Rahmen der Cashflow-Schätzung bei bevorzugter Beachtung externer Hinweise auf „vernünftigen und vertretbaren Annahmen" zu basieren; dabei sind aktuelle Finanzplandaten, die grundsätzlich nach einem Detailplanungshorizont von maximal fünf Jahren mittels Extrapolation zu schätzen sind, zu benutzen. Der Diskontierungssatz hat i.S.d. IAS 36.55 als Vorsteuersatz „der Zeitpräferenzrate und de[n] mit der Nutzung des Gegenstands verbundenen spezifischen Risiken"[766] Rechnung zu tragen; er ist gemäß IAS 36.56 primär abzuleiten aus aktuellen Markttransaktionen vergleichbarer Vermögenswerte oder den gewogenen durchschnittlichen Kapitalkosten eines Börsenunternehmens, das vergleichbare Vermögenswerte besitzt.

Die Bestimmung des erzielbaren Betrags und damit des Nutzungswerts hat gemäß IAS 36.66 in erster Linie für jeden Vermögenswert einzeln zu erfolgen. Im Rahmen der Nutzungswertermittlung ist vor allem die erforderliche Aufteilung der Cashflows auf einzelne Vermögenswerte nicht willkürfrei möglich.[767] Ferner verbleibt ein großer Ermessensspielraum bei der Bestimmung von Zinssatz und Cashflows.[768]

(bb) Anwendung auf den Fall: Ermittlung des Nutzungswerts des Grundstücks mittels Einzelbewertung

Im vorliegenden Fall scheitert die Ermittlung des Nutzungswerts mittels Einzelbewertung: Es lassen sich keine Cashflows aus der Nutzung und dem Abgang des Grundstücks prognostizieren, die den Schätzanforderungen nach vernünftigen und vertretbaren Annahmen mit bevorzugter Berücksichtigung externer Hinweise gerecht werden können.

---

765 Vgl. *Kümpel*, Bilanzielle Behandlung von Wertminderungen bei Vermögenswerten nach IAS 36, BB 2002, S. 983 (S. 984); *Wagenhofer*, Internationale Rechnungslegungsstandards – IAS/IFRS (2009), S. 179.

766 *Kozikowski/Pastor*, in: Ellrott u.a. (Hrsg.), Beck'scher Bilanz-Kommentar (2010), § 253 HGB, Rn. 718.

767 Vgl. zur verwandten Teilwertproblematik *Moxter*, Grundsätze ordnungsgemäßer Rechnungslegung (2003), S. 196f.; *J. Wüstemann*, Institutionenökonomik und internationale Rechnungslegungsordnungen (2002), S. 61.

768 Vgl. *Weindel*, Grundsätze ordnungsmäßiger Verlustabschreibungen (2008), S. 179–184.

(b) Nutzungswertermittlung bei Zuordenbarkeit des Vermögenswerts zu zahlungsmittelgenerierenden Einheiten

(aa) Nutzungswert als Barwert der Zahlungsströme einer zahlungsmittelgenerierenden Einheit

Da viele Vermögenswerte Einzahlungen nur in einem Verbund erzielen,[769] ist bei mangelnder Einzelbewertbarkeit der erzielbare Betrag auf Basis einer durch Gruppierung mehrerer Vermögenswerte zu bildenden zahlungsmittelgenerierenden Einheit zu bestimmen (IAS 36.66–68): Diese bildet gemäß IAS 36.6 die „kleinste identifizierbare Gruppe von Vermögenswerten, die Mittelzuflüsse erzeugen, die weitestgehend unabhängig von den Mittelzuflüssen anderer Vermögenswerte oder […] Gruppen von Vermögenswerten sind". Ihre nicht willkürfrei mögliche[770] Identifizierung hat nach unternehmensinternen Kriterien unter Anwendung von Einschätzungen des Managements (IAS 36.68) und des Stetigkeitsgrundsatzes (IAS 36.72) zu erfolgen; derartige Bewertungseinheiten liegen grundsätzlich immer dann vor, wenn durch sie Produkte oder Dienstleistungen erstellt werden, die auf aktiven Märkten verkauft werden können (IAS 36.70).

Der erzielbare Betrag einer zahlungsmittelgenerierenden Einheit ergibt sich als der höhere der beiden Beträge aus ihrem beizulegenden Zeitwert abzüglich der Verkaufskosten und ihrem Nutzungswert (IAS 36.74). Da ein beizulegender Zeitwert abzüglich der Verkaufskosten für solche Unternehmensteile regelmäßig nicht willkürfrei zu ermitteln ist, verbleibt häufig nur die Bestimmung des Nutzungswerts. Der Buchwert der zahlungsmittelgenerierenden Einheit hat gemäß IAS 36.76 die Bilanzwerte aller Vermögenswerte zu umfassen, die zu den Mittelzuflüssen der Einheit beitragen und dieser entweder direkt oder in zuverlässiger und stetiger Weise zugerechnet werden können; er schließt auch den (anteiligen) Buchwert eines der Einheit zuzuordnenden derivativen Geschäftswerts (IAS 36.80) bzw. gemeinschaftlichen Vermögenswerts (IAS 36.102(a)) ein.[771] Letzterer meint einen Vermögenswert mit Ausnahme des Geschäftswerts, der – wie ein Hauptverwaltungsgebäude gemäß IAS 36.100 – „zu den künftigen Cashflows sowohl der zu prüfenden […] als auch anderer zahlungsmittelgenerierender Einheiten" beiträgt (IAS 36.6).

Ein Wertminderungsaufwand, der sich bei Zurechenbarkeit eines (anteiligen) Geschäftswerts bzw. gemeinschaftlichen Vermögenswerts bei Unterschreiten des Buchwerts der Einheit durch ihren erzielbaren Betrag in Höhe der Differenz ergibt, ist zuerst mit dem (anteiligen) Geschäftswert zu verrechnen und danach buchwert-

---

769 Vgl. *Kümpel*, Bilanzielle Behandlung von Wertminderungen bei Vermögenswerten nach IAS 36, BB 2002, S. 983 (S. 984); *Schmidt*, Die Folgebewertung des Sachanlagevermögens nach den International Accounting Standards, WPg 1998, S. 808 (S. 814).

770 Vgl. *J. Wüstemann/Duhr*, Geschäftswertbilanzierung nach dem Exposure Draft ED 3 des IASB – Entobjektivierung auf den Spuren des FASB?, BB 2003, S. 247 (S. 250 f.); *Weindel*, Grundsätze ordnungsmäßiger Verlustabschreibungen (2008), S. 193–196.

771 Vgl. hierzu *Duhr*, Grundsätze ordnungsmäßiger Geschäftswertbilanzierung (2006), S. 221.

proportional auf die Vermögenswerte der Einheit zu verteilen (IAS 36.80; IAS 36.102(a); IAS 36.104); da Letztere nur bis zum höchsten Wert aus individuellem Nutzungswert, beizulegendem Zeitwert abzüglich der Verkaufskosten und null reduziert werden dürfen, ist ein verbleibender Wertminderungsaufwand den anderen Vermögenswerten im Verhältnis ihrer Buchwerte weiterzubelasten (IAS 36.105).

(bb) Anwendung auf den Fall: Ermittlung des Nutzungswerts des Grundstücks im Falle der Zuordenbarkeit zu einer zahlungsmittelgenerierenden Einheit

Im vorliegenden Fall wäre infolge der nicht durchführbaren Einzelbewertung des Grundstücks in einem ersten Schritt dessen Zurechenbarkeit auf eine zahlungsmittelgenerierende Einheit zu prüfen: In Ausübung der dem Management für die Identifizierung gewährten Freiheitsgrade könnte für eine Zuordnung auf eine bestimmte Produktart, etwa Schokoriegel, als Bewertungseinheit die anzunehmende Absatzmöglichkeit dieser Erzeugnisgattung auf aktiven Märkten sprechen. Da es sich jedoch um ein Erweiterungsgrundstück zum Ausbau der gesamten Fertigung handelt, ist die weitgehende Unabhängigkeit der Mittelzuflüsse hinsichtlich der Schokoriegelproduktion nicht erfüllt, weswegen das Grundstück als gemeinschaftlicher Vermögenswert dieser Einheit nicht (anteilig) zuzuordnen ist; die Nutzungswertermittlung kommt auf dieser Unternehmensebene nicht infrage.

(c) Nutzungswertermittlung bei mangelnder Zuordenbarkeit des Vermögenswerts zu zahlungsmittelgenerierenden Einheiten

(aa) Bestimmung des Nutzungswerts auf Ebene von höheren zahlungsmittelgenerierenden Einheiten

Scheitert die Zurechnung eines (anteiligen) Geschäftswerts bzw. gemeinschaftlichen Vermögenswerts, ist in einem ersten Schritt der ohne Goodwill bzw. gemeinschaftliche Vermögenswerte ermittelte Buchwert dieser zahlungsmittelgenerierenden Einheit ihrem erzielbaren Betrag gegenüberzustellen und, falls er diesen übersteigt, eine Wertminderung in Höhe der Differenz buchwertproportional auf die Vermögenswerte der Einheit zu verteilen (IAS 36.88; IAS 36.102(b)(i); IAS 36.104(b)). Auf Ebene der in einem zusätzlichen zweiten Schritt zu identifizierenden nächsthöheren zahlungsmittelgenerierenden Einheit, welche die zu untersuchende Einheit umfasst und der die gemeinschaftlichen Vermögenswerte bzw. der Goodwill (anteilig) zugeordnet werden können,[772] wird überprüft, ob der durch diese Zurechnung und die Absetzungen auf Ebene der niedrigeren Einheit angepasste Buchwert der höheren Einheit deren erzielbaren Betrag übersteigt; ein sich in diesem Fall in Höhe der Differenz ergebender weiterer Wertminderungsaufwand ist zunächst mit dem Geschäfts- oder Firmenwert zu verrechnen und anschließend

---

772 Diese Voraussetzung ist häufig erst auf Werks-, Segment- oder – im Falle von gemeinschaftlichen Vermögenswerten auf – Gesamtunternehmensebene erfüllt (vgl. *Heuser/Pawelzik*, in: Heuser/Theile (Hrsg.), IFRS-Handbuch, Einzel- und Konzernabschluss [2009], Rn. 1572; *Beyhs*, Impairment of Assets nach International Accounting Standards [2002], S. 162 f.).

buchwertproportional auf die die höhere Einheit konstituierenden niedrigeren zahlungsmittelgenerierenden Einheiten zu verteilen (IAS 36.102(b)(ii)–(iii); IAS 36.104).

Zahlungsmittelgenerierende Einheiten verstoßen gegen das Einzelbewertungs- und das Niederstwertprinzip: Durch Zusammenfassung auf höheren Bewertungsebenen erfolgt eine Saldierung von eingetretenen Wertminderungen einzelner Vermögenswerte mit unrealisierten Gewinnen anderer Vermögenswerte.[773] Auf der Basis des Werthaltigkeitstests wird bei Rentierlichkeit der Unternehmenseinheit daher wenig Spielraum für außerplanmäßige Abschreibungen nach IFRS sein.

(bb) Anwendung auf den Fall: Bestimmung des Nutzungswerts des Grundstücks auf Ebene von höheren zahlungsmittelgenerierenden Einheiten

Da das Grundstück im vorliegenden Fall zur Generierung von Cashflows der gesamten Schokoladenproduktion des Unternehmens beiträgt und annahmegemäß keiner zahlungsmittelgenerierenden Einheit vernünftig zugeordnet werden kann, ist es dem Gesamtunternehmen als Einheit zuzurechnen. Im Rahmen des ersten Schritts des Werthaltigkeitstests bei nicht zuordenbaren Vermögenswerten wird daher eine Wertminderung des ohne Einbezug des Grundstücks als gemeinschaftlichen Vermögenswerts ermittelten Buchwerts der Produktart als zahlungsmittelgenerierender Einheit, z. B. Schokoriegel, auf die diese beinhaltenden Vermögenswerte verteilt. Auf Unternehmensebene wird im zweiten Schritt der durch die volle Zurechnung des Grundstücks und die Berücksichtigung der korrigierten Buchwerte der Bewertungseinheit Produktart angepasste Buchwert des Gesamtunternehmens mit dessen erzielbarem Betrag verglichen, der mangels eines bekannten beizulegenden Zeitwerts abzüglich der Verkaufskosten für das Unternehmen als Nutzungswert zu schätzen ist. Bei einem unterstellten gesunkenen erzielbaren Betrag des Gesamtunternehmens muss der entsprechende Wertminderungsaufwand erfolgswirksam auf die einzelnen zahlungsmittelgenerierenden Einheiten des Unternehmens im Verhältnis der Buchwerte verteilt werden. Die Weiterbelastung könnte bspw. für das Grundstück zu einer Abschreibung von 1 Mio. Euro (1 Euro/qm) führen; der – verglichen mit dem beizulegenden Zeitwert abzüglich der Verkaufskosten von 3,5 Mio. Euro – insoweit höhere neue Buchwert von 4 Mio. Euro lässt sich dabei mit der Saldierungseffekte berücksichtigenden indirekten Ermittlung über den Nutzungswert des Gesamtunternehmens begründen.

---

773 Vgl. *Hommel*, Bilanzierung von Goodwill und Badwill im internationalen Vergleich, RIW 2001, S. 801 (S. 807); *Busse von Colbe/Seeberg* (Hrsg.), Vereinbarkeit internationaler Konzernrechnungslegung mit handelsrechtlichen Grundsätzen, zfbf-Sonderheft 43 (1999), S. 64; *Hoffmann*, in: Lüdenbach/Hoffmann (Hrsg.), Haufe IFRS-Kommentar (2009), § 11 Außerplanmäßige Abschreibungen, Wertaufholung, Rn. 40.

5. Ergebnis nach IFRS

Nach IAS 36 muss eine außerplanmäßige Abschreibung des zu den Sachanlagen gehörenden Grundstücks auf den niedrigeren erzielbaren Betrag vorgenommen werden, der sich als höherer Wert von beizulegendem Zeitwert abzüglich der Verkaufskosten und Nutzungswert ergibt. Während der beizulegende Zeitwert abzüglich der Verkaufskosten in Gestalt des Verkehrswerts des Bilanzstichtags von 3,5 Mio. Euro vorliegt, muss der Nutzungswert des sich mangels Zurechenbarkeit als gemeinschaftlicher Vermögenswert darstellenden Grundstücks in unterstellter Höhe von 4 Mio. Euro erst indirekt auf Gesamtunternehmensebene ermittelt werden. Da letzterer Betrag den höheren der beiden Werte und folglich den erzielbaren Betrag bildet, ist das Grundstück auf diesen Wert außerplanmäßig abzuschreiben.

III. Gesamtergebnis

1. Das Imparitätsprinzip in Ausprägung des Niederstwert- bzw. Teilwertprinzips fordert die Antizipation von am Bilanzstichtag entstandenen, aber noch nicht realisierten Verlusten; in funktionaler Auslegung handelt es sich dabei um Abgangsverluste i. S. v. künftigen Ausschüttungsbelastungen. Die Rechtsprechung stellt zur Teilwertbestimmung entkräftbare Vermutungen auf.
2. Im Anlagevermögen besteht nur bei dauernder Wertminderung eine handelsrechtliche Pflicht zur außerplanmäßigen Abschreibung. In funktionaler Interpretation lassen sich Verluste i. S. v. gesunkenen Nettoeinnahmen hier häufig nur mittels Hilfsmaßstäben, wie gesunkenen betriebsspezifischen Wiederbeschaffungskosten, bestimmen. Ein Überpreis stellt zwar nicht generell eine (Teilwert-)Abschreibung rechtfertigende Fehlmaßnahme dar; bei gesunkenen Marktpreisen ist dieser aber in deren Verhältnis abzusetzen.
3. Nach Grundsätzen ordnungsmäßiger Bilanzierung ist das Grundstück aufgrund einer dauernden Wertminderung außerplanmäßig abzuschreiben: Die betriebsspezifischen Wiederbeschaffungskosten in Höhe von 3 888 888,89 Euro als objektivierter Maßstab für gesunkene Nettoeinnahmen ergeben sich nach typisierender Rechtsprechung als die Summe aus gesunkenem Verkehrswert und proportional gemindertem Überpreis.
4. Neben einem gesunkenen beizulegenden Zeitwert bei Neubewertung können Sachanlagen, deren Anschaffungskosten auch einen Überpreis beinhalten können, nach IFRS auch bei einem gesunkenen erzielbaren Betrag außerplanmäßig abzuschreiben sein; Letzterer ergibt sich als der höhere Betrag aus vom Absatzmarkt abgeleitetem beizulegendem Zeitwert abzüglich der Verkaufskosten und internem Nutzungswert als Ertragswert für den betreffenden Vermögenswert. Im Rahmen des mehrstufigen Werthaltigkeitstests kann bei fehlender Einzelbewertbarkeit zur Bestimmung des Verlustmaßstabs eine Gruppenbewertung mittels zahlungsmittelgenerierender Einheiten oder sich auf mehrere Bewertungs-

einheiten beziehender gemeinschaftlicher Vermögenswerte durchzuführen sein.

5. Im Grundstücksfall sind die den Überpreis beinhaltenden Anschaffungskosten in Höhe von 5 Mio. Euro auf den erzielbaren Betrag von annahmegemäß 4 Mio. Euro abzuschreiben: Während mit dem am Bilanzstichtag gesunkenen Verkehrswert von 3,5 Mio. Euro zwar eindeutig ein beizulegender Zeitwert abzüglich der Verkaufskosten für das Grundstück vorhanden ist, wird der erwähnte erzielbare Betrag dieses gemeinschaftlichen Vermögenswerts infolge fehlender Zurechenbarkeit indirekt über den Nutzungswert auf Gesamtunternehmensebene bestimmt; bei Neubewertung wäre auf den Verkehrswert als beizulegenden Zeitwert abzuschreiben.

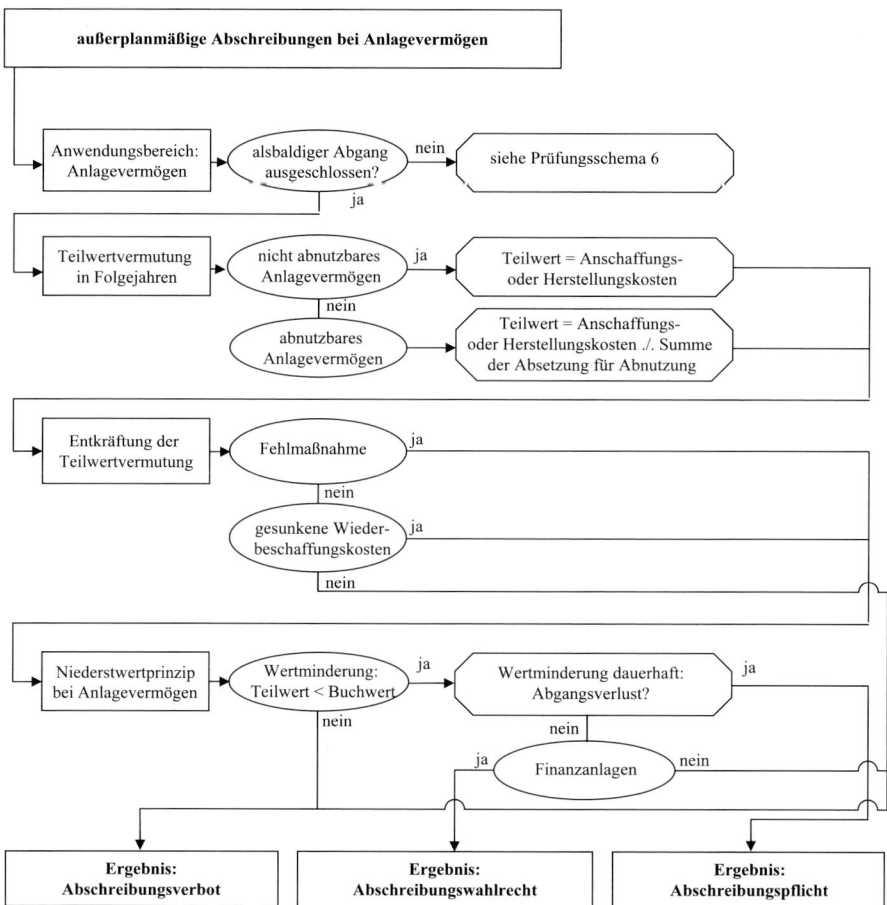

Prüfungsschema 8: Bestimmung von außerplanmäßigen Abschreibungen bei Vermögensgegenständen des Anlagevermögens nach den Grundsätzen ordnungsmäßiger Bilanzierung

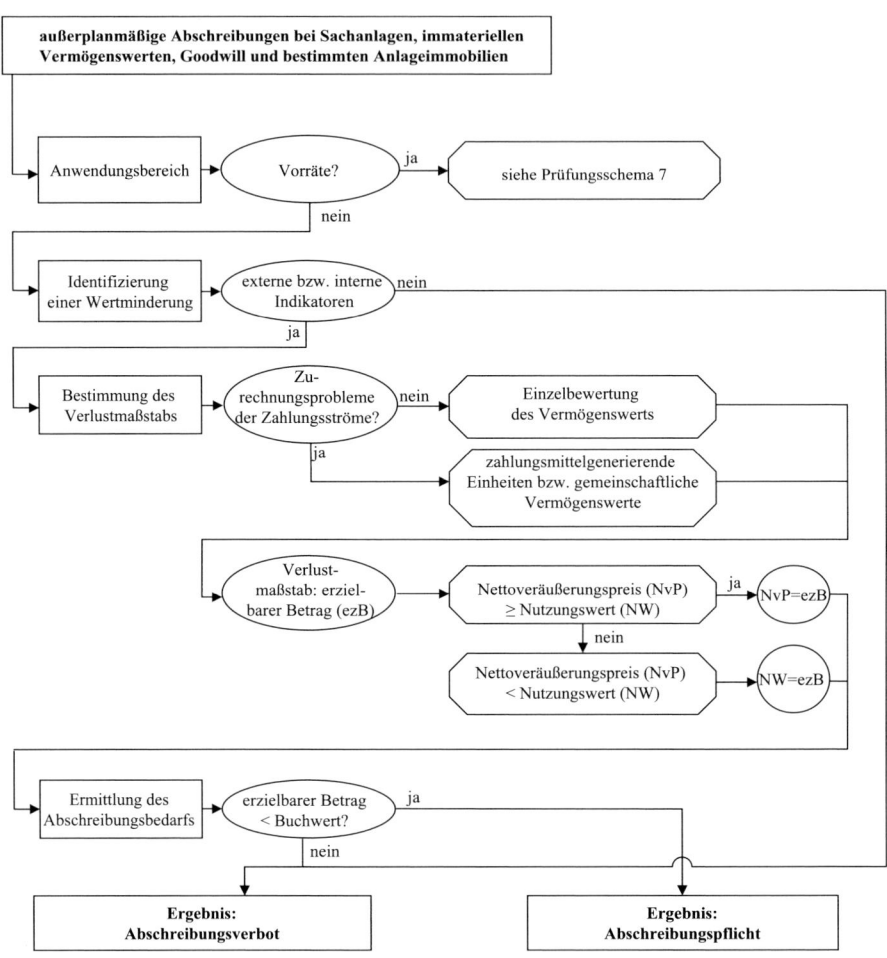

Prüfungsschema 9: Bestimmung von außerplanmäßigen Abschreibungen bei Sachanlagen, immateriellen Vermögenswerten, Goodwill und bestimmten Anlageimmobilien nach IFRS

Weiterführende Literatur

HGB:

Breidert, Ulrike,   Grundsätze ordnungsmäßiger Abschreibungen auf abnutzbare Anlagegegenstände, Düsseldorf 1994

Euler, Roland,   Zur Verlustantizipation mittels des niedrigeren beizulegenden Wertes und des Teilwertes, zfbf, 43. Jg. (1991), S. 191–212

Moxter, Adolf,   Bilanzrechtsprechung, 6. Aufl., Tübingen 2007, S. 267–307

ders.,   Grundsätze ordnungsgemäßer Rechnungslegung, Düsseldorf 2003, S. 195–219

Weindel, Marc,   Grundsätze ordnungsmäßiger Verlustabschreibungen, Wiesbaden 2008, S. 154–232

Wüstemann, Jens,   Funktionale Interpretation des Imparitätsprinzips, zfbf, 47. Jg. (1995), S. 1029–1043

IFRS:

Beyhs, Oliver,   Impairment of Assets nach International Accounting Standards, Frankfurt a. M. u. a. 2002

Duhr, Andreas,   Grundsätze ordnungsmäßiger Geschäftswertbilanzierung, Düsseldorf 2006, S. 190–234

Ernst & Young (Hrsg.),   International GAAP 2010, Chichester (West Sussex) 2010, Chapter 15: Impairment of fixed assets and goodwill

Hoffmann, Wolf-Dieter,   in: Norbert Lüdenbach/Wolf-Dieter Hoffmann (Hrsg.), Haufe IFRS-Kommentar, 7. Aufl., Freiburg i. Br. u. a. 2009, § 11 Außerplanmäßige Abschreibungen, Wertaufholung

Weindel, Marc,   Grundsätze ordnungsmäßiger Verlustabschreibungen, Wiesbaden 2008, S. 154–232

Sachregister

Autorenprofil

Professor Dr. Jens Wüstemann, M.S.G. (Paris IX)

 Jahrgang 1970. 1990–1994 Studium der Betriebswirtschaftslehre an der Johann Wolfgang Goethe-Universität Frankfurt a. M. und an der Université Paris-IX (Dauphine), Abschlüsse: Dipl.-Kfm. und Maîtrise des Sciences de Gestion (M.S.G.). 1994–2000 Wissenschaftlicher Mitarbeiter am Seminar für Treuhandwesen bei Professor *Dr. Dr. h. c. mult. Adolf Moxter*. Promotion (1997) und Habilitation (2000) ebenda. Forschungsaufenthalte in Philadelphia (Wharton School), New York (Stern School) und Paris (ESSEC Business School). Inhaber des Lehrstuhls für Allgemeine Betriebswirtschaftslehre und Wirtschaftsprüfung an der Universität Mannheim. Akademischer Direktor des ESSEC & Mannheim EMBA und Mannheimer Executive Master of Accounting & Taxation. Mitglied des Vorstands des DRSC. Ständiger Mitarbeiter des *Betriebs-Berater*.